本书由华中科技大学教材建设基金支持出版

21世纪高等学校机械设计制造及其自动化专业系列教材

# 先进制造技术

宾鸿赞

华中科技大学出版社
中国·武汉

# 内 容 简 介

本书是 21 世纪高等学校机械设计制造及其自动化专业系列教材。

本书体系新颖、内容丰富,反映了当代国内外先进制造技术的新成果。本书以可持续发展策略为核心,强调科技创新对于先进制造技术的重要性,强调"以人为本"等先进制造的思想理念。除绪论外,本书共分 6 章:第 1 章介绍科技创新与先进制造理念;第 2 章介绍材料成形与材料去除的先进制造技术;第 3 章介绍特种加工技术及其应用;第 4 章介绍可持续制造技术;第 5 章介绍生物制造技术;第 6 章介绍制造信息化技术。

为了方便教学,本书还配有免费电子教案及其他教学资源,如有需要,可向华中科技大学出版社索取(电话:027—87544529;邮箱:171447782@qq.com)。

本书可作为高等工科院校机械工程及自动化、机械设计制造及其自动化专业的教材,也可作为普通高等院校其他专业的教材或参考书,亦可供从事机械制造的工程技术人员参考。

**图书在版编目(CIP)数据**

先进制造技术/宾鸿赞.—武汉:华中科技大学出版社,2010.10(2023.1 重印)
ISBN 978-7-5609-6425-6

Ⅰ.先… Ⅱ.宾… Ⅲ.机械制造工艺 Ⅳ.TH16

中国版本图书馆 CIP 数据核字(2010)第 136346 号

| | |
|---|---|
| 先进制造技术 | 宾鸿赞 |

策划编辑:刘　锦
责任编辑:姚同梅
封面设计:潘　群
责任校对:李　琴
责任监印:周治超

出版发行:华中科技大学出版社(中国·武汉)　　电话:(027)81321913
　　　　　武汉市东湖新技术开发区华工科技园　　邮编:430223
录　　排:武汉楚海文化传播有限公司
印　　刷:武汉科源印刷设计有限公司
开　　本:710mm×1000mm　1/16
印　　张:22.5
字　　数:477 千字
版　　次:2023 年 1 月第 1 版第 9 次印刷
定　　价:59.80 元

本书若有印装质量问题,请向出版社营销中心调换
全国免费服务热线:400-6679-118　竭诚为您服务
版权所有　侵权必究

# 21世纪高等学校
# 机械设计制造及其自动化专业系列教材
## 编审委员会

**顾问：** 姚福生　　　　　黄文虎　　　　　张启先
（工程院院士）　（工程院院士）　（工程院院士）

谢友柏　　　　　宋玉泉　　　　　艾　兴
（工程院院士）　（科学院院士）　（工程院院士）

熊有伦
（科学院院士）

**主任：** 杨叔子　　　　　周　济　　　　　李培根
（科学院院士）　（工程院院士）　（工程院院士）

**委员：** （按姓氏笔画顺序排列）

于骏一　王安麟　王连弟　王明智　毛志远
左武炘　卢文祥　朱承高　师汉民　刘太林
李　斌　杜彦良　杨家军　吴昌林　吴　波
吴宗泽　何玉林　何岭松　陈康宁　陈心昭
陈　明　陈定方　张春林　张福润　张　策
张健民　冷增祥　范华汉　周祖德　洪迈生
殷国富　宾鸿赞　黄纯颖　童秉枢　傅水根
廖效果　黎秋萍　戴　同

**秘书：** 刘　锦　　徐正达　　万亚军

# 21世纪高等学校机械设计制造及其自动化专业系列教材

## 总序

"中心藏之，何日忘之"，在新中国成立60周年之际，时隔"21世纪高等学校机械设计制造及其自动化专业系列教材"出版9年之后，再次为此系列教材写序时，《诗经》中的这两句诗又一次涌上心头，衷心感谢作者们的辛勤写作，感谢多年来读者对这套系列教材的支持与信任，感谢为这套系列教材出版与完善作过努力的所有朋友们。

追思世纪交替之际，华中科技大学出版社在众多院士和专家的支持与指导下，根据1998年教育部颁布的新的普通高等学校专业目录，紧密结合"机械类专业人才培养方案体系改革的研究与实践"和"工程制图与机械基础系列课程教学内容和课程体系改革研究与实践"两个重大教学改革成果，约请全国20多所院校数十位长期从事教学和教学改革工作的教师，经多年辛勤劳动编写了"21世纪高等学校机械设计制造及其自动化专业系列教材"。这套系列教材共出版了20多本，涵盖了"机械设计制造及其自动化"专业的所有主要专业基础课程和部分专业方向选修课程，是一套改革力度比较大的教材，集中反映了华中科技大学和国内众多兄弟院校在改革机械工程类人才培养模式和课程内容体系方面所取得的成果。

这套系列教材出版发行9年来，已被全国数百所院校采用，受到了教师和学生的广泛欢迎。目前，已有13本列入普通高等教育"十一五"国家级规划教材，多本获国家级、省部级奖励。其中的一些教材(如《机械工程控制基础》《机电传动控制》《机械制造技术基础》等)已成为同类教材的佼佼者。更难得的是，"21世纪高等学校机械设计制造及其自动化专业系列教材"也已成为一个著名的丛书品牌。9年前为这套教材作序的时候，我希望这套教材能加强各兄弟院校在教学改革方面的交流与合作，对机械工程类专业人才培养质量的提高起到积极的促进作用,现在看来,这一目标很好地达到了,让人倍感欣慰。

李白讲得十分正确:"人非尧舜,谁能尽善?"我始终认为,金无足赤,人无完人,文无完文,书无完书。尽管这套系列教材取得了可喜的成绩,但毫无疑问,这套书中,某本书中,这样或那样的错误、不妥、疏漏与不足,必然会存在。何况形势总在不断地发展,更需要进一步来完善,与时俱进,奋发前进。较之9年前,机械工程学科有了很大的变化和发展,为了满足当前机械工程类专业人才培养的需要,华中科技大学出版社在教育部高等学校机械学科教学指导委员会的指导下,对这套系列教材进行了全面修订,并在原基础上进一步拓展,在全国范围内约请了一大批知名专家,力争组织最好的作者队伍,有计划地更新和丰富"21世纪机械设计制造及其自动化专业系列教材"。此次修订可谓非常必要,十分及时,修订工作也极为认真。

"得时后代超前代,识路前贤励后贤。"这套系列教材能取得今天的成绩,是几代机械工程教育工作者和出版工作者共同努力的结果。我深信,对于这次计划进行修订的教材,编写者一定能在继承已出版教材优点的基础上,结合高等教育的深入推进与本门课程的教学发展形势,广泛听取使用者的意见与建议,将教材凝练为精品;对于这次新拓展的教材,编写者也一定能吸收和发展原教材的优点,结合自身的特色,写成高质量的教材,以适应"提高教育质量"这一要求。是的,我一贯认为我们的事业是集体的,我们深信由前贤、后贤一起一定能将我们的事业推向新的高度!

尽管这套系列教材正开始全面的修订,但真理不会穷尽,认识不是终结,进步没有止境。"嘤其鸣矣,求其友声",我们衷心希望同行专家和读者继续不吝赐教,及时批评指正。

是为之序。

中国科学院院士<br>2009.9.9

# 前 言

2009年初,我应邀撰写作为华中科技大学出版社"21世纪高等学校机械设计制造及其自动化专业系列教材"之一的《先进制造技术》一书。经一年的笔耕,该书终于有望在我古稀之岁出版,为我即将步入的寓公生活增添了些许欣慰。

2006年1月,我与西北工业大学的王润孝教授主编的《先进制造技术》经高等教育出版社出版,目前已重印了四次,似颇得同行认可。

我此次接受邀请再次撰写《先进制造技术》,其想法是:写书要写出个性,还是以独撰为佳;写书需要充沛的时间与精力,我感觉可以胜任;写书需有一定的阅历和经历,我这个年龄较为合适。为了有别于已出版的高教出版社版的《先进制造技术》,我重新构建了全书架构,写出了呈现在读者面前的这本华中科技大学出版社版的《先进制造技术》。

全书共分六章。

绪论论述了先进制造技术的内涵、特征;强调了科技创新是先进制造技术可持续发展的引擎;结合制造技术领域的情况,介绍了科技创新的空间、动力、方法;指出了工业化、信息化"两化"融合有利于加快我国从制造大国变为制造强国的速度;论述了国际水平制造技术的评判指标;归纳了本书的特色。

第1章阐述了科技创新与先进制造理念,指出了科技创新是先进制造技术的前提,论述了科技创新的类型、方法,通过引用先进制造技术的实例,阐述了"以人为本"、"以环境为本"、"以信息为核心"、"快速响应市场"和"师法自然"等先进制造理念。

第2章介绍了材料成形与材料去除的先进制造技术,论述了(近)净形成形技术的进展、精密和超精密加工技术、微纳加工技术、高速切削加工技术、高效磨削加工技术等,介绍了相关的刀具与机床,指出了各方法的工艺特点,并对难加工工程材料的加工作了特别介绍。

第3章介绍了特种加工技术及其应用。国际上将特种加工誉为"21世纪的技术",本书花了不少笔墨,重点介绍分层直接制造、工程陶瓷加工、半导体及大规模集成电路的加工等。

第 4 章阐述了可持续制造技术,介绍了竞争性可持续制造的策略,以及再制造技术、误差补偿技术。

第 5 章介绍了生物制造技术,包括仿生制造技术、生物加工技术、活体制造技术等先进制造技术。

第 6 章介绍了制造信息化技术,包括信息、信息获取、信息处理、制造过程的信息化建模、虚拟制造与仿真加工、企业管理信息化等内容。

本人的学识有限,面对先进制造技术这样一个宽泛的命题,尽管在成书时花费了不少心血,但缺憾在所难免,请读者指正为感。

非常感谢华中科技大学出版社为本书出版所付出的辛勤劳动与支持。

宾鸿赞

2009 年岁末

# 目 录

第0章 绪论 …………………………………………………………………………… (1)
第1章 科技创新与先进制造理念 ……………………………………………… (6)
  1.1 先进制造技术的前提——科技创新 ……………………………… (6)
  1.2 先进制造技术的依据——先进制造理念 ……………………… (18)
第2章 材料成形与材料去除的先进制造技术 ……………………………… (52)
  2.1 净形成形技术 ……………………………………………………… (52)
  2.2 精密和超精密加工技术 …………………………………………… (62)
  2.3 微纳加工技术 ……………………………………………………… (94)
  2.4 高速切削加工过程技术 …………………………………………… (113)
  2.5 高效磨削过程技术 ………………………………………………… (141)
第3章 特种加工技术及其应用 ………………………………………………… (151)
  3.1 特种加工技术概述 ………………………………………………… (151)
  3.2 分层直接制造技术 ………………………………………………… (152)
  3.3 工程陶瓷加工技术 ………………………………………………… (174)
  3.4 半导体及大规模集成电路加工技术 …………………………… (185)
第4章 可持续制造技术 ………………………………………………………… (191)
  4.1 竞争性可持续制造 ………………………………………………… (191)
  4.2 再制造技术 ………………………………………………………… (198)
  4.3 误差补偿技术 ……………………………………………………… (211)
第5章 生物制造技术 …………………………………………………………… (220)
  5.1 生物制造技术概述 ………………………………………………… (220)
  5.2 生物制造 …………………………………………………………… (227)
  5.3 活体制造 …………………………………………………………… (234)
第6章 制造信息化技术 ………………………………………………………… (238)
  6.1 信息及信息获取和预处理 ……………………………………… (238)
  6.2 制造过程的信息化建模 ………………………………………… (245)
  6.3 虚拟制造与仿真加工 …………………………………………… (302)
  6.4 企业管理信息化 ………………………………………………… (331)

参考文献 ……………………………………………………………………………… (348)

# 绪论

18世纪前,人们以手锤、砧为工具,手工业制造技术不断发展;19世纪,蒸汽机发明,各类机床、城市工厂出现,制造技术实现了机械化;20世纪,计算机的发明使数控(NC)机床得到迅猛发展,实现了制造技术的自动化、柔性化;21世纪,进入信息化时代,生物工程获得重大成果,将使制造技术具有网络化、信息化、智能化、全球化、生命化等特点,有望实现人工脏器的制造,使传统意义上的只能制造"死物"的制造技术具有制造有生命的"活物"的能力。

"先进"制造技术是相对于"传统"制造技术而言的,从这个意义上讲,每一个发展阶段都有各自的先进制造技术。

自美国20世纪后期提出AMT(advanced manufacturing technology)这一概念,我国学界将其翻译成先进制造技术以后,"先进制造技术"逐渐成为人们耳熟能详的术语。但人们尚未能一致地给出其严谨的学术定义,对其涵盖的范围也各有见地。不过这些并不能妨碍人们对先进制造技术的内涵与特点达成共识。表0-1列出了当代一些主要的制造技术类别,每一种制造技术类别中都有相应的先进制造技术——凡是对该类别的传统制造技术进行创新而出现的新型技术都可以称为先进制造技术,如高速切削技术、高速磨削技术、超精密加工技术、直接金属分层制造技术、柔性制造系统(FMS)技术、可重构制造系统(RMS)技术、微纳制造技术、产品全生命周期管理(PLM)信息系统技术等都是先进制造技术。

先进制造技术的特征可归纳如下。

(1) 集成性特征

先进制造技术是多学科的渗透、交叉、融合,是集机械、电子、信息、材料和管理技术为一体的新型学科,其中机械学科是使能学科,其他学科主要起辅助作用,而不是相反。

(2) 动态性特征

如前所述,每一种先进技术都在不断发展、进步,它们单独地或综合地促进先进制造技术的动态变化,如数控加工、分层制造技术的出现,使传统制造技术产生了突破性进展。

(3) 数字化特征

先进制造技术的制造哲理是使制造过程离散化或数字化,传统制造中的许多定性描述,都要转化为数字化定量描述,在这一基础上逐步建立不同层面的系统的数字化模型,并进行仿真。数字化特征也体现出柔性化的特征。

表 0-1 主要机械制造技术类别

| 制造类别 | 工艺方法 | 工艺方法简介 |
| --- | --- | --- |
| 增量制造（SFF，亦称增材制造、生长型制造、分层制造、快速原型制造） | 立体光刻（SLA） | 使用激光照射光敏树脂而固化 |
| | 分层实体制造（LOM） | 使用激光或刀片切割有黏性的层片而黏结成形 |
| | 选择性激光烧结（SLS） | 使用激光熔化粉末状的金属或其他物质 |
| | 熔融沉积成形（FDM） | 将热塑料通过喷嘴挤出后固化成形 |
| 减量制造（亦称减材制造，传统的金属或材料切除法） | 车削 | 采用材料去除技术，如切削加工等，在加工过程中，通过一定的方式逐渐切除毛坯上的多余材料，获得具有一定形状、尺寸、性能的零件，仍是当今最主要的加工方法 |
| | 钻削 | |
| | 铣削 | |
| | 磨削 | |
| | 电火花加工（EDM） | |
| | 电化学加工（ECM） | |
| 等量制造（亦称变形过程） | 轧制 | 如将铝锭轧制成厨房用铝箔 |
| | 板材成形 | 如将板材切割弯曲成肥皂盒 |
| | 挤压 | 不同横截面的材料通过模具挤压成形 |
| | 锻造 | 热锻、冷锻均是在模腔中塑性变形 |
| 相变过程 | 铸造 | 将熔化的金属注入铸型中而凝固成形 |
| | 注塑成形 | 将热液塑料注射到模腔而成形 |
| 结构变化过程 | 镀层 | 用化学、物理方法在基体表面上镀一层其他材料，改变性能，如镀铬 |
| | 表面合金化 | 使表面合金化或喷丸处理 |
| | 感受残余应力 | |
| 固化连接过程 | 粉末冶金 | 金属粉末在模具中成形并烧结成形 |
| | 复合材料 | 不同碳纤维板的层叠是复合材料的一例 |
| | 焊接 | 通过局部熔化而将相邻板材连接 |
| 生物制造（或仿生加工） | 原子操作技术 | 21世纪，生物技术、生命科学、材料科学不断融入先进制造技术，将引起一场新的制造革命，如人体脏器的制造等 |
| | 克隆制造 | |

（4）可持续性特征

先进制造技术应符合可持续发展策略，能实现资源的充分利用，实现洁净生产，实现能耗少、附加值高的制造模式。

（5）服务型特征

先进制造技术应能实现服务型制造、"最小制造最大服务"模式，以服务增加产品的附加值，这是"两化"（工业化、信息化）融合的具体体现。

科技创新是先进制造技术赖以持续发展的引擎，只有不断进行科技创新，先进制造技术才能始终保持先进性。当代世界人类面临三大社会问题：人口问题、资源问题、环境问题。如何体现"以人为本"，如何节能减排，如何实现"无废弃物"加工，如何使"两化"融合、如何实现"最小制造最大服务"的制造模式，等等，均属于当前先进制造技术的关注热点。对于我国制造业而言，发展先进制造技术，将中国由"制造大国"变成"制造强国"更是一项紧迫而明确的任务。

经过几代人的前仆后继，数亿人的发奋努力，中国已经成为继英国、美国、日本后的又一个"世界工厂"。中国制造(made in China)的产品已成为许多国家人民生活不可缺少的物件。但是，"世界工厂"并不意味着我国就是世界制造强国了，只有制造而没有创造的国家是难以成为制造强国的。制造强国的主要标志有六个，如图0-1所示。

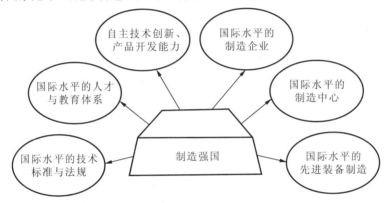

图 0-1　制造强国的主要标志

对照制造强国的这些标志，可见我国与其差距还不小。我国在20世纪下半叶开始了工业化进程，比欧洲晚了200年。我国在工业化进程中，虽然建设速度超过世界平均水平，但20世纪末我国工业化的指标与发达国家还相差甚远。第一，我国制造业虽名列世界第四位，但总体规模仅相当于美国的1/5、日本的1/4。第二，制造业的人均劳动生产率远远落后于发达国家，仅为美国的1/25、日本的1/26、德国的1/20。第三，制造业结构仍然偏轻，表现为装备制造在制造业中的比重较低。第四，技术创新能力十分薄弱，产业主体技术依靠国外，有自主知识产权的产品少，依附于国外企业的组装业比重大，表现为工业增加值率仅为26%，远低于美国(49%)、日本(38%)、德国(48.5%)，并且呈现逐年降低的趋势。第五，低水平生产能力严重过剩。据第三次全国工业普查，机械、电子、化工、建材、轻工、冶金等行业生产能力利用率分别为51.86%、54.45%、54.9%、64%、46.09%和35.55%，同时高水平生产能力不足，大量先进装备仍主要依赖进口。第六，国有企业改革远未到位。企业集中度低，大型骨干企业少，而且围绕大型骨干企业的中小企业群体也未形成。

但也应该清醒地看到，信息化时代的优势、信息的网络传输，使我国更有条件做到"两化"融合，缩短工业发达国家曾经走过的工业化历程。只要坚持科学发展观和科学的发展方式，是可以用较短的时间将我国建设成为制造强国的。

什么样的制造技术是国际水平的制造技术呢？图 0-2 列举了国际水平制造技术应具有的条件(从技术创新性和技术先进性两个方面来衡量)。

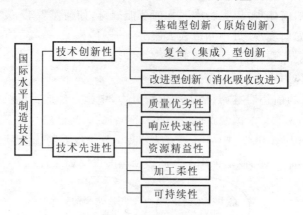

图 0-2　国际水平制造技术评判指标

图 0-2 所示的技术先进性的五个评判指标，贯穿产品全生命周期的设计、制造、服务阶段。指标排列顺序是随机的，达到任一指标都有同等的困难和重要性。

(1) 质量优劣性

先进制造技术生产的产品必须是高质量的，它应具有高质量的输出、输入与工艺过程(含过程内、外)。对产品须进行 100% 的检验，既要使产品满足顾客需求，又要保证制造技术易于实现，且少、无缺陷，无废品。缺陷率应达到 0.03%～0.1%，即每 100 万道工序，只允许 300～1000 道工序出现缺陷。为了使缺陷不扩散，需采用傻瓜型设备，一旦出现故障，就可通过声、光、电装置及时报警提示并排除故障。

(2) 响应快速性

先进制造技术要能快速响应市场需求，其制造提前期(lead time)要尽可能地缩短，总的加工提前期较传统的制造技术缩短 50%；消除一些无用的、不必要的过程，将保留的过程流线化；尽可能地减少存储、库存、材料管理等环节；关键供应商尽可能在工厂附近 3 km 范围内，使物流时间减至几小时或更短；生产过程与生产装备内装式发光、发声装置，若出现故障，可视控制装置立即通报故障状态及其部位，数秒钟内维修、排除故障。有这些措施作保证，才可实现客户订单处理时间短、市场响应快的目标。

(3) 资源精益性

先进制造技术要比传统的制造技术使用少得多的人力、物力、场所等方面的资源，实现精益生产，能充分发挥资源的作用。采用市场驱动或订单拉动式生产，按时、按量加工产品与零件，既减少库存和在制品，又节省仓库的投资(在相同产量下，先进制造技术只需采用传统技术库存的 10%)；培训多技能工人，实现自动化加工，一个工人最多可同时操作 12 台机床；非直接参与制造的辅助组织与人员大大减少，节省人力资源；减少调整时间，可实现批量为 1 的流动生产，即大批量定制模式生产。

(4) 加工柔性

先进制造技术必须是具有加工柔性的。所谓加工柔性就是要能按零件的几何形状、物理性能、订货周期等要求调整加工模式。实现加工柔性的目的是使从一种生产模式变换成另一种生产模式耗费的时间少。CNC机床、加工中心机床、柔性制造系统(FMS)的大量使用,实现了加工软件的柔性化,但机床硬件没有柔性,不能重构,故柔性未能充分发挥作用;可重构加工系统和可重构加工机床的出现,能同时实现软件和硬件的柔性化,软件、硬件都采用模块化技术,可根据特定的加工要求进行重构,大大提高了加工柔性;加工过程调整时间短,模具可在数分钟内更换,生产线使用更柔性的产品布局,设备按产品生产顺序布局而不按工艺布局,提高了成本竞争优势。

(5) 可持续性

先进制造技术必须符合可持续发展策略,其产品应满足可循环、可修理、可重新制造、可重用、可生物降解等要求,生产方式由传统的资源消耗型转变为技术密集型,实现以人为本,进行"天人合一"的环境友好型生产。

面对当今世界人口、资源、环境三大难题,各国均以法定文件形式将可持续发展确定为21世纪的产业发展模式。我国在《中国21世纪议程》(1994年)中对清洁生产作出了明确的规定。国际标准化组织提出了ISO 14000系列标准,对未能取得ISO 14000系列标准认证的企业产品禁止或限制进入市场流通,以保证企业及其产品的环境竞争力。

基于以上的诸多考虑,本书在写作时力求具有下述特色。

① 通过对科技创新的讲解,激励、引导学生大胆创新,开发有创新特色的制造技术。因为科技创新是先进制造技术可持续发展的"引擎",先进制造理念是先进制造技术的"点火器"。

② 彰显信息化、环保的当代特色。用较多的篇幅讲述制造信息化、可持续制造技术,重视"两化"融合。

③ 内容新颖,注意反映当代最新颖、最先进的制造技术。本书内容不仅涵盖了传统制造领域(减材制造领域)的先进制造技术,传统的切削、磨削加工领域的先进制造技术,还涵盖了特种加工技术领域的先进制造技术,涵盖了电子制造、生物制造领域的若干先进制造技术,以扩大学生的制造技术视野。

④ 突出实例教学、努力将研究成果转化为教学内容。

# 科技创新与先进制造理念

先进制造技术是在传统制造技术的基础上发展起来的,依靠的是科技创新,贯彻的是先进制造理念;随着人类经济社会的发展,先进制造技术要不断地保持先进,依靠的还是科技创新,贯彻的还是先进制造理念。因此,科技创新和先进制造理念是先进制造技术的前提和依据,是先进制造技术可持续发展的"引擎"。

## 1.1 先进制造技术的前提——科技创新

### 1.1.1 科技创新的内涵与类型

**1. 科技创新的内涵**

创新、技术创新、科技创新这些术语现已广为流传,创新的内涵可描述为:创新是"生产要素的重新组合",是"抛开旧的,创造新的",是"对设计、制造、分配和/或使用的社会和技术系统的任一改变,其目标是改善成本、质量、和/或满足客户要求的程度"。可以概括地认为,创新是促进人类科学技术、经济社会进步的破旧立新行为。

科技创新(作者认为,用"科技探新"似乎更确切些,但"科技创新"已约定俗成,故沿用)是原创性科学研究与技术创新的总称。

从"制造"到"创造",虽只一字之差,但企业需要做的却大不一样,而最重要的是要有新的创意。传统观点认为,创意来自于灵光一现,可遇而不可求。而现代的研究成果显示,新的创意来自于同一个思路——杂交,亦即前述的重新组合。

比如,Victorinox 公司最近推出的一款附带移动硬盘的瑞士军刀。新的移动硬盘非常实用,可以在外出时携带。但是在乘坐飞机的时候,瑞士军刀只能托运,这对用户的数据来说存在安全隐患。为此,该公司又进一步创新改进,把移动硬盘做成可拆卸式的,这样就两全其美了。瑞士军刀和移动硬盘是两种风马牛不相及的产品,二者通过"杂交"或"重新组合"创新出一种新产品,为人类社会创造了新的财富。

科技创新的形式多种多样,如开发一个新产品,开辟一个新的市场,找到一种原料的新来源,开发一种新的生产工艺流程,采用一种新的企业组织形式,等等。

图 1-1 所示为科技创新的过程示意图。从根据新的创意进行自由探索开始到产品规模产业化,这一过程中产生了社会财富增值,其中大部分用来提高人们的社会生

第1章 科技创新与先进制造理念

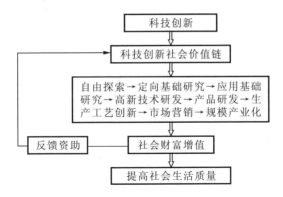

图 1-1 科技创新过程示意图

活质量,一小部分用于进一步的创新活动。应该指出的是,并不是所有的创新产品都能实现规模产业化,但一定要鼓励和允许自由探讨。

创新并不等同于发明,如前述的带移动硬盘的瑞士军刀,瑞士军刀和移动硬盘都是已有的产品,将二者重新组合或杂交在一起,就创造出了一款新产品。

**2. 科技创新的类型**

按科技创新的方式分类,可将科技创新分为基础型创新、复合型创新、改进型创新三大类,如图 1-2 所示。

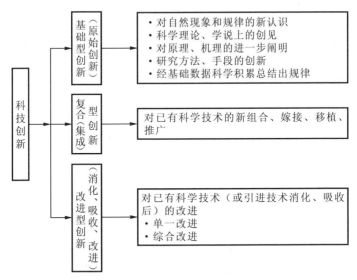

图 1-2 科技创新的类型

基础型创新主要发生于数学、物理、化学、天文、地理、生物等学科领域,比如对当前全球气候变暖的认识、量子力学的创立、分形几何的建立、神经网络的应用、计算机网络的建立、计算机辅助设计/制造(CAD/CAM)、刀具磨损规律的发现,等等。这一类创新偏重于基础理论,其创新成果具有普遍的指导、参考价值。

复合型创新或称集成型创新是机械工程领域中的最主要的创新方式,先进制造技术就是多学科综合、集成的成果。高速切削加工就是集成了新型刀具材料、刀具结构与机床的多学科技术的创新成果;激光切割、雕刻技术创新体现了激光技术、CNC技术、机床设计制造技术的集成。

改进型创新,或引进技术的消化吸收后的改进也是机械工程领域重要创新手段之一。平时人们所讲到的技术革新就是这一类创新。如对传统机床的数控化改造,将机械传动改进为数控驱动是对传统机床的单一改进创新;引进某些产品后,通过消化吸收,全面实现其国产化,可视为一种综合改进型创新。

若按形态学方法对科技创新进行分类,可得到图 1-3 所示的结果。

| | | 核心概念 | |
|---|---|---|---|
| 核心概念与元素之间的联系 | | 加强 | 推翻 |
| | 不改变 | 渐进式创新 | 模块化创新 |
| | 改变 | 体系(architectural)创新 | 基础型(radical)创新 |

**图 1-3　科技创新的形态学方法分类**

形态学方法的概念来源于植物形态学,植物形态学是研究植物的形态结构及其发生发展的科学,其主要任务如下:探索结构的规律性;研究植物及其器官在系统发育中的形成过程,以阐明植物进化的趋向和各类群间的亲缘关系;研究植物及其器官在个体发育中的形态建成,探讨形态建成的机理,以利用和控制其过程及创造新类型。

因此,形态学方法就是利用类群间的关系来分析、创造新型形态的一种人工分析方法。通过形态构成因素的属性之间的不同组合,可以构建出不同的形态。

现以金属切削加工为例,按形态学方法来对创新类型进行分类。金属切削加工过程的核心概念为金属切削加工,而实现金属切削加工的各元素之间的联系的是加工工艺系统,即机床—刀具—夹具—工件所构成的封闭系统。

**1) 渐进式创新**

这种创新强化金属切削加工的核心概念,而加工工艺系统不改变,即产生了高速切削加工。随着刀具材料的不断进步,如由工具钢→高速钢→硬质合金→金刚石、CBN 等刀具材料的渐进,切削速度不断提高,在机床结构、加工工艺、切削理论、刀具结构、工件的结构等方面相应地也有了创新。但这种创新是渐进式的,故称为渐进式创新。例如,图 1-4 所示的高速机床主轴是实现高速切削加工的重要部件,这种电主轴采用的是电磁磁浮轴承,转速高达 40 000 r/min,径向静态刚度达 1 500 N/$\mu$m,轴向静态刚度为 700 N/$\mu$m,功率达 40 kW。

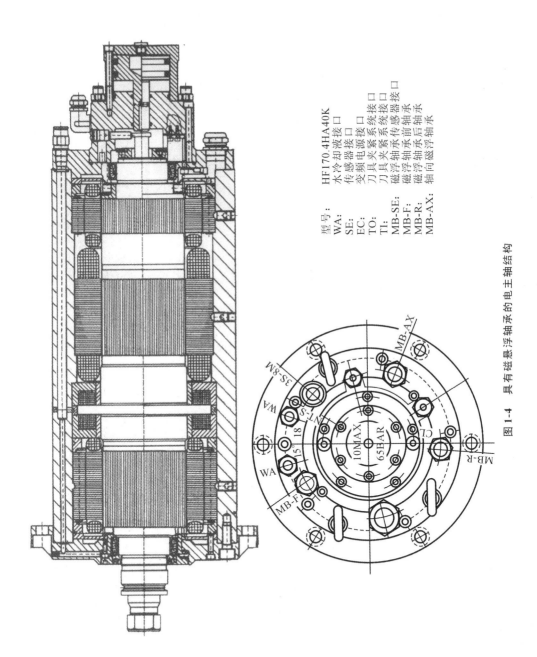

图 1-4 具有磁悬浮轴承的电主轴结构

型号: HF170.4HA40K
WA: 水冷却液接口
SE: 传感器接口
EC: 变频电源系统接口
TI: 刀具夹紧系统接口
TO: 刀具夹紧系统传感器接口
MB-SE: 磁浮轴承传感器
MB-F: 磁浮轴承前轴承
MB-R: 磁浮轴承后轴承
MB-AX: 轴向磁浮轴承

**2) 体系创新**

强化金属切削加工核心概念,采用高速切削加工,而改变加工工艺系统,这样就产生了体系创新。体系创新最典型的例子是由传统的串联机床经创新得到并联机床,如图1-5所示。在传统机床中,各部件之间采用串联方式,一个部件与另一个部件之间相互联系,而多个部件相互之间没有直接联系,这样的连接刚度较低。受Stewart平台结构(一种由6根可控伸缩的连杆支撑的机构)的启示,近年来创新出一种新型机床,称为并联机床,它的主轴部件与刀头所在的动平台由多根可伸缩的杆件连接,通过计算机数控系统控制每一根杆的伸缩状态,就能使刀具切削点到达三维空间的任意位置而完成复杂形状的加工。这种并联机床具有刚度大、精度可靠的优点,但其加工范围较小,不能满足大尺寸加工要求,需进一步改进创新。图1-6所示为并联机床实物。并联机床已与传统机床的结构体系大不相同,故其创新形式为体系创新。

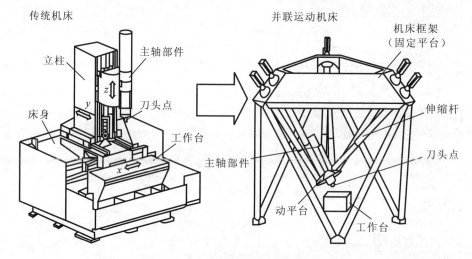

图1-5 体系创新示例

**3) 模块化创新**

如图1-3所示,当金属切削这一核心概念被推翻,即不用切削刀具对金属进行切削,但不改变加工工艺系统时,如采用激光进行切割、雕刻,这种创新称为模块化创新,即对切削刀具这一模块进行了创新。图1-7所示为用激光切割板材的加工系统示意图,激光头除产生切割的激光外,还顺着横梁沿 $x$ 方向移动,板材沿 $y$ 方向移动,由CNC系统控制激光束沿被切割零件的轮廓作二维联动,可以切削出任一形状的二维图形。由图1-7可见,激光头模块有所创新,而工艺系统却并未改变。对于三维激光雕刻,只要实现三维(或多维)联动CNC即可。

**4) 基础型创新**

当金属切削加工的核心概念被推翻,工艺系统也发生改变时,就产生了基础型创新,即从根本上抛弃了旧的工艺方法而产生了新型的工艺方法。图1-8所示的分层

图 1-6　并联机床

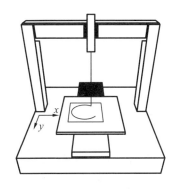

图 1-7　用激光切割板材的
加工系统示意

实体制造(laminated object manufacturing，LOM)方式对金属加工工艺而言是基础型创新。在 LOM 中，使用激光或刀片切割有黏性的层片，一层一层地黏结而成三维实体。工艺系统则由激光系统、薄材进给收集系统、成形件平台和热辊等构成。当 CNC 系统控制激光完成所需图形的切割后，热辊滚过薄层对其进行加热，其背面的黏结剂熔化，使其与已成形的部分黏结在一起；成形件平台下降一层薄材厚度，送料机构即薄材进给收集系统动作，将新的薄板置于成形平台的加工位置上，而废料则被卷起收集，激光开始切割新薄层的形状……如此循环，直到整个实体零件做成为止。

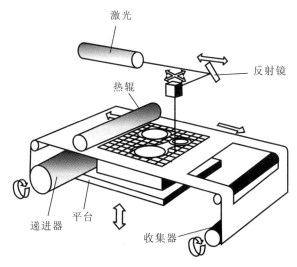

图 1-8　LOM 原理示意图

形态学方法不仅能用于对创新类型分类，而且它本身也是一种构思创新的方法。这里所介绍的渐进式创新、体系创新、模块化创新、基础型创新等四种创新方式中任一种，又可以按形态学方法继续创新，只要分析出核心概念及核心概念与元素之间的联系即可。应指出的是，形态学方法是一种分析问题的思路与途径，至于高速切削、激光切割等的核心概念则是由当代技术发展水平决定的，新颖的想法在目前技术条件下难以实现的情况也是经常出现的、正常的，但它为人们开拓了创新的思路。

20世纪机械制造技术突破性创新的标志性成果有二。

（1）数控加工技术，按形态学方法分类应属于体系创新，它将传统的元素之间的纯机械联系改变为电联系，是当代先进制造技术的起始点。20世纪50年代由美国麻省理工学院（MIT）研制出第一台NC机床，它将传统的由工人、机械模板、行程开关产生的加工信息数字化，即用数字代码形式的信息（程序指令）控制机床按给定的工作程序、运动速度和轨迹进行自动加工，实现了制造技术质的飞跃。由此，也演绎出了一系列先进制造模式，如直接数控（DNC）、计算机数控（CNC）、CAD/CAM、柔性制造、计算机集成制造等，将机械工程的信息化、自动化不断演进为智能化，亦即实现了制造技术的柔性化。

（2）分层制造技术，按形态学方法分类应属基础型创新，它是机械工程、计算机技术、材料科学技术、激光技术等高能束技术多学科集成创新的成果。它在制造理念（用二维制造替代直接三维制造，零件从小到大可控生长成形）、制造手段（采用黏结、熔接、聚合作用或化学反应等手段）、制造周期（省去模具制造、机械加工等过程所消耗的大量时间）等方面都有突破性创新，不仅使得"一天制造"成为可能，而且为探寻生物界的奥秘（如生物制造等）提供了技术支持。目前，采用分层制造技术能直接制造金属零件。

### 1.1.2 科技创新的动力、空间与方法

**1. 科技创新的动力**

心理学认为，人们从事一切活动都是为了满足自己的某种需要，需要是行为的本源，需要是推动行为的原动力。科技创新作为一种科技行为，其动力的本源也应追溯到某种需要上。

按心理学家马斯洛的著名理论，人的需要从低到高呈金字塔结构，如图1-9所示。归纳起来，人的需要可笼统地分为物质需要和精神需要两项。在生存需要能够基本满足之后，应将精神需要上升到主导地位，因为一个人的身体构造决定了他真正需要的和能够享用的物质生活资料终归是有限的，多出来的部分只是奢华和摆设，而精神的快乐才可能是无限的。

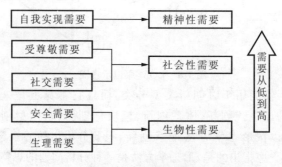

图1-9 人的需要图示

科技创新既是物质需要（如抵御外来侵略、抵抗疾病的危害都牵涉生存安全问题），又是精神需要（如自我价值实现、获得社会的认同与尊敬等）。因此，科技创新是必须进行的。

对于工程领域的科技创新，其驱动力有两种。

**1) 正向驱动力——推力**

科技发明与进步推动着人们将新科技成果应用到相应的工程领域，从而产生了一系列科技创新，如计算机软、硬件技术的迅速发展，不断地推动着机械制造领域中的设计、制造、自动化的创新日新月异；激光等高能束能源的进步推动着加工制造的创新；扫描隧道显微镜（STM）的出现，大大推动了微纳加工的创新。

**2) 逆向驱动力——拉力**

满足生产、经济的发展需求，实现市场的拉动作用都需要科技创新，例如，21世纪是以环保为核心的世纪，要求经济社会的发展模式必须从大量消费资源、大量产生废弃物的生产转变为资源循环利用的生产模式。为此，需要进行大量的科技创新，如发展坯件的精密化技术、微细化技术，与材料相对应的加工技术、综合化技术等。

推力+拉力是科技创新的强大驱动力。

**2. 科技创新的空间**

要使经济社会沿着科学发展规律前进，必须不断地进行科技创新，创新的空间广阔、任务繁重。

从宏观上讲，21世纪的制造具有信息化、网络化和环保（可持续化和绿色化）的特点，需要对传统制造技术进行大量的科技创新。为了将我国由制造大国变成制造强国，实现又好又快的跨越式发展，必须依靠科技创新，走自主知识产权的发展道路。

下面从我国机械制造学科发展的几个方面来比较我国与国外先进制造水平的差距。

**1) 信息化方面**

信息化主要指数字化、智能化。

经过多年的发展，我国在数控机床共性技术和关键技术研究上已有重大突破，解决了多轴联动数控系统、远程数据传输及控制等技术难题，自主开发了数控龙门加工中心、五轴联动数控加工机床，功能部件基本满足中、低档数控机床配套要求。但是，我国在高速化、柔性化、复合化、智能化等类高端数控产品上与国外先进水平相比仍有较大差距，中档及以上数控系统市场被 FANUC、SEIMENS 等国外品牌垄断。2004年，我国高档数控机床的进口比例高达95%。据估计，我国的数控与数字装备技术落后世界先进水平10~15年。

在制造过程监控方面，因工况监控和质量控制措施不力所导致的损失在我国企业中屡见不鲜。而工业发达国家一直十分重视加工过程中的工况监控和质量控制，并将其视为实现稳态和高效工艺过程的重要技术基础。美国密歇根大学通过分布式传感检测实现了汽车车床装配多工位制造过程的质量控制与误差溯源，有关研究成果已在多家汽车厂应用。

随着产品复杂性的提高,制造系统的规模越来越大,制造系统的运行效率问题也日益突出。制造业发达国家非常重视对制造系统的优化,并强调信息化方法在其中的重要价值,在制造过程优化以提高生产效率方面做了大量的工作。如美国在新一代军用战斗机 JSF 的制造中,通过快速有效的部署,减少了大约 60% 的制造时间,使得从接受订单到交货使用的时间由 15 个月(对 F-16 战斗机)减少到现在的 5 个月。而根据统计数据,我国 2001 年的劳动生产率仅相当于美国 1995 年的 1/20。

智能制造思想源于美国。日本、美国、澳大利亚、瑞士、韩国等国和欧盟在 1991 年 1 月联合开展了 IMS 国际合作计划,能使人和智能设备都不受限制,形成彼此合作的高技术生产系统,其目标是先行开发下一代的制造技术。我国在智能制造上的投入有限,智能化装备技术水平落后国外 5~10 年。

**2) 精密化、微型化方面**

我国的精密化制造技术与国外的相比仍然有阶段性差距,其中精密成形和精密、超精密加工的技术水平整体落后工业发达国家 10~15 年,个别技术甚至落后 30 年。

我国在超精密机床方面与国外的主要差距如下:a. 产业化程度低,展品不少但进入生产现场的产品少;b. 超精密机床的最大加工直径为 $\phi 800$,大多为较小尺寸规格;c. 机床制造精度尚需提高,如美国 $\Omega$-X 纳米车床的气浮导轨溜板运动直线度小于 0.76 nm;d. 数控系统分辨率美国为 4 nm,日本为 1 nm,我国为 5 nm;e. 加工精度方面,我国均未达到深亚微米级水平(0.01 $\mu m$),其中圆度误差达 0.05 $\mu m$,加工平面反射镜的平面度为 0.1 $\mu m$,加工抛物面的面形误差为 0.3 $\mu m$;f. 超精密磨床和超精密加工中心有待发展,以适应硬脆材料与复杂型面的超精密加工。

我国对纳米科技研究的资金支持力度只有工业发达国家的约 1/20。

我国在微纳制造的若干方面已达到国际一流水平,如拥有了波纹度和粗糙度均达到 1 Å 以下的超光滑表面制造技术、特征尺寸达到 80 nm 的软压印技术,并能制造多种微器件(如微麦克风、微加速度计等)。但在微涡轮发动机、芯片级微传感器、纳米光刻技术、纳米刻蚀技术等研究方面与发达国家有较大差距。

在微型化技术的工程应用方面,我国与国外的差距也较明显。目前,集成电路的高端设备和制造技术基本上被发达国家垄断,如打印机喷头、汽车安全气囊的加速度传感器等微机电系统(MEMS)器件均多为国外大公司生产。

**3) 生命化方面**

在生物制造的应用研究和市场化推广中,国外更为实际和深入。在各种人工假体的生物制造方面,国内外有临床手术应用的报道,但国外技术更加成熟,如可制作形态和颜色非常逼真的义耳。

在人体器官的重建和修复方面,如美国 MIT 的 Aboimed 公司开发出 Abio Cor 全人工心脏,之后在皮肤、骨、软骨实现了产品化。目前,美国人造器官产业已形成 40 亿美元的规模,并以每年 25% 的速度递增。

在相关的干细胞、生物材料、培养技术等方面的研究,国外更为深入,积累的技术成果更多。美国 Carnegie Mellon 大学 2006 年 11 月利用干细胞和喷墨(inkjet)技术,得到了平面上骨细胞和肌细胞两种细胞组织构建的雏形。英国 Newcastle 大学基于干细胞和微重力培养技术制造出 25.4 mm 的肝脏组织。据 2008 年 11 月 20 日香港《文汇报》报导,干细胞医学治疗出现重大突破,一名气管受损的哥伦比亚女子成功移植了用自身干细胞培植而成的气管,完全没有排斥现象,是全球首宗接受用干细胞培植的完整器官移植的个案。

**4) 生态化方面**

我国在可持续制造方面的研究与产业化方面与工业发达国家比较,主要差距是节能减排、降耗、环境污染等方面的法规不完善,执行力度不够;可持续制造的相关理论和方法研究不系统,深度不够,缺乏对可持续制造技术的指导作用;可持续制造工艺和装备开发落后,难以为传统制造企业的"绿色化"提供技术、设备支持。

总之,要尽快地缩短这几方面的差距,不能按工业发达国家的传统模式与途径,而必须靠科技创新,实现跨越式发展。

**3. 科技创新的方法**

对于科技创新的方法可以从创新构思、创新思维、创新模式三个方面来介绍。

**1) 创新构思**

创新构思是科技创新的关键,这就需要创造性。激发创造性的方法现有上百种,大致可分为五类:属性分析、需求评估、相关分析、趋势分析、群体创造。

(1) 属性分析

罗列所研究对象各方面(如物理、功能、系统结构等)的属性,考虑各种变化与组合,以激发出创新方案,即属性分析。这也就是前述的形态学方法。

(2) 需求评估

需求评估是指对市场进行细分,如在运动鞋市场,瞄准老年人穿鞋习惯与要求开发老年人的适用鞋。

(3) 相关分析

相关分析是指进行类比联想。并行机床就是通过对传统的 Stewart 平台进行类比联想而创新的。

(4) 趋势分析

趋势分析是指对新需求出现的预测。在将计算机辅助功能应用于设计、工艺规程编制等方面时,要考虑有丰富经验工程师的需要,他们在计算机技术知识的掌握上要逊于年轻人,所以,开发的 CAD、CAPP 系统要方便他们将丰富的工程实践经验与计算机技术有机结合,由此创新出具有自主知识产权的系统软件,如武汉开目公司研制的 KMCAD、KMCAPP 等。

(5) 群体创造

群体创造即多学科人员集思广益,攻克科技难关。如"神舟七号"载人飞船、精密数控机床的研制等许多重大项目都是多学科人员创新的集成。

激发创新构思,可在探索未知的新领域、观察问题的新视角、概念术语的新阐释、研究方法的新探索、学科知识的新融合、理论观点的新突破等方面寻求创新突破点。

**2) 创新思维**

创新的学术基础是知识,没有厚重的知识做基础,一般很难产生创新性想法。

对先进制造技术而论,领域主导知识(或称使能知识)包括制造本身的机理、规律、技术、技能、装置及系统等方面的知识。这些知识有些是量化的,有些是非量化的(如经验);这些知识也是动态的,随着科技进步而变化。对于领域主导知识,要做到"四知道"(是什么、为什么、怎么做、谁有知识)。而领域辅助知识(知识群)包括计算机科学与技术、信息论、生态学、管理科学等,对于领域的辅助知识,只要做到"三知道",不要求知道为什么。要进行先进制造技术创新,首先要牢固掌握领域主导知识,领域的辅助知识只用来辅助主导知识而不是相反。

科技创新具有较强的个人行为特征,一旦科技创新成果公布于众,就成了社会的公共财富。

有了知识,还必须善于运用,创新思维方法也很重要,几种常用的创新思维方法如下。

(1) 极端化思维

研究对象在极端条件下的行为,如超高速切削、超高速磨削、超低进给(蠕动)磨削、超精密加工、干式切(磨)削等都属于极端化思维所产生的创新成果。

(2) 逆向思维

逆习惯思维方向而思之。如反求工程即为逆向思维的典型创新。

(3) 规模化思维

量变带来质变,使事物规模化就是创新。互联网络是由两台电脑连接经规模化而产生的创新成果;集装箱是将物品放在箱子里便于搬运而规模化的创新结果;将螺钉、螺帽作为一种标准件进行规模化生产,许多新工艺(如搓、滚压等)就创新出来了。

(4) 跨学科思维

新学科的创新和成长常常发生在学科交叉点上,如在仿生制造方面,挖泥铲斗仿昆虫的背壳结构而不黏泥;活体制造仿照器官的细胞生长发育过程而创新。

(5) 形态学思维

将事物构成元素按一定规律重组,得到创新思路即形态学思维方法,这是一种很实用的创新思维方法。

(6) 可持续性思维

可持续性思维是指立足于环境生态大系统中分析思考,如生态型工业链的创新等。

**3) 创新模式**

创新模式即创新的组织形式,通常有个体式创新和团队式创新两种。

(1) 个体式创新

个体式创新是指为适应自由探索科学研究的需要而进行的,或师徒相承式的精英教育(研究生培养以导师负责制为主)下的创新,这种创新弱化了外界环境作用,个人长期坚持,不受外界干扰。许多重大发现往往是个体式创新的结果,诺贝尔奖只奖励个人是有依据的。

(2) 团队式创新

团队式创新重视团队环境的作用,资源共享、相互激励、相互监督,为成就某个工程任务而创新,任务带学科,如我国的"两弹一星"就是团队式创新成果。

## 1.1.3 中国传统文化与科技创新

中国传统文化为科技创新提供了思想指导,为当代的科学发展观、建立和谐社会、实现"天人合一"的可持续发展等都有指导意义。

但是,中国传统文化缺乏严密逻辑推理、论证,形不成现代科学理论。中国火药发明已有一千多年,鞭炮和焰火燃放至今,并未诞生与之相关的化学、爆炸力学;中国的风筝已经放了二千五百多年了,也未诞生空气动力学。

中国传统文化中收敛型思维(或称求同型思维)盛于发散型思维(或称求异型思维),这与儒家经学方法有关。中国古代科学研究往往以读书为起点,然后用经验知识验证前人的理论和观点,并作适当的发挥、诠释和概括,围绕着前人的著作而展开,科学研究只是在经典所涉及的范围内展开,在对经典的诠释过程中有所发挥和创新。如先有《九章算术》,后有《九章算术注》;先有《水经》,后有《水经注》;先有《神农本草经》,后有《神农本草经集注》……明清之际,西方科学传到中国,当时中国的科学家大都持"西学中源"的观点,并且采用中国古代经典解释西方科学的方法,承袭了收敛型思维模式。收敛型思维盛于发散型思维的经学研究方法,是不利于科技创新的。

儒家文化影响着古代科技的特征。中国古代科技所具有的实用性、经验性和继承性的特征事实上也与儒家文化有着密切的关系。

在儒家文化的影响下,古代科学家进行科学研究的重要动机之一在于科技的实际效用,富有务实精神。虽然也曾有一些科学家对纯科学问题进行过研究,但从总体上看,古代科技的实用性特征是相当明显的,是主要的。

我国古代科学家因实用而较强调感觉经验,注重经验性的描述,故古代科技带有明显经验性特征。他们习惯于用儒家理论及诸如"气"、"阴阳"、"五行"、"八卦"、"理"之类的概念,经过思维的加工和变换,对自然现象加以抽象的、思辨的解释,多注重定性分析,而不太注重定量分析,其结果是科学研究仅仅停留在经验的层面上。

古代科学家受儒家经学方法的影响,认为经典不可违背,这使得后来的科学家在科学研究中做得更多的是对前人著作中的科学知识和科学理论的继承、沿袭,以及在此基础上的补充、改进,即其思维模式属于收敛型思维。中国古代这种儒学化的文化背景,在一定程度上影响了我国近现代科技的创新。

传统文化过分地尊崇经典与权威、过分地强调实用、过分地依赖经验、太多地思辨,以及忽视理论推演等问题,不应该再影响当代的科技创新活动。

## 1.2 先进制造技术的依据——先进制造理念

理念是思想与观念的综合,只有以先进的制造理念为指导,才有可能产生先进的制造技术,因此可以认为,先进制造理念是产生先进制造技术灵感的触发源。

### 1.2.1 以人为本的制造理念

生产、制造的最终目的是最大限度地满足人们物质与精神的需要,不仅要提供价廉物美的产品,而且也要构建舒适、安全、健康的工作环境。因此,以人为本的制造理念的核心有两点:① 满足客户要求的个性化产品,在质量、成本、交货期、耐用性等方面满足客户提出的要求;② 由人操作的机器、工具应符合人因工程准则,工人的操作运行环境要让人感到舒适、安全、健康。

**1. 大批量定制**

大批量定制(mass customization,MC)是 21 世纪的先进生产模式,它将定制生产和大批量生产两种生产方式有机地结合起来,力求在满足客户个性化需求(即定制)的同时,保持较低的生产成本和较短的交货期,体现了以人为本的制造理念。

实现大批量定制的必备条件有两个,即流动制造和敏捷供应链(spontaneous supply chain)。流动制造能提供小批量甚至批量为 1 件的产品生产,为此要尽量减少生产系统的装调或加速装调工作。敏捷供应链保证所需求材料、零件总是可以得到,为此,第一步是简化供应链,包括标准化、采用自动重复供应技术、生产线的合理化。供应链简化的目的是尽可能地减少零件和原材料的种类,而这些材料能利用自动的重复供应技术敏捷地采购到。零件和材料种类的减少将精简供货商队伍,进一步简化供应链。

**1) 大批量定制的要素**

根据大批量定制的特征分析确定,产品多样化、时间和成本是大批量定制的三大要素。

(1) 产品多样化

产品多样化分为外部多样化和内部多样化。产品外部多样化是客户欢迎的、有用的并能被客户感受到的多样化,如能够使客户更满意的产品功能选项、不同的外形风格和不同的颜色等。产品内部多样化是在产品制造和分销过程中厂家可以感受到的多样化。它通常表现为零件、特征、工具、夹具、原材料和工艺方面的种类较多。产品内部多样化程度的增强将提升企业的成本、降低生产效率。

大批量定制企业应该利用模块化、标准化技术,将产品内部多样化程度降至最低,以最低的内部多样化程度获得程度最高、有用的外部多样化,从而大大缩短产品的交货期和减少产品的定制成本,同时拥有定制和大批量生产的优势。

(2) 时间

大批量定制企业面临两个时间挑战:短的产品更新换代周期和短的产品交货期。

由于消费者需求的不断变化和新一代产品的不断推出,产品的更新换代越来越频繁。例如,在信息技术产业,20世纪70年代平均一代产品可以在市场上生存8年,80年代则缩短到不足2年,进入21世纪则可能只有短短几个月的时间。由于细分市场规模越来越小且不断变化,企业只有以更快的速度生产出更多品种的产品才能不断取得成功。

面向订单的生产方式,使得交货期成为客户选择一个企业产品与服务的重要标准。在价格和质量相当的情况下,客户往往会把订单下达给能够最快满足其需求的企业。因此,企业要想获得客户订单,必须尽可能缩短交货期,在接到客户订单后,能够以最短时间生产和运输满足客户需求的产品。

(3) 成本

大批量定制企业需要以接近大批量生产的成本向客户提供定制的产品。

在大批量生产中,通过重复生产以提高产品的生产批量来降低成本。在客户对产品保持单一、稳定需求的情况下,批量带来了低价位。但随着产品多样性的增加、批量减小,产品的成本会急剧升高。

**2) 大批量定制的分类**

大批量定制可以分为按订单销售、按订单装配、按订单制造、按订单设计和按订单研制五种类型。

(1) 按订单销售

按订单销售(sale-to-order,STO)是根据客户订单的需求量出库。在这种生产方式中,只有销售活动是客户订单驱动的。客户需求的改变仅仅影响产品库存,对生产活动没有影响。按订单销售又分为两种情况:一种情况是按订单发货,如日常生活品宜采用此种方式发货;另一种情况是根据客户订单包装或加工出库,虽然产品没有发生变化,但却可以满足客户的个性化需求。

(2) 按订单装配

按订单装配(assemble-to-order,ATO)是将库存零部件装配成客户需要的定制产品的生产方式。在这种生产方式中,装配活动及其下游活动是由客户订单驱动的。模块化程度高的产品(如计算机)比较适合采用按订单装配的方式。

(3) 按订单制造

按订单制造(make-to-order,MTO)是指接到客户订单后,利用企业中已有的零部件设计(必要时根据客户的特殊需求,对少量的零部件进行变型设计)、制造和装配零部件后向客户提供定制产品。在按订单制造的生产方式中,采购、零部件制造、装配和销售是由客户订单驱动的(如服装)。

(4) 按订单设计

按订单设计(engineer-to-order,ETO)是指根据客户订单中的特殊需求,重新设计新的零部件,或对其他种类的零部件进行变型设计,在此基础上向客户提供定制产品。在这种生产方式中,从全部或部分产品设计开始直至采购、零部件制造、装配和销售的整个过程都是由客户订单驱动的。一些大型设备(如飞机、化工设备)、特制纪念品等可以采用这种方式。

(5) 按订单研制

按订单研制(research-to-order,RTO)是指按客户的需求进行产品的研发,如基于新的科学技术发明开发新产品,或基于新的原理和新的原材料开发新的生产工艺,并按照客户订单中的具体需求组织产品生产过程。大型飞机研制和卫星研制等可采用这种方式。

**3) 大批量定制的基本原理**

大批量定制的原理包括相似性原理、重用性原理、全局性原理。

(1) 相似性原理

不同的产品和不同的生产过程中存在大量相似的信息和活动,包括几何相似性、结构相似性、功能相似性和过程相似性。大批量定制的关键是识别和利用这些相似性。

(2) 重用性原理

充分识别和挖掘存在于产品和过程中的相似性后,采用标准化、模块化等方法,将定制产品的生产问题通过产品重组和过程重组转化为或部分转化为批量生产问题,从而以较低的成本、较高的质量和较快的速度生产出个性化的产品,以支持大批量定制的实现。

根据重用性原理,大批量定制生产模式从产品和过程两个方面对制造系统及产品进行了优化,或者说实现了对产品维(空间维)和过程维(时间维)的优化。其中,产品维优化的主要内容如下:

① 正确区分用户的相似性和个性需求;

② 正确区分产品结构中的相似性和个性部分;

③ 将产品维的相似性部分归并处理;

④ 减少产品中的定制部分。

过程维优化的主要内容如下:

① 正确区分生产过程中的大批量生产过程环节和定制过程环节;

② 减少定制过程环节,增加大批量生产过程环节。

大批量定制中零部件的可重用性并不仅仅指零部件设计信息的重用,还包括在产品"退役"以后将零部件回收再制造,或者在产品的使用过程中,通过对零部件的再制造,提高产品性能或增加产品功能。

(3) 全局性原理

实施大批量定制是一项系统工程,不仅与制造技术和管理技术有关,还与人们的思维方式和价值观念有关。因此,为了成功实施大批量定制,必须进行全局性的思考。

设计人员在设计零件时,往往认为用料越省、材料越便宜,产品的成本就越低。这是因为传统的成本计算是将直接材料和直接人工成本作为组成部分,将管理费用和制造费用作为间接费用进行分摊的。因此,设计人员在设计产品时会尽量减少材料的消耗。这样,无形中就增加了零件的种类,使零件加工工艺复杂,增加了零件的管理费用。事实上,便宜的零件并不能保证制造出便宜的产品。利用标准化、模块化方法,虽然在零件的合并过程中,有可能因为相似尺寸、功能的零件合并而增加零件的用料,但却能简化零件的制造工艺,减少材料采购的费用,从而使产品成本不会因为零件的材料问题而额外增加。

在进行产品组装时,不同产品对同一类零件的精度要求不同,设计者往往单纯考虑使精度低的零件加工制造工艺费用低,却忽略了不同精度的零件需要不同的生产设备和工装夹具。两种不同精度的零件或者需采用两种生产设备,或者虽在一套设备上但需重新安装调整,从而增加了零件成本。如果将精度低的零件合并于精度高的一类之中,从整个企业运作的角度看其成本并不会增加。

如果将非大批量定制企业为了向客户提供多样化产品而产生的各种成本之和称为产品多样化成本,则产品多样化成本包括库存成本、生产准备成本、产品改型成本、工具成本、材料成本、物流成本、定制/配置成本、营销成本、质量成本、服务成本。企业可以采用各种方法降低产品多样化成本,如:通过由制造厂直接向客户提供定制产品,降低产品库存成本;通过简化产品结构和采用模块化产品的设计技术,降低生产准备成本、产品改型成本以及定制/配置成本;采用客户关系管理技术和网络技术,降低营销成本和服务成本;采用可重构制造系统降低材料成本和定制成本;通过供应链管理技术降低物流成本等。

简而言之,根据全局性原理,企业的效益并不取决于产品生产过程中某一个特定的阶段,甚至也不取决于某一个产品。

**4) 大批量定制生产系统实例**

现以金属板材电气柜的定制过程为例来说明大批量定制系统,如图 1-10 所示,其中实线表示物料流,虚线表示信息流。

通过安装在手提电脑上的虚拟产品模型,企业销售人员可以和顾客进行需求沟通,确定能够满足他们需求的电气柜设计方案。

客户的订单信息输入到工厂的订单数据库,根据订单信息,在现有产品族模型基础上,变型生成满足客户订单需求的相应产品,并生成相应的 CAD 图形、CNC 程序、装配指令等。

CNC 程序和装配指令被分配到各个具有柔性生产能力的数控加工设备,进行生产。实际生产由将金属板材从标准的板材堆栈送到激光切割机开始。原材料的组合标准化是减少材料费用的关键,以按需提供原材料,制造任意订货、任一批量的任一产品。最理想的原材料是单一品种的,多种类型的原材料需配置多个送料装置。切

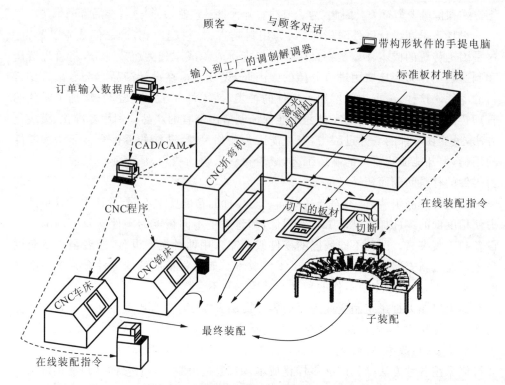

图 1-10　金属板材电气柜大批量定制示意图

割下的边料可用来切割小型零件,优化板材的排料可以降低材料成本。

由激光切割机完成全部板材的切割加工,包括所有孔、缺口的切割以及材料的切断。从局部来看,这样做可能不是最快的,每一道工序也不是最有效的。但是,没有装调变化的工序,没有中间库存,从总体上来看,工厂的产出最快且总成本最低。

激光切割机的输出是每一个产品的一组切下的板材。其中有一些通过 CNC 折弯机将板材折弯,余下的板材可以送去焊接或直接进入最终装配阶段。铣削加工的零件是由标准毛坯在 CNC 铣削加工中心制造而成的。类似地,用 CNC 车床来制造的零件族中的旋转体零件最好由统一的棒料毛坯制造而成。

有些工厂可能使用几台 CNC 切断机,可按程序切断棒料、卷曲的板材。通常,CNC 切断机用于零件的线性切断。操作工人只要根据指令提示,无须预报、无须订货就能按要求切取一定长度。

子装配工作站允许在大批量定制时采用人工装配,根据监视器上显示的指令,利用供应的零件而完成。一个标准的自动扳手能完成全部紧固件的拧紧。最终装配也是在计算机监视器的指导下完成,监视器给出了每一个产品的相应指令。

**2. 服务型制造**

为了满足顾客的个性化需求,提高自身竞争力,服务已逐渐成为企业争夺客户的重要手段。在美国制造业中,有 65%～75% 的人员从事服务工作。如在出版、药品和食品行业中,非生产性服务占据了非常重要的位置。

服务业和制造业的融合,使传统的制造业发生了变化。

① 有形产品附加了更多的服务或向服务化方向发展。在满足顾客需求方面,企业不再通过一次性交易的方式销售实物产品,而更倾向于采用服务型交易,以"产品+服务"的方式为顾客提供整套的、全生命周期的解决方案。

② 在提供产品服务系统的过程中,企业间分工更为深入,通过相互提供生产性服务实现高效生产和快速创新。这种制造业与服务业相融合的新型制造称为服务型制造。

服务型制造体现了"以人为本"的制造理念。

**1) 服务型制造的概念模型**

服务型制造的概念模型如图 1-11 所示。生产性服务、服务性生产、顾客全程参与构成了服务型制造的三个基石。

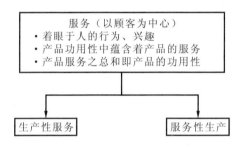

**图 1-11 服务型制造概念模型**

由图 1-11 可知服务型制造的三个基石的具体含义。

① 生产性服务 生产性服务包括科研开发、管理咨询、工程设计、金融、保险、法律、会计、运输、通信、市场营销、工程和产品维护等方面的服务。

② 服务性生产 服务性生产是指将产品制造的一部分或全部环节外包给专业化的制造商来完成,也有越来越多的专业化制造服务外包商(如富士康科技集团)为其他企业提供制造外包的服务性生产活动。

③ 顾客全程参与 让顾客参与产品设计、制造的全过程,从而感知和发现顾客的新需求,找到制造的用武之地。

服务型制造是产品价值增值的主要源泉。通过针对顾客的个性化服务,企业能够更好地发现顾客的需求,为产品的研发、设计、制造等生产性服务活动奠定需求基础。将顾客引入服务型制造之中,通过为顾客提供产品全生产周期的服务,有利于企业获得更多的价值,也拓展了企业的价值增长空间。

服务型制造有利于企业实现价值增长的"软化"(指在价值构成中服务等"软件"的比重较之设备等"硬件"的比重不断增加)。生产的"软性化"是当代产品结构升级和产业竞争力水平的一个重要标志。企业间的生产性服务是人力资本、知识资本和技术资本进入生产过程的桥梁,从而将技术进步转化为生产能力和竞争力。

**2) 服务型制造的 BIT 模型**

服务型制造的 BIT 模型如图 1-12 所示。BIT(B 代表商业模式、I 代表行业洞察、T 代表技术优势)模型是用来观察、审视企业服务创新的三维模型。商业模式创新是在全球化、信息技术和互联网高度发展的今天最具挑战性的创新。新技术的部署带来了一些全新的商业模式,销售渠道、客户关系管理和合作伙伴网络等的发展,使原来受时空和能力限制的模型构建成为可能,极大地拓展了商业模式创新的空间。精准的商业模式有助于迅速占领市场并帮助企业确立领导地位。行业洞察和技术优势则分别代表了企业发现新需求和满足新需求的能力。商业模式、行业洞察、技术优势三者中任何一种的创新都可以促进服务创新,三者也是互相补充和促进的,成功的创新往往是三者的结合。服务型制造企业在加强技术实力的基础上,着重提高行业洞察力,并摸索新的商业模式以实现分工协作,这是进行服务创新的有效途径。

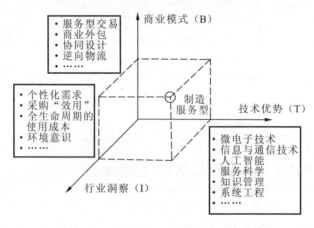

图 1-12 服务型制造的 BIT 模型

**3) 服务型制造的产业实践**

全球著名制造企业(如 IBM、GE、HP、海尔等)均在由制造逐步向服务领域拓展。长期以来,IBM 一直将自己定位为"信息技术产品制造商"。20 世纪 90 年代初期,IBM 产品覆盖了芯片设计与制造、硬盘制造、大型计算机、微型计算机、软件等大部分领域。随着硬件等 IBM 传统的支柱产品进入衰退期,IBM 陷入了前所未有的困境。仅 20 世纪 90 年代的最初 3 年,IBM 就亏损了 160 亿美元。20 世纪 90 年代中期起,通过业务结构调整,IBM 重新定位于"提供硬件、网络和软件服务的整体解决方案"。它先后剥离了硬盘、PC 制造等非核心业务,并加强纵向合作,实现了从 IT 硬件制造商向 IT 服务商的转型。在此基础上,IBM 实施服务创新,其服务内容涵盖了从行业战略层面的商务战略咨询和托管服务,到企业管理层的电子交易、电子协同、客户关系管理、供应链管理、企业资源规划、商务信息咨询等全方位服务,还包括 IT 系统的设计、实现和后期的维护服务,建立了全新的服务型制造模式,形成了强大的竞争力。2003 财政年度,IBM 持续经营业务净利润增长 43%,达到 76 亿美元,同时收入攀升 9.8%,达到 891.3 亿美元,这得益于其全球服务业务收入增长了 17.3%。2005 年 IBM 公司服务收入占比超过 50%,利润增长高达 10%以上。

国内的大型装备制造企业如陕西鼓风机集团,从 2001 年起开始在产品市场调查、开发改进、生产制造、安装调试、售后服务上为顾客提供综合服务,包括方案设计、系统成套供应、设备状态管理以及备件零库存、金融融资等个性化的、完整的问题解决方案和系统服务。其运用现代信息技术,开发了远程故障诊断系统,对用户装置实施实时监测和状态管理,并以此为基础,组建专门的服务中心。在扩展服务的同时,其与重点外协厂商战略合作,实施虚拟制造,强化了核心零部件的加工和产品总装、试车等环节;对可专业化外包的零部件,通过制造外包、外购等方式获得专业化零部件、专业化产品。通过实施服务型制造模式,陕西鼓风机集团走上由单机供应商到系统供应商的高端发展之路。"十五"期间,陕西鼓风机集团产值从 2000 年的 3.4 亿元迅速增长到 2005 年的 25 亿元,增长了 6.39 倍;利税从 4 388 万元增长到 5.2 亿元,增长了 10.86 倍,2002—2005 年利润年均增长速度(89%)远远高于产值的年均增长速度(49%)。2005 年高端服务收益就占了总产值的 56.1%。

海尔集团通过提供高质量的五星级售后服务,在产品同质化的时代,通过为产品嵌入服务内涵,实现差异化竞争,取得了强大的竞争优势。在客户端,海尔集团基于电子商务,实现了客户参与设计,为顾客提供家用电器成套设计、成套购买、成套服务和升级服务。海尔集团构筑了"U-Home"信息平台(人与家电、家电与家电,以及家电与外部网络、家电与售后服务体系之间的无缝信息沟通平台),为顾客提供全方位的服务,树立了海尔集团的品牌形象,带来了巨大的经济效益。在供应链管理中,海尔集团通过为供应商提供第三方物流服务,邀请供应商参与产品的集成开发和设计等,形成了集成协作的生产型服务体系,提高了产品创新的速度。目前,海尔集团已经成为中国最大、世界第二的家电生产企业,冰箱、冷柜、空调、洗衣机四大主导产品的国内市场份额均达到 30%左右。海尔集团的成功来源于产品与客户、供应商的有机结合,来源于扩展产业价值链,实施服务型制造。

**3. "傻瓜"型产品**

人们熟悉并大量使用的"傻瓜"相机,为非摄影专业的人员提供了满意的服务,它把与摄影有关的参数如焦距、光线强弱、曝光时间等优化组合,参数设置由内置的技术系统自动完成。而对客户而言,只要瞄准方位、按下按钮即可,故谓之"傻瓜"也能完成。这种"傻瓜"型相机技术含量高,用户使用极其方便,充分体现了"以人为本"的制造理念。

许多制造装备如机床,由于内置众多传感器,能及时监测其运行状态,如遇到故障将发出声响或闪光,提示人们及时处理事件或故障,防止不规范的运行状态延续,保证了生产的正常合理进行。这种设备也称为"傻瓜"型设备,它大大减轻了操作人员的劳动负担,也充分体现了以人为本的制造理念。

## 1.2.2　以环境为本的制造理念

为缓解资源、环境和人口这三大热点问题所带来的种种危害,可持续发展已被公认为21世纪的主要生产模式,我国已确定可持续发展为基本国策之一。

21世纪是以环保为核心的世纪。传统的生产是以大量消费资源(如人力、物质、能源、财富等)并因而大量产生废弃物的模式进行的,但在21世纪的环保要求下,生产模式必须要实现资源的循环利用。

现以下式来论述生产方式改变的重要性。

$$环境总负担 = \left(人口 \times \frac{GDP}{人口} \times \frac{环境资源}{GDP}\right) K_T$$

式中　人口——地球上的总人口数,每一个人都要地球提供赖以生存的各种资源,人口愈多,环境总负担就愈重;

GDP/人口——人均GDP(国内生产总值),可理解为人的生活质量,这个比值愈大,人们的生活水平愈高,需要产出的GDP就愈大;

环境资源/GDP——每产生一份GDP所消费的环境资源,这个比值愈小,表示生产方式愈先进,否则,生产方式愈粗放;

$K_T$——不可抗拒的地球灾害的影响,如地震、海啸、洪水、干旱、瘟疫等给环境带来的额外负担,其值一般都大于1。

当人口不断地增加,人们的生活质量不断提升时,为了维持地球的承受能力,就必须采用先进的生产方式,必须实现资源的循坏利用。为此,出现了可持续制造、生态型制造、再制造等先进制造技术。

有科学家计算指出,在现有生产方式下,全世界的人若都按西方富人的生活标准来消费,则需要50个地球才能承受其重负。

为了体现以环保为核心的制造理念,制造领域需创新加工技术,达到如下要求:

① 可重复利用的资源在重复利用的框架内消费;

② 不可重复利用的资源尽可能由可重复利用的资源取代,在与生产量保持平衡的范围内消费;

③ 废弃物的排放量控制在自然净化的可能范围内。

因此,制造技术应努力开发资源循环利用系统,包括建立循环利用型的生产系统,实现零辐射及耗用能源最小化,确立环境承受极限评价技术。

具体而论,满足以上各项要求的加工技术在近期内可预见的有以下几种。

① 坯件精密化技术,如飞机发动机零件的恒温锻造和精密热锻造技术、坯件精密成形技术、成形仿真技术等。只有坯件精密化了,切削加工余量减少,资源才有可能得以充分利用。

② 与材料相对应的加工技术。为了保证加工的超高精度和高稳定性要求,除了使加工技术微细化(达到10 nm水平的加工指标)外,还必须加强材料学的研究。随

着纳米级粒子技术的发展,纳米结构体、薄膜及复合材料的制作将进一步发展,加工和材料开发工程相一致的领域增多,对于新材料的加工技术需不断进行探讨。

③ 综合化技术,可将不同的工艺综合应用到同一个工艺规程的作业中,满足高功能化、高效率化、低环境负面影响等要求;也可对废弃物零排放的不同领域进行融合,如将坯件精密成形、干式加工、激光焊接、镀层厚板的冲孔加工等不同的加工工艺综合应用,环保效果好。

在以环境为本的制造理念的驱动下,国内外都取得了一些可喜成果。

目前,美国、德国、法国等把每辆旧汽车75%的零部件都进行了回收并重新利用。美国的三大汽车公司在密歇根州的海兰帕特建立了汽车回收开发中心,对汽车进行拆卸研究。美国已形成了年获利可达数十亿美元的废旧汽车回收行业。德国大众汽车公司在回收再利用废旧汽车方面更注重于促使汽车易于分解,以便重新利用。宝马公司已建立起一套完善的回收品经营连锁店的全国性网络。法国标致-雪铁龙集团联合法国废钢铁公司等建立了汽车分解厂;雷诺汽车公司同法国废钢铁公司建立了报废汽车回收中心。法国一些汽车厂家特意让回收人员参与汽车产品的设计,并与工程师们共同研究如何把汽车设计得更易于回收。

近年来,研究得较多的典型绿色生产工艺有干式切削和干式磨削工艺、节能制造工艺、低温冷却加工工艺、喷雾冷却工艺、废弃物排放及回收工艺等。利用这些工艺在生产过程中可以实现资源优化配置、节省材料和能源,最大限度地发挥生产设备与工艺装备的效能,有效地回收与处理生产过程中的各种中间废弃物,同时操作方便、清洁无(或少)污染、优质、高效,且安全可靠。

日本、德国、美国等工业发达国家非常重视绿色生产工艺与装备的研究,在应用方面已经走在了世界发展的前列。日本由于自身资源的缺乏,对工业系统的生态特别重视,制定了回收法和一些工业政策以鼓励材料回收再利用的企业,日本通产省还发起了生态工厂研发计划。而丹麦的凯伦堡生态工业园则是一个成功的工业生态系统的典范。

经过几年的发展,在我国不仅形成了一支从事绿色制造共性技术研究和基础研究的队伍,而且研究的领域也在不断拓宽。在绿色设计理论与方法,节能、环保及清洁化生产,再制造等方面都取得了一些具有自主知识产权的成果。对一些耗能、污染企业与装置,国家采取强有力的措施、手段予以改造或关停,使得我国的自然环境开始好转。

我国明确提出在2007年7月1日前停止主要的氟利昂(ODS)的生产与消费,以确保2010年履约目标的实现。氟利昂制冷已由无污染的制冷方式取代。

经研究表明,车辆自身质量减轻10%,可降低油耗5%~8%。汽车轻量化技术的发展体现在三个方面:a. 轻质材料的使用比重不断提高,如铝合金、镁合金、钛合金、塑料、生态复合材料及陶瓷的应用越来越多;b. 结构优化和零部件的模块化设计技术使高刚性结构和超轻悬架结构得以应用;c. 有毒、有害材料被替代。"十一五"期间,我国将镁合金应用和开发列为材料领域的重点项目,一汽、东风、长安等汽车企业建立了压铸镁合金生产线。

绿色能源指以风能、太阳能、沼气为代表的生物质能源,以轻烃为代表的新型燃料、地热能等。我国太阳能资源目前主要用于城乡居民的热水供应,现有太阳能热水器 5000 多万平方米,2020 年和 2050 年可以分别达到 2 亿平方米和 5 亿平方米,分别可替代 $1.2 \times 10^3$ kW·h 和 $3 \times 10^3$ kW·h 电。

在汽车回收处理、家电回收处理、电池回收处理、垃圾处理等方面都有若干技术创新成果,体现了以环境为本的制造理念。

### 1.2.3 以信息为核心的制造理念

在进入信息时代后,传统的机械制造行业面临信息化改造、提升等问题。图 1-13 所示为制造业信息化内涵,它涉及设计、制造、材料、信息交换、管理等主体领域,体现出以信息为核心的制造理念。

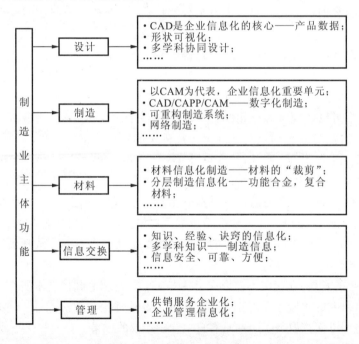

图 1-13 制造业信息化内涵

在机械制造中,主要的信息包括数据信息、图形信息、知识与经验信息等,它们都要以数字形式来表示,这样才能利用数字计算机来分析、处理、控制。

数字从计算机技术或信息技术角度看,是用来表示事物以及事物之间联系的符号,是信息的载体,信息体现的则是数字的内涵。数字是计算机技术的基础,数字计算机所处理的任何对象首先都必须表示为数字的形式。

数字化制造是在计算机/网络和相关软件的支持下,将产品全生命周期的营销、管理和技术活动,用数字来定量、表述、传递、存储、处理和管理。典型的数字化制造技术包括 CAD/CAM、CNC、柔性制造单元(FMC)、柔性制造系统(FMS)、计算机辅助检验(CAI)、管理信息系统(MIS)、制造资源计划(MRP-Ⅱ)、企业资源计划(ERP)、产品数据管理(PDM)、虚拟制造(VM)、网络化制造(Web-M)等。可见,数字化制造技术是以信息为核心制造理念的产物。

数字化是以数字计算机的软、硬件为支撑的。在 21 世纪中,尽管可能出现更先进的计算机,但数字计算机仍将是主角。为了充分发挥计算机辅助技术的作用,需要对领域主导知识进一步进行数字化处理,如制造过程的物理量(包括力、热、声、振动、速度、误差等)的数字化模型,它们是伴随制造过程的几何量(位移、多坐标联动位移)而产生的。如何将数字化量及物理量与几何量的相互关系融合到计算机系统中,尚有大量工作要做。利用社会学、心理学、人体结构与行为科学等,更好地发挥人在企业中的作用,利用计算机仿真与人机界面技术模拟企业环境,研究人的最佳工作状态,重视人们的满足感与舒适感,这些都涉及大量数字化问题。技能是综合了个人的知识、经验、运动能力与体力,并利用技术进行创造性劳动的基本能力,技术进步了,技能会起质的变化,技能的提高又会促进技术的进步,而技能的获取需 5~10 年时间,因此,技能数字化是实现技术创新的一个重要手段。

计算机网络为数字化信息的传递,为实现"光速贸易"提供了技术手段。重要的是数字化全部信息,不仅要数字化技术信息,也要数字化评估信息,以便在信息冗余的场合,选择有用的信息,还要数字化滤掉干扰信息和伪假信息,保证数字化信息的传递畅通、无误。计算机网络也为实现全球化制造、基于网络的制造提供了物理保证,这不仅有利于参与市场竞争,促进设备资源的共享,更有利于快速获得制造技术信息,激发创新灵感,是实现数字化制造的重要保证。

下面以一个实际工厂(physical factory),转变为数据工厂(data factory),进而转变为数码工厂(digital factory)的演变过程,说明数字化所起的重要作用。

一个实际工厂的模型如图 1-14 所示。工厂输入原材料或半成品,通过设计、加工制造及质量检验等工序,把制成品交到顾客手中。制成品的价格减去原材料及加工、装配、检验、储运等工序的费用,就是企业的利润。对于一个创新的产品,往往要先制造样机,称为试制。

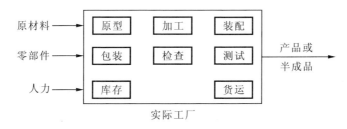

图 1-14 实际工厂内涵

当实际工厂的规模达到一定程度时,产品种类增多,市场扩大,企业部门发生整合,工厂要处理的除了产品设计、材料加工及质量等方面的事务外,更大部分时间及资源会用在对产品细节、客户市场及生产数据资料的处理上,用来解决如何分配资源、如何安排生产、如何采购、如何向外发货等问题。这个在实际工厂中运行的作业系统可称为数据工厂,如图 1-15 所示。数据工厂通过数据的收集、跟踪和管理,指挥及监视实际工厂的运作。CIM、MRP-Ⅱ及 ERP 系统正是数据工厂的一种外在形式。在数据工厂中,利用现代计算机技术,实现了工厂管理制度的系统化及自动化,并实现了工厂的人力资源、物质资源(如设备、能源等)、财力资源的优化运行,有利于获得高的效益。

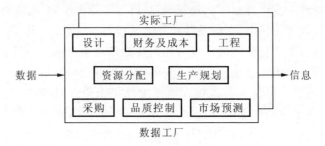

图 1-15 数据工厂内涵

数据工厂的运作是通过对知识的有效管理来实现产品增值的一种生产活动,它不等同于企业数据的自动化处理,也不是对工厂及车间的生产机械的数字化控制。之所以能通过对知识的有效管理来实现产品增值,是因为生产不单是指对原料或产品的加工制造,生产的目的是要使产品及服务能为顾客创造最大的附加值。

如图 1-16 所示,数码工厂的原料是关于企业产品及市场的信息,信息经过各种数字化处理后,成为决策及行动的方案。

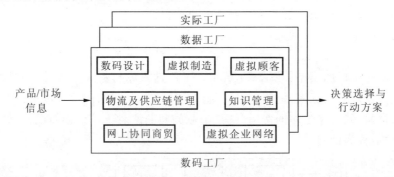

图 1-16 数码工厂的内涵

"数码"的意义如下。

① 一切数据及信息,无论是生产计划,还是产品结构图样、成本数据等都能以二元数码的形式在计算机及网络上通过各种知识处理系统自由地进行转换、分析、综合和应用,亦即结构图样、成本数据等的离散化处理。

② 生产的过程,包括产品构思、原型制造、加工、装配、产品测试、生产规划、物流管理等都可以迅速按照市场及顾客的需求在计算机上进行数字仿真。

③ 在数码工厂运行模式中更突出的是产品还没有正式投产前,企业可以与在数

字化网络上的虚拟顾客共同参与产品的设计及修改；不同地域的顾客在确定了产品的式样和数量以后，将订单通过网络汇集到企业内及企业外，以便各有关部门及供应商能快速地进行部件采购及生产安排。

数码工厂为企业提供了一个交互的、柔性的、图形界面的仿真系统，并将其作为对产品设计、加工、生产线规划及资源分配等进行仿真和优化的工具。

数码工厂除了要对产品开发过程进行数据处理外，还要对企业的顾客、供应商及市场的需求，通过数字化网络系统作出快速的反应。

数码工厂已在航天、汽车工业和机床工业中得到了不同程度的试验和应用。

数字化工厂或数码工厂的出现，是以信息为核心的制造理念的集中体现。

## 1.2.4 快速响应市场的制造理念

在当今的世界市场中，TQCS 已经成为衡量一个企业竞争能力高低的重要指标，其中 T 为产品上市时间（time to market），Q 为产品质量（quality），C 为产品的成本（cost），S 为服务（service）。在这四个因素中，T 是最为重要的因素，它是 21 世纪企业赢得竞争优势的关键所在。

为了快速响应市场，制造企业的总体目标是实现快速设计、快速制造、快速检测、快速响应和快速重组。

在这种制造理念的驱动下，涌现出如下的先进制造技术。

**1. 网络化设计与制造**

随着 Internet/Intranet/Extranet 技术的迅速发展，制造企业可以通过网络实现对分布的制造资源进行快速调集和利用，通过动态联盟或虚拟企业的形式实现制造企业的快速动态重组，通过异地并行设计和虚拟制造方法提高企业对市场的快速反应能力。

网络化设计与制造在广义上表现为使用网络的企业和企业间可以实现跨地域的协同设计、协同制造、信息共享、远程监控及远程服务，企业可以实现对社会的商品供应、销售及为社会提供服务等。在狭义上表现为企业内部的网络化，将企业内部的管理部门（如产、供、销、人、财、物等部门）、设计部门（如 CAD、CAPP、CAE 等部门）、生产部门（如 CAM，生产监测，刀具，夹具，量具，材料管理，设备管理等部门）在网络数据库支持下进行集成。

波音 777 客机在美国进行概念设计、在日本进行部件设计、在新加坡进行零件设计，由分布在世界各地的 7 000 多人参与研制，形成了 238 个协同工作小组，每个小组由相关的设计、工艺、制造、装配、试验部门的专业人员、供应商及转包商代表、用户代表联合组成。为此，波音公司利用 2 000 多台配置了 CATIA 软件的工作站与 8 台主机联网，以协调分散在世界各地的合作伙伴进行设计和制造。通过网络，建立了 24 小时工作的协同设计队伍，大大加快了产品的研发进度，使遍布 60 个国家的波音 777 零部件供应商得以成功地通过 CATIA 数据库实时存取、选择自己所需的零部件信息，使相关供应商（如发动机供应商 GE、诺伊斯罗斯和惠普）联系起来，实现了数据交换和异地设计制造等。

网络化制造、虚拟制造、并行工程以及虚拟现实技术等先进制造模式和技术的综合运用,使波音777客机研制周期由波音757客机、波音767客机的9~10年缩短为3年8个月;63 m长的波音777客机的装配误差仅为0.58 mm;用数字化样机取代原型机进行各种测试,实现了无纸化设计目标,提升了波音公司的市场竞争力并为其创造了显著的经济效益。

**2. 柔性制造**

数控加工出现后,制造企业可以通过计算机软件如CAD/CAM、FMC、FMS、CIMS等实现柔性化制造,制造系统能很快地从一种生产模式转换到另一种生产模式,大大地减少了产品的上市时间。FMS只具有软件上的柔性,而硬件设备是没有柔性的,确定刀库中的刀具数量时要考虑尽可能多的加工需求,因此,易导致设备成本增加,软件有冗余。

20世纪80年代末至90年代中,制造业面临市场变化的不可预测。为了适应这些变化,解决生产效率与制造柔性之间的矛盾,并充分利用已有的资源,产生了可重构制造系统(reconfigurable manufacturing system, RMS)与可重构机床(reconfigurable machine tool, RMT)。

可重构制造系统和可重构机床的核心技术是模块化,包括可重构硬件的模块化和可重构软件的模块化,如图1-17所示。

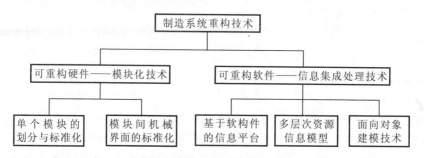

图1-17 制造系统的可重构技术

**1) 硬件模块化设计主要内容**

(1) 模块的划分、综合及标准化

正确合理地划分模块可以简化设备的结构,降低设备的重构频率,提高模块之间的匹配精度,减少重构操作的工作量,美化设备的外观。另外,可重构硬件模块的标准化也极其重要,只有实现标准化,才便于组织专业化的大规模生产,实现不同厂家模块的互换。

(2) 机械界面标准化研究

要使模块化设计在可重构制造系统中真正得到应用,设计时就必须考虑各种模块的界面标准化,这些界面包括机械、液压、润滑、冷却、电控接头等。如果不同厂家生产的功能模块不能实现快速互换,模块化设计就只能局限在某一特定企业的产品上。对于可重构制造系统,如果不能实现模块之间的快速高精度互换,重构就没有任何实际意义。界面的标准化工作涉及界面结合的精度、稳定性和可靠性,以及界面的标准化,模块更换的快速性和方便性等内容。

**2) 可重构软件的模块化设计**

在某种意义上,制造系统也是一个信息处理系统。制造系统重构要求控制软件本身能根据需要进行快速重组,即实现系统控制软件的可重构性。与可重构系统中的硬件模块相类似,可重构软件平台中的模块相当于硬件系统中的零件或元器件,可以被灵活地重用。

因此,制造系统为了实现控制软件的可重构,必须采用信息集成处理技术。信息集成处理技术以开放式系统体系结构为基础,以标准化的操作系统为支持平台,将系统中的控制软件组成相应的功能模块,存放在模块库中,针对系统不同的功能要求,由系统集成工具选用相应的控制模块,通过开放式控制系统平台的通信系统进行集成,形成具有特定功能的控制系统。

**3) 软件可重构包括以下内容**

(1) 基于软构件的信息平台

过程与产品的可重构性都需要柔性信息集成框架的支持,因此,整个信息平台应当采用模块化设计方法并应用软构件的思想支持软件重构,允许应用模块方便地在信息系统内"插入和拔出"。

软构件可定义为:a. 它是一个系统中重要的、基本上是独立的、可替换的部分,在已定义好的软件体系中执行确定的功能,并提供一系列接口的物理实现;b. 它是明确规定接口和环境附属物所构成组合体的一个单元,它可以被独立调度,并可被第三方所组合。

在面向对象的程序设计中,软构件类相当于类机制,软构件就是由类生成的类实例对象;在传统的程序设计中,软构件相当于过程及其所使用数据的封装体、模块或程序模板、系统分析件和系统设计件,只要符合能重用的原则都可以做成软构件。

(2) 多层次资源信息模型

制造系统的重构可以看成是任务的分解、资源的选取(即任务的分配)和资源的调度等问题的解决过程。制造资源的分布、资源的拓扑结构、生产能力、生产状态等信息都是系统进行重构的重要依据,资源信息模型的建立是实现制造系统快速重构的基础。

为了很好地描述制造资源的准确特征,资源模型应具有一定的开放性,能进行系统和相关模块的快速重构;资源模型应具有很好的柔性,支持复杂对象。在这样比较复杂的系统中,要把资源信息描述得简单清楚,必须根据实际情况进行制造资源多层次混合建模。

(3) 基于面向对象方法的建模技术

基于面向对象的方法采用对象来表达一切事物。制造资源信息的特点是数据种类繁多、数据量庞大,采用面向对象的方法适合描述制造资源信息。

面向对象方法综合了功能抽象和数据抽象,对象是包括数据和操作的整体,是对数据和功能的抽象和统一,强调的是可操纵的对象而不是过程。采用面向对象方法进行资源信息建模,制造资源可以直接映射为对象。用相对稳定的对象作为构成系统的单元,通过不同对象间的相互作用的动态联系,可以构造出满足不同需求的系统,使模型具有良好的柔性和可扩展性。

**4) 可重构制造系统**

目前,在企业中主要存在两类制造系统,即专用制造系统和柔性制造系统(FMS)。专用制造系统成本较低,能进行多刀加工,故生产效率高,但没有柔性,系统的软件、硬件都是为特定零件而设计的,不能扩展。柔性制造系统则具有软件柔性,能控制固定的硬件设备实现众多加工功能,及时响应市场变化,但造价昂贵,软件冗余大,只能进行单刀加工,生产效率较低。

可重构制造系统综合了上述两种制造系统的优点。采用可重构制造系统,可为响应市场或不确定需求的突然变化,迅速调整出一个零件族内的生产能力和功能,快速改变系统结构及硬件和软件组件而构成一种制造系统。这种系统的硬件、软件均可重构,可进行多刀加工,系统造价适中,但硬件有冗余。由于可重构制造系统充分利用资源,因此符合可持续制造策略。

(1) 可重构制造系统的特征

可重构制造系统必须从一开始就设计成可重构的,并且必须使用能快速且可靠地集成的硬件和软件模块,否则,重构过程将既长又不切合实际。为实现这一目的,可重构制造系统必须具备以下几个关键特征。

① 模块性(modularity)  在一个可重构的制造系统里,所有主要部件(如结构件、轴、控制软件和刀具等)都是模块,模块化技术是实现系统可重构的核心技术,在某种程度上系统可重构性的质量取决于模块设计的质量。如果有必要,各部件可以分别得到更换以满足新的要求,而不必改动整个生产系统。模块化思想使得整个系统易于维护并降低了成本,但是,如何划分模块,以及采用什么系统合成方法尚有待进一步的研究。

② 集成性(integrability)  设计机器和控制模块应具有组元集成的接口,基于其组元的给定性能和软件模块与机器硬件模块的接口预测集成系统的性能。必须建立起一系列系统集成方法和原则,这些方法和原则应涉及整个生产系统及部分控制单元和机床,还要加强对系统布局和生产工艺流程的研究。

③ 定制性(customization)  这种特征包括两方面:定制柔性和定制控制。定制柔性意味围绕着正在被制造的零件族里的零件构造机器和只提供这些特定零件所需要的柔性,因此降低了成本;定制控制借助于开放体系结构技术集成控制组件,从而能准确地提供所需要的控制功能。

④ 转换性(convertibility)  在一个可重构制造系统中,可以利用已有的生产线

来生产同一零件族中的不同产品,同时,在改变生产品种时所需的变换时间要尽量短,变换内容包括刀具、零件加工程序、夹具等。这些都需要有先进的传感、检测系统,以进行自动监控和标定。

⑤ 诊断性(diagnosability)　由于可重构生产系统需要经常改变其布局格式,应具有对重新布置好的系统进行相应的修正和微调的能力,以确保产品的质量。因此,可重构生产系统必须具备可诊断性。产品质量检测系统必须和整个系统有机地结合,这样可有助于快速找到影响质量的原因,并借助统计分析、信号处理和模式识别等技术来保证产品质量。检测不合格的零件为减少可重构制造系统的斜升时间起到重要作用。这里,斜升时间指的是新建或重构制造系统运行开始后达到规划或设计规定的质量、运转时间和成本的过渡时间,它是制造系统重构可行性的一个重要性能测度指标。

可重构制造系统的以上这些特征决定了重构制造系统的难易程度和成本,具备这些关键特征的制造系统具有较高的可重构性。其中,模块性、集成性、诊断性有利于减少重构的时间和精力,定制性、转换性有利于减少重构的成本。

（2）可重构制造系统的可重构方法

重构制造系统的目的是当市场发生变化时,通过对整个系统(包括机器硬件和控制软件)的快速重构,作出迅速而又有竞争力的反应,以适应新的市场需求。为了实现这一目的,要求可重构制造系统是一种模块化、可重用和可扩展的系统。这就是说:重构系统的硬件、软件应当是模块化的,具有相对独立的功能,可以按照不同的要求进行相应的重组;系统的应用软件应能够在不同的平台上运行,与其他系统应用程序相互操作,提供风格一致的用户交互界面;控制软件应可以适应不同的环境,提供通用的控制功能,不同型号的底层加工设备在重构系统中应实现即插即用;应能够实现网上制造资源的重组及协同工作。

在实现系统的可重构时,可以通过以下方法达到系统的可重构目的:

① 保持原制造系统组成不变,通过改变系统的生产计划,即改变工序顺序和零件路径,实现系统的可重构;

② 通过增加机器到制造系统中或从制造系统中移走机器,或在制造系统中进行机器的替换,使得系统具有响应市场需求的可伸缩性和适应新产品的结构可调整性;

③ 对可重构机床进行重构,例如可通过增加主轴头和轴、改变刀库等方法来实现机床的可重构;

④ 与可重构硬件相适应,对控制系统进行重构,如控制系统增加、替换、重用,与可重构机床或机器等组成模块相应的控制功能,或集成新的控制功能到控制系统中。

（3）可重构制造系统的评价指标

制造系统重构的主要目的是调整制造系统的功能、产量和技术。为确保制造系统具有可重构性,新的制造系统设计从一开始就必须从可重构的角度出发。制造系统重构是一个满足一定约束条件、实现最优的目标函数的过程,其约束条件为:生产节拍、可靠性与产量;已有资源的最大限度利用;公共地基上物流最优,布局合理。

制造系统重构是在公共地基上进行功能分配并调用相关资源实现该功能的一个"填空"过程，也就是功能—资源映射的过程。企业根据生产资源的属性和可重构制造系统的相关评价指标进行任务再分配以实现制造系统重构，尽可能扩大生产资源的利用率和利润。可重构制造系统重构性的好坏可从以下几个方面进行评价。

① C(cost)——低的生产成本和重组成本的综合值。重组成本包含设备移位、调试、增添和重组停工损失等费用。

② T(time)——短的设计建造时间和斜升时间，它是制造系统重组可行性的一个重要性能测度指标。制造系统的重构时间必须满足生产的要求，否则，系统的重构就没有实际价值。

③ R(resource)——最大限度地利用已有的资源。可重构制造系统的一个主要特点就是要最大限度地利用已有的生产资源。

④ S(stream)——在公共地基上达到物流最优。描述产品和制造过程变换的流动原理称为变流理论，研究变流理论的目的在于及时检测、控制物流、使物流系统新建、重组后快速达到和保持系统运行性能的技术经济指标。

C、T、R、S 是可重构制造系统重构性的评价指标。这 4 个评价指标是相互依存、相互矛盾的，在进行制造系统重构设计时可以运用计算机技术和仿真技术全面考虑，在它们之间取得协调平衡。

(4) 可重构制造系统的应用举例

我国机械工厂于 1996 年开始实施重构技术，如山东某厂每年按订单重构生产线 8 次，而江苏某计算机组件制造厂根据周计划可以随时在 8 小时内完成 CNC 加工中心组成的制造系统重构，最短的重构周期达到 24 小时或更短时间。可重构制造系统已成为国内外先进制造企业压缩产品变换引起的设备系统投资，缩短新产品制造系统设计、建造的周期和斜升时间，增强企业市场变化适应能力的有效手段。

北京某大学将人工智能原理应用于 CAD 系统中，对制造单元的布置进行系统设计(包括概念布置设计、初步与详细布置设计)和计算机仿真，并把它用于汽车减振器焊接与装配线、汽车燃油泵的制造单元重构，取得了较好效果，如焊接单元重构后使占地面积压缩了 63.6%，作业人员减少了 36.4%，人均生产率提高了 190%，设备台数减少了 50%，投资减少了 52.2%。可见，系统级的重构在我国有广阔的应用前景。

加工对象为轿车自动变速装置中的"液压集成块"零件，需加工一系列轴线平行和交叉的精密阶梯孔系及相关油路通道与连接面。

该零件的结构参数和形状取决于不同形式轿车的相配部件及安装空间，因而它是一组随轿车发展而不断变异的零件族，采用柔性加工的制造系统是合理的解决方案。按照两班制，年生产量 15 万台的要求，通过理论计算和仿真实验，得出 A、B 两套设计方案。A 方案采用 3 组立式加工中心、1 组卧式加工中心和清洗、测泄漏及精度检测设备各 1 台，按串联布局方式形成 C 形生产线。

B 方案则用基于快速重构原理的阵列式布局，它由 5 组组态式柔性制造单元并列组成,每组由 2 台立式加工中心和 1 组卧式加工中心按切削工艺流程串接而成。清洗、测泄漏及精度检测设备构成单独的工作单元。

两个方案的物料输送系统均采用高架移动机器人,对于 B 方案则辅以有轨搬运小车,使加工完的零件进入清洗和检测等工序,并实现各并列工作单元的物料调配。A、B 两个设计方案的综合对比如表 1-1 所示。

表 1-1 两个方案的技术经济性能综合对比

| 项目 | A 方案(FML) | B 方案(RMS) |
| --- | --- | --- |
| 主要设备 | 立式加工中心 13 台<br>卧式加工中心 15 台<br>清洗机 1 台<br>测泄漏机 1 台<br>综合精度检测机 1 台 | 立式加工中心 10 台<br>卧式加工中心 5 台<br>清洗机 1 台<br>测泄漏机 1 台<br>综合精度检测机 1 台 |
| 物流系统组成 | 远程双手高架机器人 4 套(最大行程 41 m)<br>盘式料仓 9 套<br>带翻转台缓冲站 7 套 | 短程单手高架机器人 6 套(最大行程 15 m)<br>有轨搬运小车 2 套<br>固定式缓冲托盘站 14 套 |
| 占地面积 | 1 044 m$^2$ | 864 m$^2$ |
| 加工的柔性度 | 多品种分批加工<br>各加工周期主要进行单一品种的加工 | 多品种并行加工<br>可同时进行多至 6 个品种的混流加工 |
| 均衡生产和调度的灵活性 | 中等 | 优良 |
| 年产量/万套 | 15.5 | 15 |
| 工程费用对比 | 1 | 0.75 |
| 工程实施的敏捷性 | 需一次到位建成,建设周期较长 | 可分步实施,按市场需求无缝扩展,降低产品进入市场的前期投资,有利于投资回收 |

采用 B 方案由于能缩短单元内物料输送路线,降低物料系统的结构复杂性,使总的工程费用减少 15%。同时因工艺流程安排合理,机床利用率提高使生产效率提高 16%,且系统的柔性和灵敏性大大提高,可方便地实现多品种混流生产,并能按市场需求迅速地调整和扩展,故该方案以其优良的技术经济性能被用户采纳。

**5) 可重构机床**

可重构机床是可重构制造系统中的重要装备,根据可重构的思路,可重构机床的结构及其控制是可以快速改变的。与传统的通用 CNC 机床相比,可重构机床是为特定的、定制的加工要求范围而设计的,当要求变化时,它能经济有效地变换。

图 1-18 所示为一种可重构机床的概念设计,当被加工零件的尺寸与特征变化时,机床主轴可重新安装以完成相同的工序(以不同的安装方式)或重新置换另一主

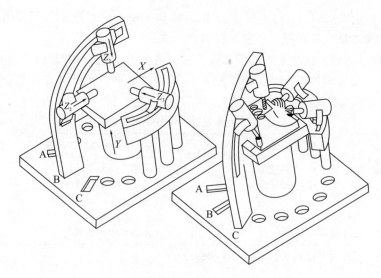

图 1-18 可重构机床的概念设计

轴以完成不同的工序。为实现资源的最优利用,机床主轴可以增加或减少。

可重构机床采用模块化设计,它能实现与环境(如操作者和其他机器)的交互,确定控制模块的选取。可重构机床的模块化设计与普通组合机床的模块化设计有所不同,体现在两个方面:可重构机床中的单个模块可以重新定位、定向而不会改变机器的拓扑特性;可重构机床可改变加工工序,既可车削,也能实现铣削等,而组合机床一般只在同一加工工序范围内变化。

有三种方法可用来设计可重构机床:从加工任务的数学描述开始的可重构机床运动综合的系统方法,可重构机床动态刚度的估计方法,使用模块信息估算机床动态误差的方法。

(1) 可重构机床的控制要求

CNC 系统的控制元件不是模块化的,因此,不能扩展、不能升级、新技术(如先进的几何补偿技术)不能经济有效地被集成。

可重构机床的控制器必须基于开放式原理。在开放式控制中,软件构架是模块式的。因此,硬件元件(如编码器)和软件组件(如轴控制逻辑)容易增减,控制器可经济有效地重构。

可重构要求的引入,使可重构机床的控制器面临若干新的挑战。第一个挑战是:当一台现实机床被重构或集成了新的技术时,控制器的结构需重构,即控制器的结构层次是动态的,例如,在一轴的可重构机床上加上一线性轴,则要求集成插补软件模块。第二个挑战是:对于多刀独立加工的可重构机床,需要有对非正交轴线的插补、控制功能。第三个挑战是:异构软件和硬件组件的集成,如局域网协议、控制信号、电气触点等需在不同时间由不同的供应商开发,这就要求软件的标准化和接口的适配性。

为了应对上述挑战,已研发出如图 1-19 所示结构的样件控制器,它由构造用工

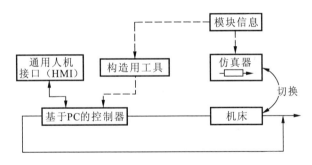

图 1-19 可重构机床样件控制器结构

具、仿真器和通用人机接口构成。构造用工具用来重构软件,以适应可重构机床的结构变化。该工具可为用户提供图形接口,以产生所需的软件。实时仿真工具能对电子机械器件和加工过程的动力学问题和离散事件进行仿真。仿真器与实际机床控制器相连,用户能评估和完善控制器而不必在控制器重构时开动实际机床。

(2) 可重构机床的机械要求

① 运动可行性 根据所需完成的工序要求以及工序变化的要求,可重构机床被设计成具有一定的运动自由度,且能根据工序变化而增减机械模块以适应这些变化。与通用的模块化机床不同的是,可重构机床应被设计成模块数量少,模块数由该机床应完成的工序范围及工序的变化频率而定。

② 结构刚度 结构刚度是机床设计的最重要的准则之一。其中静刚度关系到结构的几何变形误差,动刚度则关系到颤振等现象的发生。

与专用机床的设计类似,可重构机床的结构刚度需被保证,且有以下附加要求:第一,对于该机床的所有结构配置和能实现的所有工序,其结构刚度都能保证足够大;第二,要仔细考虑机械连接刚性与阻尼,为了重构,机械模块是靠连接而成,而连接是不能处理为刚体的。

③ 几何精度 与专用机床设计类似,可重构机床的机械结构的几何误差不会危及零件的质量,但有两点必须考虑:第一,因为可重构机床需完成一定范围内的工序要求,其最小的公差要求将决定机床的几何误差要求;第二,可重构机床的结构可能要求重构,对某些应用场合,可重构机床需要机械适配器,以便使机械模块快速而精确地增减。

**3. 分层制造技术**

分层制造(layered manufacturing,LM)技术是 20 世纪末出现的,它是制造技术的突破性创新成果。

分层制造的原理如图 1-20 所示,它突破了机械制造中传统的受迫成形和去除成形两种加工模式,采用先离散,然后再堆积的概念来制造零件。其最初的制造思路源于三维实体被切成一系列的连续薄切片的逆过程,用二维的制造方法制作出一系列的薄切片,然后堆叠成为三维的零部件实体。制造方法可采用黏结、熔结、聚合作用或化学反应等,有选择地固化(或黏结、烧结)液体(或固体)材料,从而制作出所要求形状的零件。它的制造方式是不断地把材料按需要添加在未完成的零件上,直至零件制作完毕,即"材料生长的制造过程"。

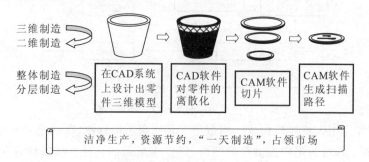

图 1-20 分层制造的原理示意图

第一个商业化的工艺——立体光刻(SLA)是由 3D Systems 公司在 1987 年 11 月美国底特律 AUTOFACT 上展出的。当时,制作的零件精度不高,且所选的材料也是有限的,所以被称为原型。

近 20 多年来,分层制造技术得到较快的发展,出现了一些商业化的成熟工艺,包括立体光刻(SLA)、选择性激光烧结(SLS)、熔化沉积造型(FDM)、液滴喷射打印(IJP)、三维印刷(3DP)、分层实体制造(LOM)等。

现在已有超过 30 多种工艺的分层制造技术,有些还处于试验室研究阶段。零件的精度已大幅提高,材料的选择范围也相当广,已能直接制造金属零件,本书第 4 章对此将有详细的论述。

虽然分层制造方法有多种,但与传统的加工方法比较,分层制造技术具有以下共同的特点。

① 利用分层制造技术可使设计、加工快速。与传统的加工方法比较,分层制造技术只需要几小时到数十小时,大型的较复杂的零件只需要上百小时即可完成。分层制造技术与其他制造技术集成后,新产品开发的时间和费用将节约 10%~50%。

② 产品的单价几乎与产品批量无关,特别适用于新产品的开发和单件小批量生产。

③ 产品的造价几乎与产品的复杂性无关,这是传统的制造方法所无法比拟的。

④ 制造过程可实现完全数字化。

⑤ 分层制造技术与传统的制造技术(如铸造、粉末冶金、冲压、模压成形、喷射成形、焊接等)相结合,为传统的制造方法注入了新的活力。

⑥ 可实现零件的净形化(少无切削余量)。

⑦ 无须金属模具即可获得零件,这使得生产装备的柔性大大提高。

⑧ 符合可持续发展策略。分层制造技术中的剩余材料可继续使用,有些使用过的材料经过处理后可循环使用,对原材料的利用率大为提高。

正是由于这些特点,分层制造能体现所谓"一天制造"的概念,即从产品构思、计算机三维造型到实物样件输出,可在 24 小时内完成,这当然是在已具备分层制造的软、硬件条件下实现的,有学者称之为先进的数字化制造技术。可以说,分层制造的出现,充分显现了快速响应市场的制造理念。

分层制造技术属集成型创新,它是 CAD、CAM 及后处理技术的综合,如图 1-21 所示。

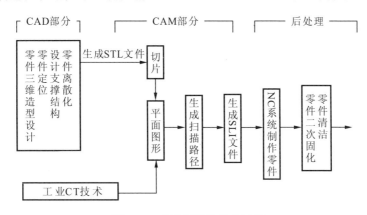

图 1-21 分层制造的技术过程

**1) 分层制造的典型工艺**

(1) 立体光刻成形

立体光刻成形(stereo-lithography apparatus,SLA)技术由 Charles Hull 于 1986 年研制成功,1987 年获美国专利,1987 年由 3D Systems 公司商品化。立体光刻工艺是使用液相光敏树脂为成形材料,采用氦镉(HeCd)激光器、或氩离子(argon)激光器或固态(solid)激光器,利用光固化原理一层层扫描液相树脂成形。扫描系统由激光部件和反射镜构成,根据计算机指令,通过反射镜,控制激光束在 $x$-$y$ 平面遵循切片轮廓,按一定填充模式扫描切片内部,使光敏树脂暴露在紫外激光下产生光聚合反应后固化,形成一个薄层截面。然后,通过计算机控制升降台移动,使固化层下降,再对其上面的液相层进行扫描,并使其与前一层固化在一起。这样,通过控制激光在 $x$、$y$ 方向的水平运动和升降台的垂直运动,将一层层的液相薄层扫描、固化后黏结在一起,直到零件制作完毕为止。激光器作为扫描固化成形的能源,其功率一般为 10～200 mW,波长为 320～370 nm(处于中紫外至近紫外波段)。由于是在液相下成形,对于制件截面上的悬臂部位,一般还需要设计支撑结构。

实用中的立体光刻装置有两种基本结构形式,如图 1-22 所示。其中图 1-22(a)属于点-点型扫描制造结构,图 1-22(b)是层-层型光照制造结构。

立体光刻装置一般由激光器、$x$-$y$ 偏转扫描器、光敏性液态聚合物、聚合物容器、控制软件及升降平台组成,如图 1-23 所示。激光器大多是紫外光式的,聚合物也是对紫外光感光固化的光敏性聚合物。

① CAD/CAM 系统  零件的误差实际上在 CAD 部分就开始产生了。在制造高质量的零件时不再采用离散零件模型,而采用离线切片处理器,这种方法效果较

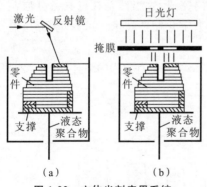
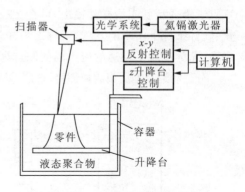

图 1-22 立体光刻应用系统　　　　　　图 1-23 立体光刻装置的构成
(a) 点-点型扫描制造结构；(b) 层-层型光照制造结构

好。由于切片是用一系列的柱面薄层来近似表示的三维实体的薄切片，这也会造成零件误差。一般说来，薄层愈薄，零件制造精度愈高，而制造时间就愈长。因而，选择薄层厚度时应综合考虑零件精度要求、零件表面变化状况及制造时间。

② 控制系统及光学系统　光敏性聚合物的固化速率与单位面积激光功率供给量直接相关，为使固化均匀，要求控制系统保证恒功率扫描。而控制系统的核心是光束扫描器，它用两个检流计驱动两面反射镜来控制光束进行 $x$、$y$ 方向的扫描运动。通常要求扫描速度很高（250～2 540 mm/s）。

由于光束斜射会造成光点尺寸变化，极大地影响该点激光功率的分布，亦即影响激光功率的单位供给量。为此，可通过一个微定位器控制的聚焦透镜进行变焦。这个透镜的移动控制必须与 $x$、$y$ 轴的检流计同步，以使光束焦点保持在容器的液面上。透镜对改变扫描线宽或填充大一些的区域也是非常有利的。此外，扫描速度或激光功率也必须可变，以补偿变焦引起的功率密度的变化。

反射镜的偏转角有一个很小的误差，会使液面扫描光点有一个较大的位移误差，因而对扫描器应采用闭环控制。

激光的开关控制必须保证在非加工动作时遮断光束，快门的定时性决定着扫描迹线的精度。

③ 光敏性聚合物　聚合物的特性同样直接影响着零件的性能、制作时间和零件的最终精度。

对黏度高的聚合物，要花较长的时间来固化和消除暗泡等；黏度低的聚合物固化速度快，但会在固化过程中产生较大的收缩。实际上零件发生变形的最主要因素便是光致聚合中的收缩作用。

重复扫描技术可减少收缩达 72%。3D Systems 公司所采用的编织技术，可使零件固化率达到 96%～98%。

(2) 选择性激光烧结

选择性激光烧结（selective laser sintering，SLS）方法是美国得克萨斯大学奥斯汀分校的 C. R. Deckard 于 1989 年首先研制出来的,同年获美国专利。DTM 公司 1992 年首先推出了 SLS 商品化产品"烧结站 2000 系统"。SLS 的原理与 SLA 十分相像,二者的主要区别在于所使用的材料及其性状。SLA 所用的材料是液态的紫外光敏可凝固树脂,而 SLS 则使用粉末状的材料,这是该项技术的主要优点之一,因为理论上任何可熔的粉末都可以用来制造模型,这样的模型可用做实用的零件。

目前,可用于 SLS 技术的材料主要有四类:金属类、陶瓷类、塑料类、复合材料类。

SLS 采用 $CO_2$ 激光束对粉末状的成形材料进行分层扫描,受到激光束照射的粉末被烧结。当一层被扫描烧结完毕后,工作台下降一层的厚度,提供粉末的容器内活塞推动粉末上升,回收粉末的容器内活塞下降,带动铺料滚筒在已烧结层上面铺上一层均匀密实的粉末,激光束烧结新的一层,与前一层烧结在一起,如此反复,直到完成整体烧结为止。在造型过程中,未经烧结的粉末对模型的空腔和悬臂部分起着支撑作用,不必像 SLA 工艺那样另行生成工艺支撑结构,如图 1-24 所示。

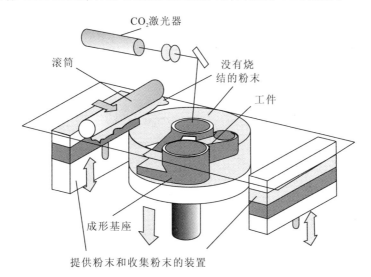

**图 1-24　SLS 工艺原理框图**

(3) 分层实体制造

分层实体制造(LOM)方法是美国 Helisys 公司的 Michael Feygin 于 1987 年研制成功的,1988 年获得美国专利。该方法以纸、塑料薄膜或复合材料膜为材料,由送进机构的递进器和收集器将薄层材料送入工作平台,利用激光在加工平面上根据零件的截面形状进行切割,非零件部分切割成网格便于成形后去除废料,完毕后工作平台下降一层的厚度,再由送进机构送入新的一层薄层材料,进行激光加工,并由热辊在每层加热加压黏紧。这样一层层加工,最终完成实体模型,如图 1-8 所示。

该方法的优点是:材料适应性强,可切割从纸、塑料到金属箔材、复合材料等各种材料;不需要支撑;零件内部应力小,不易翘曲变形;由于只是切割零件轮廓线,因而制造速度快;易于制造大型原型零件。其缺点是层间结合紧密性差。

（4）熔化沉积造形

熔化沉积造形（fused deposition modeling，FDM）方法是美国学者 Dr. Scott Crump 于 1988 年研制成功的。FDM 方法的特点是不使用激光，而是用电加热的方法加热材料丝。材料丝在喷嘴中经加热变为黏性流体，这种连续黏性材料流过喷嘴滴在基体上，经过自然冷却，形成固态薄层，如图 1-25 所示。从理论上来说，热熔材料都可以用来作 FDM 的原材料。

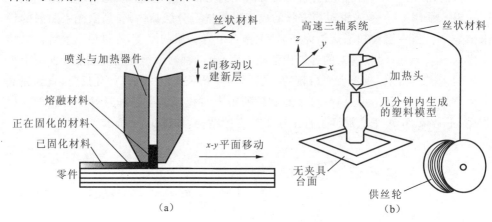

图 1-25　FDM 原理与系统
(a) FDM 原理；(b) FDM 系统

FDM 方法对材料喷出和扫描速度有较高的要求，并且从喷出到固化的时间很短，温度不易把握。熔融温度以高于熔点温度 1 ℃较为合适。FDM 方法的优点是成本低（由于不需激光器件），速度快，可加工材料范围广泛。FDM 方法最先由 Stratasys 公司商品化。

图 1-26 和图 1-27 分别列出了通过 SLS 和 FDM 所制造的部分产品照片，从这些照片可以发现，用传统制造技术是很难造出其中的一些复杂产品的。

图 1-26　用 SLS 技术生产的零件

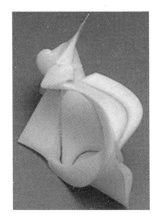 

图 1-27　用 FDM 技术生产的样件

**2）薄层制造的扫描路径**

薄层制造是通过扫描路径的规划和控制来实现的,如利用激光按一定的填充模式使材料固化或烧结,生成薄层。在制作原型前,需要对每一层切片做好路径规划,并将计算出的激光扫描路径予以存储。在 SLA 和 SLS 工艺中,普遍采用的是长线扫描方式,如图 1-28 所示。这种方式简单,计算方便,数据存储量小,但在薄层成形过程中存在收缩大、易翘曲变形、成形薄层强度低、不同方向组织均匀性差等问题,影响了制作件最后的物理性能。因此,寻求优化的扫描路径是非常重要的,已有多位学者对此进行了研究,提出了多种改进的扫描路径来提高制作件的物理性能。图 1-29 所示即为四种不同的扫描路径。

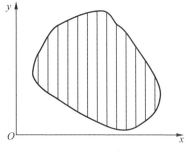

图 1-28　线性路径

 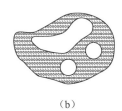  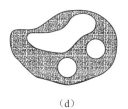

　　(a)　　　　　　　　(b)　　　　　　　　(c)　　　　　　　　(d)

图 1-29　扫描路径

(a) 线性路径；(b) 星形路径；(c) 三角形路径；(d) 分形路径

从广义上来讲,SLA、SLS 技术中的激光扫描路径规划也属于刀具路径规划思想。美国 3D Systems 公司首先意识到扫描路径影响零件质量的问题,针对一般线扫描技术提出了三种用于改进零件精度和提高生产率的扫描固化方法。

① Tri-Hatch 扫描法　这是一种三角形扫描固化方法,固化层内部的网格是等边三角形。三角形的边长可取不同的值,扫描后,三角形内部树脂仍然处于液态,总

固化面积为50%。这是早期提出的一种扫描方法,其优点是能极大缩短零件的制造时间,特别是对于大尺寸零件。缺点是零件经过固化后会引起较大的扭曲变形,最终生成的零件尺寸精度不高。

② 光栅扫描法 由于零件在后固化期间引起的扭曲变形将产生尺寸误差,而这种变形程度取决于固化过程中零件内部液态树脂的占有体积。因此,光栅扫描法的基本思想是尽可能减小零件内部的液态树脂,基本原理是采用二组互相正交的 $x$-$y$ 方向扫描固化线。对于任一薄层,首先沿 $y$ 方向扫描固化,再沿 $x$ 方向扫描固化。

③ STAR-WEAVE 扫描法 该方法有三个特点:
- 交错扫描;
- 交换扫描次序;
- 扫描线一端不与边界接触。

一些著名的数学家发现了许多奇妙的、局部与整体相似的、可无穷递归的空间填充曲线,如 Peano、Hilbert、Dragon 等曲线,它们也被称为分形。分形既有深刻的理论意义,又有巨大的实用价值。

分形路径具有无可比拟的优点,它具有无限嵌套层次的精细结构,当分形曲线的维数等于2时,便可由它充满平面,生成的曲线可以是非自交、简单且自相似的,具有递归性,易于计算机迭代。分形曲线中的 Peano 曲线具有非常好的 FASS(space-filling,self-avoiding,simple and self-similar) 特性,很适合于激光扫描。

可以看到,在图 1-29(d) 所示的 FASS 扫描路径中没有明显的线与线的间隔,减少了因长线扫描而形成的烧结线与线间搭接部分的明显分界,沿 $x$ 方向扫描烧结长度与沿 $y$ 方向扫描烧结长度相近,从宏观来看,两个方向的组织结构相同,使得零件薄层整体的组织均匀性好。这样,可使烧结生成的薄层表面平整,结构致密、均匀,生长过程更完善,从而提高了零件的强度。

由于 FASS 曲线是从起点到终点的迷宫式路径,其前进的方向是不断变化的,随着递归次数的增加,曲线更为复杂,大量的短线段构成了扫描路径,因此避免了长线扫描烧结造成的收缩量大,收缩方向集中等缺陷,减少了因收缩而导致的翘曲变形,可提高零件薄层的尺寸精度。

根据分形的自相似的性质,局部性能可相似地推广到整体,因此生成薄层局部的物理性能可相似地推广到整体,使得烧结薄层各部分的物理性能相似,从而有望得到物理性能一致的烧结薄层。

分形扫描路径作为一种新型扫描路径将在生产实践中获得运用。本书作者所领导的课题组,提出了分形扫描路径规划及实现分形扫描路径的计算机控制算法与新颖机械结构,在这一领域取得了创新性成果。

3) 分层制造技术的典型应用

从 LM 技术的特点来看,其典型应用包括以下方面。

① CAD 模型的确证 用 LM 技术制造出 CAD 模型的实物,特别是新型设计的

实物,来检验设计者的设计意图,检验设计的合理性、完美性,是 LM 技术出现的原动力。不管 CAD 系统如何显示所设计的对象,也抵不上 LM 的实物原型的效果,一个实物胜过千万图画。

② 实现设计的可视化　一个物理模型被快速创建,而产品的整个制作过程都是可视化的。虽然虚拟现实技术也可实现这样的功能,但不可能完全替代 LM。

③ 概念的证明　用 LM 模型来确定在设计过程早期阶段的设计概念是否可行,例如用一个咖啡壶 LM 模型来评估咖啡壶的倒水性能。

④ 作为市场模型　可以将 LM 模型介绍给潜在的顾客。LM 模型经光滑和渲染处理后,就像最终的产品。而一些 CAD 系统虽然可以生成高质量、多色彩的图像产品,但其只是二维的。目前已出现"一天制造"的概念,即客户提出产品需求到获得产品的原型,可在 24 小时内实现。LM 技术可为赢得产品的市场竞争力起到关键性作用。

(1) 分层制造在工业上的运用

① 装配关系分析　LM 模型可以用来检查构件是否处在正确的装配位置,并能清晰地显示其分析过程与结果。

② 流体分析　一些产品如轿车的车身、发动机、导弹等需要做空气动力学或其他一些流体动力学测试,用计算流体力学理论虽然可以计算分析一些性能值,但这些软件不可能是非常精确的。而 LM 模型与最终产品非常接近,可以用于实际尺寸测试或按比例缩小的测试。

③ 应力分析　LM 模型即便不是采用最终产品相同的材料,也可用于应力分析,使零件设计过程优化。

④ 制作实物大模型　在某些实物大模型的装配工程运用中,对于改进的产品,在装配时是需要检查和评估其他部件是否合适的。以往检查和评估需要花费很长时间,而利用 LM 技术则可以在短时间里实现。

⑤ 制作原型零件　越来越多的工程材料可以直接在 LM 机床上加工成为原型零件,如尼龙在 SLS 机上。它们可用于相关领域的实验,也可用于功能测试。目前,许多材料制造商也在进行 LM 材料的研究,这使得 LM 材料更加丰富,发展更为迅速,其材料性能也大为提高。更多的金属功能原型零件将出现,更诱人的前景是直接烧结金属的系统能够占据一定的市场。

⑥ 用于电火花加工(EDM)　EDM 需要负电极的工具,而利用 LM 技术可以从三个方面满足这一需求。一是用传导材料直接生成 LM 模型;二是非传导材料外敷传导材料;三是 LM 模型被用做形成电极的模具。已研究成功用 LM 模型创建 EDM 电极的商业化技术。

⑦ 真空成形技术　可以对各种原形制作具有一定弹性的硅橡胶模具,然后在真空注形机中快速浇注出无气泡、组织致密的塑料产品。产品表面可进行喷漆着色处理。真空成形技术是目前世界上使用最普遍的样件复制技术。

⑧ 消失铸造　LM 模型采用蜡这样的材料,或者用特别的制作方法制作消失模,如 3D Systems 公司的速铸方法即可被用于铸造消失模。在 SLA 成形机上制作光敏树脂模型,除去支撑结构,构成速铸熔模,置于耐火材料及附加物组成的悬浮液中,形成型壳,置于烤炉中加热,固化型壳,烧除速铸熔模,可得到熔模铸造用陶瓷硬型壳。

⑨ 树脂合金模　树脂合金模是由快速成形的原型(或其他实物模型)转印而成。转印效果非常优良,并且模具成形的硬化收缩率在 0.01% 以下,所以在制造原型时不必考虑射出时的收缩率。其特点还有制作周期短,可代替钢模直接注塑,并可进行 10 000 件以下的批量生产等。

(2) 面向 LM 的逆向工程

逆向工程(reverse engineering,RE),也称反求工程或反向工程,是对现有三维实物(样品或模型),利用三维数字化测量设备准确、快速测得轮廓的几何数据,并加以建构、编辑、修改生成通用输出格式的曲面数字化模型,从而生成三维 CAD 实体数模、数控加工程序或 LM 所需的模型截面轮廓数据,可应用于航空、汽车、通信、电子、轻工、建筑、教育、医学、科研等领域的新产品开发试制。

目前,有关 RE 的研究和应用大多数针对实物模型几何形状的反求,将 RE 与 LM 相结合。LM 不仅可用于原始设计中快速生成零件的实物,也可用来快速复制实物(包括放大、缩小、修改和复制)。其工作原理是:用三维数字化仪采集三维实物信息,在计算机中还原生成实物的三维模型,必要时用三维 CAD 软件进行修改和缩放,然后进行三维离散化并送到 LM 成形机上生成实物。该技术在许多方面都有重要应用。

① RE 与 LM 相结合,可以将三维物体方便可靠地读入、传输,并在异地重新生成,即实现所谓的"三维传真"。

② 由于种种原因,有时在只有样件,没有样件图形文档的情况下需对样件进行修改,考察修改后的样件与其他零件间的装配协调性等,这都需要利用逆向工程手段将实物模型重建为 CAD 模型。另外,对于一些具有十分复杂外形的物体,如动物、植物、玩具、艺术造型等,用目前普通的 CAD 软件,还很难满足形状设计的要求,常常要先制作手工模型,然后运用逆向工程将实物模型转化为 CAD 模型。而模型重建的效果如何可以利用 LM 得到直观的检验。

③ 用 RE 与 LM 相结合的技术实现快速模具制造(rapid tooling)。在模具的研制过程中样件的设计和加工是重要的环节之一。将分层制造的样件用于模具制造,一般可使模具制造成本减少和周期缩短各 1/2。

④ RE 与 LM 相结合,组成产品测量、建模、制造、修改、再测量的闭环系统,可以实现快速测量、设计、制造、修改的反复迭代,高效率完成产品设计。

⑤ 在医学领域,利用电子计算机 X 射线断层扫描(CT)及磁共振成像(MRI)等设备采集人体器官、骨骼、关节等部位的外形数据,重建三维数字化模型,然后用 LM

技术制造教学和手术参考用大模型或用于帮助制造假肢或外科修复。

模型重建是逆向工程中最关键的部分。测量数据的模型重建研究按重建后曲面的不同表示形式可大体分为两大类：一类是建立由众多小三角片构成的网格曲面模型；另一类是建立分片连续的样条曲面模型。由于市场上的快速成形机目前仍采用 STL 文件接口，所以用测量数据拟合三角网格模型，输出 STL 格式文件到快速成形机仍然是目前的主流方法。

断层成像技术（如 CT、MRI 等技术）与 LM 技术中的切片在原理上是一致的。将医学上的骨骼模型分层图像进行三维重建，实施切片后数据输入 LM 机，通过生物活性材料的逐层沉积，制成人造骨骼，是目前分层制造领域研究的一个热点问题。

## 1.2.5 师法自然的制造理念

地球上的生物经亿万年生生不息，与人类和谐相处，为人类提供优良的生存空间。虽然生物都经历生长、发育、衰亡的过程，生物之间也有相互的竞争甚至残杀，但生物链总能找到自己的平衡。随着自然环境、社会环境的变化，生物遵循优胜劣汰的规律，将最优的基因一直遗传下来，不断增强适应性，得到了可持续发展。

自然界的这些特色给人们不少启发。反思传统的机械制造技术，确有必要师法自然而进行创新。

LM 技术是一种生长型制造技术，零件是一层一层逐渐长大的，它吻合生物的生长发育现象，因而获得了迅猛的发展。传统的切削加工过程是一种材料去除过程，即所谓的由大变小，由毛坯切除余量而制造零件产品，很显然背离了自然规律，所以用生长型制造技术逐渐替代传统的材料去除制造技术，是符合师法自然的制造理念的。

生态型制造技术是师法自然界的生物链现象而创新的技术，生态学是研究包括人类在内的生物或生物群体与环境之间相互关系的科学。借用生态学的含义，可以把不产生环境污染，需要极少资源投入的制造技术称为生态型制造技术。探讨与发展生态型制造技术需要从基础理论与工艺技术两方面进行突破性研究。

例如干切、干磨加工技术，就是指在切削加工、磨削加工过程中不使用冷却润滑液，以消除喷雾、蒸汽、废液等的污染，大大地节省油液资源，是一种生态型制造技术。为了实现干切、干磨，需要对加工工艺系统进行创新，解决机床、刀具（或砂轮）、夹具、工件的材料、工艺参数的最佳匹配问题，保证切（磨）削热、切（磨）屑尘埃的处置合理。目前，国外已成功地将干切技术应用于某些机床上，如圆锥螺旋齿轮的干切削。

又如拟人化制造技术。其制造过程是一个经验性很强的技术过程，熟练技工的技能是一项重要的技术资源。如何利用信息技术与信息化工具——计算机来模拟技术人员的智能与技能，发展拟人化制造技术，是保证可持续制造技术不断进步的重要条件之一。拟人化制造技术能节省资源，避免或减少加工过程对环境的污染，是一种生态型制造技术。

图 1-30 所示的基于环境考虑的加工系统中,原材料经过若干设备资源变成了最终的产品。与此同时,还需要考虑加工系统对环境的影响:对产生的固体废料如切屑、磨屑等要进行处理,或送炼钢厂,或返回自然界;对产生的液体废物,如用过的切削液、磨削冷却液、机器润滑液需收集,经处理后,大部分循环使用,而将其中的废弃物(如固体颗粒、废水、废液等)返回自然界;对加工过程中产生的喷雾、蒸汽(在磨削时更为突出)给大气环境造成的污染,也需采取措施解决,将污染减至最少。

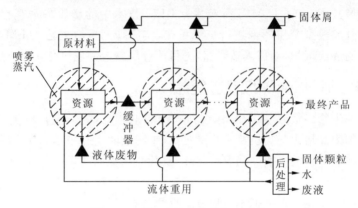

图 1-30 基于环境考虑的加工系统

生态型制造技术的最终目标是达到无废弃物的制造,正如同自然界的生物链一样,环环相扣,每一环的生物都有着不可替代的功能。

传统制造技术不论是塑性成形还是切削成形都是基于强迫成形或他成形原理的,各种金属薄板零件都是用模具挤压、冲压、剪裁成形;零件的切削加工都是在工艺系统的强制下完成的。由于是在强制条件下完成的加工,需要强大的压力,会消耗大量的能量,产生环境污染。

自然界的生物成形则基于自成形原理。图 1-31 所示为人为地创造一个"超大鼠"的生物制造过程。如图 1-31(a)所示,受精卵首先由母体中移出;如图 1-31(b)所示,将携带 MGH(将老鼠的遗传信息融合到大老鼠的生长激素中的一种融合物)的 DNA 注射入这些卵中,再将卵植入养育子鼠的母体内;如图 1-31(c)所示,老鼠后代之一呈现出 MGH 结构,即后代为 $MGH^+$,且长成一个非正常体形的"超大鼠"。由图可知,生物制造技术采用的是完全与传统制造无关的方法。

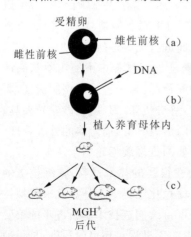

图 1-31 "超大鼠"创造过程示意图

科技的发展与社会的进步,促使制造业要能制造活物或活体,如人体脏器、肢体、皮肤等,必须师法自然,采用生物生长、发育、细胞并行分裂、自生长成形的方法,如图 1-32 所示。

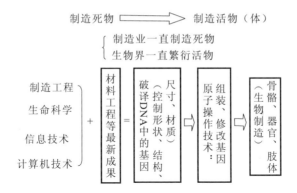

图 1-32 自成形制造过程框图

师法自然的制造理念是仿生制造的灵感触发器,例如挖泥机挖斗的表面形状按某些在稀泥中穿行的生物(如屎壳郎等)的体壳表面设计制造,就不易黏住泥土;图 1-33 所示的攀爬墙壁的机械装置,就是受壁虎吸附墙壁的灵感而仿生设计制造的,它由美国斯坦福国际研究公司实现,在该装置的足部覆盖着一层类似于壁虎足部微观毛发结构的材料;飞行器的流线型设计制造,就是仿照了飞禽的体形等。

图 1-33 攀爬墙壁的机械装置

自然界的生物经亿万年的进化,优胜劣汰形成了最优的形态,根据师法自然的制造理念必将创新出更多的制造技术。

# 第 2 章 材料成形与材料去除的先进制造技术

## 2.1 净形成形技术

制造技术可分为加工制造和成形(以液态铸造成形、固态塑性成形及连接成形为代表)制造技术,成形制造不仅赋予零件的形状,而且决定了零件的组织结构与性能。

材料成形加工行业是制造业的重要组成部分,材料成形加工技术是汽车、电力、石化、造船及机械等支柱产业的基础制造技术,新一代材料加工技术也是先进制造技术的重要内容。据统计,全世界75%的钢材经塑性加工成形,汽车结构中65%以上仍由钢材、铝合金、铸铁等材料通过铸造、锻压、焊接等加工方法成形。

高速发展的工业技术要求加工制造的产品精密化、轻量化、集成化;国际竞争更加激烈的市场要求产品性能高、成本低、周期短;日益恶化的环境要求材料加工原料与能源消耗低、污染少。为了生产高精度、高质量、高效率的产品,材料正由单一的传统型向复合型、多功能型发展;材料成形加工制造技术逐渐综合化、多样化、柔性化、多学科化。因此,在市场经济下参与全球竞争,必须十分重视先进制造技术及成形加工技术的进步。

美国在"新一代制造计划(next generation manufacturing)"中指出,未来的制造模式将是批量小、质量高、成本低、交货期短、生产柔性、环境友好。未来的制造企业将是以人、技术和经营三要素组成,且以人为本。未来的制造企业要掌握十大关键技术,其中包括快速产品与工艺开发系统技术、新一代制造工艺及装备技术、仿真技术三项关键技术。其中下一代制造工艺包括精确成形加工制造或称净形成形(net shape forming)加工工艺。净形成形加工工艺要求材料成形加工制造向更轻、更薄、更精、更强、更韧、成本低、周期短、质量高的方向发展。轻量化、精确化、高效化将是未来材料成形加工技术的重要发展方向。以汽车制造为例,美国新一代汽车研究计划要求整车重量减轻40%~50%,其中车体和车架的重量要求减轻50%,动力及传动系统减轻10%。

这里只着重介绍净形成形技术。

## 2.1.1 净形成形的概念及其发展趋势

**1. 净形成形的概念**

净形成形有时称为近形成形,又称为精确成形,它是指零件成形后,仅需少量加工或不再加工,就可用做机械构件的成形技术。

净形成形的含义如下。

① 相对于传统塑性成形(plastic forming),用少量的后续机械加工即可符合零件的尺寸及公差要求。

② 成形零件局部重要位置不需后续机械加工,即可符合零件之尺寸及公差要求。

③ 在符合零件之尺寸及公差范围内,锻件不需后续机械加工。

净形成形技术是建立在新材料、新能源、机电一体化、精密模具技术、计算机技术、自动化技术、数值分析和仿真技术等多学科高新技术成果基础上,改造了传统的毛坯成形技术,使之由粗糙成形变为优质、高效、高精度、轻量化、低成本的成形技术。它使得成形的机械构件具有精确的外形、高的尺寸精度、形位精度和低的表面粗糙度。该项技术包括净形铸造成形、精确塑性成形、精确连接、精密热处理改性、表面改性、高精度模具等专业领域,并且是新工艺、新装备、新材料以及各项新技术成果的综合集成技术。

**2. 净形成形的发展趋势**

自20世纪70年代以来,各工业发达国家政府与工业界对净形成形技术投入了大量资金和人力,使这项技术得到了很快的发展。由于这项技术对市场竞争能力的贡献突出,被美国、日本政府和企业列为20世纪90年代影响竞争能力的关键技术,其产值增长幅度也远高于制造业产值增长幅度。净形成形技术的主要发展趋势如下。

① 不断开发净形成形新技术。工业发达国家一直致力于开发净形成形新技术,所涉及的各个领域都有很大进展,因而净形成形所占比重和成形件精度以及成形零件的复杂程度都有很大提高。例如:汽车缸体铸件已经做到壁厚为3~4 mm,轿车齿轮已有很多可以采用冷挤压生产,齿形不再加工;轿车等速万向节零件是很复杂的零件,已经可以采用精确的塑性成形技术来生产;轿车连杆不仅尺寸精度高,重量偏差也小,轿车连杆重量偏差已经可以控制在3%~4%以下。这些技术都推动了轿车自重的降低和性能的提高。随着成形精度的提高,已经开发了一大批净形成形工艺技术。新材料的发展推动了新成形技术的研究和开发,推动了高密度能源(如激光、等离子束、电子束等)的发展并用于净形成形,也推动了一批新的净形成形工艺的出现。在我国,净形成形技术在整个成形制造生产中所占比重还比较低,成形件精度总体水平平均要比发达国家低1~2个等级,一些新技术只有少数企业采用,不少复杂难成形件我国还不能生产,部分先进成形设备、机械手、机器人,很大一部分高水平自动化生产线国内还不能成套提供。

② 应用工艺仿真技术,优化净形成形工艺参数。传统的成形技术是建立在经验和实验数据基础上的技术,制订一个新的零件成形工艺在生产时往往还要进行大量修改、调试。计算机和计算技术的发展,特别是非线性问题计算技术的发展,使成形过程的仿真分析和优化成为可能。国外通过大量工作已经形成铸造、锻造、复盖件冲压、模具 CAD/CAM 等多项商业软件,有力地推动了净形成形技术的发展。

③ 不断开发适用于净形成形生产用机器人和机械手。净形成形通常是大批量生产,需要建设自动生产线,需要有相应的机械手和机器人。由于工作环境的多样性,通常又在高温下工作,因此净形成形机械手和机器人与一般冷加工和装配用的机器人有着不同的特点。国外针对不同成形工艺需要,已经掌握了一系列成形机械手和机器人的设计制造技术,我国生产用的成形机器人和机械手除部分引进、消化、发展和自行开发能提供企业需要外,多数产品还需要研究开发或通过引进消化吸收发展,逐步形成系列。

④ 开展并使用净形成形自动生产线和柔性生产线建线和控制技术,不断提高生产效率。国外大批量生产的净形成形多数采用了自动线生产,因而具有生产率高、质量稳定、劳动条件好等优点。在工业发达国家这种生产线研究和建设已有几十年历史,并且随着人们对产品个性化的要求,已经出现了一些柔性生产线。

⑤ 重视净形成形生产过程的质量控制,提高质量一致性。国外企业为了保证产品质量,一方面加强管理,做好生产全过程的质量控制;另一方面,通过生产过程中的自动化和智能控制来保证净形成形生产质量稳定,开发了各种在线检测和无损检测技术和仪器,进行了统计过程控制技术的研究和应用,从而使成形件的质量和精度可靠。在上述几项关键技术上我国与国外还有不小差距,也需要尽快掌握,从而保证最终成形件的质量。

⑥ 发展净形成形技术的虚拟制造和网络制造。近年来,虚拟制造和网络制造在国外开始得到重视和发展。我国净形成形企业普遍规模较小,技术力量不足,信息不灵。由于近年来我国网络信息业的迅速发展,我国一批科研机构和学校又积累了一批研究成果和软件,如果将这些研究成果应用于国内企业,必然会提高净形成形技术的整体水平,促进虚拟制造、网络制造技术在净形成形领域的应用。

值得指出的是,计算材料科学已成为一门新兴的交叉学科,是除实验和理论外解决材料科学中实际问题的第三个重要研究方法。它可以比理论和实验做得更深刻、更全面、更细致,可以进行一些在理论与实验方面暂时还做不到的研究。因此,基于知识的材料成形工艺仿真是材料科学与制造科学的前沿领域和研究热点。根据美国科学研究院工程技术委员会的测算,通过仿真研究净形成形过程,可提高产品质量 $5\sim10$ 倍,增加材料出品率 $25\%$,降低工程技术成本 $13\%\sim30\%$,降低人工成本 $5\%\sim20\%$,提高投入设备利用率 $30\%\sim60\%$,缩短产品设计和试制周期 $30\%\sim60\%$ 等。

## 2.1.2 新一代材料的成形加工技术

**1. 精确成形加工技术**

前已指出,净形成形又被称为精确成形。近年来出现了很多新的精确成形加工制造技术。在汽车工业中,Cosworth 铸造(采用锆砂砂芯组合并用电磁泵控制浇铸)、消失模铸造及压力铸造已成为新一代汽车薄壁、高质量铝合金缸体铸件的主要精确铸造成形方法。用定向凝固熔模铸造生产的高温合金单晶体燃气轮机叶片,体现出精确成形铸造技术在航空航天工业中的应用成果。

在轿车工业中还有很多材料精确成形新工艺,如精确锻造成形技术(可用于生产凸轮轴等零件)、液压胀形技术、半固态成形技术及三维挤压法等。

采用以挤压铸造(squeeze casting)及半固态铸造(semi-solid casting)为代表的精确成形技术时,由于熔体在压力下充形、凝固,从而可使零件具有好的表面及内部质量。半固态铸造技术最早于 20 世纪 70 年代由美国麻省理工学院(MIT)开发,在 20 世纪 90 年代中期因汽车的轻量化而得到快速发展。半固态铸造是一种生产结构复杂、净形成形、高品质铸件的材料半固态加工技术。半固态铸造区别于压力铸造与锻压的主要特征是:材料处于半固态时在较高压力(约 200 MPa)下充形和凝固,材料在压力下凝固可形成细小的球状晶粒结构组织。

**2. 快速及自由成形技术**

分层制造技术被应用于精确成形,特别是发展为快速模具制造及快速制造(rapid manufacturing),这些技术能大大缩短产品的设计及开发周期,解决单件或小批量零件的制造问题。

**3. 金属板材柔性成形的新技术——多点成形**

多点成形中由规则排列的基本体点阵代替传统的整体模具,通过计算机控制基本体的位置形成形状可变的"柔性模具",从而实现不同形状板材件的快速成形。多点成形可分为多点模具成形、多点压机成形、半多点模具成形及半多点压机成形等四种有代表性的成形方式,其中,多点模具成形与多点压机成形是最基本的成形方式。

多点模具成形时首先按所要成形的零件的几何形状,调整各基本体的位置坐标,构造出多点成形面,然后按这一固定的多点模具形状成形板材;成形面在板材成形过程中保持不变,各基本体之间无相对运动,如图 2-1(a)所示。

多点压机成形是通过实时控制各基本体的运动,形成随时变化的瞬时成形面。因其成形面不断变化,在成形过程中,各基本体之间存在相对运动。在这种成形方式中,从成形开始到成形结束,上、下所有基本体始终与板材接触,夹持板材进行成形,如图 2-1(b)所示。这种成形方式能实现板材的最优变形路径成形,消除成形缺陷,提高板材的成形能力。这是一种理想的板材成形方法,但要实现这种成形方式,压力机必须具有实时精确控制各基本体运动的功能。

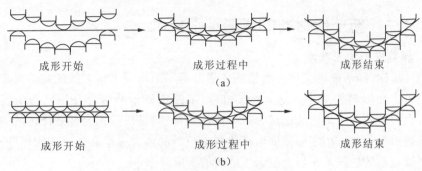

图 2-1 两种基本的多点成形方式

(a)多点模具成形；(b)多点压机成形

一个基本的多点成形系统由三大部分组成,即 CAD/CAM 软件、计算机控制系统及多点成形主机。CAD 软件系统根据成形件的目标形状进行几何造型、成形工艺计算等,将数据文件传给控制系统,控制系统根据这些数据控制压力机的调整机构,构造基本体群成形面,然后控制加载机构成形所需的零件产品。

**4. 金属注射成形**

金属注射成形(metal injection molding, MIM)是一种从塑料注射成形行业中借鉴而得来的新型粉末冶金净形成形技术,其基本工艺过程为:首先是选择符合 MIM 要求的金属粉末和黏结剂,然后在一定温度下采用适当的方法将粉末和黏结剂混合成均匀的注射成形喂料,经制粒后在注射成形机上注射成形,获得的成形坯经过脱脂处理后烧结致密化成为最终成品。MIM 技术在制备具有复杂几何形状、均匀组织结构和高性能的高精度产品方面具有独特的优势。对于可以制成粉末的任何金属或合金,均可用此方法制造零件。此外,该技术可以完全实现自动化连续作业,生产效率高。MIM 工艺发展的主要影响因素是 MIM 粉末的生产方法和 MIM 工艺的发展。

MIM 要求原料粉末很细(粒度约为 10 $\mu m$),以保证均匀的分散度、良好的流变性能和较大的烧结速率,因此 MIM 原料粉末的价格约为传统冶金粉末价格的 10 倍,这是目前限制 MIM 技术广泛应用的一个关键因素。理想的 MIM 用粉末的粉末粒度为 2~8 $\mu m$,松装密度为 40%~50%,摇实密度为 50% 以上,粉末颗粒为近球形,比表面大。目前,生产 MIM 用粉末的方法主要有以下六种。

(1) 羰基法

该方法以 Fe(Co) 为原料,将其加热蒸发,在催化剂如分解氨的作用下,使气态 Fe(Co) 分解得到铁粉。采用这种方法制得的粉末具有球形度好、接近单一粒度分布、低孔隙度、高纯度等特点。

(2) 高压气体雾化法

采用气体雾化法生产的粉末摇实密度高、流动性好,所需添加黏结剂量少,且用惰性气体雾化所得粉末的残留气体含量比水雾化粉至少低一个数量级。但是一般气体雾化粉末颗粒较粗,为 40~50 $\mu m$,适合 MIM 要求的细粉量很少。

(3) 超高压水雾化法

采用超高压水雾化法能够较为经济地大量生产 MIM 用金属和合金粉末。一般采用1 500 MPa高压水流雾化,大量生产 MIM 水雾化粉末。该技术针对水雾化粉末形状不规则、摇实密度低、氧含量高等缺点,有了很大改进。目前,316 L 水雾化不锈钢粉摇实密度已达到 4 131 g/cm³,比表面积也降至 0.118 m²/g,氧含量为 2 900×10⁻⁶。

(4) 等离子体雾化法

等离子体雾化法主要用来生产各种用于 MIM 的钛及其他各种高活性粉末。该方法采用钛金属线材为原料,用等离子喷嘴射出的高速、高温等离子气体作为雾化介质。由于采用金属线材为原料,并且采用与轴向成 20°～40°的 3 个等离子喷嘴,使得金属原料的喂入和熔化、雾化在同一步骤完成,保证了粉末的球形度,并且避免了熔化钛水包的操作困难。该方法除了用于生产 MIM 用钛粉外,还可用于生产 Ti-6Al-4V、Cu、Al、Mo、IN718、Ni-Cu、Ni 等粉末。采用该方法所生产的粉末流动性能好,填充密度高。该方法是目前唯一能批量生产细小球形的高活性金属粉末的方法。但由于采用金属线材为原料,生产率较低,成本较高。

(5) 层流雾化法

层流雾化技术的基本思路是应用自稳定的、严格成层状的气流,使熔化的金属平行流动。熔化了的金属从拉瓦尔喷嘴的入口到最窄处被气体压缩而迅速加速(从几米每秒到音速),气体为获得自稳定而呈层状流动。在最窄处以下,气流被快速压缩、加速至超音速;在气液流界面,由于剪切应力,金属熔体丝以更高的速度变形,最终不稳定而破裂成许多更细的丝,凝结成细小粉末。该技术可用于直接生产许多适合于 MIM 的贵金属粉、特殊牌号的不锈钢粉和高速钢粉、铜基合金粉和超合金粉等。粉末粒度约为 10 μm,其中粒度 20 μm 以下的粉末约占 90%。

(6) 粉体包覆法

粉体包覆法利用循环快速流化床反应器来制备包覆粉末。采用粉体包覆法可以避免粉末预混合过程中的不均匀。对 Fe-Ni 低合金钢采用该种方法,镍分布非常均匀,能够有效减少残余奥氏体的含量,避免在使用过程中发生奥氏体向马氏体的转变。另外,对于不锈钢和工具钢,可以包覆微量硼,提高烧结致密化性能,这样有可能使用较粗的不锈钢粉末进行 MIM 生产,而同时能保持制品的高密度。采用包覆法生产的 MIM 粉末在脱脂过程中保形性能较好。

**5. 广义成形性技术**

广义成形性技术是以塑性理论为基础,结合冲压工程实际而产生的综合性技术,它结合 CAD/CAE/CAM 和信息处理技术,提供先进的冲压成形性指数,并在虚拟冲压工程的环境中提供快速、准确、低成本的分析结果来指导工程实际。研究广义成形性技术的目的是为了加工处理以有限元分析、物理性能试验和网格分析所获得的冲压成形的诸多力学信息,分析归纳出能用于工程实际的结果,以此来判断各种冲压件成形的难易程度,预测可能产生的缺陷并找出对策。

根据冲压缺陷形成的力学机理,可将冲压缺陷分为如下六种:冲压件内部断裂、冲压件边缘断裂、起皱、形状变形、变形量不足、残余应力引起的弹性失稳。可以通过对力学信息进行加工处理,归纳所产生的成形性指数来定量地表示上述冲压缺陷的严重程度。在覆盖件冲压生产中有以下七类冲压变量会影响成形性:零件的几何形状、板料的力学性能、冲压成形方式、拉深模工作表面的形状、毛坯的形貌、出模形式及冲压件的传递、微小过程影响因素。在广义成形性技术中,冲压成形性可用一个隐函数表示,$F=F(x_1,x_2,\cdots,x_7)$,其中 $x_n(n=1,2,\cdots,7)$ 为冲压变量。

### 6. 微成形技术

微型化产品包括微零件(内部特征形状尺寸低于毫米级,而外形尺寸只有几毫米的微小零件)、微结构零件(外形尺寸在几毫米到几厘米之间,但在其一个或几个面上嵌有微米级甚至纳米级的结构)和微精度零件(一般指高精度零件,其外形及内部特征具有微米级的几何公差,尺寸误差小于1‰)。微成形技术主要适用于微零件和微结构零件的成形。

和传统成形工艺一样,微成形工艺系统也由材料、成形过程、工/模具、设备(包括工装)四部分组成。在微成形中,尺度效应对微成形过程有较大影响。虽然对微成形中的尺度效应还没有一个明确、完整的定义,但可以概括地认为,尺度效应就是在微成形过程中,制品整体或局部尺寸的微小化使成形机理及材料变形规律表现出不同于传统成形过程的现象。

冲裁是生产微小零件的主要工艺之一,特别在电子产业领域中的电子产品方面。对微冲裁成形中尺度效应的研究发现,冲裁力并没有随着制品的尺寸减小而减小,而且,当板料厚度较小时,冲裁力和剪切力还稍微地增大了,这主要是由于冲裁过程不存在自由表面,表面模型已不再适用。有研究表明,当板料厚度只有 150 $\mu m$、冲裁面积为 0.1 $mm^2$ 时,冲裁力与材料的各向异性有关,与板材轧制方向成 45°和 90°的冲裁方向上的冲裁力大小明显不同。

微弯曲主要用于成形簧片、挂钩、连接头、线条等微小零件,这些产品的特点是产品外形尺寸与板料厚度相近,这意味着宏观工艺中平面应变假设不再成立。

在薄板成形中,应用拉深工艺可以成形各种形状的杯体、腔体。但最复杂的工艺也是拉深成形,在摩擦力、各向异性、变形的不均匀性等方面,较之其他工艺更为突出。有研究通过专用装置对薄板(厚度 $t$ 为 0.05~1.0 mm,冲头直径 $D_P$ 为 0.5~40 mm)的拉深表明,拉深极限与冲头相对直径 $D_P/t$ 有关,相似原理可适用于相对直径 $D_P/t$ 高于 40 的情况,而且冲头相对直径 $D_P/t$ 低于 20 的拉深机理与高于 40 的拉深机理明显不同。

挤压是微成形中较为典型的工艺。按相似原理进行的前挤压试验中,采用挤出口直径为 0.5~4 mm 及不同的挤压速度、微结构、表面粗糙度和润滑剂,结果表明,随着制件尺寸的微小化,所需挤出压力明显增大(挤出压力与挤压成形率有关),这主要是挤压微小制件摩擦力增大的结果。

另一个较为成功的微成形工艺是超塑性成形。利用超塑性成形技术可以在低压条件下获得形状复杂的制件,而且由于材料超塑性状态下具有良好的微成形性能,特别适合于微小零部件的加工,尤其是 MEMS 部件。如采用 Al-78Zn 进行超塑性挤压,研制出模数为 10 $\mu m$、节圆直径为 100 $\mu m$ 的微型齿轮轴——在真空或氩气环境中,将直径为 0.5 mm 的毛坯置入温度为 520 K 的模腔中,通过一个线性激发器施加 200 MPa 的压力挤出。

## 2.1.3 净形成形的高精度化

**1. 塑性加工高精度化**

净形成形中,塑性加工占有重要地位。为了满足 21 世纪工业竞争的趋势与潮流如省能源、省资源、高效率化、价值观多样化、轻薄、细小化等需求,并进而提升塑性加工业界的国际竞争能力,塑性加工不得不结合自动化生产与组装并提高后处理自动化程度,如图 2-2 所示。

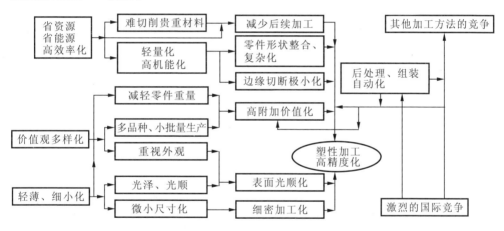

**图 2-2 塑性加工高精度化**

由图 2-2 可知,为了提升塑性加工制品的精度,需综合考虑以下因素:
① 减少后续加工,避免造成附加的加工误差和应力重新分布而导致的误差;
② 零件形状整合、复杂化,减少组装误差,使尽可能多的形状进行整合一体化;
③ 边缘切断极小化,保证流线切断最小;
④ 高附加价值化,采用优选的后处理工艺,保证制品质量稳定可靠;
⑤ 表面光顺化,使零件表面平滑光顺,外观美;
⑥ 细密加工化,对微细零件进行细密加工。

**2. 锻造模具技术**

**1) 净形锻造**

净形锻造包括以下含义:
① 相对于传统模锻过程,锻造过程中后续机械加工量较小;

② 锻件局部重要位置不需后续机械加工即可符合零件的尺寸及公差要求；
③ 在符合零件的尺寸及公差范围内，锻件可不需后续机械加工。

采用净形锻造技术，可达到下述目标：
① 节省材料，提高材料利用率；
② 结合热处理过程，降低能源成本；
③ 合理预成形，减少工序及模具、设备、人工成本；
④ 提高制品精度，降低机械加工成本。

图 2-3 列出了影响锻件精度的关键性因素。该图从原材料、锻造设备、锻造用模具、锻造加工条件四个方面分析，对每一个方面分别所受影响因素又进行了分析，采用质量因果分析图（俗称"鱼刺图"）形式绘出。

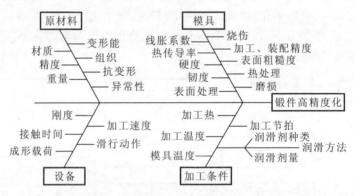

图 2-3  影响锻件精度的关键因素

**2）锻造模具加工技术**

图 2-4 所示为锻造模具加工技术的类别。

锻造模具加工技术的发展趋势随科技进步而有所变化，当前主要体现在以下方面。

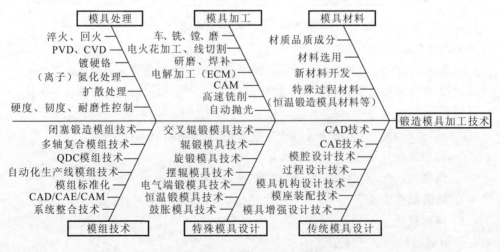

图 2-4  锻造模具加工技术的类别

(1) 高速铣削

传统铣削加工如要使锻模加工面达到精加工程度,必须增加加工时间(因进给速率必须比较小),而利用高速铣削加工机,可通过进刀速度(高达 10 m/min)及主轴转速(高达 10 000 r/min 以上)的提高来补偿加工时间,并实现精加工,生产效率可提高 10 倍以上。目前,高速铣削加工机的开发、应用正朝向主轴转速提高到 20 000 r/min 以上发展。表 2-1 所示为高速铣削加工机的特性。

表 2-1 高速铣削加工机的特性

| 项目 | 特 性 | 说 明 |
| --- | --- | --- |
| 刀具 | 不会产生黏着磨耗及氧化磨耗,寿命较长 | 采用立方晶氮化硼(CBN)、陶瓷、超硬合金为主要刀具材料 |
| | 磨耗量随着转速增加至某一程度,反而减少且更稳定 | 实验结果验证有此现象(转速超过 20 000 r/min,达 35 000 r/min) |
| | 采用球头铣刀为主 | 若要用端铣刀,宜采用单刃 |
| 被加工件 | 工件温度不升反降 | 高速铣削时,切屑快速地被驱离工件,热量传至工件较少 |
| | 工件材料以硬质者较佳 | 更能发挥生产效率大幅提高的效果(如淬火钢、预硬钢及中碳合金钢等) |
| 其他 | 目前以精加工为主,用于粗加工必须加强加工机刚度。未来有可能取代部分电火花加工技术(EDM) | |

(2) 电化学加工

电化学加工(electro-chemical machining,ECM)是指利用在电解液中发生电化学溶解反应将工件加工成形。加工时工件接电源的正极,工具接电源的负极,向工件缓慢进给,使两极之间保持 0.1~0.5 mm 间隙,被加工件金属在电化学作用下以离子状态进入电解液,形成氢氧化物,而此间隙中的氢氧化物被高速流动的电解液冲走,以确保电化学反应能持续不断地进行,直到加工结束为止。

目前,ECM 技术主要应用于难切削材料和复杂模面、模腔、异型孔和薄壁零件的加工,还可用于表面抛光、去毛边、刻印、磨削、研磨、车削等,其生产效率约为电火花加工的 5~10 倍,在某些情况下,甚至可比传统铣削加工还高,表 2-2 所示为其优、缺点。

(3) 自动研磨抛光

锻造模具模腔的曲面研磨抛光,传统上均由人工操作,技术人员必须具有过硬的技术及丰富的经验,目前此类人员不易培养。许多国家已投入开发利用机器人进行模具曲面的自动抛光,目前已有商业产品,但功能仍待加强,设备成本也太高。

(4) CAD/CAE/CAM 系统整合快速原型(RP)技术及快速模具制造技术

目前,先进国家锻造模具的设计、加工制作均朝向运用 CAD/CAE/CAM 系统整合为主发展,但此技术所依赖的人才为其重点,为此,先进国家已投入专家系统(如汽车连杆专家系统等)的开发,但其难度颇高,仍停留于研发阶段,尚无商业化软件。

表 2-2　电化学加工的优、缺点

| 优、缺点 | 项目 | 说明 |
|---|---|---|
| 优点 | 能以简单的直线进给运动一次加工出复杂模腔、模面等工件 | 如锻模、叶片、炮管来复线等 |
| | 可加工各种金属材料 | 与被加工材料的硬度、强度、韧度无关（常用来加工耐高温超合金、钛合金、不锈钢、淬火钢及其他硬质合金等难切削材料） |
| | 适用于加工易变形或薄壁零件 | 加工中不产生加工变形和应力 |
| | 生产效率高（进给速度为 0.1～1 mm/min） | 为传统电火花加工的 5～10 倍，某些情形下，甚至能超过切削加工 |
| | 可获得一定的加工精度及较低的表面粗糙度 | 被加工件表面无残余应力、变质层及刀痕毛边，表面粗糙度可达 $Ra1.6～0.4\ \mu m$。加工误差：孔或圆柱为 $±0.03～0.05$ mm，锻模模腔为 $±0.05～0.2$ mm，扭曲叶片形面为 $±0.10～0.25$ mm。棱边为小圆角 |
| | 电极较少损耗，适合大量生产 | 一个电极可加工数十至数百个工件 |
| 缺点 | 加工精度还不够高 | 形状越复杂，加工精度愈差；一般低于电火花加工的加工精度 |
| | 难以加工出棱角清晰的工件 | 一般加工出的圆角半径大于 0.2 mm |
| | 单件、小批量生产的应用受限制 | 电极设计和制作较困难、费事，并需要一定的夹具 |
| | 设备投资成本较高 | 附属设备多，除主机及电源外，亦需电解液系统及电解产物处理设备等，占地面积较大、成本高（所有设备均需有防腐蚀功能） |

## 2.2　精密和超精密加工技术

### 2.2.1　精密和超精密加工技术概述

精密和超精密切削加工是在传统切削加工技术基础上，综合应用近代科技和工艺成果而形成的一门高新技术，是现代军事电子装备制造中不可缺少的重要基础技术。

超精密加工技术是现代高技术战争的重要支撑技术，是现代高科技产业和科学技术的发展基础与使能技术，是现代制造科学的发展方向。目前，超精密加工已进入纳米尺度，它以不改变工件材料物理特性为前提，以获得极限的形状精度、尺寸精度、表面粗糙度、表面完整性（无或极少的表面损伤，包括微裂纹、残余应力、组织变化等）为目标。

精密切削加工，一般是指切削加工误差为 $0.1～10\ \mu m$，表面粗糙度值 $Ra$ 为 $0.025～0.1\ \mu m$ 的切削加工方法。

超精密切削加工，一般是指切削加工误差为 $0.01～0.1\ \mu m$，表面粗糙度值 $Ra<0.025\ \mu m$ 的切削加工方法。

# 第 2 章 材料成形与材料去除的先进制造技术

精密和超精密切削加工是精密和超精密加工中最基本的加工方法。超精密加工中的微细加工是当今世界上最精密的制造技术,制造误差在亚微米($0.1~\mu m$)至纳米($1~nm=10^{-3}~\mu m$)级,这已经是用单纯的切削加工方法难以达到的了。

精密和超精密切削加工是指能达到上述切削加工水平的刀具切削加工和磨削加工方法。常用的精密和超精密切削加工方法如表 2-3 所示。

表 2-3 常用的精密和超精密切削加工方法

| 加工方法 | | 加工工具及用品 | 误差/$\mu m$ | 表面粗糙度值 $Ra/\mu m$ | 被加工材料 | 应用 |
|---|---|---|---|---|---|---|
| 刀具切削加工 | 精密、超精密车削 | 天然单晶金刚石、人造聚晶金刚石、立方氮化硼、陶瓷和硬质合金刀具 | 0.1~10 | 0.008~0.1 | 金刚石刀具:有色金属及其合金等软材料 其他材料刀具:各种材料 | 球面、曲面、磁盘、反射镜 |
| | 精密、超精密铣削 | | | | | 多面棱体、多面镜 |
| | 精密、超精密镗削 | | | | | 孔 |
| | 微孔钻削 | 硬质合金、高速钢钻头 | 10~20 | 0.2 | 低碳钢、铜、铝、石墨、塑料 | 印制线路板、石墨模具 |
| 磨料加工 | 精密、超精密磨削 | 氧化铝、碳化硅、立方氮化硼、金刚石等材质的砂轮、砂带 | 0.5~5 | 0.008~0.1 | 黑色金属、硬脆材料、非金属材料 | 外圆、孔、平面、磁头 |
| | 精密、超精密研磨 | 铸铁、硬木、塑料、油石等研具;氧化铝、碳化硅、金刚石等磨料 | 0.1~10 | 0.008~0.01 | 黑色金属、硬脆材料、非金属材料、有色金属 | 外圆、孔、平面、型腔 |
| | 精密、超精密抛光 | 抛光器、氧化铝、氧化铬等磨料、抛光液等 | 0.001~5 | 0.008~0.01 | 有色金属、黑色金属、非金属 | 外圆、孔、平面、型面、型腔 |
| | 精密珩磨 | 磨条、磨削液 | 0.1~1 | 0.01~0.025 | 黑色金属等 | 孔、外圆 |

**1. 精密和超精密切削加工技术的特点**

**1) 综合性强**

精密和超精密切削加工技术是一门多学科的综合性技术,包括机、电磁、光、声等多领域的高技术。精密和超精密加工是一项内容极其广泛的制造系统工程,不仅要考虑加工方法、加工设备、加工刀具、加工环境、被加工材料、加工中的检测与补偿等,而且还要研究其切削机理及其相关技术。

**2) 加工和检测一体化**

精密和超精密切削加工的在线检测和在位检测极为重要。因为加工精度很高,表面粗糙度值很低,如果工件加工完毕卸下来后再检测,发现问题就难再进行加工了,因此要进行在线检测和在位检测。

### 3) 与自动化技术联系紧密

采用计算机控制、误差分离与补偿、自适应控制和工艺过程优化等技术可以进一步提高加工精度和表面质量,避免机器本身和手工操作引起的误差,保证了加工质量及其稳定性。

### 4) 加工机理与一般切削加工不同

精密和超精密切削加工是微量切削,它的关键是在最后一道工序能够从被加工表面去除微量表面层,去除的微量表面层越薄,加工精度就越高。

## 2. 精密和超精密切削加工在军事电子装备制造中的应用

精密和超精密切削加工在军事电子装备制造中占有十分重要的位置。当今世界各种各样的雷达、通信系统,被人们称为千里眼、顺风耳,已成为战争中克敌制胜的重要手段;还有各种各样的探测、导航和制导系统,它们在战争中用于控制各种武器装备。这些现代化的、复杂的高技术系统是需要大量的先进制造技术才能生产出来的。就各种雷达系统而言,不管是精密跟踪雷达还是舰载、机载雷达,都必须有天馈线和精密传动系统,以搜寻目标、发射、接收和传输电磁波。这些发射、接收、传输和传动装置的零件,大都需要用精密和超精密切削加工技术制造出来。通信、导航、制导和观测系统中的许多高精度关键零件也都需要精密和超精密切削加工。这些系统中的一些精密和超精密切削加工零件的精度要求如表 2-4 所示。

表 2-4 精密和超精密切削加工零件的精度要求

| 零件名称 | 形位误差/$\mu m$ | 表面粗糙度值 $Ra/\mu m$ | 用　　途 |
|---|---|---|---|
| 波导管 | 平面度:0.1<br>垂直度:0.1 | 0.01 | 雷达 |
| 惯性元件 | 圆度:0.05 | 0.02~0.01 | 导航、制导 |
| 平面反射镜 | 平面度:<0.03 | 0~0.06 | 激光制导陀螺 |
| 抛物面聚光镜 | 面轮廓度:0.75 | 0.01 | 激光聚变系统 |
| 曲面反射镜 | 面轮廓度:0~0.25 | 0.01 | 大型天文望远镜、射线天体望远镜 |
| 盘片 | 平面度:0~0.25 | 0~0.04 | 磁盘、光盘 |

在现代战争中,计算机系统已成为作战指挥中心、武器装备控制等的核心设备,而计算机系统是由主机和外部设备两大部分组成的。目前,大多数外部设备是精密机械技术与电、磁、光、声等技术有机结合的机电型电子精密机械设备。这些设备的特点如下。

### (1) 速度响应要求高

硬磁盘机磁头寻道定位机构需做频繁、随机的正、反向和启停运动,其平均存取时间仅十几毫秒,中速启停式磁带存储器中磁带的正、反走带的启停时间限制在 3~5 ms 内。

(2) 精度要求高

这里不仅指的是外部设备中的某些零部件的尺寸和形位精度要求高,更主要的是指要求某些机构有很高的运动精度和定位精度。计算机外部设备中一些机构与系统的定位误差如表 2-5 所示。

表 2-5　计算机外部设备中一些机构与系统的定位精度

| 机 构 名 称 | 定位误差/$\mu m$ |
| --- | --- |
| 软磁盘机磁头移动机构 | 10～20 |
| 激光印字系统 | 6 |
| 光盘机的聚焦系统 | 1 |
| 硬磁盘机寻道机构 | 0.5 |
| 光盘机寻道机构 | 0.1 |

(3) 行程短、间隔或间隙小

很多外部设备的末端运动件的行程都很短,间隔或间隙都很小。由此可以看出,计算机外部设备的许多零件都需要通过精密和超精密加工来完成。而且由于某些关键零件所需要的材料和加工方法特殊,工艺过程复杂、难度大,所以在设计和加工上都需要进一步改进和提高。

**3. 精密和超精密加工技术在民间工业中的应用**

精密和超精密加工技术自 20 世纪 80 年代开始面向民间工业,目前其应用已成熟。从 1990 年起,由于汽车、能源、医疗器材、信息、光电和通信等产业的蓬勃发展,对超精密加工机床的需求急剧增加。精密和超精密加工技术在工业界的应用包括非球面光学镜片、超精密模具、磁盘驱动器磁头、磁盘基板的加工、半导体晶片切割等。其间,超精密加工设备的相关技术,例如控制器、激光干涉仪、空气轴承精密主轴、空气支承导轨、油压轴承导轨、摩擦驱动进给轴等方面技术也逐渐成熟,超精密加工设备成为工业界常见的生产设备。除了金刚石车床和超精密研磨技术外,超精密五轴铣削技术也被开发出来,并且可用于加工非轴对称非球面的光学镜片。

目前,世界上的超精密加工技术以欧美地区国家和日本为先,但二者的优势各有侧重。欧美出于对能源或空间开发的重视,投巨资对大型紫外线、X 射线探测望远镜的大口径反射镜的加工进行了研究。美国太空署推动的太空开发计划,以制作 1 m 以上反射镜为目标,使反射镜表面粗糙度达到亚纳米(0.1 nm)级来提高反射率。美国 LLL 国家实验室于 1986 年研制成功两台大型超精密金刚石车床,一台为加工直径 2.1 m 的卧式 DTM-3 金刚石车床,另一台为加工直径 1.65 m 的 LODTM 立式大型光学金刚石车床。其中 LODTM 机床被公认为世界上精度最高的超精密机床。英国 Cranfield 精密加工中心(CUPE)于 1991 年研制成功 OAGM-2500 多功能三坐标联动数控磨床,其工作台面积为 2 500 mm×2 500 mm,可加工(磨削、车削)和测量精密自由曲面。瑞士 MIKRON 公司的高速精密五轴加工中心，主轴的最高转速为 42 000 r/min，定位误差小于 5 μm，已达到坐标镗床的精度水平。

日本超精密加工的应用对象大部分是民用产品，包括办公自动化设备、视像设备、精密测量仪器、医疗器械和人造器官等。日本在声、光、图像、办公设备中的小型、超小型电子和光学零件的超精密加工技术方面具有优势，甚至超过了美国。日本超精密加工最初从铝、铜轮毂的金刚石切削开始，而后集中于计算机硬盘磁片的大批量生产，随后是用于激光打印机等设备的多面镜的快速金刚石切削，之后是非球面透镜等光学元件的超精密切削。1982 年上市的 Eastman Kodak 数码相机使用的一枚非球面透镜引起了日本产业界的广泛关注，因为一枚非球面透镜至少可替代三枚球面透镜，光学成像系统因而小型化、轻质化，可广泛应用于照相机、录像机、工业电视、机器人视觉、CD、VCD、DVD、投影仪等光电产品。因而，非球面透镜的精密成形加工成为日本光学产业界的研究热点。

### 4. 促进超精密加工发展的因素

（1）对产品高质量的追求。为使磁片存储密度更高或镜片的光学性能更好，就必须获得粗糙度更低的表面。下一代计算机磁盘的磁头要求表面粗糙度值 $Ra \leqslant 0.2$ nm，磁盘要求表面划痕深度 $h \leqslant 1$ nm，表面粗糙度值 $Ra \leqslant 0.1$ nm。图 2-5 描绘了 1940 年后的加工精度不断提高的状况，超精密加工需不断发展。

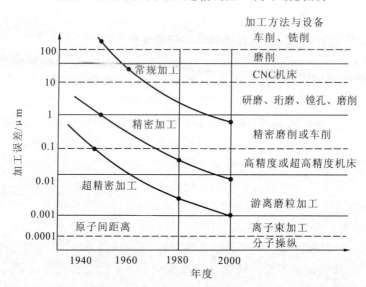

图 2-5　1940 年后加工精度的提高状况

（2）对产品小型化的要求。随着加工精度的提高，工程零部件的尺寸将减小，从 1989—2001 年，汽车上 ABS 系统的质量从 6.2 kg 降到 1.8 kg。零部件小型化意味着表面积与体积的比值不断增加，工件的表面质量及其完整性越来越重要。

（3）对产品可靠性愈来愈高的要求。目前，高速高精度轴承中使用的 $Si_3N_4$ 陶瓷球的表面粗糙度要求达到数纳米,加工变质层尽量小,以提高耐磨、防腐蚀等性能。

(4) 对产品性能的高要求。机构运动精度的提高,有利于减缓力学性能的波动,降低振动和噪声。对内燃机等要求高密封性的机械,良好的表面粗糙度可以减少泄漏而降低损失。第二次世界大战后,航空航天工业要求部分零件在高温环境下工作,因而采用钛合金、陶瓷等难加工材料,为超精密加工提出了新的课题。

国际知名超精密加工研究单位与企业主要有:美国 LLL 实验室和 Moore 公司,英国 Cranfield 和 Tagler 公司,德国 Zeiss 公司和 Kugler 公司,日本东芝机械、丰田工机和不二越公司等。我国从 20 世纪 80 年代初期开始研究超精密加工技术,主要研究单位有北京机床研究所、清华大学、哈尔滨工业大学、中国科学院长春光机所应用光学重点实验室等。

## 2.2.2 金刚石刀具超精密切削机理及特点

**1. 金刚石刀具超精密切削机理**

**1) 切屑厚度与材料剪切应力的关系**

金刚石刀具超精密切削的机理与一般切削加工的有较大差别。由于金刚石刀具超精密切削的切屑厚度极小,这时切削的深度可能小于被加工材料晶粒的大小,切削是在被加工材料的晶粒内进行的,因此,切削力一定要大于晶体内部非常大的原子、分子结合力,刀刃上所承受的剪切应力会急速地增加并变得非常大。这时刀刃处将产生很大的热量,刀刃切削处的温度将很高,因此要求刀具有很高的高温强度和硬度。金刚石刀具不仅有很高的高温强度和硬度,而且由于金刚石材料质地细密,且切削刃的几何形状非常好,表面十分光滑,因此能够进行镜面切削,这是当前其他刀具材料无法比拟的。

**2) 材料微观缺陷及其对超精密切削加工的影响**

金刚石刀具超精密切削加工是一种原子、分子级加工单位的去除加工方法,要从工件上去除材料,需要相当大的能量,这种能量可用临界加工能量密度 $\delta(J/cm^3)$ 和单位体积切削能量 $\varepsilon(J/cm^3)$ 来表示。临界加工能量密度 $\delta$ 就是当应力超过材料弹性极限时,在切削相应的空间内,由于材料微观缺陷而产生破坏时的加工能量密度。材料的微观缺陷分布如图 2-6 所示。要去除的一块材料的大小就是加工单位,加工单位的大小和材料微观缺陷分布的尺寸大小不同时,被加工材料的破坏方式就不同。

(1) 晶格原子、分子的破坏

晶格原子、分子的破坏就是把原子、分子一个一个地去除。

(2) 点缺陷

点缺陷就是在晶体中存在空位和填隙原子。点缺陷的破坏是以原子缺陷(包括空位和填隙原子)为起点来增加晶格缺陷的破坏。晶体中存在的杂质原子也是一种点缺陷。

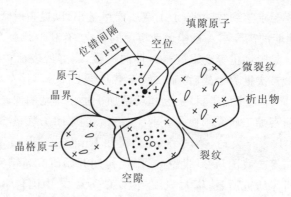

图 2-6　材料微观缺陷分布

(3) 位错缺陷和微裂纹

位错缺陷就是晶格位移，它在晶体中呈连续的线状分布，故又称为线缺陷，即有一列或若干列原子发生了有规律的错排现象。这种破坏是由位错线的滑移或微裂纹引起晶体内的滑移变形而发生的。

(4) 晶界破坏、空隙和裂纹

晶界破坏、空隙和裂纹是以缺陷面为基础的晶粒间破坏。

如果应力作用的区域仅仅局限在上述各种缺陷空间的狭窄范围内，则会以加工应力作用区域相应的破坏方式发生破坏；如果加工应力作用的范围更广，则会以更容易破坏的方式发生破坏。

### 3) 加工表面的形成与质量

(1) 金刚石刀具超精密切削表面的形成

用金刚石刀具进行超精密切削而形成表面时，主要影响因素有几何因素、塑性变形和加工振动等。

几何因素主要是指刀具的形状、几何角度、刀刃表面粗糙度和进给量等。它主要影响与切削运动方向相垂直的横向表面粗糙度。

塑性变形不仅影响横向表面粗糙度，而且影响与切削运动方向相平行的纵向表面粗糙度。

加工中的振动对纵向表面粗糙度也有影响，因此在超精密切削中，振动也是不允许的。

(2) 金刚石刀具超精密切削中切屑的形成

金刚石刀具超精密切削所能切除金属层的厚度标志其加工水平。当前，最小切削深度可达 $0.1~\mu m$ 以下，其最主要的影响因素是刀具的锋利程度，一般用刀具的切削刃圆弧半径来表示。

用金刚石刀具进行超精密切削时，切削刃圆弧半径是决定切屑形成的关键参数。刀具切削刃圆弧半径小，切削能力强，能形成流动切屑，因此切削的作用是主要的。但由于实际切削刃圆弧半径不可能为零，以及修光刃等的作用，因此还伴随着挤压作用。所以金刚石刀具超精密切削表面是以微切削为主,由微切削和微挤压而形成的。

(3) 表面破坏层的应力状态

在金刚石刀具超精密切削中,工件表层产生塑性变形,内层产生弹性变形。切削后,内层弹性恢复,受到表层阻碍,从而使表层产生残余压应力;另一方面,由于微挤压作用,也使得工件表面层有残余压应力。所以,在用金刚石刀具进行超精密切削时,虽然切削深度和进给量都非常小,但在切削软金属时也会在被加工表面上留下较深的破坏层和较高的应力。

有关金刚石刀具超精密切削机理,尚有许多问题不够清楚,有待进一步研究。

**2. 金刚石刀具超精密切削特点**

金刚石刀具是最适合超精密切削加工的刀具,到目前为止还没有发现比天然金刚石更合适的精密切削刀具。金刚石刀具超精密切削具有如下特点。

① 金刚石刀具具有极高的硬度、耐磨性、高温强度和高温硬度。在前、后刀面和切削刃磨至表面粗糙度值 $Ra$ 为 $0.02\sim0.01~\mu m$ 的情况下,能长期保持刀刃锋利。

② 加工精度高、表面粗糙度低。这是由于:a. 切削刃圆弧半径可以磨得很小,能够切除极薄的金属层;b. 金刚石与被切削的铜、铝等金属耐熔附性差,不易形成积屑瘤;c. 金刚石导热性好,线膨胀系数小,切削热引起的加工表面形状和尺寸变化极小。

③ 加工表面硬化层的硬度和深度较小。用金刚石刀具切削时金属变形较小,故加工硬化程度较轻。在相同切削用量条件下,与用硬质合金刀具切削相比,加工表层硬度低,硬化层深度仅为硬质合金刀具切削的1/3。

④ 对机床、夹具的精度要求高。金刚石刀具切削应在精密或超精密机床上进行,主轴跳动和机床振动都应很小。使用的夹具应进行动平衡,重量尽可能轻。还要控制环境温度,以免影响机床精度。

## 2.2.3 铝合金零件的精密和超精密车削

目前,人们一般认为尺寸精度能达到相当于IT5级以上精度的车削就称为精密车削。在军事电子装备中的一些精密零件,如计算机外部设备磁盘存储器的盘片、录像机中的磁鼓、光盘机的寻道机构、激光器中的激励腔等,其尺寸和形状误差小于 $0.1~\mu m$ 和 $0.025~\mu m$,表面粗糙度值 $Ra$ 达到 $0.004~\mu m$。这类零件的加工单位已为亚微米级,其加工称为精密和超精密车削。

精密和超精密车削对车刀和车床都有很高的要求。

精密和超精密车削要求车刀刃口圆弧半径很小。最小的刃口圆弧半径取决于刀具材料晶体的微观结构和刀具的刃磨情况。

细晶粒硬质合金车刀经过精细研磨可做一般精密车削,而不适合超精密车削。

天然金刚石车刀经过精细研磨,刃口圆弧半径可达 $0.01\sim0.002~\mu m$,最小切削深度可达 $0.1~\mu m$。金刚石车刀最适合切削铝、铜和铜铝合金,不适合切削铁族类金属。

精密和超精密车削要求车床具有高精度、高刚度和高稳定性,还要求其抗振性好、热变形小、控制性能好,并可采用误差补偿方法来提高其精度,为了进行微切削还应配有高可靠性的微量进给机构。现在的超精密车床大多采用空气静压轴承和液体静压轴承的主轴系统和导轨。目前的水平是:主轴回转误差为 0.02 $\mu m$;导轨直线度为 1 000 000 : 0.025;定位误差为 0.013 $\mu m/1 000 mm$;进给分辨率为 0.005 $\mu m$;温度控制要求为 $(20\pm0.000 5)$℃;加工表面粗糙度值 $Ra$ 为 0.003 $\mu m$。

**1. 镜面和虹面车削**

镜面和虹面车削主要用来加工铝合金和铜合金零件。这种方法也可用于钢、石墨、塑料等材料的加工,但效果不如加工铝合金和铜合金好。镜面车削的典型形状有平面和二次曲面。平面镜面车削加工原理如图 2-7 所示。二次曲面镜面车削加工原理如图 2-8 所示。

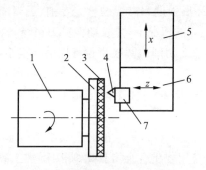

图 2-7 平面镜面车削加工原理

1—工件主轴;2—夹具;3—工件;
4—金刚石刀具;5—$x$ 向工作台;
6—$z$ 向工作台;7—刀架

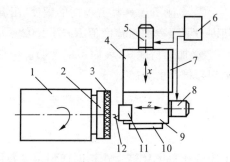

图 2-8 二次曲面镜面车削加工原理

1—工件主轴;2—夹具;3—工件;4—$x$ 向工作台;
5—$x$ 向直流伺服电动机;6—数控装置;7—$x$ 向位移检测装置;8—$z$ 向直流伺服电动机;9—$z$ 向工作台;
10—$z$ 向位移检测装置;11—刀架;12—金刚石刀具

镜面和虹面车削的特点与适用范围如表 2-6 所示。

表 2-6 镜面和虹面车削的特点与适用范围

| 名 称 | 加工表面情况 | 粗糙度值 $Ra/\mu m$ | 精度 | 加 工 特 点 | 适 用 范 围 |
|---|---|---|---|---|---|
| 镜面车削 | 表面如镜子一样光亮,成像清晰 | 0.04~0.02 | IT5 或更高 | 进给量均匀微小,切削过程具有切削和挤压双重作用;刀具的硬度很高;粗糙度很低,车床的振动很小 | 要求加工粗糙度低、高精度的非铁金属工件 |
| 虹面车削 | 表面带有绸缎和彩虹般的美丽光泽 | 0.16~0.08 | IT5 | 加工原理基本同镜面车削,刀片可用硬质合金,刀刃呈 0.1 $\mu m$ 左右的凸凹形,使加工表面有整齐条纹,由于光的干涉作用而呈现彩虹状 | 同镜面车削。也可加工装饰零件和外观零件 |

## 2. 磁盘车削

### 1）磁盘的特征及制造

硬磁盘机是目前使用最多的计算机外部存储设备。其主要特点是存储容量大，存取速度快。影响磁盘存储容量和存取时间的主要因素，从机械结构上看有磁头寻道定位机构、磁头的形状及其浮动机构、磁盘旋转机构以及磁头与盘片的加工水平等。要使磁头与3 600 r/min的磁盘间稳定地保持0.3 $\mu m$ 以下的间隙，磁头快速、准确无误地存取信息，这就要求利用精密机械技术实现磁头与盘片的精密和超精密加工。磁盘基片的加工要求是：平面度为0.025 $\mu m$，表面粗糙度值 $Ra$ 为0.004 $\mu m$。近年来，国外为了把磁盘记录密度再提高20倍以上，正在开发新的磁头走行方式，即磁头跳跃走行方式。目前世界上磁头跳跃的最小间隔为3 nm，使磁头与磁盘之间没有空气层，间隙近于零。为了减轻直接接触磨损等机械损伤，又研究开发了负荷轻的超小型磁头。由于磁头超小型化，对磁头和盘片平面质量的加工要求更高了，因此必须有特殊的构造和工艺加以保证才行。

磁盘基片用平面度好的铝合金圆盘做毛坯，通常经以下主要加工阶段制造而成。

（1）基片的表面加工

铝板的两面用金刚石车刀车削后，进行退火清除残余应力，再进行两面抛光加工。

（2）磁性材料的涂敷

使基片高速旋转，通过离心作用把涂料涂敷在磁盘基片上，然后进行烘烤固化，使之保持足够的强度和硬度。

（3）涂层表面的精加工

为了使磁性材料涂层面的厚度符合规定值，并使表面光滑，涂敷磁性材料后的磁盘表面必须进行研磨和抛光。

### 2）磁盘车床及刀具

在我国，车削磁盘可使用沈阳机床集团公司生产的SI-222型高精度磁盘车床，采用金刚石刀进行车削，加工表面粗糙度值 $Ra$ 为0.02 $\mu m$。也可使用进口的超精密车床车削磁盘基片平面。SI-222型高精度车床与荷兰同类型车床主要精度比较如表2-7所示。

表2-7 SI-222型高精度车床与荷兰同类型车床主要精度比较

| 序号 | 检测项目 | 实测误差/$\mu m$ | |
|---|---|---|---|
| | | SI-222型 | Mikroturn(荷兰) |
| 1 | 刀架鞍座移动在垂直平面内的直线度（在全行程上） | 0.8 | 0.38 |
| 2 | 刀架鞍座移动在水平平面内的直线度（在全行程上） | 0.26 | 0.38 |
| 3 | 主轴轴向窜动 | 0.1 | 0.1 |
| 4 | 吸盘端面跳动（在180 mm处） | 0.18 | 0.3 |
| 5 试件 | 表面粗糙度值 $Ra$ | 0.02 | 0.04 |
| | 平面度 | <0.3/$\phi$60 mm | |
| | 平行度（盘片两平面） | 3 | |

### 3. 磁鼓车削

磁鼓是彩色录像机的关键零件,其加工要求在鼓型类零件中具有代表性。磁鼓上装有磁头,磁鼓连同磁头高速旋转,当磁带通过磁头时,则在磁带上记录视频信号,或重放视频信号。磁鼓由铝合金制成,尺寸精度为微米级。其形位公差如下:外圆对内孔同轴度为 2 $\mu$m,端面对内孔轴线垂直度为 2 $\mu$m,圆度为 2 $\mu$m,两端面平行度为 5 $\mu$m,平面度为 3 $\mu$m,表面粗糙度值 $Ra$ 为 0.04~0.02 $\mu$m。

为了车削加工磁鼓,可使用国产 SI-235 超精密车床或使用进口超精密车床;采用金刚石车刀,用机械方法把刀头压在刀杆上;采用真空吸盘装夹。真空吸盘夹紧力强度约为 8 N/cm$^2$。

### 4. 波导管车削

波导管是雷达系统中的关键零件,形位精度和表面粗糙度要求高,一般都是由铝合金或铜合金制成。用超精密车削方法加工,形位误差可达到平面度小于 0.1 $\mu$m,垂直度小于 0.1 $\mu$m,内腔和端面表面粗糙度值 $Ra \leqslant 0.01$ $\mu$m。

## 2.2.4 铝合金零件的精密和超精密铣削

### 1. 铣削特点

**1) 铣削生产率较高**

铣刀是一种多刃刀具,同时工作的齿数较多,可以采用阶梯铣削,也可以采用高速铣削,故生产率较高。

**2) 铣削会产生冲击和振动**

铣削过程是一个断续切削过程,刀齿切入和切出工件瞬间,会产生冲击和振动。当振动频率与机床固有频率相近时,振动会加剧,造成刀齿崩刃,甚至损坏机床零部件。另外,铣削厚度周期性变化会导致铣削力变化,这样也可引起振动。

**3) 铣削会引起刀齿刃的热疲劳裂纹**

铣刀刀齿切削工作的时间短,虽然有利于刀齿的散热和冷却,但周期性的热变形又会引起切削刃的热疲劳裂纹,可能造成刀齿剥落或崩刃。

### 2. 铣削加工的应用

在军事电子装备制造中除了一般加工外,主要是精铣和超精铣铝合金、铜和铜合金零件,如机载雷达的裂缝天线等。铝合金的铣削加工特点如下:

① 铝合金的强度和硬度低,导热性好,铣削负荷轻,切削温度低;

② 塑性较好、熔点低,铣削时黏刀严重,排屑不畅,不容易降低加工表面粗糙度。

因此,铝合金零件的铣削对铣床和铣刀都有较高的要求。要选择合适的铣削速度;铣刀前角要大,齿数要少,刀齿前刀面和后刀面的表面粗糙度值 $Ra$ 应低于 0.16 $\mu$m。

**1) 平面的精密铣削**

相对于基准面,工件上的加工平面有平行面、垂直面和斜面。

对于平面的大面积精密铣削,要求在铣削过程中不更换铣刀或刀刃完成整个平面的铣削。因此,铣刀精度和耐用度是保证大面积精密铣削质量的首要条件。

铝合金平面精密铣削一般选用煤油或柴油做切削液。刀具选用大前角鳞片面铣刀,它不仅前角大,而且由于采用了凸圆柱形的刀刃形式,可形成圆弧刃切削,刃倾角大、刃口锋利、表面修光作用好。

**2) 成形面的超精密铣削**

(1) 多面镜的镜面铣削

镜面铣削可用来加工激光打印机的多面镜、激光复印机的旋转多面体等零件。多面镜还用于钢板探伤、印刷制板、激光加工等系统中,是现代装备中的一个重要镜面零件。

多面镜加工多用一个单晶金刚石刀具的飞刀切削,即单刀铣削,也可称为金刚石刀具铣削。多面镜镜面铣削原理如图2-9所示。这类机床大多为主轴卧置,主轴前端装有飞刀盘,工作台为立轴,可做两个相互垂直的水平方向的进给运动,工作台上安装有分度装置,并装有夹具。刀具旋转时,工作台做垂直于刀具轴方向的进给运动,就能切出多面镜的一面,然后进行分度,继续切削另一面,依次加工直至完成为止。因此,该类机床除主轴、双层十字工作台外,增加了高精度分度装置。大多数机床的刀具轴采用静压轴承,工作台采用丝杠螺母,分度装置采用端齿盘等结构形式。

由于刀具轴上装有飞刀盘,且做高速回转,因此必须进行严格的动平衡。另外,工件装夹时不得产生夹紧变形。

(2) 球面镜的镜面铣削

球面镜的镜面铣削是按展成原理进行加工的。飞刀盘装在刀具轴上做高速回转,工件装在安装工件的主轴上做低速回转,刀具轴与工件主轴安装在同一平面上,并相交成一角度 $\theta$。图2-10是加工凹球面镜的原理图。

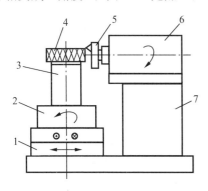 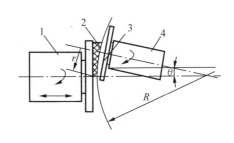

图2-9 多面镜镜面铣削　　　　　　图2-10 凹球面镜的镜面铣削
1—工作台;2—转台分度装置;3—夹具;4—工件;　　1—工件主轴;2—工件;
5—金刚石刀具刀盘;6—刀具轴;7—立柱　　　　　3—金刚石刀具刀盘;4—刀具轴

加工球面的半径 $R$ 由下式决定：
$$R = r/\sin\theta$$
式中　$r$——金刚石刀具的回转半径；

　　　$\theta$——刀具轴与工件主轴的交角。

用展成法加工球面生产率高，工件中心不会出现残留面积。利用这一原理，还可以加工凸球面镜。

### 2.2.5　精密和超精密磨削加工

磨削加工是加工精密和超精密工件的重要方法。它主要是对钢铁等黑色金属和半导体等硬脆材料进行精密和超精密磨削、研磨和抛光等加工。在军事电子装备制造中，精密和超精密磨削加工多用于对铝合金、铜和铜合金工件进行精密和超精密磨削、研磨和抛光。

**1. 精密和超精密砂轮磨削**

精密和超精密砂轮磨削是人们比较熟悉的一种常用的磨削加工方法。

精密砂轮磨削主要是靠砂轮的精细修整，使磨粒在具有大量的等高微刃的状态下进行加工，以使被加工表面留下大量残留高度极小、极微细的磨削痕迹，从而得到低的表面粗糙度。然后经过无火花磨削过程，在微切削、滑挤、摩擦等作用下，使得被加工表面成为镜面，并获得高精度。磨粒上大量的等高微刃是用金刚石修整工具以极低且均匀的进给速度进行精细修整而得到的。

超精密砂轮磨削磨粒夫除的切屑极薄，磨粒将承受很高的应力，切削刃表面受到高温和高压作用，因此要采用金刚石、立方氮化硼等高硬度磨料砂轮进行磨削。

精密和超精密砂轮磨削需在精密和超精密磨床上，按照易产生和保持微刃的原则采用合适的砂轮进行。精密和超精密磨床应具有高的几何精度，高精度的横向进给机构和稳定性好的工作台移动机构，并配有砂轮头架微位移机构和加工误差补偿系统。

精密和超精密砂轮磨削的关键是砂轮的修整。因此，必须认真仔细地用单粒金刚石、金刚石粉末烧结型修整器或金刚石超声波修整器修整好砂轮后，再进行磨削。

20 世纪 80 年代末期，欧美和日本的众多公司和研究机构相继推出了两种新的磨削工艺：塑性磨削(ductile grinding)和镜面磨削(mirror grinding)。

**1) 塑性磨削**

塑性磨削主要是针对脆性材料而言的，其命名基于该工艺的切屑形成机理，即磨削脆性材料时，切屑形成与塑性材料相似，切屑通过剪切的形式被磨粒从基体上切除下来。所以这种磨削方式有时也被称为剪切磨削(shear mode grinding)。因此磨削后的表面没有微裂纹形成，也没有脆性剥落时的无规则的凹凸不平状，表面呈现有规则纹理。

**2) 镜面磨削**

顾名思义,镜面磨削关心的不是切屑形成的机理而是磨削后工件表面的特性。当磨削后的工件表面反射光的能力达到一定程度时,该磨削过程称为镜面磨削。镜面磨削的材料不局限于脆性材料,也包括金属材料如钢、铝和钼等。为了能实现镜面磨削,日本东京大学理化研究所的 Nakagawa 和 Ohmori 教授发明了电解在线修整磨削法(electrolytic in-process dressing, ELID)。

镜面磨削的基本思想是:要达到镜面,必须使用尽可能小的磨粒度,如磨粒度为 $2~\mu m$ 乃至 $0.2~\mu m$。在 ELID 发明之前,微粒度砂轮在工业上的应用很少,原因是微粒度砂轮极易堵塞,砂轮必须经常进行修整,修整砂轮的辅助时间超过了磨削的工作时间。ELID 首次解决了使用微粒度砂轮时修整与磨削在时间上的矛盾,从而为微粒度砂轮的工业应用创造了条件。

ELID 磨削的关键是用与常规磨削砂轮不同的砂轮,它的结合剂通常为青铜或者铸铁。图 2-11 表示 ELID 在平面磨床上的应用原理。在使用 ELID 磨削时,冷却润滑液为一种特殊的电解液,当电极与砂轮之间接上某一电压时,砂轮的结合剂发生氧化。在磨削力的作用下,氧化层脱落而露出锋利的磨粒。由于电解修整在磨削时连续进行,所以能保证砂轮在整个磨削过程中保持同一锋利状态。这样既可保证工件表面质量的一致性,又可节约以往修整砂轮时所需的辅助时间,满足生产率的要求。

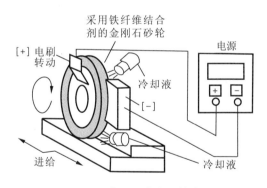

图 2-11 ELID 在平面磨床上的应用原理

ELID 磨削方法除适用于金刚石砂轮外,也适合于氮化硼砂轮,应用范围几乎覆盖所有工件材料。它最适合于加工平面,磨削后的工件表面粗糙度 $R_q$ 可达到 1 nm 的水平,即使在可见光范围内,这样的表面也可以作为镜面来使用。ELID 磨削的生产率远远超过常规的抛光加工,故在许多应用场合取代了抛光工序。最典型的例子就是加工各种陶瓷密封圈,传统的工艺是先磨再抛光,采用 ELID 磨削,只需一道工序,既节约时间又节省投资。

ELID 也被用于加工其他几何形状的表面如球面、柱面和环面等。按镜面的不同要求,可用来部分取代抛光或把抛光时间降到最低的水平。

ELID 磨削虽有上述优点,但在某些场合应用时也有一些缺点。比如在磨削玻璃时,如果采用较大的磨粒度(2 μm),由于砂轮的磨粒连续更替,部分磨粒不断脱离结合剂而形成自由磨粒,这些磨粒在砂轮和工件之间做无规则的滚动,个别磨粒会在工件表面造成局部的无规则的刻痕,其深度有时可能超过磨粒的半径。镜面磨削的应用价值在这种情况下被相应地减弱。

由此可见,是否要采用镜面磨削,关键在于应用场合。假如个别刻痕不影响工件的使用,镜面磨削可以取代研磨和抛光,并提高生产效率,否则,必须综合考虑所有的加工过程以确定最佳的加工工序组合。

**2. 精密和超精密砂带磨削**

砂带磨削是一种新的高效磨削方法。采用砂带磨削加工工件可以获得高的加工精度和表面质量,因此砂带磨削具有广泛的应用范围,可以补充或部分代替砂轮磨削。

**1) 砂带磨削机理**

砂带磨削时,砂带经接触轮与工件接触,由于接触轮一般外套一层橡胶或软塑料,因此在磨削时,弹性变形区的面积较大,使磨粒的载荷大大减小,且载荷较均匀。砂带磨削使被磨削材料的塑性变形和摩擦减小,力和热的作用降低,因此能得到高的加工精度和表面质量。

**2) 砂带磨削方式**

精密和超精密砂带磨削方式可分如下两大类。

(1) 开式砂带磨削

开式砂带磨削是用成卷的砂带由电动机经减速机构再通过卷带轮带动做极缓慢的移动,并绕过接触轮与工件被加工表面接触而产生一定的工作压力,工件高速回转,线速度为 30~40 m/min,甚至可达 80 m/min。砂带头架做纵向及横向进给,从而对被加工表面进行磨削,如图 2-12(a)所示。

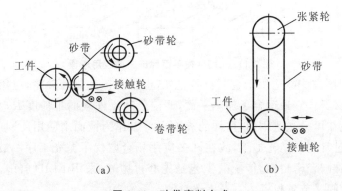

图 2-12 砂带磨削方式
(a) 开式砂带磨削;(b) 闭式砂带磨削

(2) 闭式砂带磨削

闭式砂带磨削是采用无接头或有接头的环形砂带,通过接触轮和张紧轮撑紧,由电动机通过接触轮带动砂带高速回转,砂带速度为 30 m/s,工件回转线速度为 30 m/min,砂带头架做纵向及横向进给,从而对工件进行磨削,如图 2-12(b)所示。这种方式因砂带高速回转而噪声大、易发热,磨削质量不及开式砂带磨削,但效率较高。

3) 砂带磨削特点

① 由于接触轮有橡胶层或软塑料层,可使磨粒负荷小而均匀,力、热作用减小,工件温度降低;又由于砂带有减振作用,因此工件的表面质量较高。

② 在砂带制作中容易使磨粒有方向性(如采用静电植砂法时),同时磨粒的切削刃间隔大,切屑不易堵塞,因此有较好的切削性。对于开式砂带磨削,由于不断有新磨粒进入磨削区,磨削条件稳定,切削性能更好些。

③ 砂带的制作比砂轮简单方便,无烧结和动平衡问题,价格也比砂轮便宜。

④ 砂带不需要修整,磨削比(切除工件重量与磨料磨损重量之比)可高达300∶1,甚至 400∶1,而砂轮只有 30∶1。由于砂带上只有一薄层磨料,不能修整,故不适合在磨削比不大的情况下工作。

⑤ 砂带的柔性使它有较广泛的工艺应用范围,不仅可以加工外圆、孔及平面,而且能方便地加工内外曲面,其宽度和长度都易选择。

3. 光学零件的精密和超精密磨削

随着光电子技术的发展,在电视、摄像机等家电产品,激光印字机、复印机等办公机械和探测、制导、导航、观测等军事装备中,使用了许多光学零件。这些光学零件正迅速向非球面化发展。用非球面镜代替球面镜,可以减少光学系统的镜片数,使光学系统变得紧凑、小而轻巧,容易装配调整,且可使所得到的像变形小,使最终产品性能得到飞跃性提高。由于产品性能的提高,非球面镜的应用范围也显著地扩大。

近年来,非球面化光学零件的形状已由回转轴对称形状发展为非回转轴对称形状,成为三维自由曲面,这样加工机床就必须有更多的运动自由度才能进行加工。而且这些零件都是用在光学系统中,加工精度要求高:形状误差不大于 0.1 μm,表面粗糙度值 $R_y$ 为 0.01 μm。

作为三维形状光学零件的通用加工机床,日本丰田工机公司开发了超精密三维曲面加工机——AHN60-3D 型 CNC 机床,其结构简图如图 2-13 所示,其原理如图 2-14 所示。

超精密三维曲面加工机由 $x$、$y$、$z$ 三轴导轨工作台、$B$ 轴回转工作台和床身组成。$y$ 轴导轨工作台安装在 $B$ 轴回转工作台上,$B$ 轴回转工作台安装在 $z$ 轴导轨工作台上。

工作台的进给采用高刚性静压导轨、空气静压轴承、超精密滚珠丝杠和超精密数字控制直流伺服电动机驱动。

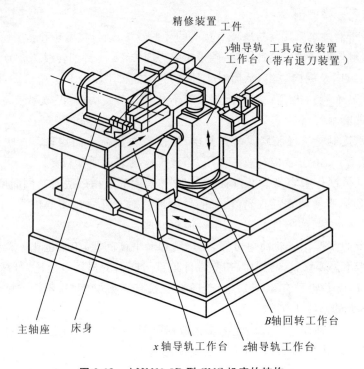

图 2-13　AHN60-3D 型 CNC 机床的结构

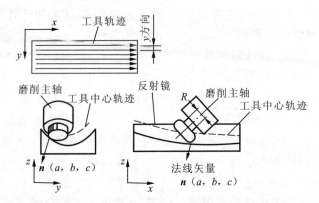

图 2-14　AHN60-3D 型 CNC 机床的磨削加工原理

## 2.2.6　精密和超精密研磨

**1. 研磨机理**

　　研磨是使用研具、游离磨料进行微量切削的精密和超精密加工方法。其加工原理为：在被加工表面和研具之间加入游离磨料和润滑液，使被加工表面和研具在加压的情况下产生相对运动，磨料产生切削、挤压等作用，从而去除被加工表面的凸出部分，提高被加工表面的精度，降低表面粗糙度值。研磨的加工模型如图 2-15 所示。

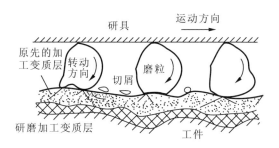

图 2-15 研磨加工模型

研磨机理可以归纳为如下几点。

**1) 磨粒的切削作用**

在研具较软、研磨压力较大的情况下,磨粒可镶嵌到研具上,对被加工表面产生刮削作用。在研具较硬、研磨压力较大的情况下,磨粒不能嵌入研具,而是在被加工表面和研具之间滚动,以其锐利的尖角进行切削。

**2) 磨粒的挤压作用**

磨粒挤压被加工表面使其产生塑性变形,被加工表面的凸出处在磨粒的挤压下,在塑性变形及流动中趋于平缓和光滑。

**3) 磨粒的压力**

磨粒高压力使被加工表面的材料反复变形,产生加工硬化以致断裂,从而形成切屑。

**4) 磨粒去除被加工表面的氧化膜**

如在研磨剂中含有起化学作用的活性物质,则会使工件表面生成氧化膜,被磨粒反复去除。

超精密研磨是一种原子、分子级加工单位的去除加工方法,可以使一般研磨产生的微裂纹、磨粒嵌入、麻坑、附着物等缺陷最小化。从机理上来看,主要是磨粒的挤压使被加工表面产生塑性变形,以及当有化学作用时反复去除工件表面生成的氧化膜。

**2. 新型精密和超精密研磨方法**

几种新型精密和超精密研磨方法如表 2-8 所示。

表 2-8 新型精密和超精密研磨方法

| 研磨方法 | 研磨工具 | 加工特征 | 加工误差/μm | 表面粗糙度值 $Ra/\mu m$ | 应用举例 |
|---|---|---|---|---|---|
| 超精密研磨 | 铸铁、金刚石、氧化铝、碳化硅、水 | 用研磨机研磨 | 0.1 | 0.008 | 磁盘基片、金属模、镜片、棱镜 |
| 磁性研磨 | 磁性磨料 | 在直流磁场作用下研磨 | 1 | 0.01 | 内外表面、形状复杂零件、型腔 |

续表

| 研磨方法 | 研磨工具 | 加工特征 | 加工误差/μm | 表面粗糙度值 $Ra$/μm | 应用举例 |
| --- | --- | --- | --- | --- | --- |
| 滚动研磨 | 固结磨料、游离磨料、化学或电解作用液 | 工件带动研具振动、旋转或摆动,使研具和工件型腔间产生相对运动 | 1 | 0.01 | 复杂型腔 |
| 流体研磨剂研磨 | 超微细砂粒、超纯水、聚氨酯橡胶球滚筒 | 工具回转,研磨液中的砂粒磨削产生微小弹性而破坏加工。可用计算机辅助研磨 | 高精度 | 镜面 | X射线反射镜、非球面镜片、金属模 |
| 柔性磨体振动研磨 | 高分子聚合物、磨料、防黏剂、润滑剂 | 用研磨机研磨,在摆动中柔性磨料与工件相对运动 | 0.5~1.2 | 0.012 | 孔、小沟槽、腔体 |

**3. 椭圆体镜片的研磨**

**1) 研磨装置**

如图 2-16 所示的研磨装置是 $x$、$y$、$z$、$A$ 四轴同时控制的,配备有圆盘状聚氨酯研磨头。控制工具回转轴使其和工件上加工点的切线经常保持平行。工具最高转数为 1 750 r/min,加工压力用螺旋弹簧调整,最大可以达到 49 N。

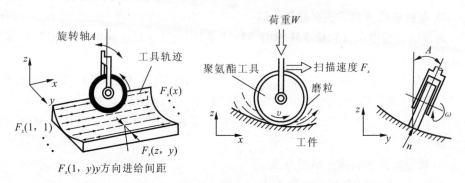

图 2-16 研磨加工原理

**2) 研磨加工原理**

研磨加工原理(形状展成法)如图 2-16 所示。由于 $x$、$y$、$z$、$A$ 四轴同时驱动,工具在加工表面沿 $z$ 方向进行扫描加工,而且在 $y$ 方向给出进给间距做全面扫描加工。与此同时,变化工具扫描速度 $F_x$ 控制停滞时间,进行形状展成。所要求的扫描速度 $F_x$ 可用下式给出:

$$F_x(x,y) = kWv/[y_{\text{inc}}\delta(x,y)]$$

式中 $k$——由研磨条件决定的比例常数;

$W$——荷重；

$v$——工具对加工面的相对速度；

$y_{inc}$——$y$ 方向进给间距；

$\delta(x,y)$——从加工前的形状到目标形状必要加工量的分布。

**3）研磨加工过程**

研磨加工过程如图 2-17 所示。即在研磨加工过程中，需对工件三维形状进行测量评价，根据其结果设定研磨量分布，编制控制工具停留时间和定位的 NC 程序，驱动工作台进行加工。

**4）研磨加工结果**

研磨加工是在形状误差约为 $\pm 1\ \mu m$，表面粗糙度值 $Ra$ 约为 $0.027\ \mu m$ 的基础上进行的。研磨加工后形状误差约为 $\pm 0.6\ \mu m$，表面粗糙度值 $Ra$ 约为 $0.0005\ \mu m$，形状精度和表面粗糙度都有改善。

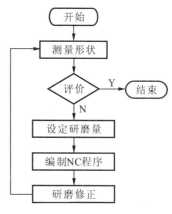

图 2-17　研磨加工过程

## 2.2.7　精密和超精密抛光

**1. 抛光机理**

抛光一般作为一种降低表面粗糙度值的精密和超精密加工方法，也是镜面加工不可少的方法。抛光加工模型如图 2-18 所示。其机理可以归纳为以下作用：

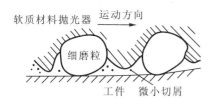

图 2-18　抛光加工模型

- 微切削作用；
- 塑性流动作用；
- 弹性破坏作用；
- 化学作用。

抛光的加工要素与研磨基本相同。抛光与研磨的不同之处是抛光时用的抛光器一般是软质的，其塑性流动作用和微切削作用较弱，加工效果主要是降低被加工表面的表面粗糙度值。研磨时用的研具一般是硬质的，其微切削作用、挤压塑性变形作用较强，在精度和表面粗糙度两方面都有效。近年来，出现了用橡胶、塑料等制成的半软半硬的抛光器或研具，利用此类器具的加工既有抛光作用，又有研磨作用，是研磨和抛光结合的复合加工，也称为研抛。研抛能提高加工精度和降低表面粗糙度，而且有很高的效率。考虑到这一类加工方法所用的研具或抛光器总是带有柔性的，所以都归入抛光一类了。

**2. 抛光方法**

若干新型精密和超精密抛光方法如表 2-9 所示。

表 2-9　若干新型精密和超精密抛光方法

| 抛光方法 | 抛光工具及用品 | 加工特征 | 加工误差/μm | 表面粗糙度值 Ra/μm | 应用举例 |
|---|---|---|---|---|---|
| 软质磨粒抛光 | 抛光器、抛光液 | 聚氨酯球弹性发射、机械化学和化学机械抛光 | 0.1 | 0.000 5 | 硅片、陶瓷、蓝宝石 |
| 液体动力浮动抛光 | 抛光器、抛光液 | 靠抛光器高速回转，利用油楔的动压及带磨粒的抛光液流的双重作用抛光 | 0.1~0.01 | 0.025~0.008 | 玻璃基板、铁氧体有色金属零件 |
| 磁流体抛光 | 非磁性磨粒、磁流体 | 主要是磁流体作用和磨粒的刮削作用 | 1~0.1 | 0.01 | 黑色金属、有色金属、非金属零件的平面 |
| 水合抛光 | 石墨、杉木、水蒸气 | 在 50~200 ℃的水蒸气中，于工件上生成软化水和膜，去除抛光 | 高精度 | 镜面 | 蓝宝石、氧化铝 |
| 计算机辅助抛光 | 微细砂粒、小片工具、水 | 按设计值和实测值的误差由计算机控制修正抛光 | 高精度 | 镜面 | 振荡器基板、固体激光棒、光应用元件、X 射线反射镜、激光核聚变用光学零件 |
| 液中研抛 | 用超微细砂粒、超纯水、中硬橡胶或聚氨酯等材料制成的抛光器 | 在恒温液中用抛光器抛光 | 1~0.1 | 0.01 | 同上 |
| 砂带研抛 | 砂带、接触轮 | 由卷带轮带动砂带极缓慢移动，接触轮产生压力，激振器使接触轮在轴线方向产生振动，形成振动砂带研抛 | 1~0.1 | 0.01~0.008 | 外圆、孔、平面、型面 |
| 超精研抛 | 研具 | 用研抛机研抛 | 1~0.1 | 0.01~0.008 | 磁盘基片、金属模、镜片、棱镜 |

### 3. 镜面零件的超精密机械修正抛光

一般来说，抛光总是镜面加工的最终工序。超精密机械修正抛光具有提高形状精度和改善表面粗糙度的双重效果。日本 KRP-2200 型超精抛光机就具有这样的功能。这种抛光机内装有个人计算机和 NC 装置，输入控制全部采用人-机对话方式。其基本构成如图 2-19 所示。该抛光机具有加工荷重控制、随动倾斜、停留时间控制、加工数据存储、修正加工等功能，加工轨迹等用 NC 控制器控制，可完全自动抛

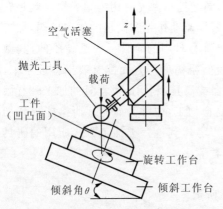

图 2-19　KRP-220 型超精抛光机的基本构成

光平面、球面、非球面、圆筒形面、回转对称形非球面、自由曲面等。

日本 Canon 公司的一台用于曲面光学镜片最终抛光加工的精密曲面抛光机采用三坐标数控系统,具有在线检测功能。加工曲面时,可根据实测的镜片曲面误差,控制抛光头的抛光时间与压力,使曲面抛光工艺实现了半自动化。

抛光头的结构有两种,一种是使用空气压力伺服阀万能接头式的自动仿形万能抛光头,另一种是使用空气活塞平衡块产生的可以调整微小荷重的微小抛光头。抛光回转对称形的非球面形状时,输入非球面系数,在载荷的法线方向进行控制。注重表面粗糙度和抛光效率的加工、自由曲面的加工时,使用万能抛光头;修正形状等需要准确控制时,使用微小抛光头。

要求进行镜面加工的零件涉及范围很广,尺寸范围可小到 1 mm 以下,大到 1 m 以上,涉及的材料也是多种多样的。镜面抛光加工中的重要问题如下:
- 加工材料选择;
- 抛光前加工的形状精度和表面粗糙度;
- 加工变质层;
- 热处理条件;
- 加工液、研磨材料和砂粒;
- 加工压力和加工时间。

表 2-10 列举了适合镜面加工的代表性材料和相应能达到的表面粗糙度值。

表 2-10 适合镜面加工的材料

| 材　　料 | 加工后能达到的表面粗糙度值 $Ra/\mu m$ |
| --- | --- |
| 钢材 | 0.008~0.003 |
| 硬质合金 | 0.005~0.003 |
| 陶瓷 | 0.008~0.005 |
| 玻璃 | 0.005~0.003 |
| 塑料 | 0.009~0.006 |
| 铜、铜合金 | 0.007~0.004 |
| 铝、铝合金 | 0.012~0.005 |
| 非电解镀镍 | 0.005~0.003 |

## 2.2.8　精密和超精密加工过程技术的新进展

**1. 超精密加工材料**

为满足高精度、高可靠性、高稳定性等品质需求,众多金属及其合金、陶瓷材料、光学玻璃等需要经过超精密加工而达到特定的形状、精度和表面完整性。现特别对先进陶瓷材料进行介绍。

先进陶瓷材料已经成为精密机械、航空航天、军事、光电信息等领域发展的基础之一。先进陶瓷根据性能和应用范围不同,大致可分为功能陶瓷和结构陶瓷两类。功能陶瓷主要指利用材料的电、光、磁、化学或生物等方面的直接或耦合效应以实现特定功能的陶瓷,在电子、通信、计算机、激光和航空航天等技术领域有着广泛的作用。结构陶瓷材料具有优良的耐高温抗磨损性能,作为高性能机械结构零件新材料显示出广阔的应用前景。表 2-11 列出了一些典型先进陶瓷材料及其用途。

表 2-11 典型先进陶瓷材料及其用途

| 材料 | | | 举例 | 用途 |
|---|---|---|---|---|
| 功能陶瓷 | 半导体材料 | 第一代 | Si、Ge | 晶体管、集成电路、电力电子器件、光电子器件 |
| | | 第二代 | GaAs、InP、GaP、InAs、AlP | |
| | | 第三代 | GaN、SiC、金刚石 | |
| | 磁性材料 | | SrO·6Fe$_2$O$_3$、ZnFe$_2$O | 计算机磁心、磁记录的磁头与磁介质 |
| | 压电材料 | | 水晶(α-SiO$_2$)<br>LiNbO$_3$、LiTaO$_3$<br>BaTiO$_3$、PZT | 谐振器、阻尼器、滤波器、换能器、传感器、驱动器 |
| | 光学晶体 | | 蓝宝石(α-Al$_2$O$_3$) | 滤光片、激光红外窗口、半导体衬底片 |
| | 电光晶体 | | GaN<br>CaAs、CdTe | 半导体照明、蓝光激光器、红外激光器 |
| 结构陶瓷 | | | Si$_3$N$_4$<br>Al$_2$O$_3$<br>SiC<br>ZrO$_2$ | 精密耐磨轴承、刀具、发动机部件、喷嘴、阀心、密封环、陶瓷装甲 |

表 2-12 列出了延性金属材料与脆性先进陶瓷材料的物理特性。表 2-13 给出了几种先进陶瓷材料的物理性能。

表 2-12 延性金属与脆性先进陶瓷材料的物理特性

| 属性 | 延性金属 | 脆性先进陶瓷 |
|---|---|---|
| 原子间结合类型 | 金属键,无方向 | 离子键/共价键,有方向 |
| 晶体结构 | 高对称性 | 低对称性 |
| 热膨胀性 | 高 | 低 |
| 热传导性 | 高 | 低 |
| 密度 | 高 | 低 |
| 变形方式 | 延展 | 脆性 |
| 晶粒间的结构 | 简单 | 复杂 |
| 孔隙率 | 几乎无气孔 | 通常有气孔残存 |

续表

| 属　性 | 延性金属 | 脆性先进陶瓷 |
|---|---|---|
| 纯度 | 能获得高纯度 | 难获得高纯度 |
| 耐热性 | 较低 | 较高 |
| 化学稳定性 | 低 | 高 |
| 断裂韧度 $K_{IC}/(MPa \cdot m^{1/2})$ | 210（碳钢）<br>34（铝合金） | 5.3（$Si_3N_4$） |
| 断后伸长率 $\delta/(\%)$ | 5 | 0.2 |
| 威布尔指数 | 20 | 5～20 |
| 破坏机理 | 塑性变形 | 脆性破裂 |
| 破坏能量 $E_d/(J \cdot cm^{-2})$ | 10 | $10^{-2}$ |
| 抗热冲击 | 高 | 低 |

表 2-13　几种先进陶瓷材料的物理特性

| 性　能 | $Si_3N_4$ | $ZrO_2$ | $Al_2O_3$ | SiC |
|---|---|---|---|---|
| 密度 $\rho/(kg \cdot m^{-3})$ | 3 200 | 6 000 | 3 950 | 3 200 |
| 弹性模量 $E$/GPa | 310 | 210 | 350 | 410 |
| 硬度 HV | 1 500 | 1 250 | 1 800 | 1 900 |
| 抗压强度 $R_{mc}$/MPa | >3 500 | 2 000 | 2 000～2 700 | 2 000～2 500 |
| 抗弯强度 $R_t$/MPa | 600 | 950 | 300～500 | 450 |
| 泊松比 $\mu$ | 0.26 | 0.3 | 0.22 | 0.25 |
| 热膨胀系数 $\alpha/(10^{-6} K^{-1})$ | 3.2 | 10.5 | 8.5 | 5.0 |
| 热导率 $\lambda/(W \cdot m^{-1} \cdot K^{-1})$ | 3.5 | 2.5 | 3.0 | 80 |
| 断裂韧度 $K_{IC}/(MPa \cdot m^{1/2})$ | 5.3 | 10.5 | 3 | 3.5 |
| 最高使用温度 | 1 200 | 800 | 1 000 | 1 000 |
| 抗热冲击 | 高 | 中等 | 低 | 高 |
| 耐腐蚀能力 | 强 | 强 | 强 | 强 |
| 失效形式 | 剥落 | 剥落/碎裂 | 碎裂 | 碎裂 |

先进陶瓷材料多为共价/离子键化合物,晶体结构对称性低,位错少,因而硬度高、脆性大。氮化硅、碳化硅和蓝宝石的硬度仅次于金刚石和 CBN,是公认的典型硬脆难加工材料。先进陶瓷材料与金属材料物理特性的差异决定了二者材料去除机理的不同。先进陶瓷材料加工过程中易产生裂纹等表面和亚表面损伤,对器件工作性能和工作寿命造成不利影响,必须对其加工技术和加工条件予以认真研究与选择。本书第 3 章将对此加以讨论。

**2. 超精密加工机床的关键部件**

超精密加工机床所具备的重要关键技术包括:采用气浮、液浮无摩擦超精密运动轴系和导轨机构;动态超精密位置测量系统;超精密驱动传动机构;超精密伺服运动控制系统;开放式高性能 CNC 系统;各种超精密加工刀具和在位测量系统等。

**1) 主轴系统**

超精密加工机床的主轴在加工过程中直接支持工件或刀具的运动,主轴的回转精度直接影响到工件的加工精度。因此,可以说主轴是超精密加工机床中最重要的一个部件,通过机床主轴的精度和特性可以评价机床本身的精度。目前研制开发的超精密加工机床的主轴中精度最高的是空气静压轴承主轴(磁悬浮轴承主轴也越来越受到人们的重视,其精度在迅速得到提高)。空气静压轴承主轴具有良好的振摆回转精度。主轴振摆回转精度是除去轴的圆度误差和加工粗糙度影响之外的轴心线振摆,即非重复径向振摆,属于静态精度。目前高精度空气静压轴承主轴回转误差小于 $0.05~\mu m$,最小可达 $0.03~\mu m$。由于轴承中支承回转轴的压力膜的均化作用,静压空气轴承主轴能够得到高于轴承零件本身的精度,例如主轴的回转误差大约可以为轴和轴套等轴承部件圆度的 $1/15 \sim 1/20$。日本学者研究发现,当轴和轴套的圆度达到 $0.15 \sim 0.2~\mu m$ 时,可以得到 10 nm 的回转误差。国产 HCM-I 型超精密加工机床的密玉石空气轴承主轴的圆度误差不大于 $0.1~\mu m$。另外,空气静压轴承主轴还具有动特性良好、精度寿命长、不产生振动、刚性/载荷量具有与使用条件相称的值等优点。但是在主轴刚度、发热量与维护等方面需要做细致的工作。要做到纳米级回转精度的空气静压轴承主轴,除轴承的轴及轴套的形状精度达到 $0.15 \sim 0.2~\mu m$,再通过空气膜的均化作用来实现外,还需要保持供气孔流出气体的均匀性。供气孔数量、分布精度、对轴心的倾角、轴承的凸凹、圆柱度、表面粗糙度等的不同,均会影响轴承面空气流动的均匀性。而气流的不均匀是产生微小振动的直接原因,进而会影响回转精度。要改善供气系统的状况,轴承材料宜选用多孔质材料。这是因为多孔质轴承是通过无数小孔供气的,能够改善压力分布,在提高承载能力的同时,改善空气流动的均匀性。多孔质材料的均匀性是很重要的。因为多孔质供气轴承材料内部的空洞会形成气腔,如不加以控制会引起气锤振动,为此必须对表面进行堵塞加工。

图 2-20 所示为五轴控制的超精密机床上装备的层流空气轴承结构简图。研究表明,层流空气轴承的性能大大优于紊流空气轴承。轴承表面的粗糙度愈低、节流孔的直径与个数设计愈优,空气轴承的性能愈高。图 2-21 所示为带有空气轴承的回转

工作台结构示意图,其中图(a)所示为空气轴承优化设计结果,图(b)所示为轴承结构。图 2-22(a)所示为轴承表面镜面加工结果,图 2-22(b)所示为表面粗糙度对微振动的影响。

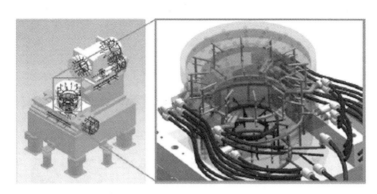

图 2-20　五轴控制超精密机床上的层流空气轴承简图

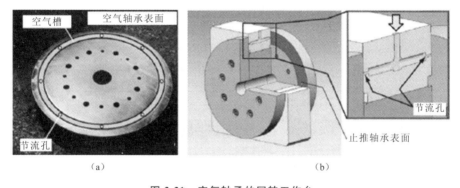

图 2-21　空气轴承的回转工作台
(a)空气轴承优化设计结果;(b)轴承结构

**2) 直线导轨**

作为刀具和工件相对定位机构的直线导轨,是仅次于主轴的重要部件。对超精密加工机床的直线导轨的基本要求是:动作灵活、无爬行等不连续动作;直线精度好;在实用中应具有与使用条件相适应的刚性;高速运动时发热量少;维修保养容易。超精密加工机床中的常用导轨有 V-V 型滑动导轨和滚动导轨、液体静压导轨和空气静压导轨。传统的 V-V 型滑动导轨和滚动导轨在美国和德国的应用都取得了良好的效果,后两种都属于非接触式导轨,所以完全不必担心爬行的产生。从精度方面来考虑后两种也是最适宜的导轨。液体静压导轨由于油的黏性剪切阻力,发热量比较大,因此必须对液压油采取冷却措施。另外液压装置比较大,而且油路的维修保养也麻烦。空气静压导轨由于支承部分是平面,可获得较大的支承刚度,它几乎不存在发热问题,如果最初的设计合理,则在后续的维修保养方面几乎不会发生什么问题,但必须注意导轨面的防尘。空气静压导轨的间隙仅为十几微米,对如此大小

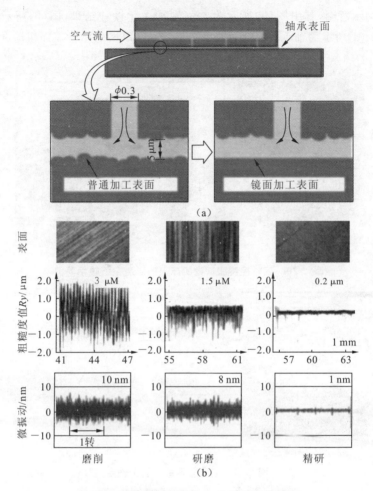

**图 2-22　轴承表面镜面加工及微振动的影响**
(a) 轴承表面镜面加工结果；(b) 表面粗糙度对微振动的影响

的尘埃肉眼是看不到的,而且这样的尘埃即使是洁净室也不能完全消除,尘埃落入导轨面内会引起导轨面的损伤。总体看来,空气静压导轨是目前最好的导轨,但若不能保证防尘条件,则须改用液体静压导轨。目前空气静压直线导轨的直线度可达 $(0.1 \sim 0.2)\ \mu m / 250\ mm$。

安装调整空气静压导轨时需注意：a. 必须保证足够的排气通道,否则溜板将产生数微米的位置扰动；b. 由理论分析得知,减少节流孔径和气膜厚度,可提高导轨的刚度,但会带来工艺上的困难,如采用传统加工手段难以加工小于 $\phi 0.15\ mm$ 的小孔,即使用其他方法能加工出这样的小孔,防止小孔堵塞又有更高要求。

**3) 进给驱动系统**

表 2-14 归纳出了直线运动和回转运动从主电动机转换而来的转换方式。由于滚珠丝杠的精度不断地提高,因而其在机床进给驱动系统中获得了最广泛应用。但

对于亚微米级超精密加工机床的进给丝杠,必须考虑由滚珠的转动和滚珠间的接触滑动带来的微小振动问题,也要考虑滚珠丝杠的振动衰减特性较差的问题。

表 2-14 直线运动和回转运动的转换方式

| 电 动 机 | 转 换 机 构 | 运 动 形 式 |
| --- | --- | --- |
| 伺服电动机 | 回转至直线运动转换机构(滚珠丝杠等) | 直线运动 |
| 直线电动机 |  | 直线运动 |
| 伺服电动机 | 减速机构(蜗轮副等) | 回转运动 |
| 直接驱动电动机 |  | 回转运动 |

直线电动机作为进给驱动装置,其优点是具有高速度、高加速度、高精度。由于没有中间的机构环节,不会受像滚珠丝杠那样的侧隙影响,不会丧失精度,故广泛用于精密和超精密机床的进给驱动中。直线电动机与滚珠丝杠相比最大的缺点是成本较高。

图 2-23 是由直线电动机驱动的超精密五轴机床,它可以完成车削、铣削加工,也可实现对自由曲面的复杂加工。为了消除接触式导轨的非线性摩擦问题,在该机床上采用了非接触式的空气静压导轨。

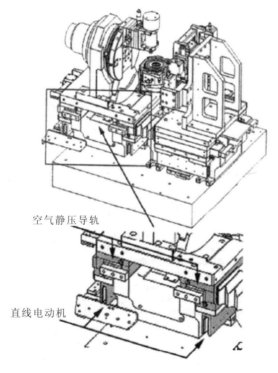

图 2-23 由直线电动机驱动的超精密五轴机床

摩擦驱动装置当前定位误差可小于 0.01 μm。压电元件分辨率可达到亚纳米、纳米级，但行程微小（几微米至十几微米），定位精度可达到纳米级水平。

**4) 大型超精密加工机床**

图 2-24 所示为四轴控制的超精密加工机床，它可以加工轴对称的模具及型腔，也可以进行自由曲面车削等加工，并能进行联机检测与刀具定位。当将磨削主轴安装在 B 轴工作台时，可以进行磨削加工，砂轮修整由联机的修整装置完成。

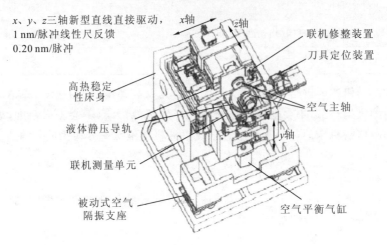

图 2-24 四轴控制的超精密加工机床

图 2-25 所示美国 LLNL 实验室研制成功的 LODTM(large optics diamond tunning machine)大型立式($\phi$1.65 m×0.5 m)光学金刚石超精密车床。为了使该机床达到极高的加工精度，在影响机床系统性能的各个环节上都采用了所能达到的极限技术：机身均采用昂贵的零膨胀系数的殷钢材料；机床每个坐标测量系统均采用双路超高精度激光干涉系统；机床环境温度稳定度控制在 0.01～0.001 ℃等。其加工面

图 2-25 LODTM 大型光学金刚石超精密车床

形误差小于 0.028 μm,表面粗糙度值可达 9～3.5 nm,可直接切削加工成形高精度非球面红外光学零件。

LODTM 超精密加工典型应用实例:

① SBL 天基高能激光武器、ABL 空基高能激光武器、高能激光空间中继镜系统等的加工;

② KECKT 太空望远镜金属基红外非球面副镜等的加工;

③ 美国 LIF 惯性约束核聚变点火装置中大型 KDP 晶体光学倍频、光开关元件的加工,超光滑表面的平面度、双面平行度为 λ/4(λ 为测量所用光的波长),表面粗糙度值不大于 2 nm。

LLNL 实验室研制成功的 LODTM 大型立式光学金刚石超精密车床,解决了美国多项国家重大工程中的许多关键的超精密加工技术难题。为了扩大单点金刚石刀具(single point diamond tool,SPDT)超精密加工技术的应用范围,LLNL 在 LODTM 的基础上进一步拓展,先后开发出 DTM2、DTM3、DTM4、PERL 等一系列 SPDT 超精密加工机床。

**3. 超精密研磨与抛光**

在高精度表面特别是自由曲面的超精密加工中,常将超精密抛光作为最终加工工序,因此,超精密抛光工艺得到了广泛的关注与研究。现着重介绍几种超精密抛光技术。

**1) 化学机械抛光**

化学机械抛光(chemical mechanical polishing,CMP)是 IBM 公司于 20 世纪 80 年代中期开发的一项技术,目前技术已成熟了。CMP 加工通过磨粒、工件、加工环境之间的机械、化学作用,实现工件材料的微量去除,能获得超光滑、少无损伤的加工表面;加工轨迹呈现多方向性,有利于实现加工表面的均匀一致性;加工过程遵循"进化"原则,无须精度很高的加工设备。由于 CMP 技术能够实现超大规模集成电路制造所需的全面平坦化(这是其他技术不可比拟的),目前已成为半导体工业中的主导技术之一,并且其应用领域在不断地扩展。

通过 CMP 可获得 0.1 nm 级表面粗糙度和极小的表面损伤层(OGITA 等人于 2000 年用 SCL 清洗 CMP 后的硅片,发现表面损伤层厚度为 21 nm),但也存在一定局限性,主要体现在加工精度对磨粒尺寸差异的敏感,可用图 2-26 来说明。在如图 2-26(a)所示的理想状态下,磨粒尺寸大小均匀一致,磨粒上的载荷相等,抛光效果最佳;图 2-26(b)所示的状态是:加工区有硬质大颗粒产生(磨粒团聚物或工件磨屑)或外界有大颗粒灰尘进入时,磨具为刚性,则加工载荷由少量大颗粒承担,导致大颗粒对工件的切深增加因而形成划痕、凹坑等损伤,或者大颗粒在载荷作用下破碎,但在破碎前往往已在工件表面形成损伤;图 2-26(c)所示的状况是采用弹性抛光垫(沥青、聚氨酯等材料)来缓解大颗粒对加工表面的负面效应,但由于抛光垫与大颗粒所接触位置弹性变形大,对大颗粒的压力增加,仍会造成工件表面的划痕等损伤。

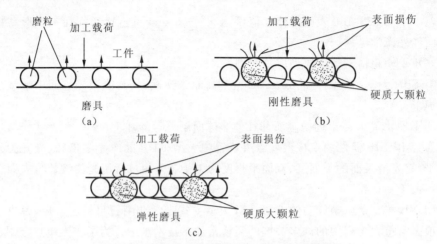

图 2-26 磨粒尺寸差异对 CMP 加工质量的影响
(a) 理想状况；(b) 用刚性磨具加工时硬质大颗粒侵入；(c) 用弹性磨具加工时硬质大颗粒侵入

CMP 的材料去除主要基于三体磨损机理，磨粒主要以滚动的方式实现材料去除，单位时间内参与材料去除的磨粒数量少，材料去除率低，带有化学成分的加工液和磨粒危害环境且处理成本高。硬质大颗粒对加工精度的影响问题亟待解决。

**2) 弹性发射加工**

日本大阪大学 TSUWA 等人研究了在工件表面以原子级去除材料的可能性，建立了弹性发射加工理论。弹性发射加工（elastic emission machining, EEM）装置如图 2-27 所示。EEM 技术采用浸液工作方式，利用在工件表面高速旋转的聚氨酯小球带动抛光液中粒度为几十纳米的磨料，以尽可能小的入射角冲击工件表面，通过磨粒与工件之间的化学作用去除工件材料，工件表层无塑性变形，不产生晶格转位等缺陷，对加工功能晶体材料极为有利。TSUWA 等使用聚氨基甲酸酯球为工具，利用 $ZrO_2$ 微粉对单晶硅进行弹性发射加工，表面粗糙度值达 0.5 nm。

**3) 磁流变光整加工**

磁流变光整加工（magneto-rhelogical finishing, MRF）技术是 20 世纪 90 年代初提出的，它是将电磁学和流体动力学理论结合而创建的一种新工艺，其工作原理简图如图 2-28 所示。磁流变液（由磁性颗粒、基液和稳定剂组成的悬浮液）在磁场的作用下产生磁流变效应而对光学玻璃进行抛光。磁流变液的流变特性可以通过外加磁场的强弱的调节来控制。如图 2-28 所示的加工系统装置中，磁流变液由喷嘴喷洒在旋转的抛光轮上，磁极置于抛光轮的下方，在工件与抛光轮所形成的狭小空隙附近形成一个高梯度磁场。当抛光轮上的磁流变液被传送至工件与抛光轮所形成的小空隙附近时，高梯度磁场使之凝聚、变硬，成为黏塑性的 Bingham 介质。具有较高运动速度的 Bingham 介质通过狭小空隙时，在工件表面与之接触的区域产生很大的剪切力，从而使工件表面材料被去除。在抛光过程中，通过控制工件在磁流变液的扫过速率（或停留时间）可实现工件表面的选择性去除。

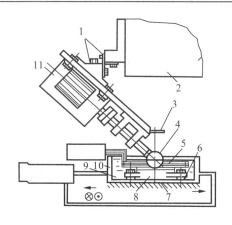
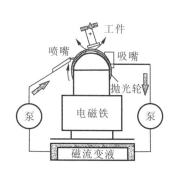

图 2-27  EEM 装置示意图　　　　图 2-28  磁流变加工系统示意图

1—十字弹簧;2—数控主轴箱;3—载荷支撑杆;4—聚氨酯球;
5—工件;6—橡胶垫;7—数控工作台;8—工作台;
9—悬浮液;10—容器;11—无级变速电动机

可以认为 MRF 是一种确定性的光学元件光整加工技术,如果能准确得到其去除函数,则可以通过计算机控制实现光学元件的超精密加工。

表 2-15 列出了对红外材料 BK7 玻璃的 MRF 加工条件。试验加工结果:材料最大深度去除率为 5.43 $\mu$m/min,最大体积去除率为 0.014 4 $mm^3$/min,表面粗糙度值约为 0.5 nm。

表 2-15  BK7 玻璃的 MRF 加工条件

| 加工机床 | Q22Y MRF 系统 |
|---|---|
| 光整模式 | 均匀去除与形状修正 |
| 工件 | BK7 玻璃,直径为 25 mm,凹面,曲率半径为 60 mm |
| 传输系统设置 | 磁线圈电流为 12 A,抛光轮转速为 350 r/min,吸入泵转速为 110 r/min,离心泵转速为 2 800 r/min |
| 缎带参数 | 抛光轮直径为 50 mm,缎带高度为 1.31 mm,间隙为 1.07 mm,浸入深度为 0.24 mm |
| MR 流体 | 氧化铈磨粒 |
| 传输系统读数 | 压力为 4.88 MPa,流量为 0.2 L/min,黏度为 38.5 mPa·s |

**4) 激光抛光**

激光抛光是利用激光与材料表面相互作用进行加工的,它遵循激光与材料作用的普遍规律。激光与材料间的作用方式有热作用和光化学作用,可把激光抛光分为热抛光和冷抛光。热抛光是利用激光的热效应,通过熔化、蒸发等过程去除材料。因此只要材料的热物理性能好,都可以用它来进行抛光,但由于温度梯度大而产生的热应力大,易产生裂纹,因此热抛光的效果不是很好。冷抛光是利用材料吸收光子后,表层材料的化学键被打断或者是晶格结构被破坏,从而实现材料的去除。利用光化学作用时,热效应可以被忽略,因此热应力很小,不产生裂纹,也不影响周围材料,且容易控制材料的去除量,特别适合于硬脆性材料的精密加工。UDREA 等人利用 $CO_2$ 激光器对光纤的端面进行抛光,得到的 $Ra$100 nm 的表面粗糙度。激光抛光是一种非接触抛光,不仅能对平面进行抛光,还能对各种曲面进行抛光。同时对环境的污染小,可以实现局部抛光,特别适用于超硬材料和脆性材料的精抛,具有良好的发展前景。但目前激光抛光作为一种新技术还处于发展阶段,还存在着设备价格和加工成本高、加工过程中的检测技术和精度控制技术要求比较高等缺点。

## 2.3 微纳加工技术

### 2.3.1 微纳加工技术概述

2.2 节所介绍的精密和超精密加工,主要指表面的加工,是对平面、规则曲面与自由曲面的光整加工技术,而微纳加工(micro/nano machining)是指在很小或很薄的工件上进行小孔、微孔、微槽、微复杂表面的加工,例如对半导体芯片(圆片)的表面进行磨削、研磨和抛光属超精密加工,而在其上刻制超大规模集成电路,则属于微纳加工技术范畴。

微纳加工技术是制造 MEMS 器件的关键技术,已发展成为一个比较专门的领域,是机械、材料、物理、化学、能源、计算机、控制、环境等多学科的集成、融合,在军事、医疗、工业、农业中得到了日益广泛的应用。

微纳加工往往牵涉材料的原子级尺度,许多因尺度效应而产生的奇特现象吸引着人们不断深入地开发新型的微纳加工技术。

纳米技术指有关纳米级(0.1~100 nm)的材料、设计、制造、测量、控制和产品的技术。

纳米技术是科技发展的一个新兴领域,它不仅仅是关于如何将加工和测量精度从微米级提高到纳米级的问题,而且是关于人类对自然的认识和改造如何从宏观领域进入到微观领域,从微米层深入到分子、原子级的纳米层次的问题。在深入到纳米层次时,所面临的决不是几何上的"相似缩小"的问题,而是一系列有待探索、研究的新的现象和新的规律——所谓"尺度效应"就是指因尺度变小而产生的新现象、新规律。

在纳米层次上,也就是原子尺寸级别的层次上,一些宏观的物理量,如弹性模量、密度、温度等都要重新定义,在工程科学中习以为常的牛顿力、宏观热力学和电磁学等都已不能正常描述纳米级的工程现象和规律,量子效应、物质的波动特性和微观涨落等已是不可忽略的,甚至成为主导的因素。

纳米技术的研究、开发可能在精密机械工程、材料科学、微电子技术、计算机技术、光学、化工、生物和生命技术以及生态农业等方面产生新的突破。这种前景使工业先进国家对纳米技术给予了极大的重视,投入了大量人力物力进行研究开发。

纳米技术主要用于以下方面:
- 纳米级精度和表面形貌的测量;
- 纳米级表面层物理、化学、力学性能的检测;
- 纳米级精度的加工和纳米级表层的加工——原子和分子的去除、搬迁和重组;
- 纳米材料;
- 纳米级微传感器和控制技术;
- 微型和超微型机械;
- 微型和超微型机电系统和其他综合系统;
- 纳米生物学等。

纳米级加工的物理实质和传统的切削、磨削加工有很大不同,一些传统的切削磨削方法和规律已不适用于纳米级加工。

欲得到 1 nm 级的加工精度,加工的最小单位必然在亚纳米级。由于原子间的距离为 0.1~0.3 nm,纳米级加工实际上已到加工精度的极限。纳米级加工中试件表面的一个原子或分子将成为直接的加工对象,因此纳米级加工的物理实质就是要切断原子间的结合,实现原子或分子的去除。各种物质是以共价键、金属键、离子键或分子结构的形式结合而组成的,要破坏原子或分子之间的结合,就要研究材料原子间结合的能量密度。破坏原子间结合所需的能量必须超过物质的原子间结合能,因此需要的能量密度是很大的。

传统的切削、磨削加工消耗的能量密度较小,实际上是利用原子、分子或晶体间连接处的缺陷而进行加工的。用传统切削和磨削的方法进行纳米级加工,要破坏原子间的结合就相当困难了。因此直接利用光子、电子、离子等基本能子加工,是纳米级加工的主要方向和主要方法。但如何实现纳米级加工要求达到的精度,使用基本能子进行加工时如何进行有效的控制以达到原子级的去除,是实现原子级加工的关键。

纳米加工主要包括机械加工、化学腐蚀、能量束加工和复合加工等加工方法。然而这些方法本身的缺点,例如加工精度进一步提高受限、设备昂贵等,使纳米加工技术的进一步发展受到限制。不过,扫描探针显微镜(SPM)加工技术的出现,为纳米加工技术的发展注入了新的活力。

SPM 包括继 1981 年扫描隧道显微镜(STM)发明之后出现的一系列显微镜,有原子力显微镜(AFM)、摩擦力显微镜(FFM)、静电力显微镜(EFM)、磁力显微镜(MFM)、激光力显微镜(LFM)和光子扫描隧道显微镜(PSTM)等。它们的用途主要是测量物体表面的微观三维形貌。随着研究的深入,人们通过控制探针与表面之间的物理或化学变化,可以在纳米级甚至原子、分子级范围内改变物体表面的结构,从而将 SPM 从测量领域扩展到纳米加工领域,扩大了其应用范围。目前,用于纳米加工的 SPM 主要是 STM 和 AFM 两种显微镜,其原因是利用这两种显微镜可以很容易地控制针尖与表面的相互作用,达到改变表面结构的目的。

微纳加工成果可以斯坦福大学书写世上最小字母为例,世上最小的字母仅有 0.3 nm,不到原子尺寸,约为 1/3 m 的十亿分之一。研究人员在铜片表面使用量子电波形成干涉图案,编码得到字母"S"和"U"(代表 Stanford University)。电波图案能够投射出全息图的数据,可以被高倍显微镜观察到,如图 2-29 所示。这是 2009 年 2 月公布的成果,斯坦福大学负责人认为他们"在微缩字母方面取得了巨大的进展,甚至可以说终结了最小书写的历史"。

1985 年,斯坦福大学学生与电子工程教授合作使用电子束光刻技术成功地将狄更斯的《双城记》缩小到只能用显微镜阅读。1990 年这项纪录被 IBM 研究人员打破,他们用 35 个氙原子拼出了字母"IBM",如图 2-30 所示。

图 2-29 世界上最小的字母

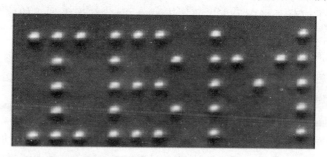

图 2-30 用 35 个氙原子拼出的字母"IBM"

斯坦福大学的字母"S"、"U"比"IBM"的字母还小 4 倍,比《双城记》的字母小 40 倍,微纳加工技术的发展速度可见一斑。

微小尺寸加工和一般尺寸加工各具特色,主要表现在以下几个方面。

**1) 精度的表示方法**

一般尺寸加工时,精度是用其加工误差与加工尺寸的比值(即精度比率)来表示的。如现行的公差标准中,公差单位是计算标准公差的基本单位,它是基本尺寸的函数,基本尺寸愈大,公差单位也愈大。因此,属于同一公差等级的公差,对不同的基本尺寸,其数值就不同,但认为它们具有同等的精确程度,所以公差等级就是确定尺寸精确程度的等级。

在微纳加工时,由于加工尺寸很小,精度概念就必须用尺寸的绝对值表示,即用去除的一块材料的大小来表示,从而引入加工单位尺寸(简称加工单位)的概念。加工单位就是去除的一块材料的大小。所以当加工 0.01 mm 尺寸零件时,必须采用微米加工单位进行加工;当加工微米尺寸零件时,必须采用亚微米加工单位进行加工。

现今的超微细加工已采用纳米加工单位。

**2) 微观机理**

以切削加工为例,从工件的角度来看,一般尺寸加工和微纳加工的最大差别是切屑大小不同。一般加工时,由于工件较大,允许的吃刀量就比较大。在微纳加工时,根据加工对象的强度和刚度不允许有大的吃刀量,因此切削量很小。当吃刀量小于材料晶粒直径时,切削就得在晶粒内进行,这时各晶粒就作为一个个不连续体来进行切削。一般金属材料是由微细的晶粒组成的,晶粒直径为数微米到数百微米。而在一般切削时,吃刀量较大,可以忽视晶粒本身大小而将各晶粒作为一个连续体来看待。由此可见,一般加工与微纳加工的微观机理是不同的。

**3) 加工特征**

一般加工时多以尺寸、形状、位置精度为加工特征,在精密和超精密加工时也是如此,所采用的加工方法偏重于能够使工件形成一定的形状、达到一定的尺寸。微纳加工却以分离或结合原子、分子为加工对象,以电子束、离子束、激光束三束加工为基础,采用沉积、刻蚀、溅射、蒸镀等手段进行各种处理,这是因为它们各自所加工的对象不同。

## 2.3.2 微纳加工技术分类

微纳加工技术是由微电子技术、传统机械加工技术、非传统加工技术或特种加工技术衍生而成的,按其衍生源的不同,可将微纳加工分为:由硅平面技术衍生的微纳加工——微蚀刻加工;由特种加工技术衍生的微纳加工——微纳特种加工;由切削加工衍生的微纳加工——微纳切削加工。

**1. 微蚀刻加工**

MEMS 技术由微电子技术衍生而来,由于这种历史原因,利用微蚀刻加工技术的硅微纳加工在微机械制造中占据主要地位。硅微纳加工具有可批量制作、预组装及容易与微电子电路集成的技术特点,适合于微型传感器的制作,但成形结构形状有限,不利于微致动器的制作。

**2. 微纳特种加工**

可以进行微纳加工的特种加工方法主要有电火花加工、电化学加工、超声加工、激光加工、离子束加工、电子束加工等。这些特种加工方法有的设备昂贵、对环境要求较高,有的加工速度偏低。对于加工三维实体结构的零件来说,单独使用特种加工方法并没有优势可言。

**3. 微纳切削加工**

可以用来进行微纳加工的切削方法有:微纳车削、微纳铣削、微纳钻削、微纳磨削、微冲压等。

近年来,微纳加工技术发展迅猛,高新技术层出不穷,本节只能列出几个实例,介绍微纳加工的一般情况。

### 2.3.3 半导体蚀刻加工

**1. 光刻加工**

半导体光刻加工的主要工艺过程如图 2-31 所示。它利用光致抗蚀剂的光化学反应特点,在紫外线照射下,将照相制版(掩膜版)上的图形精确地印制在有光致抗蚀剂的工件表面,再利用光致抗蚀剂的耐腐蚀特性,对工件表面进行腐蚀,从而获得极为复杂的精细图形。半导体光刻加工是半导体工业的一项极为主要的制造技术。

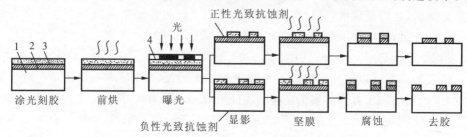

图 2-31 半导体光刻的主要工艺过程

1—衬底(Si);2—光刻薄膜($SiO_2$);3—光致抗蚀剂;4—掩膜版

**2. X 射线刻蚀电铸模法**

为了克服光刻法制作的零件厚度过薄的不足,20 世纪 90 年代由德国卡尔斯鲁厄原子核研究所提出了 X 射线刻蚀电铸模(LIGA)法。LIGA 是德文的照相制掩膜、电铸制模和注射成形三个词的缩写(lithograhic galvanofornung abformung)。LIGA 法的工艺包括下列三个主要工序:

① 把从同步加速器放射出的具有短波长和很高平行性的 X 射线作为曝光光源,在最大厚度达 500 $\mu m$ 的光致抗蚀剂上生成曝光图形的三维实体,如图 2-32 所示;

② 用曝光蚀刻的图形实体做电铸的模具,生成铸型;

③ 以生成的铸型作为注射成形的模具,即能加工出所需的微型零件。

LIGA 法的制作过程如图 2-33 所示。

图 2-32 X 射线刻蚀的三维实体

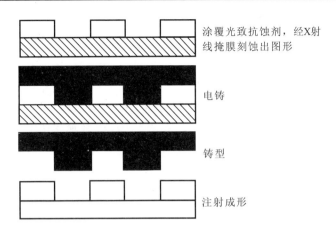

图 2-33 LIGA 法的制作过程

由于 X 射线的平行性很高,使微细图形的感光聚焦深度远比光刻法深,一般可达后者的 25 倍以上,因而蚀刻的图形厚度较大,使制出的零件有较大的实用性。且 X 射线的波长极短,小于 1 nm,可得到卓越的解像性能,所得断面的粗糙度值 $Ra$ 通常为 $0.02\sim0.03~\mu m$,最小能达到 $0.01~\mu m$。用此法除可制造树脂类零件外,也可在精密成形的树脂零件基础上再电铸得到金属或陶瓷材料的零件。例如应用 LIGA 法可制作直径为 130 $\mu m$、厚度为 150 $\mu m$ 的微型涡轮;制作厚度为 150 $\mu m$、焦距为 500 $\mu m$ 的柱面微型透镜,并可获得非常光滑的表面。

## 2.3.4 微纳切削加工

由传统切削加工方法衍生的微纳切削加工,由于金属切除量极微,对微纳切削加工的机床、工艺、刀具有特定的要求。

**1. 微纳切削加工工艺系统**

**1) 微纳加工机床**

微纳加工机床的结构应满足下列条件。

① 各轴能实现足够小的微量移动,以达到很小的单位去除率(UR)。对于微纳机械加工和电加工工艺,微量移动应可小至几十个纳米,电加工的 UR 最小极限取决于脉冲放电的能量。

② 具有高灵敏的伺服进给系统,它要求有低摩擦的传动系统和导轨支承系统以及高精度跟踪性能的伺服系统。

③ 能实现高平稳性的进给运动,尽量减少由于制造和装配误差引起的各轴的运动误差。

④ 具有高的定位精度和重复定位精度。

⑤ 采用低热变形结构设计。

⑥ 刀具能稳固夹持,并具有高的重复夹持精度。

⑦ 采用高的主轴转速及极小的动不平衡量。

⑧ 床身构件稳固并能隔绝外界的振动干扰。
⑨ 具有刀具破损和微型钻头折断的敏感的监控系统。

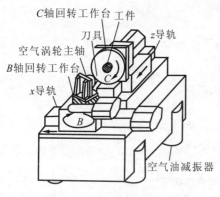

图 2-34 微型超精密加工机床

图 2-34 为日本 FANUC 公司开发的能进行车、铣、磨和电火花加工的多功能微型超精密加工机床的结构示意图。该机床有 $x$、$z$、$C$、$B$ 四轴,在 $B$ 轴回转工作台上增加 $A$ 轴工作台后可实现五轴控制,数控系统的最小设定单位为 1 nm。

该机床既有编码器半闭环控制系统,又有激光全息式直线移动的全闭环控制系统。反馈指令的大小直接影响到伺服跟踪误差。编码器与电动机直联,它具有每周 6 400 万个脉冲的分辨率,每个脉冲相当于坐标轴移动 0.2 nm。编码器反馈单位为 1/3 nm,故跟踪误差在 ±1/3 nm 以内。直线尺的分辨率为 1 nm,跟踪误差约在 ±3 nm 以内。为了消除电动机编码器和直线检测元件本身的误差对反馈的影响,还应用高精度螺距误差补偿技术,开发了有 50 万点的高密度误差值自动设置的补偿方法。螺距误差补偿值用分辨率为 0.3 nm 的激光干涉仪测出。

为了降低伺服系统的摩擦,对导轨、丝杠螺母副以及丝杠和伺服电动机转子的推力轴承和径向轴承均采用气体静压支承结构,如图 2-35 所示。伺服电动机的转子和定子用空气冷却,使运动时由发热引起的温升被控制在 0.1 ℃ 以下。

为了防止丝杠转动时的偏摆影响到滑鞍运动的平稳性,所用的空气静压螺母不直接固定在滑鞍上,而是通过其两端的与床鞍桥板连接的叉形气垫支承块来传递轴向运动,而其他方向均无约束,从而消除了丝杠偏摆的影响。螺母及两个叉形气垫支承块均由空气静压支承在导轨上引导做轴向运动,如图 2-36 所示。

**2) 微纳切削用刀具和工艺**

凸形(外)表面的微纳切削大多采用单晶金刚石车刀或铣刀。刀尖半径约为 100 $\mu$m。图 2-37 所示为单晶金刚石立铣刀的刀头形状,当刀具回转时,金刚石刀片形成一个 45°圆锥的切削面。微纳加工中的一个关键问题是刀具安装后的姿态及其与主轴轴线的同轴度是否与坐标系一致,否则很难保证微小的切除量。为此可在同一台机床上制作刀具后进行加工,使刀具的制作和微纳加工采用同一工作条件,避免装夹的误差。如果在机床上采用线放电磨削制作铣刀,可以用它铣出 50 $\mu$m 宽的槽。

在图 2-34 所示的微型超精密机床上,用上述工艺加工一个直径为 1 mm,高度为 30 $\mu$m 的微型雕面像,用金刚石立铣刀加工无氧铜,刀具转速为 50 000 r/min,进刀速度粗加工为 20 mm/min,精加工为 5 mm/min,切削深度为 2 $\mu$m,最好的加工表面粗糙度值 $Ra$ 最大可达到 50 nm。

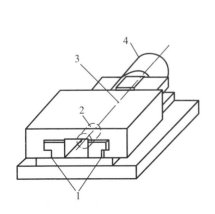

图 2-35 低摩擦伺服进给系统简图

1—空气静压直线导轨；2—小孔节流和内节流的空气静压螺母；3—伺服电动机转子及其与丝杠之间无传动间隙连接；4—支承电动机转子和丝杠的空气静压推力轴承和径向轴承

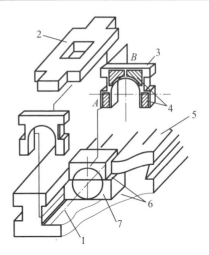

图 2-36 保持轴向运动平稳性的气垫式螺母连接结构

1—进给丝杠的轴线；2—桥板；3—叉形气垫支承块；4—气垫；5—直线导轨；6—空气静压支承；7—螺母

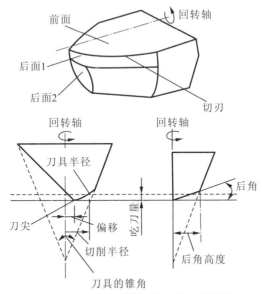

图 2-37 单晶金刚石铣刀的刀头形状

(刀尖偏移回转轴线 5 μm，刀尖半径 100 μm)

微纳电加工工艺中，微型轴和异形截面杆的加工可采用线放电磨削法（WEDG）加工。它独特的放电回路使放电能仅为一般电火花加工的 1/100。图 2-38 为 WEDG 加工微型轴的原理，电极丝沿着导丝器中的槽以 5～10 mm/min 的低速滑动，就能加工出圆柱形的轴。如导丝器通过数字控制做相应的运动，就能加工出各种截面形状的杆件。这是制造微钻头的重要方法,可以稳定地制成 $\phi 10~\mu m$ 的钻头,最小可达 $\phi 6.5~\mu m$,而目前商业供应的微钻头的最小直径为 $50~\mu m$。

图 2-39 中,微细钻头做成扁钻形状,并由 WEDG 技术制作而成。其制作过程如表 2-16 所示。

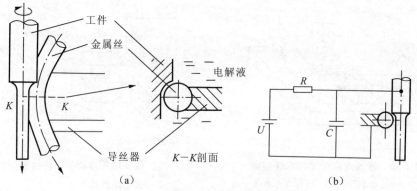

图 2-38 WEDG 加工系统及其工作原理
(a) 加工原理;(b) 张弛型 EDM 电路

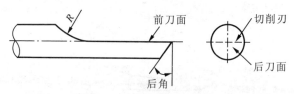

图 2-39 扁钻的钻头形状

表 2-16 用 WEDG 技术制作扁钻的过程

| | (a) | (b) | (c) | (d) |
|---|---|---|---|---|
| 加工示意图 | 进给方向 钻头电极 线电极 $100~\mu m$ | | | |
| 工艺 | 粗加工 | 精加工 | 加工前刀面 | 加工后刀面 |
| 电压 | 100 V | 60 V | 60 V | 60 V |
| 电容 | 3000 pF | 杂散电容 | 杂散电容 | 杂散电容 |
| 工件旋转 | 有 | 有 | 无 | 无 |

**2. 微纳车削加工**

日本通产省工业技术院机械工程实验室(MEL)于 1996 年开发了世界上第一台微型化的机床——微型车床。该机床长 32 mm、宽 25 mm、高 30.5 mm,重量为 100 g;

主轴电动机额定功率为 1.5 W,转速为 10 000 r/min。用该机床切削黄铜,沿进给方向的表面粗糙度值 $Rz$ 为 1.5 $\mu m$,加工工件的圆度为 2.5 $\mu m$,最小外圆直径为 60 $\mu m$。切削试验中的功率消耗仅为普通车床的 1/500。

日本金泽大学研究了一套微型车削系统。该系统由微型车床、控制单元、光学显微装置和监视器组成,其中机床长约 200 mm。在该系统中,采用了一套光学显微装置来观察切削状态,还配备了专用的工件装卸装置。图 2-40 为微型车床的结构原理图。主轴用两个微型滚动轴承支承。主轴沿 z 方向进给,刀架固定不动,车刀与工件的接触位置是固定的,便于用光学显微装置观察。因为工件的直径很小,车削时沿 $x$-$y$ 方向移动的幅度不大,所以令刀架沿 $x$-$y$ 移动。车刀的刀尖材料为金刚石。驱动主轴的微电动机通过弹性联轴器与主轴连接。机床的主要性能参数如下:主轴功率为 0.5 W;转速为 3 000~15 000 r/min,连续变速;径向跳动在 1 $\mu m$ 以内;装夹工件直径为 0.3 mm;$x$、$y$、$z$ 轴的进给分辨率为 4 nm。用 0.3 mm 的黄铜丝为毛坯,在这台机床上加工出了直径 10 $\mu m$ 的外圆柱面,还加工出了直径 120 $\mu m$、螺距 12.5 $\mu m$ 的丝杠。该机床的明显不足是切削速度低,因此得不到满意的表面质量,其表面粗糙度值 $Rz$ 可小于 1 $\mu m$。该微型车削系统的开发成功,证实了利用切削加工技术也能加工出微米尺度的零件。

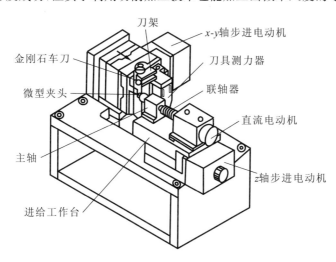

图 2-40　微型车床结构原理图

由上述可知,并非机床的尺寸越小,加工出的工件尺度就越小、精度就越高。对于微型车床,一方面要促使其向微型化和智能化方向发展,另一方面要提高系统的刚度和强度,以便于加工硬度比较大、强度比较高的材料。

**3. 微纳钻削加工**

微纳钻削一般用来加工直径小于 0.5 mm 的孔。钻削现已成为微细孔加工的最重要工艺之一,可用于电子、精密机械、仪器仪表等行业,近来备受关注。

在钟表制造业中,最早使用钻头加工小孔。随着工艺方法的不断改进,相继出现了各种特种加工方法,但至今一般情况下仍采用机械钻削小孔的方法。近年来研制出了多种形式的小孔钻床,如手动操作的单轴精密钻床、数控多轴高速自动钻床、曲柄驱动群孔钻床及加工精密小孔的精密车床和铣床等。20 世纪 80 年代后,由于 NC 技术和 CAD/CAM 的发展,小孔加工技术向高自动化和无人化发展。目前机械钻削小孔的研究方向主要有难加工材料的钻削机理研究,小孔钻削机床研制和小钻头的刃磨、制造工艺研究,超声振动钻削新工艺的研究等。

用 WEDG 技术制作的微细钻头,如果从微细电火花机床上卸下来再装夹到微型钻床的主轴上,势必造成安装误差而产生偏心。这将影响钻头的正常工作甚至无法加工。因此,用这种钻头钻削时,必须在制作该钻头的微型电火花机床上进行。

**4. 微纳铣削加工**

日本 MEL 开发的微型铣床长 170 mm,宽 170 mm,高 102 mm。主轴用功率为 36 W 的无刷直流伺服电动机,转速约为 15 600 r/min。这台铣床能铣平面也能钻孔。

日本 FANUC 公司和电气通信大学合作研制的车床型超精密铣床,在世界上首次用切削方法实现了自由曲面的微细加工。这种铣床可使用切削刀具对包括金属在内的各种可切削材料进行微细加工,而且可利用 CAD/CAM 技术实现三维数控加工,生产率高,相对精度高。

例如,用该机床铣削日语中称为"能面"的微型脸谱。其加工数据由三坐标测量机从真实"能面"上采集,采用单刃单晶金刚石球形铣刀($R30\ \mu m$),在 18 K 金材料上加工出三维自由曲面。该脸谱直径为 1 mm,表面高低差为 30 $\mu m$,加工后的表面粗糙度值 $Rz$ 为 0.058 $\mu m$。这是光刻技术领域中的微细加工技术,如半导体平面硅工艺及同步辐射 X 射线深度光刻、电镀工艺和铸塑工艺组成的 LIGA 工艺等技术所不及的。

我国南京航空航天大学研制成功一台龙门式三轴数控微型铣床,如图 2-41 所示。其采用大理石底座,3 根工作轴由直线电动机工作平台驱动,最高加速度达到 50 $m/s^2$,误差小于 0.1 $\mu m$,并集成了直线光栅编码测量系统,可实现伺服驱动系统的闭环反馈控制。空气静压主轴最高转速为 100 000 r/min,三轴工作行程为 150 mm×150 mm×100 mm。

铣削实验测得的该微型铣床的铣削力及实验参数如表 2-17 所示。

图 2-41 龙门式三轴数控微型铣床

表 2-17　龙门式三轴微型铣床的铣削力及实验参数

| 铣刀直径 | $\phi$0.2 mm |
|---|---|
| 刀具悬伸量 | 15 mm |
| 主轴转速 | 70 000 r/min |
| 每齿进给量 | 0.1 $\mu$m |
| 轴向切深 | 8 $\mu$m |
| $F_x$（切向力） | 270 mN |
| $F_y$（径向力） | 200 mN |
| $F_z$（轴向力） | 150 mN |

AFM 的探针尖一般是用高硬度材料（如金刚石或 $Si_3N_4$ 材料）制成的。因此，可以用探针尖对试件表面直接进行刻划加工，令针尖按微结构要求的形状尺寸进行扫描，通过准确探测针尖的切削力来控制刻划深度，通过精确的在线测量与误差控制，可以高精度地制作微结构。如我国哈尔滨工业大学纳米技术中心用 AFM 探针尖雕刻出了三种不同的微图形结构："HIT"图形结构，深窄沟槽侧面陡峭、表面光滑，在 10 $\mu$m×10 $\mu$m×0.2 $\mu$m 的薄材上雕刻，槽深为 50 nm；直径约为 20 $\mu$m，深度约为 350 nm 的圆形凹坑结构；由 4 个 4 $\mu$m×4 $\mu$m 方形凹槽组成的微结构。

目前，采用数控铣削技术几乎可以满足任意复杂曲面和超硬材料的加工要求。与某些特种加工方法如电火花、超声加工相比，切削加工具有更快的加工速度、更低的加工成本、更好的加工柔性和更高的加工精度。

微纳铣削可以实现任意形状微三维结构的加工，生产率高，具有扩展功能。微型铣床的研究对于微型机械的实现与开发研究是很有价值的。

**5. 微纳冲压加工**

在仪器仪表制造业中，常常会遇到带有许多小孔的板件，板件上的小孔常采用冲孔的方法。

冲小孔技术的发展方向是减小冲床的尺度、增大微小凸模的强度和刚度以及加强对微小凸模的导向和保护等。

日本 MEL 开发的微冲压机床长 111 mm，宽 66 mm，高 170 mm，装有一个 100 W 的交流伺服电动机，可产生 3 kN 的压力。伺服电动机的旋转通过同步带传动和滚珠丝杠传动转换成直线运动。该冲压机床带有连续的冲压模，能实现冲裁和弯板。

日本东京大学生产技术研究所利用 WEDG 技术制作微冲压加工的冲头和冲模，然后进行微细冲压加工，在 50 $\mu$m 厚的聚酰胺塑料上冲出了宽度为 40 $\mu$m 的非圆截面微孔。

**6. 便携式工厂**

日本 MEL 于 1990 年提出了微型工厂的概念，并在 1999 年设计制成了世界上第一套桌面微型工厂样机。它由车床、铣床、冲压机床、搬运机械手和装配用双指机械手组成，占地面积为 70 cm×50 cm，能进行加工和装配。为了演示和证明微型工厂的可携带性,MEL于2000年设计制作了第二套微型工厂样机——便携式微型工厂,重量为23 kg,被放在长625 mm、宽490 mm、高380 mm、重11 kg的箱子里。箱子底部装有小轮,可以像旅行箱一样拖着走。

虽然采用切削方法进行微纳加工取得了进展,但是,这些方法也存在着其自身难以克服的缺点,例如:加工时都存在切削力,不能加工比刀具硬的材料;工件小,切削速度低,限制了表面质量的提高等。微纳切削技术与其他加工技术相互融合,可以克服这些缺点,从而进一步提高微纳加工的微纳程度和扩大工艺范围。

微纳切削技术在微小型三维实体结构、致动器的制作上有其独到之处,且其批量制作可以通过模具加工、电铸、注塑等方法实现。微型机械的加工一方面在向三维复杂形状的制作发展,同时也在向更高加工精度和更小尺度推进。

### 2.3.5 微纳特种加工

微纳特种加工方法种类很多,大部分是由几种加工方法融合而形成新的微纳加工方法。这里介绍两种:电火花与激光复合精密微纳加工、激光纳米加工。

**1. 电火花与激光复合精密微纳加工系统**

针对市场需求正在急速增加的精密电子零件模具与高压喷嘴等使用的超高硬度材料的超微硬质合金以及聚晶金刚石烧结体(PCD)的加工要求,特别是大深径比(加工深度与孔径之比)的深孔加工要求,开发出了一种高效率的微纳加工系统,它采用了电火花与激光的复合工艺。图2-42为该加工系统的概念图。其首先利用激光在工件上加工贯穿的预孔,以具备电火花加工良好的排屑条件,再进行电火花精加工。用这种两步复合的加工方法,可以实现高效率、大深径比的深孔加工。

**1) 用激光加工预孔**

采用YAG(钇铝石榴石)激光,在板厚为1 mm的超微粒硬质合金上进行穿孔。实践结果显示,采用Q开关YAG激光,可获得熔化残余物少、孔加工质量好的效果,故选用Q开关YAG激光作为预加工孔的能源。

**2) 用电火花进行精加工**

选用直线电动机驱动的电火花机床,因为不用滚珠丝杠传动,提高了动态响应性能,其特点可以归纳为如下几点:

① 无机械滞后、偏移、间隙等的影响;

② 利用伺服进给的高响应可始终使极间状态保持最佳,所以能进行稳定的加工,从而提高加工速度,尤其是对于极间状态很容易恶化的微纳加工和在精加工条件下这种效果更好;

③ 直线电动机驱动可实现前所未有的高速抬刀动作(36 m/min),增强了加工屑的排出作用;

④ 由于大幅度提高了极间距离的优化控制和伺服反馈响应特性,因此显著提高了最佳加工条件下的加工特性。

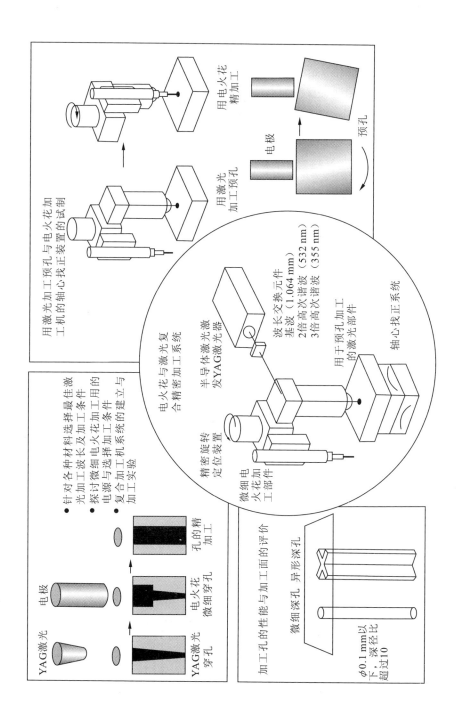

图 2-42 电火花与激光复合精密微纳加工系统概念图

可说明以上所述的四个特点的具体实例是：当把微细工具电极修整得很长时，放电点很容易集中在电极的端部，一旦不能实现最佳控制就会因热影响而产生弯曲，出现端部变细的现象。

在工具电极直径为$\phi 0.1$ mm情况下，若使整个成形长度保持圆柱形，在长径比为30的3.0 mm长度上，即使端部有点变细也没有关系。在以往滚珠丝杠驱动的机床上，电极长径比可达到50，即极限长度为5.0 mm。

然而，在用直线电动机驱动的电火花成形机床上，能制作更长的成形电极。例如$\phi 0.1$ mm的电极，圆柱部分的长径比为70的长度可达到7.0 mm。电极端部允许细些，则其极限长度能达到9.0 mm。在更微领域中，当电极的成形直径为$\phi 0.07$ mm时，其长径比为85的长度可达到6.0 mm（圆柱部分长径比为64的长度达到4.5 mm）；当电极的成形直径为$\phi 0.04$ mm时，其长径比为75的长度可达到3.0 mm（圆柱部分长径比为50的长度达到2.0 mm）。

以纯钨丝电极为例，当电极成形直径为0.33 mm时，其长度可达到2.3 mm（长径比为70），而圆柱部分长度为1.5 mm（长径比为45）。

**3) 复合加工法的试验**

应用Q开关YAG激光加工的预留孔直径为50 $\mu$m，而出口侧为30 $\mu$m左右，由于加工余量过大（最终孔径为100 $\mu$m），所以用电火花精加工所花时间为17～23 min；当激光加工的预备孔直径为70 $\mu$m，出口侧为50 $\mu$m时，由于减少了电火花精加工的余量，精加工时间仅为11～17 min。

为了证明激光与电火花复合精密微加工的有效性，在热处理的不锈钢上进行了比较试验，其结果如图2-43所示。显而易见，在综合性能方面，激光＋电火花加工是效率最高的加工方法。

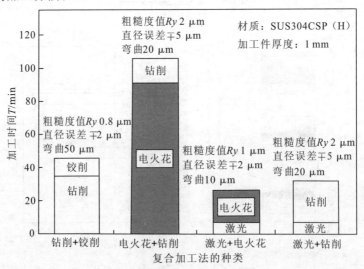

图2-43 几种复合加工法的效率与精度

4) D形电极的电火花加工

深径比大的深孔加工容易产生加工屑与气泡的滞留现象,因此加工稳定性受到一定的损害,致使加工速度明显降低。为适应深孔微加工,可将圆形电极改为 D 形电极,如图 2-44 所示,即在圆形电极的 $R/2$ 位置处去除 1/4 圆弧形成 D 形电极。与圆形电极相比,D 形电极加工时间缩短一半,而加工深径比最大可达到 38。

表 2-18 是从实心状态下,只用电火花加工的试验所得最新微细深孔加工的极限性能数据,可供参考。

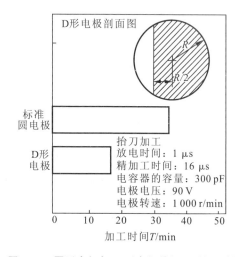

图 2-44 圆形电极与 D 形电极的加工时间比较

表 2-18 微孔加工的极限性能数据 (单位:mm)

| 不同孔径能加工的最大深度数据 | | | | 不同板厚能加工的最小直径数据 | | | |
| --- | --- | --- | --- | --- | --- | --- | --- |
| 加工孔径 | 极限深度 | 深/径比 | 使用工具直径 | 板厚 | 加工孔径 | 深/径比 | 使用工具直径 |
| $\phi 0.02$ | 0.12 | 6 | $\phi 0.010$ | 0.1 | $\phi 0.018$ | 5.5 | $\phi 0.008$ |
| $\phi 0.03$ | 0.25 | 8 | $\phi 0.018$ | 0.2 | $\phi 0.026$ | 7.5 | $\phi 0.016$ |
| $\phi 0.04$ | 0.40 | 10 | $\phi 0.026$ | 0.3 | $\phi 0.034$ | 9 | $\phi 0.024$ |
| $\phi 0.05$ | 0.80 | 16 | $\phi 0.036$ | 0.4 | $\phi 0.040$ | 10 | $\phi 0.030$ |
| $\phi 0.06$ | 1.40 | 23 | $\phi 0.046$ | 0.5 | $\phi 0.044$ | 11 | $\phi 0.034$ |
| $\phi 0.07$ | 2.00 | 29 | $\phi 0.056$ | 0.7 | $\phi 0.050$ | 16 | $\phi 0.038$ |
| $\phi 0.08$ | 2.60 | 33 | $\phi 0.066$ | 1.0 | $\phi 0.054$ | 18 | $\phi 0.042$ |
| $\phi 0.09$ | 3.20 | 35 | $\phi 0.074$ | 1.5 | $\phi 0.062$ | 24 | $\phi 0.050$ |
| $\phi 0.10$ | 3.80 | 38 | $\phi 0.084$ | 2.0 | $\phi 0.070$ | 29 | $\phi 0.058$ |
| | | | | 2.5 | $\phi 0.078$ | 32 | $\phi 0.066$ |
| | | | | 3.0 | $\phi 0.088$ | 34 | $\phi 0.074$ |
| | | | | 3.5 | $\phi 0.096$ | 36 | $\phi 0.082$ |
| | | | | 4.0 | $\phi 0.104$ | 38 | $\phi 0.092$ |

**2. 激光纳米加工**

纳米器件之所以得到广泛的关注,是因为它们独特的性能、前所未有的功能、在与多种形式的能量相互作用时所呈现的奇特现象,进而带来的材料的高能量效率、内置式的智能、性能改善以及空间可剪裁等特色。如金属/半导体/金属光子检测器、量子丝(quantum-wire)、量子点(quantum-dot)、环形晶体管(ring transistor)、表面质团镜(surface plasmon mirror)、纳米点阵列(nanodot array)、光学开关(optical switch)、纳米丝十字结构(nanowire cross-bar structure)、聚合物光栅(polymer grating)、光发射有机材料和装置(organic light-emitting material and device)、集成电路装置、超高密度信息存储装置以及光子晶体(photonic crystal)等均为纳米装置。这些装置的纳米制造方法非常复杂,而且制作成本很高。

广泛应用于微光刻的制造技术不能用来制造特征尺寸小于 100 nm 的器件。尽管已有克服光波的衍射极限(diffraction limit)的技术,或可使用超紫外激光(extreme ultraviolet, EUV)和软 X 射线源(soft X-ray source),但这些技术尚处在萌芽状态,通常不是经济有效的。

器件的纳米制造,目前常见的有两类方法。

① "自上而下(top-down)"纳米加工法 它是一种基于探针和基于粒子束(beam-based)的技术,如扫描探针加工技术、电子束光刻加工技术、离子束光刻加工技术等。为了达到纳米范围的空间分辨率,必须减少粒子束的波长,或者缩短探针与试件之间的距离。然而这些技术大多只能用于制造形状简单的 2D 图形,不适用于大批量的纳米制造,因为加工效率低、工具的投资大、复制性能差。这些方法较复杂,降低了对于实际纳米器件制造的实用性。

② "自下而上(bottom-up)"纳米加工法 如 SPM 显微加工、自装配、直接装配、纳米压印光刻(nanoimprint lithography, NIL)、软光刻、纳米印制(nanotransfer patterning)、模板制造(template manufacturing)等,都属于"自下而上"纳米加工法。利用这些技术,可以对原子、分子进行组装(见图 2-29 和图 2-30)来开发纳米丝、开关和电子器件。

采用激光束来进行如融化、蚀刻、堆积、光聚合化、光刻等形式的纳米加工,都牵涉材料的热、力、电、化学机理。

**1) 用于纳米加工的短脉冲激光**

激光束与电子/离子束及固体探针类似,都是通过添加、复制倍增和去除工艺来制造纳米结构的。

激光束中的一个光子是单位能量颗粒,其能量等于 $hc/\lambda$ ($\lambda$ 是波长,典型的范围为 157~10 600 nm),激光波长对聚焦后的光斑直径的影响极大,决定着衍射极限。

$$衍射极限 = \lambda/2$$
$$光斑直径 = 4M^2\lambda F/\pi$$

式中 $M^2$——光束质量因子;

$F$——透镜的聚焦长度/光束直径。

很难设计出 $M^2=1$ 的高能量激光。绝大部分激光如 Nd:YAG 激光都属于多模态能量分布,$M^2>3$,光斑尺寸远大于 50 $\mu$m。

激光波长极大地影响着激光与被加工材料之间的相互作用(通过能量耦合实

现),影响热损伤和光斑大小。

纳米级微结构的制作,不仅取决于激光的波长,而且取决于激光的脉冲宽度。连续型激光或长脉冲宽度($>1~\mu s$)的激光是不能用于纳米加工的,因为此时会有密集的热量扩散到被加工材料中。常见的用于微/纳制作的激光如表 2-19 所示。

表 2-19 常见的用于微/纳制作的激光

| 激光类型 | 波长/nm | 脉冲宽度 | 脉冲能量 |
| --- | --- | --- | --- |
| 准分子 | 193,248,308 | 纳秒($1~ns=10^{-9}~s$)级 | $<2~J$ |
| Nd:YAG | 266,355,532,1064 | 纳秒级 | $<0.5~J$ |
| TEA $CO_2$ | 10 600 | 纳秒级 | $<20~J$ |
| Nd:$YVO_4$ | 532 | 皮秒($1~ps=10^{-12}~s$)级 | $<5~mJ$ |
| Ti:sapphire | 200,400,800 | 飞秒($1~fs=10^{-15}~s$)级 | $<5~mJ$ |

纳米制作中所使用的激光有两个主要约束。

① 脉冲宽度 当脉冲宽度高于皮秒($10^{-12}~s$)级时,将产生明显的热效应,并形成等离子体进而产生大的热作用区域,出现重铸层,因而限制了可达到的精密度和质量。

② 波长 为了实现材料的纳米尺寸的激光加工,必须克服衍射极限问题。目前正在研究亚衍射极限(subdiffraction limit,SDL)方法,以克服波长的影响,使特征尺寸小于 100 nm。

图 2-45 表示脉冲宽度对纳米激光加工的影响。

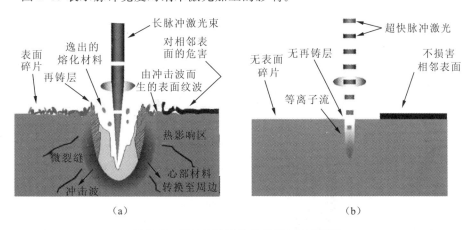

图 2-45 脉冲宽度对纳米激光加工的影响
(a) 纳秒脉冲用于纳米激光加工;(b) 飞秒脉冲用于纳米激光加工

超短脉冲的激光微加工是一项革命性技术,其优点有:阈值能量低,对基体的热损害低,在相互作用时不出现等离子体,空间分辨率高,污染低。但研究表明,超短脉冲激光微/纳加工很难避免激光引起的应力,很难避免在较高脉冲能量下的热损伤问题。

试验研究进一步表明：在金属加工中，脉冲宽度约 10 ps 的激光脉冲能得到减少热影响的最佳参数范围。

为了实现亚衍射极限，科学技术人员研究了很多方法，如多光子吸收法、自聚焦液体透镜法、近场扫描光学显微镜法、瞬息近场光刻法、激光辅助扫描探针显微镜法、热化学无小孔近场光学显微镜法、固态浸入透镜法、超分辨率近场结构法、采用球状颗粒的超聚焦法、表面等离子体光刻法、采用表面等离子体极化声子的激光纳米加工法等。

**2）激光纳米加工的最新进展与潜在技术**

随着对高精度、高效率生产纳米尺度对象的需求日增，研究者开发出了不少奇特的技术。近年来，Tatsuya 等人探讨了一种新工艺——使用激光等离子体软 X 射线 (laser plasma soft X rays, LPSXs) 直接对无机材料进行纳米加工。LPSXs 最值得关注的特点是具有达到约 10 nm 分辨率的潜在能力。其装置构成如图 2-46 所示。波长约 10 nm 的 LPSXs 由照射—转动的钽圆盘获得。激光为 Nd:YAG，其波长为 532 nm，脉冲宽度为 7 ns，能量密度为 $10^4$ $J/cm^2$，由镀有金层的椭球面镜来操控。该技术已能纳米加工晶体石英玻璃、熔融石英、Pyrex（硼硅酸耐热玻璃）、LiF、$CaF_2$、$Al_2O_3$ 和 $LiNbO_3$ 等。

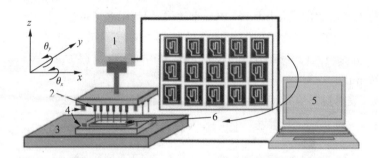

图 2-46 LPSXs 纳米加工硅片及制成槽的 SEM 图像

1—Nd:YAG 激光；2—PAM(porous alumina membrane)纳米管阵列；
3—五自由度 PZT 定位台；4—电容传感器；5—基于 PC 的控制器；6—二维图形复印件

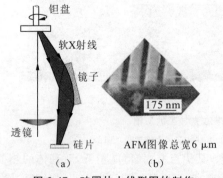

图 2-47 硅圆片上线型图的制作
(a) 在硅片上镀烃基硅氧烷；(b) AFM 图像

例如，采用该技术加工石英玻璃时，石英玻璃熔化速度为每照射(shot)一次熔化 47 nm 长，即(47 nm/shot)，10 次照射后表面粗糙度值小于 10 nm，在石英平板玻璃上制成的沟槽宽度为 50~80 nm。

激光辅助制作领域出现了用纳米颗粒来制作功能有机纳米结构的技术。如图 2-47(a)所示，在硅片上镀上单层烃基硅氧烷(Alkylsiloxane)，氩离子激光（波长为 514 nm）经聚焦到达硅片且横过其表面进行扫描。激光斑点每写完一条线后就横向移动,在每两根线之间留下纳米分辨率的条形,如图 2-47(b)所示。激光光斑直径为 2.5 $\mu m$,制造出的条纹宽度约 80 nm。但在该技术中步进电动机定位分辨率和机械振动限制了被控图形的宽度,使其难以低于 100 nm。

值得一提的还有超紫外激光(EUV),其波长为 40~50 nm,已成功地用于纳米加工。它是一种新型的纳米加工工具和纳米探针。

激光纳米加工随着材料、装备、控制、建模等技术的进展而在不断地发展。如今,采用近场技术能实现低于 100 nm 的光刻。例如,近场扫描光学显微镜技术能达到 5% 波长的分辨率。但将近场技术用于光刻加工也带来了其他许多问题,如加工时间更长、可重复性差。

要使激光成为将来纳米加工最好的工具,必须对激光束参数、激光/对象之间的相互作用有更深的理解,并在先进的控制技术等方面有新的进展。

在我国,中国科学院有机纳米光子学研究组利用近红外波长的飞秒激光直写技术,实现了纳米尺度的加工分辨率,受到国内外科研人员的广泛关注。基于非线性光学原理的多光子技术为突破衍射极限、获得纳米尺度加工分辨率提供了新的途径和方法。

## 2.4 高速切削加工过程技术

### 2.4.1 高速切削加工技术

关于高速切削的定义较多。

① 1978 年,CIRP 切削委员会提出以线速度为 500~7 000 m/min 的切削为高速切削。

② 对铣削加工而言,从刀具夹持装置达到平衡要求(平衡品质和残余不平衡量)时的速度来定义高速切削。根据 ISO 1940 标准,主轴转速高于 8 000 r/min 为高速切削。

③ 德国 Darmstadt 工业大学生产工程与机床研究所(PTW)提出以高于 5~10 倍普通切削速度的切削定义为高速切削。

④ 从主轴设计的观点,以沿用多年的 DN 值(主轴轴承孔直径 $D$ 与主轴最大转速 $N$ 的乘积)来定义高速切削。DN 值达 $(5~2\ 000)\times 10^5$ mm·r/min 时为高速切削。

⑤ 从刀具和主轴的动力学角度来定义高速切削。这种定义取决于刀具振动的主模态频率,它在 ANSI/ASME 标准中用来进行切削性能测试时选择转速范围。

如前所述,高速切削技术是金属切削领域的一种渐进式创新。当刀具材料的性能不断提高、刀具材料的性能价格比达到工业适用值时,新的刀具材料就被广泛使用,而相应的机床、切削工艺、检测等技术得到同步发展,因新一轮刀具材料创新而开发的新型的切削技术就将在工业生产中得到推广应用。因此,高速切削中的"高速"是一个相对的概念,不同的技术时代有着不同的"高速"标准。要实现高速切削加工,就必须用系统工程的方法对切削加工工艺系统进行全面系统的研究。

为什么要进行高速切削加工呢？可以从两个方面来理解。

(1) 提高制造业效率的需求

图 2-48 所示为 1950—2000 年切削加工效率的变化，纵坐标是加工时间的相对比值(以 1960 年为 100% 作标准)。由图可见，生产率在半个世纪中提高了 4~5 倍，这其中高速切削加工起到了重要作用。

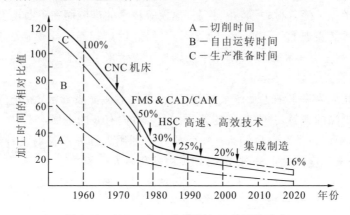

图 2-48　1950—2000 年切削加工效率的变化

一百多年来，刀具的切削速度不断提高，带来了加工效率的变化，进一步带来了加工范围的拓展。如对一个被加工工件如模具的加工，按传统切削加工方法，需要经过毛坯退火—粗加工—精加工—淬火—EDM 准备—EDM—特别的精加工—人工抛光等工序。而高速切削加工仅需要毛坯的淬火—粗加工—半精加工—精加工以及超精加工等环节，加工时间比传统加工方法缩短了 30%~50%；在加工小尺寸部件时，这种优势更加明显。过去某些企业制作复杂的模具，基本上都需要三四个月才能交付使用，采用高速切削加工后，只需要半个月便可完成。

(2) 高速切削的理论支撑

高速切削理论是德国科学家 Car. J. Salomon 于 1931 年 4 月提出的。他指出：在常规切削速度范围内(图 2-49 中的 A 区)，切削温度随着切削速度的提高而升高，但切削速度提高到一定数值后，切削温度不但不会升高反而会降低，且该切削速度 $v$ 与工件材料的种类有关。每一种工件材料都存在一个速度范围，在这个速度范围内(图 2-49 中的 B 区)，由于切削温度过高，任何刀具材料都无法承受，切削加工不可能进行。但是，当切削速度再增大，超过这个速度范围以后，切削温度反而会降低，同时切削力也会大幅度降低(图 2-49 中的 C 区)。虽然受当时实验条件的限制，这一理论没有付诸

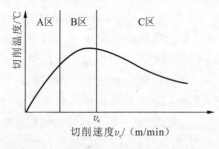

图 2-49　切削速度与切削温度的关系曲线

实践,但却给后人一个非常重要的启示:如果能在高速区进行切削,有可能用现有的刀具材料进行高速切削,切削温度与常规切削基本相同,还可大幅度地减少切削时间,有效地提高生产率。

自从 Salomon 提出高速切削的概念以来,高速切削技术的发展经历了高速切削的理论探索、应用探索、初步应用和较成熟应用四个阶段,现在已经进入了工业应用阶段,各大机床厂都相继推出了高速数控机床。目前高速数控机床已逐渐成为数控机床的主流产品。

表 2-20 列出了近年来国际市场出现的高速加工中心部分著名产品的性能参数。

表 2-20　高速加工中心的切削参数

| 制造厂家<br>(国别) | 机床名称和型号 | 主轴最高转速<br>/(r/min) | 最大进给速度<br>/(m/min) | 主轴驱动功率<br>/kW |
|---|---|---|---|---|
| Mikron<br>(瑞士) | HSM800 型<br>加工中心 | 42 000 | 30 | 13 |
| Cincinnati<br>(美) | HPMC<br>五轴加工中心 | 60 000 | 60 | 80 |
| Ingersoll<br>(美) | HVM800 型<br>卧式加工中心 | 20 000 | 76.2 | 45 |
| Roders<br>(德) | RFM1000 型<br>加工中心 | 42 000 | 30 | 30 |
| Ex-cell-O<br>(德) | XHC241 型<br>卧式加工中心 | 24 000 | 120 | 40 |
| Mazak<br>(日) | SMM-2500UHS<br>型加工中心 | 50 000 | 50 | 45 |
| Nigata<br>(日) | VZ40 型<br>加工中心 | 50 000 | 20 | 18.5 |
| Makino<br>(日) | A55-A128 型<br>加工中心 | 40 000 | 50 | 22 |

高速切削不仅仅要求有高的切削速度,而且还要求具有高的加速度和减速度。因为大多数零件在机床上加工时的工作行程都不长,一般在几毫米到几百毫米,只有在很短的时间内达到高速和在很短的时间内准确停止才有意义。因此在衡量机床的高速性能时还需要考察机床的加减速性能。

普通机床的进给速度一般为 8~15 m/min,快速空行程进给速度为 15~24 m/min,加、减速度一般为 $0.1g$~$0.3g$($g$ 为重力加速度,$g=9.8$ m/s$^2$)。目前高速切削机床的进给速度一般在 30~90 m/min 以上,加、减速度为 $1g$~$8g$。随着科学技术的不断发展,高速加工采用的切削速度会越来越高。

与常规切削相比,高速切削有以下优点。

(1) 提高了生产率

随着切削速度的大幅度提高,单位时间内的材料切除率显著增加,机床快速空行程速度大幅度提高,有效地减少了加工时间和辅助时间,从而极大地提高了生产率。

(2) 提高了加工精度

在切削速度达到一定值之后,切削力可降低30%以上,工件的加工变形减小;95%～98%的切削热来不及传给工件就被切屑飞速带走,工件可基本上保持在较低的温度,不会发生大的热变形。所以高速切削有利于提高加工精度,也特别适合于大型框架件、薄板件、薄壁槽形等易发生热变形零件的高精度加工。加工时可将粗加工、半精加工、精加工合为一体,在一台机床上完成,避免由多次装夹引起的误差。

(3) 能获得较好的表面质量

高速切削时,在保证相同生产效率时可采用较小的进给量,可减少加工表面的粗糙度;同时在高速切削状态下,机床的激振频率特别高,远远离开了"机床—刀具—工件"工艺系统的固有频率范围,工作平稳,振动小,所以能加工出非常精密、光洁的零件。零件经高速车、铣加工后表面质量常常可达到磨削的水平,留在工件表面上的应力也很小,故可省去常规铣削后的精加工工序。

(4) 可加工各种难加工材料

航空和动力部门大量采用镍基合金和钛合金,这类材料强度大、硬度高、耐冲击、加工时容易硬化、切削温度高、刀具磨损严重,在普通加工中一般采用很低的切削速度。如采用高速切削,则其切削速度可提高到 100～1 000 m/min,为常规切削的 10 倍左右,不但可大幅度提高生产率,而且可有效地减少刀具磨损,提高零件加工的表面质量。

(5) 降低了加工成本

高速切削时单位时间的金属切削率高、能耗低、工件加工时间短,从而有效地提高了能源和设备利用率,降低了生产成本。

近年来,各工业国家都在大力发展和应用高速加工技术,并且首先在飞机制造业和汽车制造业获得比较成功的应用。生产实践表明,在铝合金和铸铁零件的高速加工中,材料的切除率可高达 100～150 cm$^3$/(min·kW),比传统的加工工艺工效提高3倍以上。动力工业中常用特种合金来制造发动机零件,这类材料强度大,硬度高,加工时容易硬化,切削温度高,极易磨损刀具,属于难加工材料,用传统的加工方法效率特别低。如果采用高速加工,工效可以提高 10 倍以上,还可以延长刀具寿命,改善零件的加工质量。同样,在加工纤维增强塑料的时候,用常规的加工方法遇到极大的困难,刀具磨损十分严重,如果采用高速切削,这些问题也可以得到很好的解决。目前,在钢的高速加工方面还存在一些困难,还没有开发出适合钢材高速加工的高熔点、高强度的新型刀具材料。在加工轻合金、工程材料时,高速加工可用于零件加工的全过程(包括粗加工和精加工)。在加工铸铁、钢和难加工材料的时候,多用于零件的粗加工。

目前高速切削主要应用于汽车工业、航空航天工业、模具与工具制造、难加工材料和超精密微细切削加工领域。

值得指出的是,人们对高速切削的经验还很少,许多问题有待进一步认识和解决,比如高速机床的动态特性、热态特性问题,刀具材料、几何角度和耐用度问题,机床与刀具间的接口技术(如刀具的动平衡、扭转传输等)问题,冷却润滑液的选择问题,CAD/CAM 的程序后置处理问题,高速加工时刀具轨迹优化问题等。

主轴转速为 $10^4 \sim 42\,000$ r/min 的机床在实际应用中仍有一些限制,如刀具必须采用 HSK 的刀柄,外加动平衡,刀具的长度不能超过 120 mm,直径不能超过 16 mm,在进行深的型腔加工时便受到了限制。机床装备转速为 $10^4 \sim 42\,000$ r/min 的电主轴时,其扭矩极小,通常只有十几牛米,最高转速时只有 $5 \sim 6$ N·m,这样的高速切削,一般只可用于对石墨、铝合金、淬火材料的精加工等。在美国的航天工业中,已经实现以 7 500 m/min 的线速度来切削铝合金,但在切削钢和铸铁时,目前世界上实际进行的高速加工所能实现的最高速度,也只能达到加工铝合金的 1/3~1/5,为 1 000~1 200 m/min。刀具材料的耐热性是加工黑色金属的关键。对于超级合金,包括镍基、钴基、铁基和钛基合金而言,其共同特点是在高温下能保持高强度和高的耐腐蚀性,但它们又是难加工材料,目前加工这种材料时的最高进给速度为 500 m/min,进给速度主要受制于刀具材料及其几何形状。

## 2.4.2 高速切削刀具

目前适用于高速切削的刀具材料主要有陶瓷刀具、立方氮化硼(CBN)刀具、聚晶金刚石(PCD)刀具和涂层刀具,表 2-21 列举了高速切削常用刀具材料的性能和典型应用。

表 2-21 高速切削常用刀具材料的性能和应用

| 刀具材料 | 优 点 | 缺 点 | 典型应用 |
| --- | --- | --- | --- |
| 金属陶瓷 | 通用性很好,中速切削性能好 | 抗冲击性能差,切削速度限制在中速范围 | 钢、铸铁、不锈钢和铝合金 |
| 陶瓷(热/冷压成形) | 耐磨性好,可高速切削,通用性好 | 抗冲击性能差,抗热冲击性能也差 | 钢和铸铁的精加工,钢的滚压加工 |
| 陶瓷(氧化硅) | 抗冲击性能好,耐磨性好 | 应用非常有限 | 铸铁的粗、精加工 |
| 陶瓷(须晶强化) | 抗冲击性能好,抗热冲击性能好 | 通用性有限 | 可高速粗、精加工硬钢、淬火铸铁和高镍合金 |
| 立方氮化硼(CBN) | 热硬性好、强度高、抗热冲击性能好 | 不能切削硬度低于 45 HRC 的材料,应用有限,成本高 | 切削硬度在 45~70HRC 之间的材料 |
| 聚晶金刚石(PCD) | 耐磨性好、高速性能好 | 抗冲击性能差,切削铁质金属时化学稳定性差,应用有限 | 高速粗切削和精切削有色金属和非金属材料 |

**1. 高速切削加工对刀具材料的要求**

高速切削加工除了要求刀具材料具备普通刀具材料的一些基本性能之外,还特别要求刀具材料具有高的耐热性、抗热冲击性、良好的高温力学性能以及高的可靠性。为了适应高速切削加工技术的需要,保证优质、高效、低耗地完成高速切削加工任务，对高速切削刀具材料提出了一些更高要求。

**1) 可靠性**

高速切削加工一般在数控机床或加工中心上进行，刀具应具有很高的可靠性，要求刀具的寿命长，质量一致性好，切削刃的重复精度高。如果刀具的可靠性不高，则将增加换刀次数而降低生产率，进而失去采用高速切削加工技术的价值，更为严重的可能造成人身、设备的安全事故。为了提高刀具的可靠性，除了提高刀具材料的可靠性外，还要从刀具的结构与夹持、紧固等方面提高可靠性。

**2) 良好的耐热性和抗热冲击性能**

高速切削加工时切削温度高，因此，要求刀具材料的熔点高、氧化温度高、耐热性好、抗热冲击性能好。

**3) 良好的高温力学性能**

高速切削加工的刀具材料应具有很好的高温力学性能，如高温强度、高温硬度、高温韧度等。

**4) 能适应难加工材料和新型材料加工的需要**

随着科技的发展与进步，各种高强度、高硬度、耐腐蚀和耐高温的工程材料愈来愈多地被采用，它们中的大多数都是难加工材料。目前难加工材料已占工件材料的40%以上。为了加工这些难加工材料和新型材料，高速切削加工刀具材料应能胜任加工需求。

**2. 高速切削刀具**

**1) 陶瓷刀具**

陶瓷材料具有硬度高、耐摩擦性好、耐高温、化学稳定性和抗黏结性好以及摩擦因数小等优点，因此适合于高速切削。陶瓷材料的主要缺点是强度和韧度差，热导率低。所以陶瓷刀具脆性大，抗弯强度和韧度低，承受冲击载荷的能力和抗热冲击的性能差，当温度突变时，容易产生裂纹，导致刀片破裂。用陶瓷刀具切削时，不宜使用切削液。

近几年在改善陶瓷刀具高速加工性能方面的研究有了很大的进展，人们在提高原材料纯度、改进制造工艺和加入添加剂等方面做了很多工作，使陶瓷刀具的韧度有了很大的提高，而且保持了其高硬度、热硬性好及耐磨等优点。

用于高速加工的陶瓷刀具包括金属陶瓷、氧化铝陶瓷、氮化硅陶瓷、赛龙(Sialon)陶瓷、须晶强化陶瓷等。陶瓷刀具的价格低廉，主要用于铸铁、淬火钢等材料的高速加工。

**2) CBN 刀具**

CBN 材料是用六方氮化硼为原料，利用超高温高压技术制成的一种无机超硬材料。CBN 材料具有仅次于金刚石的高硬度($8\,000 \sim 9\,000$ HV)和耐磨性，具有比金刚石更好的热稳定性(在 1 400 ℃高温下其主要性能保持不变)，其高温硬度高于陶瓷，且化学稳定性好(在 1 000 ℃以下不发生氧化现象)、热导率较高、摩擦因数较小，因此是制作高速加工刀具的理想材料。它的最大缺点是强度和韧度差，抗弯强度只有陶瓷刀具的 1/5～1/2，一般只用于精加工。

CBN 刀具适合切削的材料硬度在 45～70 HRC 之间，在加工塑性大的钢铁材料时易产生严重的积屑瘤，使加工表面质量恶化。CBN 刀具最适合于高硬度淬火钢、高温合金、可切削轴承钢、工具钢、高速钢等材料的高速加工。CBN 刀具具有极高的硬度，可使被加工的高硬度零件获得良好的表面粗糙度。用 CBN 刀具进行高速切削，可以起到以车代磨的作用，能有效提高加工效率。因此，CBN 刀具通常用于高速精加工或半精加工。

**3) 聚晶金刚石刀具**

20 世纪 70 年代，人们利用高压合成技术合成了聚晶金刚石（PCD），解决了天然金刚石数量稀少、价格昂贵的问题，使金刚石刀具的应用范围扩展到航空、航天、汽车、电子、石材等多个领域。与硬质合金相比，PCD 刀具速度一般可达 4 000 m/min，而硬质合金刀具只能达到 1 000 m/min；从刀具寿命上看，PCD 刀具一般比硬质合金刀具高 20 倍；从加工出的表面质量看，用 PCD 刀具的效果要比用硬质合金刀具的效果好 30%～40%。

金刚石具有极高的硬度和耐磨性，是最硬的刀具材料。金刚石刀具具有非常锋利的刀刃，有很好的导热性，线膨胀系数很小，摩擦因数也小，因此可利用 PCD 材料实现有色金属及耐磨非金属材料的高精度、高效率、高稳定性和低表面粗糙度加工。金刚石刀具的缺点是在加工铁系金属材料时耐热性不好，化学稳定性差，强度低，脆性大，抗冲击能力差，因此一般不用于铁系金属的加工。

PCD 刀具主要用于轻金属及其合金以及非金属材料的高速加工，在切削铝合金时切削速度可达 7 000 m/min。由于金刚石材料的结合强度高，在进行微量切削加工时可以实现非铁金属的镜面加工，这种工艺可用于精密和超精密以及光学元件的精加工。PCD 刀具也可用于高硬度、耐磨的难加工有色金属材料的加工。

**4) 涂层刀具**

涂层刀具是在抗冲击韧度好的基体材料上涂覆热硬性和耐磨性好的金属化合物薄膜，所以涂层刀具同时具备两种材料的优点，其表面硬度高，耐磨性好，抗冲击能力强，能满足高速加工的要求。

涂层刀具的基体材料主要有硬质合金和陶瓷等。硬质合金刀具材料本身具有韧度好、抗冲击、通用性好等优点，在传统的金属切削加工中占有重要的地位，但它的耐热性和耐磨性差，不适用于高速切削。如在硬质合金刀片上加上一层或多层高硬度的耐磨化合物，则硬质合金刀具将不仅能够发挥本身的优势，而且可以进行高速切削。对于韧度比较好的陶瓷刀具使用涂层技术，可以避免陶瓷刀具与工件材料的化学反应，有效提高刀具的高速切削性能。

涂层材料有化合物材料（如 TiN、TiC、$Al_2O_3$ 等）、复合化合物材料（如 TiCN、TiAlN 等）、软涂层材料（如 $MoS_2$、$WS_2$、WC/C 等）。由于单一的化合物材料很难满足高速切削的要求，综合各种材料优点的复合涂层材料在高速刀具的涂层技术中占据了主导地位。

刀具的涂层有单涂层、多涂层和复合层三种,其中复合涂层是由几种涂层材料复合而成的,能兼顾各种涂层材料的优点,有较大的应用范围。复合涂层可以是 TiC-$Al_2O_3$-TiN、TiCN 和 TiAlN 多元复合涂层,最近又发展了 TiN/NbN、TiN/CN 等多元复合薄膜。如 Guhring 公司的孔加工刀具"Fire",其用复合涂层 TiN 做底层,以保证与基体间的结合强度;由多层薄涂层构成的中间层为缓冲层,可以吸收断续切削产生的振动;顶层采用耐磨性和耐热性很好的 TiAlN 层。还可在"Fire"外层上涂减磨涂层。其中,TiAlN 层在高速切削中性能优异,最高切削温度可达 800 ℃。近年来有关将 CBN 和 PCD 作为涂层材料的研究工作已取得成果,CBN 和 PCD 具有很高的硬度和很好的耐磨性,是很有前途的刀具涂层材料。

软涂层刀具主要用于加工一些不适合采用硬涂层刀具加工的材料,如航空航天工业中的一些高强度硬质合金、钛合金等。这些材料在加工中非常黏刀,容易在刀具前刀面上生成积屑瘤,这不仅会增加切削热、降低刀具寿命,而且会影响加工表面质量。采用软涂层材料可增加刀具表面的润滑性能,在切削过程中减少刀具和工件之间的摩擦,防止在刀刃上产生积屑瘤。利用软涂层刀具可获得更好的加工效果。

涂层硬质合金刀具由于使用了耐热性好、硬度高的涂层材料以及多层涂覆技术,其硬度从 1 500~1 800 HV 提高到 3 000~4 000 HV 以上。物理汽化涂层硬质合金刀具对非铁金属等材料进行高速切削时,刀具的寿命比未涂层时提高了几十倍,并且具有高硬度的刀刃和高韧度的基体,其切削性能大大优于非涂层硬质合金,很适合于高速切削。

经过涂层处理的陶瓷刀具寿命大大提高,零件的加工质量得到明显改善,从而拓宽了陶瓷刀具的使用范围。对氮化硅陶瓷进行一层或多层涂层(采用 Ti、$Al_2O_3$ 和 TiN 等)处理,可大大提高其抗侧面磨损性能。例如,在相同加工条件下切削球墨铸铁,和未涂层陶瓷刀具比,其寿命可提高 10 倍左右。

**3. 高速刀具与机床的连接**

在高速切削时,由于刀具旋转速度很高,从保证加工精度和操作安全方面考虑,传统的刀具装夹方法及刀柄与主轴之间的连接方法已不能满足高速加工的要求。高速切削对刀具的装夹、刀具与机床主轴间的连接刚性、精度、可靠性及动平衡等都提出了更严格的要求,因此高速切削时需要认真考虑刀具的装夹、刀柄和机床主轴的连接等问题。

**1) 高速刀具的夹头**

为了满足高速加工的要求,要求高速切削刀具与夹头之间的连接精度高、夹紧力大、夹头几何尺寸小,同时还要求夹头的结构对称性好,以满足刀具动平衡的要求。传统的弹簧夹头已不再适用,开发新型的刀具夹头已成为高速刀具技术领域的一个重要课题。世界上生产刀具夹头和生产切削刀具的专业公司,如德国雄克(Schunk)、日本日研、大昭等公司分别开发出了高精度液压夹头、热装夹头、三棱变形夹头、内装动平衡机构的刀柄、转矩监控夹头等新产品。

(1) 三棱变形夹头

图 2-50 所示是德国雄克公司生产的三棱变形液压夹头。该夹头的内孔在自由状态下不是圆形,而是三棱形,三棱形的内切圆直径小于要装夹的刀具直径。当装夹刀具时,首先利用一个液压加力装置,对夹头施加外力,使夹头在弹性变形范围内变形,其内孔变为圆孔,孔径略大于刀具直径;然后插入刀柄,再卸掉所加的外力,这时内孔重新收缩成三棱形,夹头利用其变形恢复力对刀具实行三点夹紧。采用这种夹紧方式,定位误差可控制在 3 μm 以内。三棱变形夹头结构紧凑、对称性好、精度高,与热装夹头比较,刀具装卸简单,且对不同膨胀系数的硬质合金刀柄和高速钢刀柄均适用,其加力装置也比加热冷却装置简单。

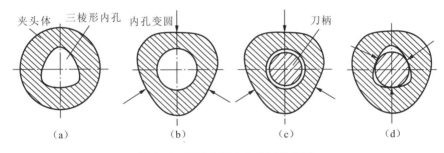

图 2-50 三棱变形夹头的工作原理

(a) 三棱变形夹头;(b) 三棱形内孔变圆;(c) 插入刀柄;(d) 内孔恢复成三棱形

(2) 热装式夹头

热装式夹头采用感应加热装置在短时间内加热夹头的夹持部分,等其内径受热胀大后迅速插入刀具,夹头受冷却收缩时可赋予刀具夹持面均匀的压力,从而产生很高的径向夹紧力将刀具夹紧。这种夹头回转精度高,夹紧力大,传递的力矩大,可承受更大的离心力,故非常适合高速加工。德国 OTTO BILZ 公司开发的热装夹头,采用高能场感应加热线圈,可在 10 s 内把夹持部分加热;配套的冷却衬套可有效缩短冷却时间,能保证夹头装入刀具后在 60 s 内完全冷却,从而实现刀具的快速更换。由于加热温度在 400 ℃ 以下(远远低于相变温度),故其重复使用 2 000 次仍保持夹头精度。

(3) 高精度弹簧夹头

弹簧夹头的工作流程为旋紧螺母、压入套筒、套筒内径缩小、夹紧刀具。影响弹簧夹头夹紧精度的因素除了夹头本体的内孔精度、螺纹精度、套筒外锥面精度、夹持孔精度及螺纹精度外,螺母与套筒接触面的精度以及套筒的压入方式也很重要。日本大昭和精机株式会社设计的高精度弹簧夹头,其套筒的压入方式就有改进,即把螺母分为内外两部分,中间安装了滚珠轴承,使得旋紧螺母的转矩不传到套筒上,仅对套筒施加压力。采用这种压入方式可使夹头获得较大的夹持力和较高的夹持精度,从而满足高速切削的需要。

### 2) HSK 刀柄

传统的刀具与主轴的连接是采用 7∶24 的锥孔配合方式实现的。这种连接在主轴高速旋转时,主轴内锥孔由于离心力的作用会发生膨胀(膨胀量的大小随着旋转半径与转速的增大而增大),同样与之配合的 7∶24 实心刀柄也会发生膨胀,但相对于主轴内锥孔膨胀量较小,因此总的锥度连接刚度会降低。在拉杆的拉力作用下,刀具的轴向位置也会发生变化,主轴锥孔的喇叭口扩张,会引起刀具及夹紧机构质心的偏离,从而影响主轴的动平衡。

目前对刀具与主轴连接的设计比较成功的主要有两大类型。一是抛弃原有的 7∶24 标准锥度而采用新思路的替代性刀柄结构,如德国的 HSK 系列刀柄、美国的 KM 系列刀柄和日本的 NC5 刀柄等。另一种是为降低成本,仍采用现有的 7∶24 锥度并加以改进的刀柄结构。这种刀柄可以实现现有主轴结构向高速化的过渡,如美国的 WSU 系列刀柄、日本的 BIG-PLUS 刀柄、3CLOCK 刀柄等。其中德国的 HSK 系列刀柄由于高速性能好、系列化程度高已成为国际标准刀柄,目前被广泛应用于高速加工中心上。

HSK 刀柄是一种新型的高速锥型刀柄,其接口采用锥面和端面两面同时定位的方式,刀柄为中空,锥体长度较短,锥面锥度为 1∶10。HSK 刀柄由锥面(径向)和法兰面(轴向)共同实现与主轴的连接刚性,由锥面实现刀具与主轴之间的同轴度,其工作原理如图 2-51 所示。

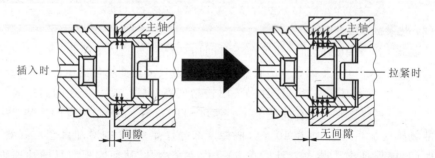

图 2-51 HSK 刀柄的工作原理

由于其特殊的结构,HSK 刀柄具有一系列优点,能满足高速加工的要求:采用锥面、端面过定位的结合形式,有效地提高了结合刚度;锥部长度较短和采用空心结构后质量较轻,自动换刀动作快;1∶10 的锥度相对于 7∶24 锥度锥部较短,楔形效果较好,有较强的抗扭能力,能抑制因振动产生的微量位移;有比较高的重复安装精度;刀柄与主轴间由扩张爪锁紧,转速越高扩张爪的离心力越大,在高速转动产生的离心力作用下刀柄能牢固锁紧。

HSK 刀柄有 A、B、C、D、E、F 六种型号,A、B 型为自动换刀刀柄,C、D 型为手动换刀刀柄,E、F 型为无键连接、对称结构刀柄,适用于高速加工。

## 2.4.3 高速切削机床

高速切削机床要保证在高速切削条件下达到高精度,必须满足一些特定要求,如主轴转速高、进给系统的加速和减速性能好、数控系统处理数据速度快等。同时,机床结构需得到进一步优化,重量要减轻,刚性与阻尼性能要好等。

**1. 电主轴——机电一体化主轴**

在高速切削机床上,电动机与主轴有机地结合成一体,电动机的转子即主轴,定子即轴承,采用磁悬浮方式。如图 2-52 所示,回转工作台主轴由电动机直接驱动,去掉了传统机床回转工作台的蜗轮蜗杆副,保证高速回转下能产生强大的转矩,而且也消除了因机械传动而引起的运动误差。

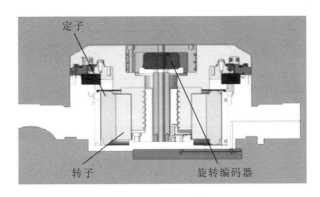

图 2-52 回转工作台电主轴

为了保证电主轴正常工作,还要采用电子传感器来控制温度,自备的水冷或油冷循环系统,使得主轴在高速下保持恒温;又由于采用油雾润滑、混合陶瓷轴承等新技术,使得主轴可以免维修,拥有长寿命和高精度。由于采用了机电一体化的主轴,减去了皮带轮、齿轮箱等中间环节而形成所谓零传动主轴,其主轴转速可达到 42 000 r/min,甚至更高,如 100 000 r/min。不仅如此,由于结构简化,机床的精度和可靠性提高,甚至机床的成本也下降了。噪声、振动源消除,主轴自身的热源也消除了。

高速机床主轴的动平衡也是至关重要的。

高速机床主轴是一种高科技产品,已有专门的企业制造电主轴。国际上水平较高的电主轴专业化公司有瑞士的 IBAG、FISHER 公司和德国 GMN、FAG 公司,其中瑞士 IBAG 公司居技术领先地位。我国的洛阳轴承研究所曾在 20 世纪 80 年代从德国 GMN 公司引进电主轴生产技术,目前可提供加工中心、高速铣床和车床用的电主轴。

表 2-22 所示为瑞士 IBAG 公司生产的小型、中型和大型三个系列的电主轴的主要性能参数;表 2-23 所示为 HF170 系列电主轴的性能参数。

表 2-22　IBAG 公司电主轴的主要性能参数

| 类型 | 型　号 | 外径/mm | 最大功率/kW | 最高转速/(r/min) | 转矩/(N·m) | 质量/kg |
|---|---|---|---|---|---|---|
| 小型 | HF33A60 | φ33 | 0.165 | 60 000 | 0.026 | 0.9 |
| 小型 | HF33D/S60 | φ33 | 0.165 | 60 000 | 0.026 | 0.9 |
| 小型 | HF42S120 | φ42 | 0.260 | 140 000 | 0.018 | 1.1 |
| 小型 | HF42.5S80 | φ45 | 0.57 | 80 000 | 0.475 | 1.9 |
| 中型 | HF60A60 | φ60 | 4.1 | 70 000 | 0.7 | 3.6 |
| 中型 | HF80.2A40 | φ80 | 5.2 | 50 000 | 1.3 | 7.3 |
| 中型 | HF100A45 | φ100 | 12.0 | 50 000 | 46.0 | 15 |
| 中型 | HF120.2A32 | φ120 | 2.9 | 40 000 | 14.7 | 23 |
| 大型 | HF170.4A20 | φ170 | 95 | 24 000 | 92.4 | 63 |
| 大型 | HF230.4A20 | φ230 | 185 | 24 000 | 178 | 145 |
| 大型 | HF250.4A12 | φ250 | 142 | 15 000 | 273 | — |

表 2-23　HF170 系列电主轴的性能参数

| 变型型号 | 峰值功率/kW | 峰值转矩/(N·m) | 最高转速/(r/min) | 最高频率/Hz | 刀夹规格 | 冷却功率/W |
|---|---|---|---|---|---|---|
| HF170.1A20 | 167 | 63 | 24 000 | 800 | HSK-E63 | 2 000 |
| HF170.2A20 | 166 | 107 | 24 000 | 800 | HSK-E63 | 5 000 |
| HF170.3A20 | 95 | 66 | 24 000 | 800 | HSK-E63 | 7 500 |
| HF170.4A20 | 95 | 92 | 24 000 | 800 | HSK-E63 | 4 000 |
| HF170.5A20 | 143 | 57 | 30 000 | 1 000 | HSK-E50 | 5 000 |
| HF170.6A20 | 143 | 163 | 20 000 | 667 | HSK-E63 | 6 000 |
| HF170.7A20 | 81 | 102 | 24 000 | 800 | HSK-E63 | 4 000 |
| HF170.8A20 | 81 | 88 | 24 000 | 800 | HSK-E63 | 4 000 |
| HF170.9A20 | 81 | 104 | 20 000 | 667 | HSK-E63 | 5 000 |
| HF170.10A20 | 81 | 154 | 12 000 | 400 | HSK-E63 | — |

表 2-24 所示为德国 GMN 公司生产用于加工中心和铣床的电主轴的主要参数。

表 2-24 德国 GMN 公司用于加工中心和铣床的电主轴的主要参数

| 主轴型号 | 套筒直径 /mm | 最高转速 /(r/min) | 输出功率 /kW | 基速 /(r/min) | 基速转矩 /(N·m) | 润滑 | 刀具接口 |
|---|---|---|---|---|---|---|---|
| HC120-42000/11 | 120 | 42 000 | 11 | 30 000 | 3.5 | OL | SK30 |
| HC120-50000/11 | 120 | 50 000 | 11 | 30 000 | 3.5 | OL | HSK-E25 |
| HC120-60000/5.5 | 120 | 60 000 | 5.5 | 60 000 | 0.9 | OL | HSK-E25 |
| HCS150g-18000/9 | 150 | 18 000 | 9 | 7 500 | 11 | G | HSK-A50 |
| HCS170-24000/27 | 170 | 24 000 | 27 | 18 000 | 14 | OL | HSK-A63 |
| HC170-40000/60 | 170 | 40 000 | 60 | 40 000 | 14 | OL | HSK-A50/E50 |
| HCS170g-15000/15 | 170 | 15 000 | 15 | 6 000 | 24 | G | HSK-A63 |
| HCS170g-20000/18 | 170 | 20 000 | 18 | 12 000 | 14 | G | HSK-F63 |
| HCS180-30000/16 | 180 | 30 000 | 16 | 15 000 | 10 | OL | HSK-A50/E50 |
| HCS185g-8000/11 | 185 | 8 000 | 11 | 2 130 | 53 | G | HSK-F63 |
| HCS200-18000/15 | 200 | 18 000 | 15 | 1 800 | 80 | OL | HSK-F63 |
| HCS200-30000/15 | 200 | 30 000 | 15 | 12 000 | 12 | OL | HSK-A50/E50 |
| HCS200-36000/16 | 200 | 36 000 | 16 | 6 000 | 29 | OL | HSK-A50/E50 |
| HCS200-36000/76 | 200 | 36 000 | 76 | 25 000 | 29 | OL | HSK-A50/E50 |
| HCS200g-12000/15 | 200 | 12 000 | 15 | 1 800 | 80 | G | SK40 |
| HCS230-18000/15 | 230 | 18 000 | 15 | 1 800 | 80 | OL | HSK-A63 |
| HCS230-18000/25 | 230 | 18 000 | 25 | 3 000 | 80 | OL | HSK-A63 |
| HCS230-24000/18 | 230 | 23 000 | 18 | 3 150 | 57 | OL | HSK-A63 |
| HCS230-24000/45 | 230 | 23 000 | 45 | 7 500 | 58 | OL | HSK-A63 |
| HCS230g-12000/22 | 230 | 12 000 | 22 | 2 400 | 87 | G | HSK-A63 |
| HCS230g-12000/25 | 230 | 12 000 | 25 | 3 000 | 80 | G | HSK-A63 |
| HCS232g-15000/9 | 230 | 15 000 | 9 | 1 220 | 70 | G | HSK-A63 |
| HCS275-20000/60 | 275 | 20 000 | 60 | 10 000 | 57 | OL | HSK-A63 |
| HCS285-12000/32 | 285 | 12 000 | 32 | 1 000 | 306 | OL | HSK-A100 |
| HCS300-12000/30 | 300 | 12 000 | 30 | 1 000 | 286 | OL | HSK-A100 |
| HCS300-14000/25 | 300 | 14 000 | 25 | 1 100 | 217 | OL | HSK-A63 |
| HCS300g-8000/30 | 300 | 8 000 | 30 | 1 000 | 286 | G | HSK-A100 |

注：HCS——矢量驱动；OL——油气润滑；G——永久润滑；SK——ISO 锥度；全部使用陶瓷轴承。

**2. 高速机床进给系统**

高速机床普遍采用线性滚动导轨取代传统的滑动导轨,其移动速度、摩擦阻力、动态响应,甚至阻尼效果都发生了质的改变。线性滚动导轨特有的双 V 型结构,大大提高了机床的抗扭能力。同时,由于磨损近乎为零,导轨保持精度的时间较传动导轨提高了几倍。又因为配合使用了数字伺服驱动电动机,其进给和快速移动速度已经从过去最高的 6 m/min 提高到了现在的 20～60 m/min。MIKRON 公司的最新型机床采用线性电动机,进给和快速移动可达 80 m/min。特殊情况下,高速机床的进给速度可高达 120 m/min。

目前,高速进给系统通常采用两种进给传动系统:高速滚珠丝杠螺母进给驱动系统和直线电动机进给驱动系统。

**1) 高速滚珠丝杠螺母进给驱动系统**

高速滚珠丝杠螺母进给系统是在对传统的丝杠螺母传动系统进行一系列的技术创新后形成的,是新一代具有优良性能的高精度、高速度的传动系统。高速切削加工所用的进给驱动机构通常都为大导程、多头高速滚珠丝杠。丝杠采用中空结构,并要进行预拉处理,以提高丝杠的刚度;滚珠采用小直径氮化硅($Si_3N_4$)陶瓷球,以减少其离心力和陀螺力矩;采用空心强冷技术来减少高速滚珠丝杠运转时由于摩擦产生温升而造成的丝杠热变形;采用传感器对螺母的预紧力进行检测,实现对螺母预加载荷的自适应控制。采用高速滚珠丝杠螺母传动的优点是:可以利用在技术上比较成熟的旋转伺服电动机驱动,进给系统和机床整机的设计和安装调试方便,成本较低。但这种系统的丝杠和螺母副的制造难度较大,速度和加速度的上限受到较大的限制,进给行程一般只能达到 4～6 m,存在一定的非线性特性,全闭环时系统稳定性不易得到保证。

**2) 直线电动机进给驱动系统**

直线电动机进给驱动系统采用直线电动机作为进给伺服系统的执行元件。直线电动机利用电磁感应的原理,输出定子和转子之间的相对直线位移。电动机直接驱动机床工作台,取消了电动机到工作台之间的一切中间传动环节,与电主轴一样把传动链的长度缩短为零,从根本上解决了传统进给系统中由于机械传动链引起的有关问题。因为没有旋转运动,不受离心力的影响,机械结构简单、重量轻,直线电动机可以很容易地实现很高的进给速度和加速度。直线电动机可达到 80～180 m/min 的直线进给速度,在部件质量不大的情况下可实现 5g 以上的加速度。另外,直线电动机的动态性能好,能获得较高的运动精度;如果采用拼装的次级部件,可以实现很长的直线运动距离,运动行程的长短也不会影响整个系统的刚度。直线电动机运动功率的传递是非接触的,没有机械磨损。综上所述,直线电动机能满足高速切削对进给系统的要求,即高速度、高加速度和高精度。如果采用直线位置检测元件(如直尺光栅)构成位置闭环控制系统,可以对工作台的位置进行精密的控制,定位误差可小于 0.01～0.1 $\mu m$。

(1) 直线电动机的工作原理

目前,直线电动机已有很多种类,如直流直线电动机、交流永磁同步直线电动机、交流感应异步直线电动机、步进式直线电动机、磁阻式直线电动机、压电式直线电动机等。能满足机床进给系统大推力要求的主要是交流感应异步直线电动机和交流永磁同步直线电动机两种。

交流感应异步直线电动机的基本结构如图 2-53 所示,定子(初级)由硅钢片叠装构成,在其上开有线槽,槽内嵌入三相多级绕组。动子(次级)一般由硅钢片叠装或由其他导磁材料构成,动子上开有凹槽,其中嵌有导条或绕组。

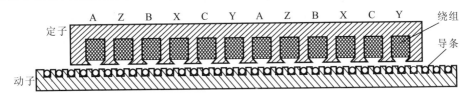

图 2-53　交流感应异步直线电动机基本结构

交流感应异步直线电动机的工作原理如图 2-54 所示。

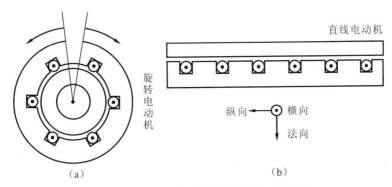

图 2-54　交流感应异步直线电动机工作原理
(a) 旋转电动机;(b) 直线电动机

将传统筒型旋转电动机的初级(定子)绕组展开拉直,变初级封闭磁场为开放磁场。当在电动机三相绕组中通入三相正弦交流电流后便产生了气隙磁场。气隙磁场的分布与旋转筒型电动机相似,即是沿着展开的直线方向呈正弦分布。当三相电流随时间变化时,气隙磁场是按定向相序沿着直线移动(即平移)的,即产生行波磁场。由于交流异步直线电动机动子(次级)上不存在永磁体,动子位移与行波磁场间不存在强制的同步关系,由此造成动子运动与定子行波磁场间存在速度差。此速度差使动子上的导条切割行波磁场的磁力线。根据电磁感应定律,动子导体内会产生感应电势,由于动子导体是闭合的,在动子导体内将产生感应电流。这种感应电流与气隙磁场相互作用,便产生了电磁推力。假如动子固定不动,定子就顺着行波磁场的运动方向做直线运动。

交流永磁同步直线电动机的基本结构如图 2-55 所示。

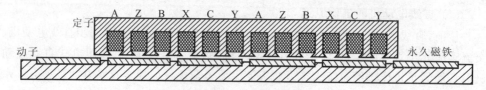

图 2-55　交流永磁同步直线电动机基本结构

交流永磁同步直线电动机由定子(初级)和动子(次级)组成,其定子的结构与交流感应异步电动机的相同,但动子结构与交流感应异步电动机的有较大差别,其动子是用永久磁铁制成的。当在定子绕组中通入对称三相交流电流时,将产生沿电动机运动方向的行波磁场。由于行波磁场的磁极与动子永久磁场间存在磁拉力,当定子行波磁场以一定的速度运动时,在各对相互吸引的磁极间的磁拉力共同作用下动子将得到一合力,该力带动动子运动。

直线电动机安装在机床上时,运动部件通常与电动机初级部件固定在一起,沿直线导轨移动,次级部件安装在机床的床身或立柱上。直线电动机的次级可由多段拼装而成,将次级一段一段连续地铺设在机床床身上,次级铺到哪里,初级(工作台)就可以运动到哪里,因此其工作行程不受限制。现在,直线电动机次级的拼接精度已达到相当高的水平,完全能满足超长行程机床的要求。

西门子的 1FN1 系列三相交流永磁同步直线电动机(其外观见图 2-56)是专门为动态性能好和运动精度高的机床设计的。其包括初级和次级两个部件,具有完整的冷却系统和隔热措施,热稳定性良好。1FN1 系列电动机配置 SIMODRIVE611 数字变频调速系统后,就成为独立的驱动系统,可以直接安装在机床上,能适应高速切削机床的要求。1FN1 系列直线电动机的主要技术参数如表 2-25 所示。从表中可以看出:直线电动机的驱动力与初级有效面积(初级或次级的宽度)有关,面积越大,驱动力越大。因此,在驱动力不够的情况下,可以将两个直线电动机并联或串联工作,或者在移动部件的两侧安装直线电动机。此外,直线电动机的最大运动速度在额定驱动力下可以达到较高,而在最大驱动力下较低。

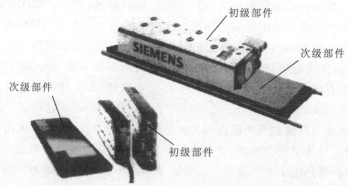

图 2-56　西门子 1FN1 系列直线电动机外形

表 2-25　1FN1 系列直线电动机的主要技术参数

| 初级型号 | 次级宽度 /mm | 最大速度/(m/min) | | 驱动力/N | | 相电流/A | |
|---|---|---|---|---|---|---|---|
| | | $F_{max}$ 时 | $F_N$ 时 | $F_N$ | $F_{max}$ | $I_N$ | $I_{max}$ |
| 122-5□C71<br>124-5□C71<br>126-5□C71 | 120 | 65 | 145 | 1 480<br>2 200<br>2 950 | 3 250<br>4 850<br>6 500 | 8.9<br>15<br>17.7 | 22.4<br>37.5<br>44.8 |
| 184-5□AC71<br>186-5□AC71 | 180 | 65 | 145 | 3 600<br>4 800 | 7 900<br>10 600 | 21.6<br>27.2 | 54.1<br>67.9 |
| 244-5□AC71<br>246-5□AC71 | 240 | 65 | 145 | 4 950<br>6 600 | 10 900<br>14 500 | 28<br>37.7 | 54.1<br>67.9 |
| 072-3AF71□<br>074-3AF71□ | 70 | 95 | 200 | 790<br>1 580 | 1 720<br>3 450 | 5.6<br>11.1 | 14<br>28 |
| 122-5□FC71<br>124-5□FC71<br>126-5□FC71 | 120 | 95 | 200 | 1 480<br>2 200<br>2 950 | 3 250<br>4 850<br>6 500 | 11.1<br>16.2<br>22.2 | 28<br>40.8<br>56 |
| 184-5□AF71<br>186-5□AF71 | 180 | 95 | 200 | 3 600<br>4 800 | 7 900<br>10 600 | 26.1<br>34.8 | 65.5<br>86.9 |
| 244-5□AF71<br>246-5□AF71 | 240 | 95 | 200 | 4 950<br>6 600 | 10 900<br>14 500 | 36.3<br>48.3 | 90.8<br>119.9 |

(2) 高速直线电动机进给系统的构成

高速直线电动机进给系统如图 2-57 所示，其主要由直线电动机、工作台、滚动直线导轨、位移精密测量反馈系统和防护系统等组成。

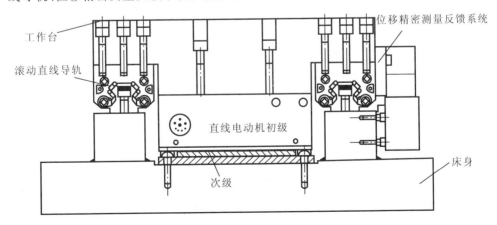

图 2-57　直线电动机进给系统

① 工作台　安装有直线电动机的工作台是高速直线进给单元的移动部件，其质量的大小对进给系统的静动态特性影响很大。与传统工作台不同的是，直线电动机

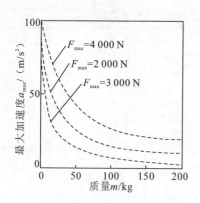

图 2-58 直线电动机运动质量与加速度的关系

驱动的工作台是直线电动机初级的载体。直线电动机所能达到的最大加速度与包括工作台在内的进给系统的质量成反比,如图 2-58 所示,因此在保证强度和刚度的前提下应尽量减轻工作台的质量。可通过选用高强度轻质材料,如高强度铝合金、铝钛合金、纤维增强塑料等来制造工作台,从而减小运动部件的总质量。另外,可通过采用有限元分析方法、最优化设计技术、计算机仿真技术等对工作台的总体结构、截面形状和具体尺寸等进行全面优化,从而达到精确的最轻量化。

② 滚动直线导轨 直线电动机进给系统在工作时会承受很大的动载荷,并受到多方面的颠覆力矩作用。另外,工作台与导轨的摩擦也会影响进给系统的加速度并且引起发热现象等。高速机床的加工精度和使用寿命很大程度上取决于机床导轨的质量,因此高速进给系统的导轨必须满足刚度高、抗震性好、灵敏度高、耐磨性好、精度保持性好等基本要求,高速滚动导轨副在这方面具有一定的优势。在实际应用中,可选择与直线电动机相匹配的直线滚动导轨副。

目前国内外已有多家公司可提供适合高速机床用的高速导轨。例如,德国 INA 轴承公司的滚柱直线导轨副采用腰鼓形滚柱,使相同预加负荷的导轨刚度提高 3 倍以上,寿命延长 4～5 倍。该公司还根据用户的需要,在导轨产生振幅最大的部位,配置 RUDS 阻尼滑座,使振幅降低至原来的 1/30,从而满足高速、高精度、重切削的需要。日本 THK 公司的 SHS 四方等载荷系列 SNR、SNS 高刚度、重载荷高速滚动导轨,在循环滚珠链中加入能储存润滑脂的滚珠保持器,使摩擦波动幅度大大减小,很好地改善了滚动导轨的摩擦特性。我国广东新会凯特精密制造机械公司等单位生产的滚动导轨也有很好的使用性能。

③ 位移检测 直线电动机进给系统的控制采取闭环控制方式,其控制系统框图如图 2-59 所示。由于直线电动机的初级已与机床工作台合二为一,此时工作台的载

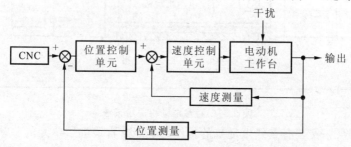

图 2-59 直线电动机进给系统控制框图

荷(包括工件的质量和切削力)的变化就是一种外界干扰,如载荷调节不好,就很可能产生振荡而使系统失稳,故直线电动机的伺服系统控制较难,要求更高。直线电动机驱动必须与闭环控制相结合才能实现进给运动,故造价高。

高速机床进给系统的检测装置除了对可靠性、抗干扰性、测量精度等有较高的要求外,更重要的是对响应速度有比较苛刻的要求。普通的旋转变压器和感应同步器由于受响应速度的限制已难以满足高速、高精度运动检测的要求。激光测量装置则由于价格昂贵,普及应用受到了限制。一般来说,光栅测量系统是目前直线电动机进给部件中应用较为广泛的检测装置。

④ 冷却  直线电动机最根本的缺点是效率低,功率损耗往往超过输出功率的 50%。功率损耗主要发生在初级绕组,由于电流密度大,温升可能高达 120 ℃。次级涡流损失取决于电流频率(运动速度),相对较小。直线电动机的初级、次级等发热部件一般需安装在机床的工作台和导轨之间,这里正是机床的"腹部",散热条件差,过多的热量不仅会直接影响机床的加工精度,而且还会限制直线电动机推力的发挥,影响高速机床的工作性能。因此,必须采取相应措施进行循环冷却或强制散热。

图 2-60 给出了西门子 1FN1 系列直线电动机的冷却回路和隔热措施。从图中可见,主冷却回路装在初级部件里面,也称为内冷却回路,它能够带走功率损失的 90% 的热量,保护初级绕组不至于过热。在初级部件上面安装有板状铝散热器,其中间安放外冷却回路(精密冷却回路)。铝板两侧也安装有散热板,以增加散热面积。在铝散热器与初级部件之间还有一层隔热材料。次级部件与机床部件之间也有一层隔热材料和空气层,还可以安装 V2A 材料的附加冷却管道。

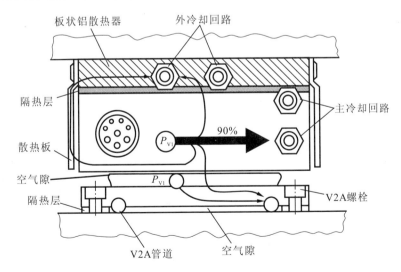

图 2-60  1FN1 直线电动机的冷却结构

⑤ 防磁  因为直线电动机的磁场是敞开的,如防护不当,加工过程产生的铁屑和其他杂碎金属会被吸入直线电动机的定子和动子之间,影响电动机的正常运行。特别是永磁式直线电动机,由于采用了大量的磁力很强的永久磁铁,即使电动机断电,强大的磁场仍然会存在,吸入电动机的铁屑和铁磁材料粉末就很难清除。因此直线电动机,特别是永磁同步直线电动机进给系统,对其工作环境的要求比较苛刻,必须采取切实可行的防磁措施,如安装各种可靠性高的防护隔离罩等。

**3. 机床部件结构改进**

如前所述,高速机床的运动部件承受较大的加速度和减速度,为了保证加工精度和高效率,要求机床运动部件的框架结构既具有减轻重量又不损失刚度与阻尼的性能。传统的金属几乎都具有相同的低的比刚度(specific stiffness)$E/\rho$($\rho$ 为比重,$E$ 为金属材料的弹性模量)和低阻尼特性。高比刚度与高阻尼的要求可由纤维增强聚合物复合材料来满足,夹层结构件由此出现。夹层结构的面层由纤维增强复合材料制造,心部由蜂窝状或泡沫塑料制成,这种结构具有较强的抗弯能力。

获得高的机床刚度又不增加其质量最好的方法是采用高比刚度的夹层结构。

图 2-61 所示为一台高速立式 CNC 铣床,它就是按夹层结构设计制造的。该机床的垂直框架和水平框架均采用混合结构:在焊接的钢结构上黏结夹层复合材料。图 2-62 所示为该机床的 $x$-溜板(水平移动溜板)结构示意图,可以看出,它是将夹层结构的复合材料黏结到焊接的钢结构上而形成的。

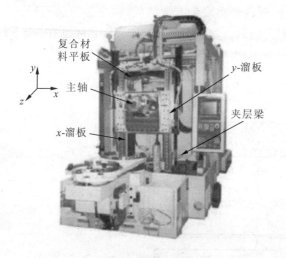

图 2-61 高速铣床结构

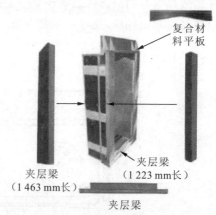

图 2-62 混合 $x$-溜板和复合材料增强

这台高速铣床的主要技术参数如下:主轴转速为 35 000 r/min;功率为 15 kW;垂直溜板和水平溜板进给速度最高达 120 m/min,加速度最大可达 14.0 m/s$^2$。

通过有限元分析与冲击响应试验,对传统结构与混合结构的动态性能比较如表 2-26、表 2-27 所示;两种溜板质量的比较如表 2-28 所示。

表 2-26 混合结构 $x$-溜板动态性能

| | 传统 $x$-溜板 | | | 混合结构 $x$-溜板 | | |
|---|---|---|---|---|---|---|
| 模态 | 固有频率 | 模态形状 | 阻尼率/% | 固有频率 | 模态形状 | 阻尼率/% |
| 1 | 64 Hz | 扭转 | 0.90 | 92 Hz | 扭转 | 2.20 |
| 2 | 126 Hz | 弯曲 | 0.50 | 131 Hz | 翘动 | 0.80 |
| 3 | 211 Hz | 弯曲 | 0.30 | 281 Hz | 弯曲 | 1.20 |
| 4 | 261 Hz | 弯曲＋扭拧 | 0.20 | 304 Hz | 弯曲＋扭拧 | 0.80 |
| 5 | 308 Hz | 弯曲＋扭拧 | 0.14 | 357 Hz | 弯曲＋扭拧 | 0.80 |

表 2-27 混合结构 $y$-溜板动态性能

| | 传统 $y$-溜板 | | | 混合结构 $y$-溜板 | | |
|---|---|---|---|---|---|---|
| 模态 | 固有频率 | 模态形状 | 阻尼率/% | 固有频率 | 模态形状 | 阻尼率/% |
| 1 | 135 Hz | 扭转 | 0.48 | 115 Hz | 扭转 | 0.90 |
| 2 | 345 Hz | 弯曲 | 0.22 | 341 Hz | 弯曲 | 0.35 |
| 3 | 365 Hz | 复杂模态 | 0.19 | 589 Hz | 弯曲 | 0.30 |
| 4 | 572 Hz | 弯曲 | 0.22 | 598 Hz | 弯曲 | 0.32 |
| 5 | 690 HZ | 弯曲 | 0.12 | 620 Hz | 弯曲 | 0.28 |

表 2-28 两种结构 $x$-溜板和 $y$-溜板质量比较

| | 传统结构 | 混合结构 | |
|---|---|---|---|
| $x$-溜板 | 671 kg | 497 kg | |
| | | 465 kg(钢基础) | 32 kg(复合材料) |
| $y$-溜板 | 140 kg | 92 kg | |
| | | 84 kg(钢基础) | 8 kg(复合材料) |

由表 2-26 至表 2-28 可以看出：

① 混合结构 $x$-溜板的固有频率增加 30％，阻尼率增加 1.6～5.7 倍，而 $y$-溜板的固有频率增加 30％时，阻尼率增加 1.5～2.5 倍；

② 当 $x$-溜板和 $y$-溜板的质量分别降低 26％和 34％时，结构刚度未降低。

目前，在运动加速度达到最大值的 80％时，溜板移动定位已能达到定位误差小于±5 μm/300 mm，还可以通过调整控制器增益而进一步提高定位精度。

## 2.4.4 干切削

随着高速加工技术的迅猛发展,在加工过程中使用的切削液越来越多,其流量有时高达 80~100 L/min。但是,大量使用切削液带来了非常突出的负面影响:零件生产成本大幅度提高,切削液费用占零件加工总成本的百分比高达 16%(刀具仅占 4%);造成资源的大量耗费和对环境的污染;直接危害车间工人的身体健康,如导致其感染肺部呼吸道疾病、皮肤病等。

为减少这些负面影响,20世纪90年代中期产生了干切削(dry cutting)技术,即在机械加工中不用或少用切削液的切削加工技术。目前,这项起源于欧洲的干切削技术在西欧各国最为盛行,据统计,现在已有8%左右的德国企业采用了干切削技术。目前在干切削的研究和应用方面,德国处于国际领先地位。日本已开发成功不使用切削液的干式加工中心,装有液氮冷却的干切削系统,从空气中提取高纯度氮气,常温下以 0.5~0.6 MPa 的压力将液氮送往切削区,以顺利实现干切削。我国成都工具研究所、山东大学等单位对超硬刀具材料及刀具涂层技术进行过系统研究,为干切削的研究与应用打下了初步技术基础。

**1. 实现干切削的条件**

在机械加工中,切削液有三大功能,即润滑功能(切削液渗入到刀具、工件和切屑之间的接触面,形成一层润滑膜,减少摩擦、减少切削力等)、冷却功能(切削液能有效地把切削热从机床的加工区迅速带走)、协助排屑与断屑功能(高压大流量切削液作为冲洗剂,将细小的切屑冲离工件或刀具并迅速从机床中排出)。

由于采用干切削,无法实现切削液的上述功能,就要从系统工程的观点解决刀具切削性能、机床结构、工艺过程等新问题。

**1) 干切削的刀具技术**

干切削不仅要求刀具材料有很高的红硬性和热韧性,而且必须有良好的耐磨性、耐热冲击和抗黏结性。图 2-63 列出了几种刀具材料的硬度与温度的关系。由图可见,陶瓷刀具($Al_2O_3$、$Si_3N_4$)、金属陶瓷(cermet)等材料在高温下硬度很少降低,具有好的红硬性,适用于一般目的的干切削。但这类材料一般较脆、热韧性不好,不适用于进行断续切削。立方氮化硼(CBN)、聚晶金刚石(PCD)、超细晶粒硬质合金刀具材料则广泛用于干切削。

对刀具进行涂层处理,是提高刀具性能的重要途径。在发展干切削技术时,要特别注意涂层刀具的有效应用。

**2) 干切削的机床技术**

设计干切削的机床时,要考虑的特殊问题有两个:一个是切削热的散发,另一个是切屑和灰尘的排出。

为了便于排屑,干切削机床应尽可能采用立式主轴和倾斜式床身。工作台上的倾斜盖板可用绝热材料制成,将大量热切屑直接送入螺旋排屑槽。采用吸气系统可

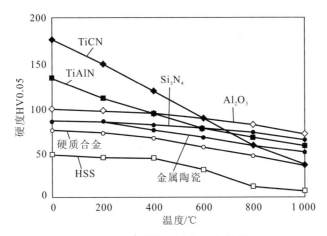

图 2-63 不同材料硬度与温度的关系

防止工作台和其他支承部件上热切屑的堆积，内置的循环冷气系统用于提高机床工艺系统的热稳定性。在加工区的某些关键部位设置温度传感器，用于监控机床温度场的变化情况，必要时通过数控系统进行精确的误差补偿。过滤系统可将干切削过程中产生的尘埃颗粒滤掉并用抽风系统及时吸走。产生灰尘的加工区应和机床的主轴部件及液压、电气系统严加隔离。此外还可以对这些部件施加微压，以防止灰尘的侵入。

对铝合金或纤维等增强塑料进行干切削时，必须采用高速加工中心或其他高速数控机床，其主轴转速一般高达 25 000～60 000 r/min，主电动机功率为 25～60 kW，通常都采用电主轴的传动结构方式；进给速度高达 60～100 m/min，加速度为 $2g\sim8g(g=9.81\ \text{m/s}^2)$。为普通数控机床的 10 倍以上，现已逐步用直线伺服电动机替代滚珠丝杠来实现高速进给运动。

**3）干切削的工艺技术**

表 2-29 列出了难以进行干切削的工件材料/加工方法的组合。

表 2-29 难以进行干切削的工件材料/加工方法的组合

| 工件材料 | 加工方法 | | | | |
|---|---|---|---|---|---|
|  | 车削 | 铣削 | 铰削 | 攻丝 | 钻削 |
| 铸铁 |  |  |  |  |  |
| 钢 |  | × | × | × |  |
| 铝合金 |  | × |  | × |  |
| 超硬合金 | × | × | × | × | × |
| 复合材料 |  |  |  |  |  |

注：×表示难以进行干切削。

铝合金传热系数高，在加工过程中会吸收大量的切削热；热膨胀系数大，使工件易发生热变形；硬度和熔点都较低，加工过程中切屑很容易与刀具发生"胶焊"或黏连，这是铝合金干切削时遇到的最大难题。解决这一难题的最好办法是采用高速干切削。在高速干切削中,95%~98%的切削热都传给了切屑,切屑在与刀具前刀面接触的界面上会被局部熔化,形成一层极薄的液态薄膜,因而切屑很容易在瞬间被切离工件,大大减小了切削力和产生积屑瘤的可能性。工件可以保持常温状态,既提高了生产效率,又改善了铝合金工件的加工精度和表面质量。

为了减少高温下刀具和工件之间材料的扩散和黏结,应特别注意刀具材料与工件之间的合理搭配。例如,金刚石(碳元素C)与铁元素有很强的化学亲和力,故金刚石刀具虽然很硬,但不宜用来加工钢铁工件;钛合金和某些高温合金中有钛元素,因此也不能用含钛的涂层刀具进行干切削。又如PCBN刀具能够用于对淬硬钢、冷硬铸铁和经过表面热喷涂的硬质工件材料进行干切削,而在加工中、低硬度的工件时,其寿命还不及普通硬质合金刀具的寿命高。

**2. 准干切削**

纯粹的干切削有时很难进行,此时可采用最少量润滑技术(minimal quantity lubrication,MQL)。这种方法是将少量的润滑油和压缩空气混合后通过外部喷嘴或机床主轴的通槽送到切削处。MQL技术的优点是大大减少了润滑液的消耗。其缺点有两个,即从切削区带走切屑的能力差,一部分油雾会浮在或留在机床中或工作空间内。油雾浮在车间,对人身健康有害;油雾落到地板上,有可能造成人员滑倒事故。为此,采用MQL技术的机床上需备有油雾真空收集器,同时也带来了能耗增加的问题。

MQL技术所使用的润滑液用量一般为 $0.03\sim0.2$ L/h,是湿切削用量的六万分之一。MQL技术又称为准干切削(near-dry cutting)技术。准干切削技术与涂层刀具相结合,能够取得好的效果。例如,用高速钢涂层钻头加工X90CrMoV18合金钢时,若用TiAlN涂层高速钢钻头进行纯粹干钻削,钻3.5 m的切削长度后钻头便被损坏;若采用$TiAlN+MoS_2$复合涂层钻头和MQL技术,其可钻削长度增加到115 m。

为了实现准干切削而又不形成油雾,现介绍一种直接油滴供给系统(direct oil drop supply system,DOS),其构成如图2-64所示。

DOS的工作原理是:由0.4 MPa齿轮泵将油压到卸荷单元,再由卸荷单元产生一中间油压脉动通过薄不锈钢管到DOS喷嘴。卸荷单元的详细构造如图2-65所示。卸荷单元的静盘上有小孔,动盘上有窄槽。油压下的油通过静盘上的小孔进入卸荷单元中,当动盘的窄槽对准静盘的小孔时,一油压脉动形成。该油压脉动通过不锈钢管送到DOS的喷嘴,钢管的直径小、壁薄,能弹性胀缩以响应油压脉动。当油管收缩时,一小油滴快速从喷嘴口滴出。油滴的体积与不锈钢管的直径和长度有关。喷嘴的内径为70 $\mu m$。

图2-66所示的喷嘴结构图中,压缩空气同步地与油滴一起被送至切削位置,压缩空气用来冷却切削位置并吹去切屑,压缩空气由绕卸油孔圆周布置的槽挤出,油滴的速度约为30 m/s。为了将油滴滴到切削处,需要借助刀具高速旋转而产生的圆周气流。采用这种DOS方法不会产生油雾。图2-67所示为用高速摄影机观察到的油滴状态,实验证明,油滴沿端铣刀螺旋槽供给刀刃的前刀面效果最佳。

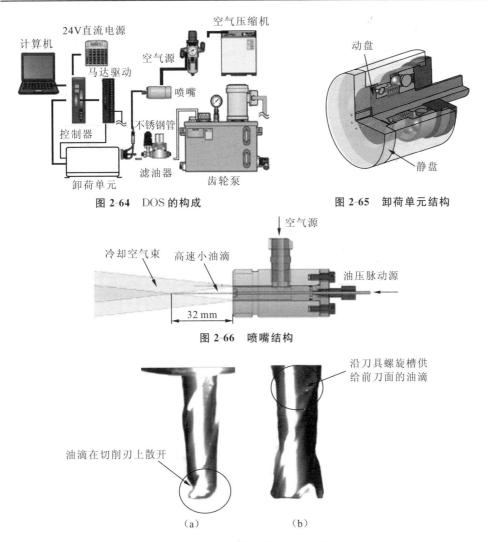

图 2-64 DOS 的构成

图 2-65 卸荷单元结构

图 2-66 喷嘴结构

图 2-67 高速摄影机观察的油滴状态

为了更有效地使用 DOS 技术,设计制造了新型喷嘴,如图 2-68 所示。冷却空气流通过与油滴喷嘴分离的 4 根小管直接送至切削处。图 2-69 所示为利用 DOS 技术与利用其他技术降低切削温度的情况比较。用 DOS 技术降低切削温度的效果与 MQL 技术相当甚至比其更好。图 2-69 所示结果是在相同的切削用量下获得的。

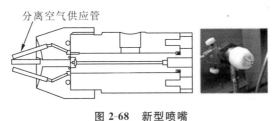

图 2-68 新型喷嘴

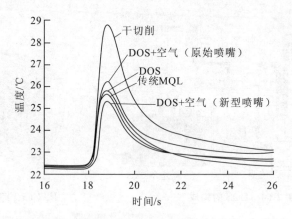

图 2-69 切削温度比较

这里还需指出,只有当一个零件的所有工序都采用了干切削或准干切削时,才能称之为干切削或准干切削;若部分工序使用了湿切削,则不能称之为干切削或准干切削。

## 2.4.5 高速切削的应用举例

**1. 硬车削**

硬车削(hard turning)是一种"以车代磨"的新工艺,它具有更柔性、更环保、更高效的优点,而工艺过程可靠性、表面质量仍低于磨削。硬车削用于某些不适宜进行磨削的回转体零件的加工,是一种高效的干切削技术。

对氮化硅($Si_3N_4$)工件进行硬车削时,由于该材料有极高的抗拉强度,使用任何刀具都会很快破损。为此,可采用激光辅助切削,用激光束对工件切削区进行预热,使工件材料局部软化(其抗拉强度由 750 MPa 降至 400 MPa),切削阻力可减小 30%~70%,刀具磨损可降低 80% 左右,干切削过程的振动也大为减小,材料切除率大大地提高,干切削因此得以顺利进行。

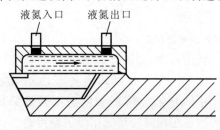

图 2-70 用液氮冷却刀具

钛铝钒合金(Ti6Al4V)和反应烧结氮化硅(RBSN)是典型的难加工材料,其传热系数很小,在干切削加工中会产生大量的热,使刀具材料发生化学分解,刀具很快磨损。图 2-70 所示为用液氮冷却刀具加工这类材料的新方法中的刀具示意图。在车刀前刀面上倒装了一个金属帽状物,其内腔与刀片的上表面共同组成一个密闭室。帽状物上有液氮的入口和出口。在干切削过程中,液氮不断在密室中流动,吸收刀片上的切削热,使刀具不产生过高的温升,始终保持良好的切削性能,顺利实现干切削。用 PCBN 刀具加工 RBSN 工件材料时,刀具磨损的实验结果为:不使用液氮冷却刀具时,PCBN 刀具的车削长度仅 40 mm,后刀面磨损量便达到 3 mm,切削无法进行下去;使用液氮冷却刀具后,车削长度达 160 mm 时,后刀面仅磨损 0.4 mm。液氮是一种容易获得的原材料,价格不高,且能循环使用。

硬车削过程中产生的热与刀刃制备(edge preparation)有关,图 2-71(a)所示为瀑布形和圆弧形两种形状的刀刃圆角:瀑布形刀刃的刀尖圆弧半径是变化的,$r_{\varepsilon 1} < r_{\varepsilon 2}$;而圆弧形刀刃刀尖圆弧半径是均一的。如图 2-71(b)所示,采用变化的刀刃,沿刀尖圆角半径的微观几何形状制备能减少在高速进给硬车削加工时的热形成。图 2-72 所示为变化的刀刃制备设计 CAD 模型。由图可见,对应于图 2-71(b),$A$ 点处的刀刃圆弧半径大于 $B$ 点和 $C$ 点处的,即 $r_{eA} > r_{eB} > r_{eC}$。在 $A$—$A$ 截面处为主切削刃,未切削切屑厚度大于刀刃圆弧半径,产生正常切削;在 $B$—$B$ 截面,即主切削刃之尾端,未切削切屑厚度等于刀刃圆弧半径,故摩擦作用比剪切作用更突出;而在 $C$—$C$ 截面,即副切削刃处,刀刃圆弧半径大于未切削切屑厚度,刀具材料与工件相摩擦而产生刀具温升。

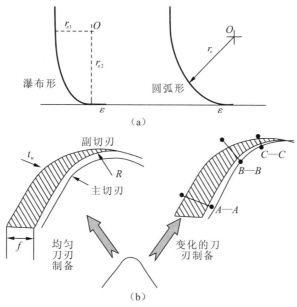

图 2-71　刀刃制备与切削厚度
(a) 刀刃圆角;(b) 变化的刀刃

使用 PCBN 刀片(50% CBN + 40% TiC + 6% WC)硬车削退火淬硬钢 AISI4340(硬度 HRC40),试验用刀片由 4 种不同的刀刃制备,而被切削试件为圆柱体(直径为 71 mm,长度为 305 mm),试切结果表明:根据给定的切削条件正确地设计可变化的切削刃,能减少沿刀具切削刃的热生成,可变化的刀片微几何形状刀刃将产生较低的工件表面应变,能减少刀具磨损。变化的刀刃制备在硬车削加工中具有重要意义。

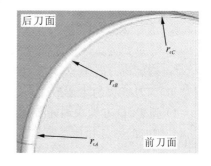

图 2-72　变化的刀刃制备设计 CAD 模型

## 2. 砂轮的切削加工

砂轮经过烧结和固化等工序后,其尺寸、形状和各表面相互位置精度均达不到使用要求,必须经过车削;使用砂轮的单位也因生产需要,要对规格、尺寸不符合要求的砂轮进行车削加工。

利用人造聚晶金刚石(PCD)刀具来切削硬度达 HV2000~4000 的砂轮,如同用刀切豆腐一样容易。如图 2-73(a)、(b)所示的 PCD 机械夹固车刀用于车砂轮外圆、内孔和端面。它的纵向和横向前角为 $-10°$,后角为 $10°$。PCD 刀具一律采用圆形刀片,使切入、切出平稳,砂轮不崩边。

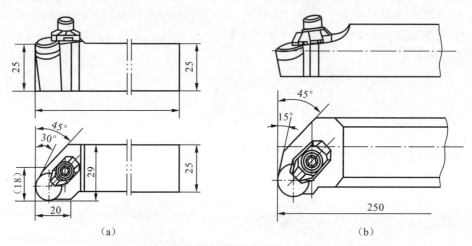

图 2-73 PCD 机械夹固车刀
(a) PCD 圆头车刀;(b) PCD 内孔车刀

PCD 刀具的切削用量 $v_c = 25\sim40$ m/min, $a_p = 4\sim5$ mm, $f = 1\sim1.5$ mm/r。用喷水雾的办法除尘。

PCD 复合刀片也可用来修整砂轮。

### 3. 切削硬质合金

用 PCD 和 CBN 刀具能切削硬质合金,其切削过程的特点如下:

① 硬质合金硬度高、脆性大,其硬度为 HRC67~81,比一般淬火钢的硬度高出 HRC20,所以切削时极为困难,且由于脆性大,故切入、切出处极易崩边;

② 切屑呈粉末状,不会产生积屑瘤,容易达到表面粗糙度要求;

③ 导热系数高,切削温度较低;

④ 切屑与刀面接触很短,切削硬质合金时,切削力集中在刃口附近,容易造成刀具崩刃,刀具磨损的主要形式是后刀面磨损。

**1) 用 PCD 刀具车削硬质合金**

切削时的刀具几何参数是:$\gamma_0 = -5°\sim0°$,$\alpha_0 = 8°\sim10°$,$r_\varepsilon = 0.8\sim1.5$ mm。

切削用量:$v_c = 25\sim30$ m/min,$a_p = 0.1\sim0.5$ mm,$f = 0.1\sim0.15$ mm/r,切削 YG15 或 YG20 时取最大值,在切削过程中,可选煤油做切削液。

### 2) 用 CBN 刀具切削硬质合金

采用 CBN 刀具切削硬质合金（如 YG15、YG20、YG25 等），可以替代电物理加工、金刚石刀具切削和金刚石砂轮磨削。

（1）镗孔

在硬质合金衬套上镗孔，精度 IT6～IT8，表面粗糙度值 $Ra$ 为 $0.8\sim1.6\ \mu m$。切削用量为：$v_c=15\ m/min$，$a_p=0.2\sim0.5\ mm$，$f=0.1\sim0.15\ mm/r$。刀具几何参数为：$\gamma_0=-5°$，$\alpha_0=6°\sim8°$，$r_\varepsilon=0.5\ mm$。用 CBN 刀具镗孔的效率比用金刚石砂轮磨削高 10 倍左右。

（2）车外圆

用 CBN 刀具在 $\phi 40\ mm$、长 $100\ mm$ 的硬质合金冲头上，切除 $3.5\ mm$ 余量，只需 25 min，如用金刚石砂轮磨削，则需 215 min。

（3）断续车削

用 CBN 刀具断续车削 YG20、YG25 的硬质合金套筒时，$v_c=30\ m/min$，$a_p=0.35\ mm$，$f=0.034\ mm/r$。刀具的几何参数为 $\gamma_0=-6°$，$\alpha_0=8°$，刀具的耐用度为 6.5 min。

应该指出，用 PCD 刀具和 CBN 刀具切削硬质合金时，径向切削分力很大，易导致刀具发生退让。因此，选用的工艺系统的刚性要好，且只能加工精度为 IT6 左右、粗糙度值不大于 $0.8\ \mu m$ 的零件。

## 2.5 高效磨削过程技术

### 2.5.1 高效磨削概述

高效磨削包括高速磨削与强力磨削（或称缓进给磨削、蠕动进给磨削），近年来开始将二者结合而形成高效深磨技术。

磨削速度大于 $45\ m/s$ 以上的磨削称为高速磨削，高速磨削可以获得明显的技术和经济效益。当磨削速度为 $50\sim60\ m/s$ 时，生产效率可提高 30%～100%，砂轮耐用度提高 70%～100%，工件表面粗糙度降低 50%。由于砂轮制造技术的进步，保障了安全性，目前高速磨削的线速度达 $250\ m/s$，并成功进行了 $500\ m/s$ 的超高速磨削。

强力磨削一般指以大的磨削深度进行磨削加工，如缓进给磨削，磨削深度可达 $1\sim30\ mm$，为普通磨削的 $100\sim1\ 000$ 倍，工件进给缓慢（$5\sim300\ mm/min$），一次或数次行程中将工件加工至尺寸要求，可以实现"以磨代车"、"以磨代铣"等。强力磨削生产效率高，能获得较高的加工精度，适合于韧性材料（如镍基合金和淬火硬材料），并特别适合于成形面和沟槽、难加工材料的磨削加工，并可以从铸、锻毛坯直接磨削出符合要求的零件。

磨削速度 $v_s$ 提高到 150 m/s 以上时，称为超高速磨削。

随着 $v_s$ 的大幅度提高，单颗磨料切下的磨屑厚度变小，磨屑变得非常细薄，导致单颗磨粒承受的磨削力大幅减小，总磨削力大大减小，砂轮损耗速度下降，提高了砂轮耐用度。同时，在高速磨削条件下，可以采用更大的工件进给速度和磨削深度，使得单位时间内参与切削的磨粒数增加，从而提高磨削效率。

超高速磨削时，由于磨削速度很高，单个磨屑的形成时间极短，工件表面的弹性变形层变浅，磨削沟痕两侧因塑性流动而形成的隆起高度变小，磨屑形成过程中的耕犁和滑擦距离变小，工件表面层硬化及残余应力倾向减小。此外，由于磨粒的速度极高，磨削产生的热来不及扩散到工件体内就被磨屑带走，传入工件体内的热的比例很小，所以能够减少或避免工件的磨削烧伤，提高工件的表面质量。

将超高速磨削与缓进给磨削技术结合起来，形成高的砂轮线速度、高进给速度及大切深的磨削方式，就是高效深磨技术。高效深磨技术可以直观地看成是缓进给磨削向更高砂轮线速度和进给速度域的发展。由于在超高速磨削的基础上兼顾了缓进给磨削大切深的特点，高效深磨可以获得极高的材料去除率和良好的表面质量与表面完整性。

试验发现，在高效深磨条件下，钛合金单位面积法向和切向磨削力明显减小，同时也能减小比磨削能，在提高加工效率的同时获得更好的加工质量；高效深磨钛合金时以塑性去除方式为主，材料主要以滑擦和耕犁的形式被去除。CBN 砂轮更适宜于高效深磨钛合金。

## 2.5.2 高效磨削用砂轮

### 1. 高速、超高速磨削砂轮的性能要求

高速、超高速磨削砂轮应具有好的耐磨性，高的动平衡精度、抗裂性，良好的阻尼特性，高的刚度和良好的导热性，而且其机械强度必须能承受高速、超高速磨削时的切削力等。若采用普通砂轮，高速、超高速磨削时砂轮主轴高速回转产生的巨大离心力会导致砂轮迅速破碎，因此必须采用基体本身的机械强度、基体和磨粒之间的结合强度均极高的砂轮。

砂轮基体应避免残余应力，在运行过程中的伸长应最小。通过计算砂轮切向和法向应力，发现最大应力发生在砂轮基体内径的切线方向，这个应力不应超出砂轮基体材料的强度极限。为了保证砂轮在超高速运转条件下承受巨大离心力而不破碎，一般采用有限元方法进行分析和优化。砂轮回转时所承受的径向和切向应力应尽可能相等，据此找出最佳基体轮廓。优化后的砂轮基体没有单独的大法兰孔，而是代之以多个小螺孔，以充分降低原大法兰孔附近的应力。超高速砂轮中间是一个高强度材料的基体圆盘，大部分实用超硬磨料砂轮基体为铝或钢。在基体周围仅仅黏覆一薄层磨料。其中采用单层电镀最多。这是因为电镀的黏结强度高，易于做出复杂的形状，使用中不需要修整，而且基体可以重复使用。近几年，美国诺顿（Norton）公司

还使用铜焊接法替代电镀,其研制出砂轮的磨粒突出比已达到 70%~80%,结合剂抗拉强度超过了 1 533 N/mm²,获得更大的结合剂强度和容屑空间。

常用的砂轮基体材料是合金钢。为了满足超高速砂轮的性能要求,人们还在寻找具有高比刚度(弹性模量/密度)、低热膨胀系数的更理想的材料。日本 Noritake 公司推出一种被称为 CFRP(carbon fiber reinforced plastic)的碳纤维复合树脂基体材料,其比刚度是钢的 2.1 倍,密度和热膨胀系数分别是钢的 1/5 和 1/12。使用这种材料基体制成的超高速砂轮的磨料层厚 5 mm,使用树脂结合剂,它与基体之间用一层陶瓷刚玉过渡。这种砂轮已较多地应用于日本生产的超高速磨床,使用效果也很好。

**2. 新型和超硬磨料磨具**

**1) 陶瓷刚玉磨料砂轮**

陶瓷刚玉磨料砂轮是一种新型的微晶氧化铝磨粒即 SG(seeded gel)磨料,它由刚玉经过化学陶瓷化处理,最后烧结成磨料。陶瓷刚玉砂轮韧性比普通刚玉砂轮好,其自锐性、锋利性、形状保持性能及寿命比普通刚玉砂轮高 2~2.5 倍。它目前制造成本高,通常用陶瓷刚玉与白刚玉一起制造砂轮混合体,这种混合体砂轮在发达国家得到了普遍使用。

**2) 人造金刚石砂轮**

人造金刚石砂轮由磨料层、过渡层和基体三部分组成。人造金刚石砂轮用于磨削超高硬度的脆性材料、硬质合金、花岗岩、宝石、光学玻璃和陶瓷等。

**3) CBN 砂轮**

CBN 砂轮的 CBN 颗粒只在普通砂轮表面黏有很薄的一层,其磨粒韧度、硬度、耐用度是刚玉类砂轮的 100 倍,适用于高速或超高速磨削,以加工难加工材料、高速钢、耐热钢等。磨削时,需使用特殊的切削液或干磨削。

在高速、超高速磨削中,CBN 砂轮应用最为普遍。CBN 按晶相有单晶、多晶、微晶之分,一般情况下单晶 CBN 砂轮多采用陶瓷、金属结合剂,用于高效磨削,多晶和微晶 CBN 砂轮多采用陶瓷、树脂结合剂,用于高精密磨削。

CBN 磨料的粒度反映磨料几何尺寸的大小,是砂轮的主要特性指标之一。超高速精加工时应选择较细的磨料或多晶、微晶磨料。在满足加工要求的前提下一般选取较粗的磨料(粒度小)。有时为了提高砂轮的耐用度也采用混合磨料(韧、脆互补粒度不同的 CBN 磨料)。

(1) CBN 砂轮结合剂的选择

CBN 砂轮的结合剂有树脂、陶瓷、金属结合剂等。金属结合剂又可分为烧结型结合剂和电镀型结合剂两种。表 2-30 列出了常用结合剂的种类、特点及应用范围。应根据结合剂种类、被磨削工件的材料、磨削要求以及磨削方式,选择不同的磨料与不同的结合剂。如用于高效、高精磨削的陶瓷结合剂砂轮,可选用高强度和颗粒形状锋利的磨料。若超高速磨削时有腐蚀介质的存在,则应优先选取陶瓷结合剂,因树脂和金属结合剂容易被腐蚀。另外超高速磨削时,局部温升有时很高,故一般推荐采用陶瓷结合剂和金属结合剂 CBN 砂轮,尤其是陶瓷结合剂 CBN 砂轮。陶瓷结合剂 CBN 砂轮磨削效率高,形状保持性好,耐用度高,易于修整,使用寿命长,并且陶瓷结合剂本身具有良好的化学稳定性、耐热、耐油、耐酸碱侵蚀,可适应各种磨削液,磨削成本低。其随着高性能 CBN 磨料和结合剂配方的不断开发,以及制作过程中的绿色环保性和良好的性价比、较理想的磨削范围而被各国重点发展。现在,日本已经有了 300 m/s 的超高速陶瓷结合剂 CBN 砂轮的应用。

表 2-30 常用砂轮结合剂的种类和特点

| 磨削性能 | 砂轮的结合剂类型 | | | |
| --- | --- | --- | --- | --- |
| | 树脂 | 金属 | 陶瓷 | 电镀 |
| 砂轮寿命 | 中 | 高 | 高 | 低 |
| 金属磨除率 | 高/中 | 中 | 高/中 | 高 |
| 形状保持性 | 中 | 高 | 高 | 高 |
| 功率需求 | 中 | 中/高 | 中 | 低/中 |
| 修整难易 | 中 | 很难 | 易 | 一般不修 |
| 表面粗糙度 | 低 | 低/中 | 最低 | 变化 |
| 推荐应用 | 工具、刀具磨、平面、外圆磨、抛光、缓进给磨 | 成形磨削、内圆磨削、珩磨 | 成形磨削、内外圆磨、凸轮磨、曲轴磨、抛光、超精密 | 样板磨、成形磨、缓进给磨、齿轮或花键磨 |

此外,CBN 磨料表面又有镀金属铱(金属镀层可起到补强增韧、减缓热冲击作用,并可在磨粒与结合剂之间起桥梁作用,提高砂轮使用性能)和不镀金属铱两种,应根据结合剂种类、工件材料、干磨和湿磨等不同条件选择。例如,镀镍品牌 ABN360、ABN660 用于树脂结合剂,镀钛的 ABN615 或 CBN510 用于陶瓷或金属结合剂;干磨一般选用铜铱(CBN-Cu),湿磨选用镍铱(CBN-Ni)。当前,镀覆金属已由镍、铜发展到钛、钨合金、非金属陶瓷等,由单一镀层发展到复合镀层,并已由磨粒镀覆发展到微粉镀覆。这些先进镀覆工艺的选择还有待于通过试验来不断完善。

(2) CBN 砂轮基体的设计

高速、超高速 CBN 砂轮大都是由金属基体和其圆周上一薄层由各种结合剂黏结的 CBN 磨料组成的。超高速磨削砂轮的基体材料的选择和其形状、大小设计是与砂轮磨料、结合剂一样关键的,它直接影响着砂轮的综合性能和磨削效果。

首先是基体材料的选择。表 2-31 所示为目前有代表性的几类超高速砂轮基体材料。从表中可知,CFRP(碳纤维)比强度最好,且密度最小,是超高速砂轮基体最好的材料,日本用该材料制作的陶瓷 CBN 砂轮已经用于 200 m/s 超高速下的生产中,但目前我国用该材料制作基盘的技术还不成熟;钢成本低,但是密度大,同等体积下最重,对主轴负荷有负面的影响;金属铍虽然性能也不错,但是,它是一种有毒的材料,除日本有这方面的报道外,其他国家很少使用;铝合金和钛合金相比,钛合金更好一些,因为钛合金的热稳定性和抗疲劳性要比铝合金好。

其次是基盘形状的选择。基盘形状不同,在高速磨削时,因离心力引起的径向位移也不同(见图 2-74),而影响砂轮使用寿命的最大因素是离心力作用下砂轮的径向位移量。所以,由图 2-74 可知,锥形砂轮在相同转速下的径向位移最小,故锥形砂轮最适合于超高速磨削。

表 2-31　有代表性的几类超高速砂轮基体材料特性

| 材　料 | CFRP | 铍 | 铝合金 | 钛合金 | 钢 |
| --- | --- | --- | --- | --- | --- |
| 密度(g/cm³) | 1.5 | 3.025 | 2.8 | 4.5 | 7.8 |
| 抗拉强度/MPa | 490 | 130 | 500 | 1 030 | 882 |
| 泊松比 | 0.3 | 0.18 | 0.35 | 0.30 | 0.31 |
| 杨氏模量 $E$/GPa | 53 | 400 | 71 | 113 | 192 |
| 比刚度 | 35.3 | 133 | 25 | 25 | 24.4 |
| 比强度 | 306 | 43 | 178 | 229 | 112 |

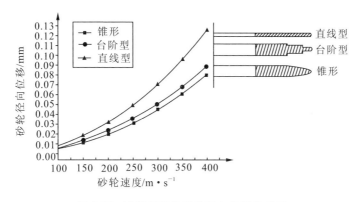

图 2-74　砂轮速度和砂轮径向位移的关系

最后是砂轮基盘的尺寸设计。砂轮直径与主轴转速必须合理匹配,因为砂轮直径与主轴转速的变化可影响到砂轮成本、质量、动能和砂轮的基盘应力以及砂轮的功率。在普通速度磨削中砂轮周边空气层对砂轮的制动功耗影响很小,而在超高速磨削中则变得不容忽视。砂轮直径过大,会造成砂轮的空气制动功率急剧增大;砂轮直径过小,则会造成砂轮转速过快,轴承系统的散热及其稳定性变差,而且会使砂轮基盘的应力上升。因此,在选取超高速砂轮直径时一定要结合主轴转速,进行优化组合,一般选取原则可参考图 2-75 进行。

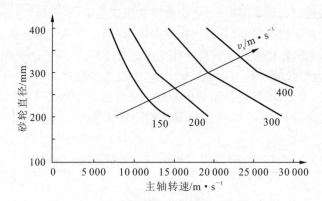

图 2-75 主轴转速和砂轮直径的关系

### 3. 高速、超高速磨削砂轮的自动平衡

对于超高速磨削,砂轮系统的在线自动平衡尤为重要,即使存在很小的不平衡量,在超高速工作条件下,也会产生很大的不平衡离心力,使机床产生振动。砂轮自动平衡系统一般由振动传感器、振动控制器和平衡头组成,通过振动传感器检测砂轮旋转时不平衡量引起的振动信号并进行数据处理,以确定不平衡量的大小和相位,然后通过振动控制器控制、跟随砂轮高速旋转的平衡头内的校正质量,实现对不平衡量的平衡补偿。在高速及超高速磨床上常用的在线动平衡系统主要有液体式、气体式及机械式的三种。砂轮在线动平衡装置是高速磨床的重要组成部分,是保证产品加工质量、充分发挥超高速磨床生产能力及提高机床使用寿命的重要因素,美国、日本和德国等工业发达国家在高速磨床上均采用了自动平衡系统。

德国 Hofmann 公司生产的一种砂轮液体式自动平衡装置在高速及超高速磨床上得到了广泛的应用。该平衡系统由以下几部分组成(见图 2-76):检测和控制单元、与放大器集成的压电振动传感器、环状储液腔、四喷嘴喷射系统、阀座及冷却液过滤系统等。与微型计算机相连的电子测量和控制单元能自动测量磨床的振动行为,因此,在运行过程中不需要手动校正和调整。平衡系统所有组成部分均由微型计算机控制,一旦工作失效,诊断系统将发出停止信号。

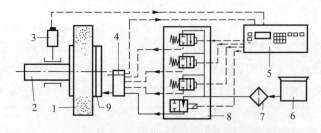

图 2-76 在线动平衡系统控制框图

1—砂轮;2—驱动轴;3—振动传感器;4—喷嘴;5—测量和控制单元;
6—冷却液;7—过滤器;8—电磁阀;9—平衡头

砂轮不平衡量 $U$ 是通过冷却液补偿的(见图 2-77),冷却液被喷射到环状储液腔中,平衡量 $K$ 可分解为 $V_1$ 和 $V_2$,振动传感器被固定在主轴承上以检测不平衡量的大小,而不平衡量的位置是通过相位发生器检测的,通过电子检测和控制单元所检测的不平衡量相应地通过控制 $V_1$ 和 $V_2$ 的补偿量来平衡,控制单元控制电磁阀将经过过滤的冷却液喷射到平衡头内,实现系统的平衡。该平衡系统既可手动控制,也可自动控制。

主要技术数据如下。
- 测量范围:砂轮最高转速 60 000 r/min
  振动位移量 0.01~99.9 μm
- 闭环控制:采用 PID 微处理系统控制
- 平衡时间:10~300 s,重新平衡大约 5 s
- 平衡公差:0.05~10 μm

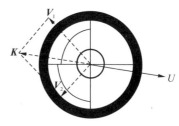

图 2-77 不平衡质量与补偿质量矢量图

### 2.5.3 高效磨床

高速、超高速磨床的关键部件结构可参考高速切削机床。在磨床中,砂轮动平衡与砂轮修整是特殊的问题,需要予以特别关注。

这里着重介绍蠕动进给磨削及其设备的有关情况。

蠕动进给磨削更具有铣削加工的工艺特色。如图 2-78 所示,蠕动进给磨削的工具——砂轮就像铣刀盘那样深埋于被加工的材料中,以较低的进给速度进行加工。Hardinge 公司以该公司的立式加工中心为基础设计的蠕动进给磨床,将砂轮主轴由卧式改为立式,这是磨床设计的一个改进。通常,磨床的主轴都是卧式的,需要采用一个很大直径的砂轮,这对蠕动进给磨床带来一定的局限性。在高效的蠕动进给磨削加工中,冷却液的渗透是十分重要的,大直径砂轮的宽弧度会导致其空间缩小,影响冷却液的渗透力。此外,大直径砂轮无法沿着复杂加工路线进行插补。当采用立

图 2-78 蠕动进给磨削状态图

式主轴时,可利用较小直径砂轮像五轴加工中心那样利用刀具路径进行加工,冷却液也能够更有效地直接输送到切削加工处。

如图 2-79 所示,将立式蠕动进给磨床与一套专用的冷却系统(位于机床的左边)组合使用,该专用冷却系统能够输送蠕动进给磨削加工过程中所需的高压和高流量的冷却液。该组合系统有以下优点:a. 只需一次性装卡就可完成全部磨削加工的任务;b. 不需要复杂的工装卡具,缩短了工件的装卡调试时间;c. 减少了加工操作过程,可采用同一个砂轮来改变生产周期内零件的方向,分别加工不同部位;d. 提高了加工速度,因为直径较小的砂轮可以更加灵活地工作,且可以获得较高的金属切除率。

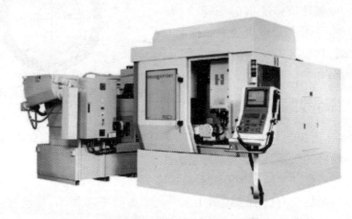

**图 2-79　立式蠕动进给磨床与专用冷却系统组合照片**

蠕动进给磨削加工的特点如下。

① 具有良好的加工特性。这种磨削加工可以吸收加工中的一部分热量,对钛合金、因康镍合金以及其他材料的加工尤其有效。如果采用铣削、拉削加工方式,加工过程中产生的切削热会加剧铣刀、拉刀的磨损。

② 可获得良好的表面质量。这种磨削加工不需要对加工表面施加特别大的压力,而磨削材料的能力很强,且能保持良好的表面粗糙度水平和表面完整性,得到良好的表面质量。

③ 不会产生毛刺,不需要去毛刺工序。

④ 能保持固有的精度。在良好的工艺条件下,铣削加工和拉削加工确实能获得很高的加工精度,而采用设计良好的磨削加工工艺能获得更高的加工精度。

## 2.5.4　应用效果

以磨削工件上的槽(长×宽×深)25 mm×10 mm×4 mm 为例,如表 2-32 中简图所示,工件材料为 W6Mo5Cr4V2Al,硬度为 66~68 HRC,磨削速度 $v_s$=30~25 m/s,砂轮型号为 WA60HV。

采用深切缓进给磨削和普通往复式磨削,切削用量与切削效果如表 2-32 所示。

表 2-32　两种深切缓进给磨削与普通磨削比较

| 磨削方式 | 连续修整深切缓进给磨削 | 深切缓进给磨削 | 普通往复式磨削 |
|---|---|---|---|
| 简图 | 一次加工12件 | 一次加工3件 | 一次加工12件 |
| 纵向进给速度 $v_f/(mm/min)$ | 1 270 | 粗磨：300<br>精磨：1200 | 15 000 |
| 切削距离 $l_s/mm$ | 575 | 125 | 575 |
| 切入与超出距离 $l_a+l_b/mm$ | 60 | 60 | 330 |
| 工作台移动距离 $L=l_s+l_a+l_b/mm$ | 635 | 185 | 905 |
| 径向进给量 $f_r/(mm/dst)$ | 4（一次切全深） | 粗磨：3.4<br>精磨：0.6 | 粗磨：0.03<br>精磨：0.015 |
| 每走刀一次切削时间/s | 30 | 粗磨：37<br>精磨：10 | 3.6 |
| 走刀次数 | 1 | 粗磨：1<br>精磨：1 | 粗磨：120<br>精磨：26<br>无火花：4 |
| 12件总切削时间/s | 30 | 188 | 540 |
| 每件切削时间/s | 2.5 | 16 | 45 |
| 砂轮修整总量/mm | 0.28 | 0.32 | 0.64 |

由表可以看出，采用深切缓进给磨削可以替代铣—淬火—磨削工艺，大大节省了加工工时与成本，简化了工艺路线。特别是连续修整砂轮的深切缓进给磨削的效果更好。

砂轮连续修整技术的发明是 20 世纪 80 年代缓进给磨削中最大的一项技术进步。所谓连续修整是指边进行磨削边将砂轮再成形和修整的方法。修整时金刚石修整滚轮始终与砂轮接触，使砂轮保持锐利状态，这有利于提高磨削精度。修整采用的是专门的连续修整磨床，其原理如图 2-80 所示。磨削时，由于工件尺寸逐渐减小，需要砂轮相应地切入工件，修整滚轮亦应改变切入速度对砂轮进行修整，这样使修整滚轮相对砂轮的位置发生变化，再由磨床实现其位置调整。

连续修整砂轮，节省了修整时间，提高了磨削效

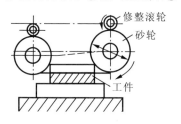

图 2-80　砂轮连续修整原理

率；比磨削能几乎保持不变，磨粒锐利程度几乎不变，对保持工件形状和尺寸十分有利，尤其对长形工件磨削有利，可使工件的磨削长度不受砂轮磨损的限制。同时，修整的砂轮在单位时间内去除量大，对工件热影响小，工件精度一致性好，其磨削力也会降低，使磨削过程趋于稳定，从而可避免烧伤工件。但连续修整也有它自身的缺点，如金刚石滚轮成本高，要占用 CNC 装置的一个坐标用于控制并监视滚轮进给，使磨头功率增加及滚轮、砂轮损耗增大。为克服砂轮损耗大的问题，在完善连续修整方法的同时，人们研究出了间断修整方法，采用这种方法能有效地减少砂轮与金刚石滚轮的磨损。间断修整对表面粗糙度和加工精度有一定影响，但对粗磨来讲是一种行之有效的办法。

# 第 3 章

# 特种加工技术及其应用

## 3.1 特种加工技术概述

特种加工技术又称非传统加工技术,所谓非传统是相对于切削加工而言的,即不采用切削加工的方法。由第1章关于科技创新的论述中可知,特种加工是对切削加工技术的创新。由图1-3所示的分类方法,特种加工属模块化创新或基础型创新。

特种加工泛指用电能、热能、光能、化学能、声能及特殊机械能等能量达到去除材料或增加材料的加工方法。如果加工工艺系统不改变,则为模块化创新;如果加工工艺系统也改变,则为基础型创新。

特种加工技术在国际上被称为"21世纪的技术"。这是因为进入21世纪后,要求机械结构整体化、轻量化;大量难加工材料(如钛合金、耐热不锈钢、高强度钢、复合材料、工程陶瓷、金刚石、红宝石、硬化玻璃等高硬度、高韧性、高强度、高熔材料)、难加工零件(如带有三维型腔、型孔、群孔和窄缝的复杂零件)、低刚度零件(如薄壁零件、弹性元件)等的加工都是切削加工难以胜任的,而特种加工能较好地满足上述各种加工要求。此外,利用高能束流(high energy density beam,HEDB)实现焊接、切割、制孔、喷涂、表面改性、刻蚀和精细加工都属于特种加工。

特种加工方法的类型很多,分类的方法也不尽相同。相对于切削加工技术而论,从科技创新的角度可以将特种加工技术分成两大类。

第一类为模块化创新型特种加工技术:用各种不同的能源系统取代切削加工,而加工工艺系统仍保持不变,如电火花加工、高能束流加工、化学加工、超声加工、液体喷射加工、复合加工等。

第二类为基础型创新的特种加工技术:不仅用其他能源取代切削加工,而且加工工艺系统也予以改变,如基于分层制造原理的金属直接制造技术,高能束流直接制造、直写(direct writing,DW)工艺等。

特种加工技术形式多样,其共性技术如下:

① 能源品质,涉及能源发生器结构、性能、效率、寿命及其调节、故障诊断等内容;

② 材料科学与技术,涉及被加工的材料性能,在所选定的能源作用下,材质的性能变化等内容;

③ 能源与材料的交互作用,涉及加工方法与系统的探讨;

④ CNC 技术,涉及加工过程参数的优化与控制,加工过程运动的控制等内容;

⑤ 环保技术,力求减少资源与能源消耗,避免或降低对环境的污染。

可见,特种加工技术是一种多学科技术集成创新的先进制造技术。随着高科技的不断进步,新型特种加工技术将不断涌现。

本书只选择几种较新颖的特种加工技术作介绍。

## 3.2 分层直接制造技术

分层直接制造是利用分层制造的原理,直接制造出工程中能应用的零部件的工艺技术,目前该技术在国防、航空航天、汽车等工业领域获得了广泛应用,特别对于用传统切削加工无法加工的超硬、超薄、超柔性的零件制造,分层直接制造技术是一种不可替代的技术。分层直接制造的工艺方法也有多种,这里仅介绍两类方法,即基于 HEDB 的分层直接制造和基于直写的分层直接制造。

### 3.2.1 高能束流及其加工技术

HEDB 的研究已经历了半个世纪。20 世纪 70 年代,高能量密度的束源(发生器)技术有了长足的进步,尤其是大功率的束源发生器进入市场开发阶段后,HEDB 加工技术的发展开始受到重视。HEDB 是现代高科技的产物,同时又是高科技发展不可缺少的手段。20 世纪 80 年代,HEDB 加工技术呈现出加速发展态势,在航空航天、微电子、汽车、轻工、医疗以及核工业中,得到日益广泛的应用。

HEDB 加工是用光量子/电子/等离子为能量载体的高能量密度束流(激光束、电子束、等离子束)实现对材料和构件加工的新型特种加工工艺方法,可实现三种类别的加工:加热、熔化和汽化加工处理。

HEDB 加工技术具有常规加工方法无可比拟的优点与特殊功能。

① HEDB 的能量密度极高,可达 $10^4 \sim 10^{12}$ W/cm$^2$,因而可实现厚板金属的深穿透,一次可焊接 300 mm 钢板。

② HEDB 可聚焦成极细的束流,达到微米级的焦点,用于微孔结构和精密刻蚀。

③ HEDB 可超速扫描,速度可达 900 m/s,实现超高速加热和超高速冷却,冷却速度可达 10 ℃/s,用于进行材料表面改性和非晶态化,实现新型超细、超薄、超纯材料的合成和金属基复合材料的制备。

④ HEDB 的能量密度可在很大范围内得到调节并精确控制。

表 3-1 列出了激光束、电子束、等离子体三种 HEDB 的特点。

世界上已拥有 100 kW 的大功率 CO$_2$ 激光器,千瓦级高光束质量的 Nd:YAG 固体激光器,有的可配上光导纤维。多方位远距离工作激光加工设备功率大、自动化程度高,已普遍使用 CNC 系统控制、多坐标联动,并装有激光能量监控、自动聚焦、尺

表 3-1  三种 HEDB 技术的特点

| 项　目 | 激　光　束 | 电　子　束 | 等　离　子　体 |
|---|---|---|---|
| 原理示意 | | | |
| 能量载体 | 光量子 | 电子 | 等离子 |
| 最大功率/kW | 100 | 500 | 1000 |
| 热源功率密度/W·cm$^{-2}$ | 连续 $10^6 \sim 10^9$<br>脉冲 $10^7 \sim 10^{18}$ | 连续 $10^6 \sim 10^9$<br>脉冲 $10^7 \sim 10^{18}$ | 射流 $10^4 \sim 10^8$<br>束流 $10^5 \sim 10^6$ |
| 加工技术特性 | • 高能量密度束流可实现金属材料的深穿透加工、焊接、切割；<br>• 束流直径可达微米级，可高精度聚焦与精密控制；<br>• 对金属材料可实现超高速加热和超高速冷却，达 $10^7$℃/s；<br>• 束流受控偏转柔性好，可进行全方位加工；<br>• 适用于金属、非金属材料加工，实现高质量、高精度、高效率、高经济性加工 | | |

寸自动检测和工业电视显示系统。激光加工主要用于打孔、切割、焊接、表面强化、刻蚀等。激光打孔的最小孔径达 0.002 mm，孔壁再铸层厚 0.03 mm，已成功地应用于航空发动机涡轮叶片、燃烧室气膜冷却孔的加工。激光切割用于耐热合金、钛合金、钢、复合材料及多种塑料等（铝及高反射金属较难切割），对于薄材料切割速度可达 15 m/min，切缝窄（一般在 0.1～1 mm 之间），热影响区只有切缝宽的 10%～20%，最大切割厚度可达 45 mm。激光切割技术已广泛用于切割飞机蒙皮、蜂窝结构、框架、直升机旋翼、发动机机匣、火焰筒等。激光焊接薄板已相当普遍，大部分用于汽车工业、宇航及仪表工业，10 mm 以上厚度的板材焊接仍处于开发阶段。激光精微焊接技术已成为航空电子设备、高精密机械设备的微型件封装节点的微型连接的重要手段。激光表面强化可提高耐磨性 15%～50%，疲劳性能 5 倍左右。

国外已定型生产 60～300 kV 的电子枪，特种材料、异种材料的电子束焊接、空间复杂焊缝、变截面焊缝已用于生产，已开始焊缝自动跟踪等研究，电子束打孔已成为生产线成熟工艺，打孔速度可达每秒加工几十个到几万个小孔，最小孔径可达 $\phi$0.001 mm，深径比可达 30。电子束焊已用于运载火箭、航天飞机等主承力构件等大型结构的组合焊接、飞机梁、框、起落架部件和发动机整体转子、机匣、功率轴等重要结构的焊接,以及核动力装置压力容器的制造。电子束加工在深焊、高速打孔等领域比激光加工优越。

等离子加工主要应用于切割、焊接和喷涂。国外新近推出的精细等离子切割机,开始向中厚板加工方面发展并在舰船制造等方面得到实际应用。在 15～30 mm 厚的板材切割中,其加工精度虽比不上激光切割,但原始成本和运行费用都要比激光加工低得多(约为 1/4),大厚度钢板(100 mm 左右)、铝板(150 mm)数控等离子切割技术国外也已经很成熟。国外等离子焊接主要用于中等厚度强度结构钢、不锈钢、铝合金、钛合金的焊接。

在等离子喷涂技术方面,国外已采用带有机器人和 CNC 控制的真空等离子喷涂,广泛用于航空发动机的高温封严涂层、高温热障涂层和高温耐蚀涂层。

国内自 20 世纪 60 年代即开始跟踪世界上 HEDB 加工技术的发展,取得了一些进展。如:采用激光打孔技术,解决了当前高性能发动机成千上万个气膜冷却孔的加工,使涡轮前温度提高 300～350 ℃,发动机推力提高 20%～30%;优质电子束焊接解决了新型航空发动机压气机整体转子焊接结构设计要求,省去了大量机械连接件,减轻结构重量 10%～20%,提高了结构刚性和完整性;采用等离子喷涂技术获得高温热障涂层,提高耐热性能达 100～200 ℃,高温封严涂层使发动机的总推力提高 1%～2%,高温耐蚀涂层使发动机工作寿命提高 1～2 倍。

全面来看,国内的 HEDB 加工技术仍与国外有较大的差距。

## 3.2.2 直接激光制造

**1. 直接激光制造过程与设备**

直接激光制造(direct laser fabrication,DLF)也称为选择性激光熔接(selective laser melting,SLM),是指利用激光熔化(金属)材料粉末而制造工程上可直接应用的零件。图 3-1 所示叶片的 DLF,是美国 Sandia 国家实验室于 20 世纪 90 年代首次开发的,被称为激光工程化净形制造(laser engineered net shaping,LENS),它是基于分层制造的原理,一层一层地实现金属材料粉末熔化而完成冶金连接的。图 3-2 是 DLF 的原理图。被制造零件的前置处理是在计算机上对三维 CAD 模型(一般是 STL 文件)进行分层切片,得到每一层切片的数据信息,并规划扫描路径,生成数控代码。成形时将粉末或材料丝以一定的控制速度由送粉装置(送丝装置)送到激光焦点所在的位置熔化,通过分层 CAM 文件控制数控工作台的移动和 z 方向的运动,实现逐点、

图 3-1 叶片的 DLF

逐线激光熔覆,获得一个熔覆截面。一层熔覆过后,激光头上升(或工作台下降)一定高度,再熔覆第二层,使第二层与第一层冶金结合在一起,就这样不断层叠,获取所需的三维零件。这种方法不需要任何黏结剂,采用强迫送粉方式递进到激光焦点所在的位置,可用于制作高强度的金属零件、功能梯度材料,具有很好的运用前景。同铸造、锻造和机加工技术相比,DLF技术特别适合航空零件的修复或者短周期的产品和难加工材料产品的加工,节省时间和耗费。其主要特点体现在以下方面:

① 可产生全密度的金属零件;
② 能够通过机床的闭环控制制造高精度的零件;
③ 可制造复合材料和功能梯度材料;
④ 可以用多轴(3～5轴)数控实现复杂形状零件的制造;
⑤ 材料选择范围广,包括不锈钢(316、304L、309、17-4)、镍基高温合金(Inconel 625、600、718、690)、工具钢和钛合金等多种材料;
⑥ 零件的机械性能可以达到传统制造方法所能达到的性能要求,甚至更好。

由于DLF过程是在材料熔化状态下进行的,为了避免产生氧化作用、减少对周围环境的影响,DLF在密闭空间中进行,操作者可通过手套进行操作,如图3-2所示。

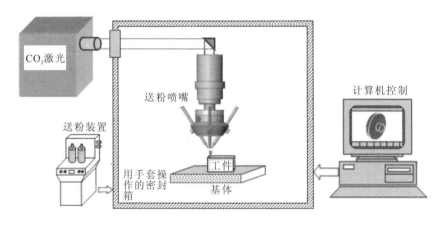

图3-2 DLF原理图

1975年$CO_2$高能激光器出现后,20世纪90年代分层制造技术得以迅速发展,这两种技术完善的结合,使DLF技术得到了广泛的应用。目前DLF技术的成本还比较昂贵,主要用于以下领域。

① 航空与国防领域 在该领域中,钛合金、镍基合金、钴合金、钢和铝合金等材料应用较多。这些材料价格昂贵,加工难度大,采用DLF技术比传统加工技术节省材料消耗,解决了难制造问题。

② 医学领域 用于特殊的外科仪器的制造和整形外科器官的移植,如制作膝关节、脊椎、髋关节的替代品等,根据需要可以制造全密度或多孔结构的组织,从而

也触发了新的造型技术的研究,即某些异型结构不是通常的 CAD 造型系统或特征造型系统支持的,特别是复杂的生物体的结构,需要新的造型技术来实现,如曲面细分技术等。若粉末采用生物医学材料,则能够促进人体结构对移植件的吸收,满足患者的需要。

③ 其他领域  主要是高质量、高强度和高硬度的金属模型或零件的制造,这些零件采用传统加工技术较难制造,而 DLF 技术在这方面则具有优势。

图 3-3 所示为相关领域 DLF 的一些零件照片。

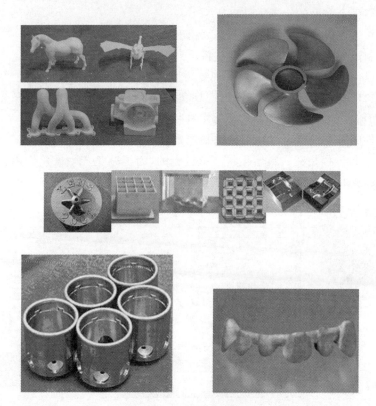

图 3-3  DLF 的若干零件

图 3-4 所示的 MCP Realizer 机床是实现 DLF 的有代表性的产品,该设备的主要特点有:

① 能适应多种材料,包括锌、青铜、不锈钢、工具钢、钛合金、铬钴合金等;

② 能够生产 100% 密度和成分均匀的医学器件和模具,根据需要可以生成带空腔的复杂件;

③ 快速低成本,没有后处理的需要,如传统的热处理和渗透处理;

④ 生产效率可达到平均每小时生产 5 cm³ 的零件,层厚 30 $\mu m$,薄壁可达到 100 $\mu m$;

⑤ 整个生产过程完全自动化;

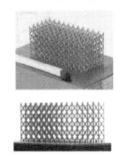

图 3-4　MCP Realizer 设备及其制造的部分产品

⑥ 能生产高精度尺寸的零件,表面粗糙度值 $Rz$ 为 $10\sim30~\mu m$。

采用 DLF 技术的商业化设备主要有 Trumaform LM 250,MCP Realizer 和 LUMEX 25C,如表 3-2 所示,表中 DMLS(direct metal laser sintering)表示直接金属激光烧结工艺,是利用 SLS 设备制造金属零件最初采用的工艺。日本在 2004 年由 MATSUURA 开发出最新 LUMEX25C 系统,采用平均功率为 500 W 的脉冲 $CO_2$ 激光,最大峰值达到 1.5 kW,最大频率达到 100 kHz,激光光斑直径为 0.6 mm,用于对零件进行精加工。

表 3-2　市场上采用的直接金属粉制造的激光设备

| 机 器 名 | 公 司 | 工艺方法 | 激 光 | 功 率 |
|---|---|---|---|---|
| Sinterstation 2000/2500 | DTM | DMLS | $CO_2$ | 50 W |
| EOSINT 250 | EOS | DMLS | $CO_2$ | 200 W |
| EOSINT 270 | EOS | DMLS | Yuerbium fiber laser | 200 W |
| LUMEX 25C | MATSUURA | DLF | Pulsed $CO_2$ | 500 W |
| Truma Form LF 250 | TRUMPF | DLF | Disk laser | 250 W |
| Realizer | MCP | DLF | Nd:YAG | 100 W |
| Lasform | Aeromet | 3D 激光堆积 | $CO_2$ | $10\sim18$ kW |
| LENS 850 | Optomee | 3D 激光堆积 | Nd:YAG | 1 kW |
| Trumaform DMD 505 | TRUMPF | 3D 激光堆积 | $CO_2$ | 2.5 kW |

## 2. 由两种材料组成的零件的 DLF

利用两种材料如 Cu 和 H13 工具钢的粉末,通过 DLF 技术制成的零件,在压力模铸工业中可以找到实例。双金属模具的外壳由 H13 工具钢制造以提供结构强度,而心部则由 Cu 制造以减少热阻力,促使热能由型腔流至冷却槽。

图 3-5 所示为多种材料 DLF 系统的样机原型。三轴 CNC 机床上装备有 Nd:YAG 激光,通过光纤缆输送至激光头。由计算机控制的圆盘上装有 4 个喷嘴及储料仓,每一个储料仓中装满一种材料。利用压电传感器使送粉系统产生振动而得到粉末流,旋转圆盘可以选择合适的送粉系统。喷嘴的内孔直径为 0.4 mm。粉末颗粒的平均直径:Cu 颗粒为 31.8 $\mu$m,H13 颗粒为 37.4 $\mu$m。

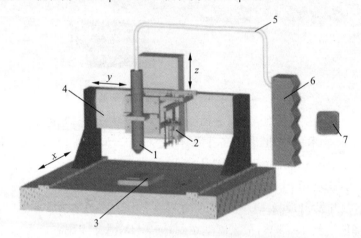

图 3-5  多种材料 SLM 系统样机原型

1—激光头;2—送粉系统;3—基体;4—CNC 装置;
5—光纤缆;6—YAG 激光器;7—PC 控制器

将被制造零件的三维 CAD 模型切片,规划刀具轨迹,生成 NC 代码以控制 $x$、$y$、$z$ 轴运动;控制器还需完成选择合适的喷嘴与料仓、激光与粉末流的开闭控制等工作,为了避免氧化,加工试验在氩气中进行,气压为 $5 \times 10^4$ Pa。

激光扫描速度为 30 mm/s;扫描间距为 250 $\mu$m;脉冲长为 2.0 ms;脉冲频率为 150 Hz;层厚为 100 $\mu$m;激振频率为 600 Hz,在这个频率下,获得稳定的粉末流量为 10~13 mg/s,对于 Cu 和 H13 这两种材料,至少需在 400 s 内能保持这个流量。在熔接两种材料时所不同的参数是激光功率峰值:对于 Cu 的熔接,激光功率峰值为 0.5 kW,而 H13 为 0.2 kW。之所以不同,是因为两种材料的热传导性和对激光功率的吸收率不同。

试验结果表明,存在两种不同的接口形式:第一种是面与面的接口,即两种不同熔化材料的层与层间接口;第二种是块与块的接口,即在同一层中两种熔化材料块与块的接口。接口区都存在过渡区域。

## 3. DLF 的主要影响因素

**1）激光因素**

激光具有几条突出的特性：相干性、单色性、方向性和高能量密度特性。激光可通过聚焦系统聚焦到直径为光波波长量级的光斑上，能量密度极高，从而使激光加工成为可能。激光根据能量输出的方式分为脉冲式和连续式两种。连续式激光输出能量均匀，可使烧结较为均匀，从而获得较好的烧结质量。在用于激光分层制造技术的商用设备中，大多数采用连续模式的 $CO_2$ 激光和 Nd:YAG 激光。激光功率一般在 $50\sim500$ W 范围内，但有的 $CO_2$ 激光功率可以达到 18 kW。

$CO_2$ 激光和 Nd:YAG 激光的主要区别在于波长。Nd:YAG 激光的波长为 1.06 $\mu m$；$CO_2$ 激光的波长为 10.6 $\mu m$。金属材料的吸收率随波长的减少而增加。表 3-3 给出了一些常用金属对激光光波的吸收率。根据一些研究报道，对于相同密度的粉末材料，采用 Nd:YAG 激光可以达到更大的熔结深度。Leuven 大学用 $CO_2$ 激光和 Nd:YAG 激光进行了 Fe-Cu 和 WC-Co 粉末的比较研究，发现在相同的激光能量下，用 Nd:YAG 激光可以产生更高的密度、更大的烧结深度，具有广泛的工艺范围。有研究表明：Nd:YAG 激光在金属中吸收率约为 $CO_2$ 激光的 3 倍，更适于激光熔敷；$CO_2$ 激光在金属中的穿透力约为 Nd:YAG 激光的 3 倍，更适于激光相变淬火。将选择连续激光与脉冲激光相比较，脉冲激光更适合采用粉床的方式。使用短脉冲长度的高脉冲能量，能得到比较小的热影响区，从而能够得到比较好的冶金结合效果。大多数商用设备采用的都是 $CO_2$ 激光器，$CO_2$ 激光器具有比较高的功效、较低的价格，同 Nd:YAG 激光相比容易维护。

表 3-3 常用金属对激光光波的吸收率

| 材 料 | Nd:YAG 激光 ($\lambda=1.06\ \mu m$) | $CO_2$ 激光 ($\lambda=10.6\ \mu m$) |
| --- | --- | --- |
| Cu | 0.59 | 0.26 |
| Fe | 0.64 | 0.45 |
| Sn | 0.66 | 0.23 |
| Ti | 0.77 | 0.59 |
| Pb | 0.79 | |
| Co-alloy(1%C;28%Cr;4%W) | 0.58 | 0.25 |
| Cu-alloy(10%Al) | 0.63 | 0.32 |
| Ni-alloy Ⅰ (13%Cr;3%B;4%Si;0.6%C) | 0.64 | 0.42 |
| Ni-alloy Ⅱ (15%Cr;3.1%B;4%Si;0.8%C) | 0.72 | 0.51 |

激光功率是激光的一个重要指标，它与激光光斑面积之比为激光功率密度。激光功率密度将直接影响烧结温度，而烧结温度对烧结过程和烧结质量有着巨大

的影响,只有达到一定的温度,才能使粉末熔化,相互连接,烧结成形。DLF工艺要求激光功率密度大,能够使高熔点的金属粉末全部熔化,以制造全密度的金属件。

**2) 扫描速度**

扫描速度是影响激光作用于材料的时间因素。在一定的激光功率和光斑直径下,扫描速度低,烧结时间长,烧结的温度相对较高,这三种情况一般会不同程度地促进烧结和熔结。但过慢的烧结速度必然导致温升过高,使烧结材料发生某些质变,使热影响区扩大,反而影响烧结体的致密性。如果烧结速度过快,会导致烧结温度梯度增大,温升不均匀,不利于黏性流动和颗粒的重排,或使液相区来不及扩展,或根本不能生成液相区,达不到DLF工艺的要求,同样对烧结成形质量有影响。因此扫描速度对烧结的温度影响较大,直接影响烧结或熔结的质量。

**3) 扫描路径规划**

与在SLS工艺中一样,DLF工艺中扫描路径的规划与控制将直接影响制件的成形尺寸精度,成形的均匀性和薄层的物理性能。传统的扫描路径是采用长线扫描方式,在薄层成形过程中存在收缩大、易翘曲变形、成形薄层强度低、不同方向组织均匀性差等问题,影响了制件最后的物理性能,因此寻求优化的扫描路径是非常重要的。

**4) 熔结材料的物理特性**

材料的不同特性不仅影响DLF过程而且影响成形性能。材料的特性包括材料的颗粒大小、黏度、膨胀系数、热物理参数和对激光的相互作用参数。

颗粒的大小直接影响DLF质量。一般来说,颗粒越小,其接触面积越大,越有利于物质和能量的传递,能促进DLF过程的顺利进行。颗粒越小,颗粒堆积越紧密,热量的传递越充分,熔结越易于进行。此外,颗粒的大小还与成形体表面粗糙度有着密切的关系。

黏度小,则在熔结过程中液相对固相的湿润作用较强,液相易于填满固体颗粒之间的间隙,形成较为致密的组织。黏度主要用来反映熔化过程中流体行为对熔结过程的影响。

材料的膨胀系数对熔结零件的尺寸精度、残余应力的大小影响较大。

材料的热物理参数包括热传导率、熔点、比热容等。在DLF工艺中,材料的这些参数直接影响熔结过程中的相变。在熔结过程中,熔结材料有两次相变过程,其一是固态到液态的熔化过程,其二是液态到固态的冷凝过程。材料的热传导率越大,导热越快,熔结越容易进行;材料的熔点越高,熔结越不容易进行;材料的比热容影响熔结温度的变化,进而影响熔结成形性能。

材料对激光的相互作用参数包括对激光的吸收率、反射率、透射率等,这些都将影响熔结过程的温度变化,而温度与材料的热传导率、熔点、比热容等密切相关。

## 3.2.3 直接电子束制造

利用电子束直接熔化粉末材料而直接制造零件,称为直接电子束制造(direct electron beam fabrication,DEBF)。

电子束加工作为特种加工方法的一种,在工业上的应用已有 30 多年的历史,现已完全被工业部门所接受,包括电子束焊接、打孔、表面处理、熔炼、镀膜、物理气相沉积、雕刻、铣切、切割以及电子束曝光等。

**1. 加工原理与特点**

电子束加工的基本原理是:在真空中从灼热的灯丝阴极发射出的电子,在高电压 (30~200 kV)作用下被加速到很高的速度,通过电磁透镜会聚成一束高功率密度 ($10^5$~$10^9$ W/cm$^2$)的电子束。当冲击到工件时,电子束的动能立即转变成为热能,产生极高的温度,这一温度足以使任何材料瞬时熔化、气化,从而可进行焊接、穿孔、刻槽和切割等加工。由于电子束和气体分子碰撞时会产生能量损失和散射,因此,加工一般在真空中进行。

电子束加工机由产生电子束的电子枪、控制电子束的聚束线圈、使电子束扫描的偏转线圈、电源系统和放置工件的真空室及观察装置等部分组成。先进的电子束加工机采用计算机数控装置对加工条件和加工操作进行控制,以实现高精度的自动化加工。

电子束加工的主要优点是:

① 电子束能聚焦成很小的斑点(直径一般为 0.01~0.05 mm),适合于加工微小的圆孔、异形孔或槽;

② 功率密度高,能加工高熔点和难加工材料如钨、钼、不锈钢、金刚石、蓝宝石、水晶、玻璃、陶瓷和半导体材料等;

③ 无机械接触作用,无工具损耗问题;

④ 加工速度快,如在 0.1 mm 厚的不锈钢板上穿微小孔每秒可达 3 000 个,切割 1 mm 厚的钢板速度可达 240 mm/min。

其主要缺点是:

① 由于使用高电压,会产生较强的 X 射线,必须采取相应的安全措施;

② 需要在真空装置中进行加工;

③ 设备造价高。

电子束加工广泛用于焊接,其次是薄材料的穿孔和切割。穿孔直径一般为 0.03~1.0 mm,最小孔径可达 0.002 mm。切割 0.2 mm 厚的硅片,切缝仅为 0.04 mm,因而可节省材料。

**2. 直接电子束制造装备与应用**

2001 年,瑞典 Chalmers 工业大学与 Arcam 公司合作推出了第一台电子束实体分层制造概念机,采用 100 kV~4 MV 的电压加速、功率可达 4 kW 的电子束熔化金属粉,堆积成形速度为 1 cm³/min,达到高致密程度,成形精度较高。Arcam 公司于 2003 年 3 月和 2007 年 4 月分别推出了 EBM S12 和 EBM A2 机型,并试制了用于航天领域的含有 Ti6A14V 材料成分的火箭发动机部件和起落架组件。然而,该设备也因采用与激光烧结类似的送粉方式而难用于制作功能梯度材料零件,且对硬件和环境的要求高,整个成形过程须在真空室内进行,故设备和运行成本很高,尚未用于制作中大型零件。

图 3-6 所示为 Arcam 公司的 DEBF 原理示意图。计算机控制磁场变化使电子束偏转,扫描并熔化的零件薄层的金属粉末,一层熔化后,工作台下降一层距离,送粉装置将粉末铺一薄层,再熔化,这样一层一层熔化而直接制成零件。通过控制电流来控制电子束能量。

图 3-7 显示了 DEBF 的全过程,即从 3D CAD 模型到直接制成金属零件的过程。图中 EBM 指电子束熔化(electron beam melting)过程。

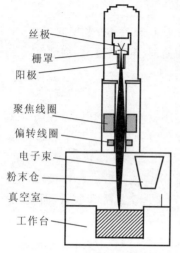

图 3-6 DEBF 原理示意图

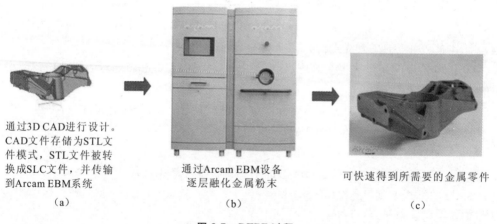

图 3-7 DEBF 过程
(a) CAD 模型;(b) EBM 设备;(c) 金属零件

图 3-8 为 DEBF 的部分零部件。图 3-8(a)所示为火箭发动机部件,材料为 Ti6Al4V ELi,尺寸为 $\phi 140 \times 80$ mm,质量为 2.5 kg;图 3-8(b)所示为航天领域应用的起落架部件,材料为 Ti6Al4V,质量为 4.5 kg;图 3-8(c)所示为赛车变速箱体,材料为 Ti6Al4V,质量为 2.5 kg;图 3-8(d)所示为用于破损实验的脊椎模型,材料为 Ti6Al4V,所有部件被组装成为一个构件。通过 DEBF 生产的部件都能达到 100% 的致密度。目前可用来进行 DEBF 的材料有:Ti6Al4V、Ti6Al4V ELI、钛粉(商用纯度,2 级)、CoCr、ASTMF75。正在研发的材料有:Inconel718、Inconel625、不锈钢

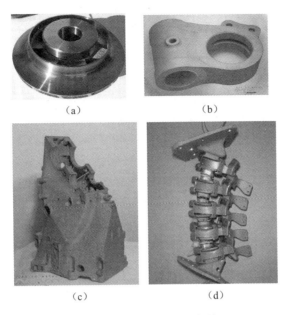

图 3-8 DEBF 的部分零部件

(a) 火箭发动机部件；(b) 起落架部件；(c) 赛车变速箱体；(d) 脊椎模型

316L、17-4PH、梯度材料、铝合金等。

## 3.2.4 直接等离子束制造

直接等离子束制造(direct plasma beam fabrication，DPBF)又称为等离子熔积成形方法，即利用等离子炬(plasma torch)产生的等离子束流熔化粉末材料而直接制造零件。与直接电子束制造技术比较，原理上只要用等离子炬替代电子束即可。如将图 3-2 所示的 DLF 原理图中的激光头用等离子炬替代即变成 DPBF 系统原理图。

DPBF 中的冶金过程充分，易于低成本地获得组织性能明显优于真空铸件的全密度高温合金零件；电弧能量利用率、成形效率、材料利用率高，设备投资和运行成本远低于 DLF 和 DEBF。然而，因等离子炬弧柱直径较激光束流、电子束流粗，成形精度及表面质量不及 DLF 和 DEBF。

直接等离子束制造采用无支撑成形技术，避免了因需要添加和去除支撑材料导致的诸多问题，缩短了制造时间，降低了成本，并可制造功能梯度材料零件。同时也因支撑条件缺乏，复杂形状零件在成形过程中，其直壁、大侧斜面、悬角部位可能因重力造成熔液流淌甚至构成物坍塌，导致成形困难。要达到工业化应用的尺寸和表面精度，大都要在成形完成后进行铣削、磨削等加工。

目前，不少研究人员尝试了将高能成形与铣削复合的分层制造方法，即以等离子束为成形热源，在分层堆积成形过程中，交替进行数控铣削精加工。如对航空发动机关键高温零件——复杂形状双螺旋叶轮的制造,就采用了三轴等离子熔积与铣削复合技术,为高性能航空发动机难加工高温零件的短流程、低成本、高质量、高效率分层制造开辟了新的途径。

现以 GH163 高温合金的 DPBF 为例,介绍有关工艺参数和成形效果。

图 3-9(a)为 DPBF 过程示意图,采用同步送粉,成形基板用 A3 钢。在开始熔积试验前,对粉末进行干燥处理,对基板表面进行防锈处理,并用丙酮清洗干净。为了减少基板因受热而引起的变形,基板的面积、厚度应选择得足够大。工艺参数为:熔积电流 200 A;离子气、送粉气均为氩气,工作压力 0.4 MPa;扫描速度为 300 mm/min;送粉量 10 g/min;粉末粒度 $-80\sim+200$ 目;在氩气保护氛围下自然冷却凝固。

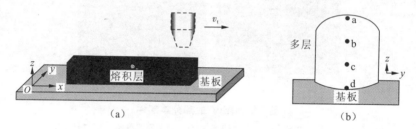

图 3-9　DPBF 过程及取样部位示意图
(a) 熔积试样的制备;(b) 取样部分

用线切割工艺方法分别垂直于基板方向沿 $Oyz$ 面切取多个试样,将多层熔积的合金切样,再经过镶样、粗磨、细磨、抛光、腐蚀等一系列步骤后制成金相试样。用 OLYMPUS-PME3 型金相显微镜观察熔积层微观组织,熔积层的物相采用 D/MAX-Ⅲ 型 X 射线衍射仪测试,材料的化学成分及各元素的偏析情况采用 JXA-8800R 型电子探针进行探测分析。

从微观组织结构方面考察 DPBF 成形 GH163 高温合金零件的特性,并与真空铸造工艺进行对比,结果表明,DPBF 工艺在成形件的微观结构上优于真空铸造,具有良好的实用价值。

## 3.2.5　基于直写的分层制造

直写又称为数字化写(digital writing)、数字化印刷(digital printing),它是一组柔性的多长度尺度的工艺方法,能在基板上将功能材料堆积成简单的线性结构或复杂的保形结构。目前,对直写尚无统一的定义,较为精确的定义为:直写是指一组工艺方法,可用来精密地将功能材料和/或结构材料堆积到基板的由数字化设备确定的位置上。直写与传统的分层制造相比有如下特点。

① 轨迹宽度的范围由亚微米级至毫米级;
② 被堆积的材料包括金属、陶瓷、聚合物、电子功能材料、光学功能材料、生物材料(含活的细胞);

③ 基板是最终产品的组成部分。

利用集成的激光定位反馈,基板可能具有平的、圆的、柔性的、非规则的或三维的拓扑结构。

**1. 直写的分类**

直写是一个统称,它包括许多用不同原理的转换方式将材料写到基板的方法。直写的分类如图3-10所示。

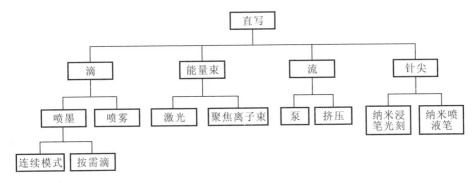

图 3-10 直写方法分类

现就每一种方法简介如下。

**1) 基于滴的直写**

由图3-10所知,基于滴的直写分为喷墨(inkjet)和喷雾(aerosol)两种形式,喷墨是最成熟的直写技术。最早的喷墨打印机出现于20世纪70年代。目前,热和压电按需喷墨方法是最通行的。喷雾不同于喷墨,它是靠气体提供的动能将材料堆积的。

**2) 基于能量束的直写**

利用激光或离子束堆积材料属于基于能量束的直写。激光直写是通用的。聚焦离子束(focused ion beam,FIB)直写要求有先导气体,它的分辨率即使使用较低的直写速度也比激光好约两个数量级。

**3) 基于流的直写**

基于流的直写要求高精密的微分配技术,或以精密泵的形式,或以微量笔的挤压形式。通常,可流动的材料通过非常小的孔或针来传送。材料的黏度范围为 $0.5 \sim 10^6$ mPa·s,它不像喷墨形式可将墨汁离散成一滴一滴,而总是连续传送的。

**4) 基于针尖的直写**

基于针尖(tip)的直写是一种纳米制造方法,包括两种工艺。在纳米浸笔光刻(dip-pen nanolithography,DPN)中,分子扩散进入基板,通过针尖与基板之间的微毛细作用而形成确定的形状。在微量笔(micro pen)中使用了微量管。

**2. 几种主要工艺简介**

**1) 连续喷墨**

在常用的喷墨打印工艺中,有两种不同的方法:连续喷墨(continuous inkjet,

CIJ)和按需滴(drop-on-demand,DOD)。在 CIJ 系统中,连续墨汁流由喷嘴产生,在液体表面张力作用下,连续液体喷射出后断开成滴。每一滴被单独控制而在基板上写出一点,未被选用的滴液送入回收槽再用。简单的 CIJ 系统使用单个喷嘴,复杂的 CIJ 系统有多个喷嘴。在 DOD 系统中,许多喷嘴组成阵列,每一个喷嘴被单独寻址,根据需要而产生单个液滴。这些液滴以直线流出喷嘴而堆积在基板上。

典型的 CIJ 系统如图 3-11 所示。充电电极环绕喷嘴,当液滴分离开时,充电电极的电势将感应液滴,使其带有电荷。改变充电电极的电势,每一液滴的电荷都可被改变,从而实现对液滴电荷的控制。然后液滴通过稳定的电场而产生一定量的偏转,控制充电液滴的偏转量,使其撞击到基板上,而未带电荷的液滴落入回收槽内以循环使用。改变液滴偏转量同时移动基板,可以将液滴图案写在基板上。更复杂的 CIJ 系统可用多个喷嘴喷出多种颜色(如四色)的图案,现有的商品化系统中已使用了几百喷嘴组成的线性阵列。

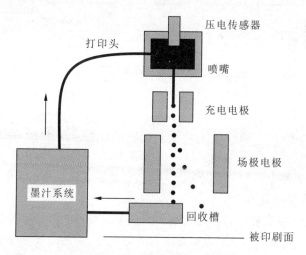

图 3-11 典型的 CIJ 系统

**2) 喷雾直写**

喷雾直写又称为无护膜中等尺度材料堆积(maskless mesoscale material deposition,M3D),其工作原理如图 3-12 所示。由图可见,它的工作过程可以分成三步。

第一步:将液体材料置于喷雾器中,产生液体颗粒直径为 1~5 μm 的浓雾(已能做到雾化液体颗粒小至 20 nm)。雾化技术的选用取决于墨汁的参数。低黏度(0.7~30 mPa·s)且含有小颗粒(直径小于 50 nm)的墨汁可用超声雾化;黏度在 1~2 500 mPa·s 的墨汁用气体喷雾器。墨汁可为溶液、纳米颗粒悬浮液,同时也可内含金属、合金、陶瓷、聚合物,甚至生物材料。

第二步:喷雾被控制气体(如氮气)传送到堆积头。

第三步:在喷雾头中,由护层气体形成的环状气流,使喷雾聚集并形成准直喷雾。同轴线的高速喷雾喷射到基板上形成宽 5~150 μm 的特征形状。最近研制的

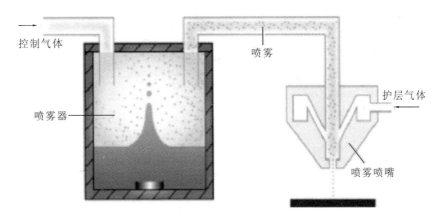

图 3-12 喷雾直写原理图

喷嘴,可以得到最大宽度为 5 mm 的线条,直写速度大于 200 mm/s,使用单个喷嘴的体积堆积速率超过 0.25 mm³/s。材料堆积完成后,往往需进行后处理,可在炉中加工或用红外激光加工,聚合物的后处理可用紫外线处理。

带有多喷嘴的 M3D 系统可完成变尺度、高产量的生产。

**3) 激光直写**

激光直写的方法有多种,其本质要么是用激光诱导化学/电化学反应,要么是利用物理反应将材料堆积到基板上。

这里仅介绍激光化学蒸发堆积法(laser chemical vapour deposition,LCVD)。

LCVD 始于 1980 年代初期。其原理是激光波长 514.5 nm、功率小于 2 W 的氩离子,经光学透镜聚焦形成直径小于 2 μm 的光点,激光束以 0.5 mm/s 的扫描速度扫描基板上的目标区,加热目标区并分离反应室内含有待堆积元素的气体(如硅烷,用来堆积硅),厚度小于 1 μm 的薄层固体材料就堆积在基板上。重复扫描就可以得到多层堆积物,典型的线宽是激光束直径的 2~3 倍。

LCVD 工艺中堆积速度受气体转换的速度限制,因此,LCVD 是一种低速工艺。图 3-13 所示为类金刚石碳化物微型线圈,它由乙烯母气体通过 LCVD 制成。

**4) 离子束直写**

聚焦离子束(focused ion beam,FIB)由液体镓源产生。典型的离子束能量在 10 到 50 keV 之间,束电流变化范围为 1 pA~10 nA。当能量化的离子撞击表面时,可能产生四种机理:中子化或离子化的基板原子飞溅;电子发射;原子在固体中移动;声子发射。为了直写,要求有母体气体喷射到基板表面上,例如为了堆积钨(W),应用有机金属母体气体 $W(CO)_6$。堆积的原理类似 LCVD,但 FIB 的分辨率更高、堆积速度更低(典型的为 0.05 μm³/s)。FIB 能产生的最小特征为 80 nm,最小厚度约为 10 nm。

FIB 直写是一种很好的维修技术,用于添加传统的且相变的掩膜中失去的吸收材料。因为在金属堆积时使用了有机金属混合物,所以,FIB 堆积物是不纯的,因为

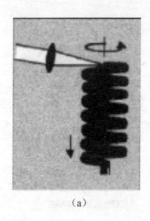 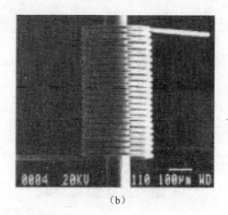

(a)　　　　　　　　　　　　(b)

图 3-13　类金刚石碳化物微型线圈 LCVD 示意图

(a) LCVD 过程原理简图；(b) 堆积的实例

有有机物和镓离子($Ga^+$)污染。由于碳含量相当大，这些堆积物的电阻系数通常比纯金属高 $1\sim 2$ 个数量级。

FIB 是一个相对缓慢的过程，故它的应用限于低容量的生产中，特别适用于维修中。它能完成成形堆积而形成三维微结构，故可用于微传感器的密封封装中。

**5) 注射和挤压方法**

微型笔是基于微毛细管尖的直写方法，其原理如图 3-14 所示。液体或特制的浆液等可流动的材料置于注射器内，而注射器与微型笔的书写头连接在一起。气动柱塞带动注射器的推杆而强迫材料进入书写装置（书写头）。书写装置由一个金属双活塞气缸、一个 A 型框架流道和微毛细管书写笔尖组成。可流动的材料在高于 13.8 MPa 的压力下被送入书写装置而通过书写笔尖进行分配。笔尖垂直于基板表面移动而不与表面有任何接触。主要工艺参数有每支笔的小孔尺寸、书写速度和材料黏度。所需要的压力必须能克服管壁的摩擦力和毛细管力。

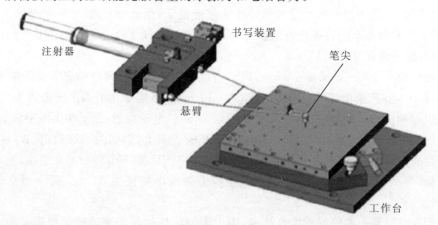

图 3-14　微型笔原理

笔尖的高度是连续感知的,其力的大小可控制在数十微牛顿水平。微型笔直写法可用于在超软的表面上堆积材料,如药胶囊的不平表面。黏度在 5～500 000 mPa·s 的液态材料均可用于微型笔堆积,其线宽为 2.5～50 $\mu m$,高度为 1.3～250 $\mu m$。系统也可分配出体积为 100 nL 的独立点,目前已可用 50 $\mu m$ 的小孔,以 25.4 mm/s 的书写速度直写功能硅烷。

**6) 基于针尖的直写**

浸笔纳米光刻(dip-pen nanolithography,DPN)是一种常见的纳米尺度的直写方法或纳米图案法,它是 1999 年问世的,用来完成堆积的装置包括锥形扫描探针显微镜针尖、带空腹的针尖,甚至是热致动悬臂上的针尖。

本质上,DPN 由浸入墨汁中的原子力显微镜(AFM)的探针组成,墨汁通过毛细管传输而送到基板上。所谓"墨汁"可以是蛋白质、DNA 和活性酶,它们都可用来构建纳米尺度图案。DPN 的理论模型如图 3-15(a)所示。DPN 过程分为三步,即分子堆积、分子单层的侧向扩散、单层分子最终化学黏固在基板上使侧向扩散终止,这样就使规则的自装配单层图案形成。

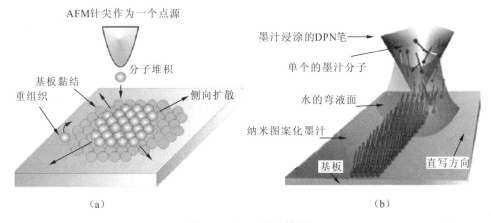

图 3-15　DPN 原理简图
(a) DPN 过程；(b) 用 DPN 堆积单层分子

DPN 针尖的高度与用于 AFM 的针尖高度相同,通常为 3～10 $\mu m$。针尖端的直径可小至 10 nm,它是能在基板表面得到最小尺寸图案的决定性因素。已有学者获得约 10 nm 的分子结构图案。在正常的 DPN 过程中,针尖与基板直接接触,接触力约为 1 nN。然而,振荡式的直写模式已被用来减少原子力显微镜针尖与基板之间的相互作用。

DPN 是一种尺度可调、生产效率高、柔性和通用的构建精密纳米尺度的方法。2006 年,有学者已制造出大型的 NDP 二维阵列,它是在 1 $cm^2$ 的芯片上用 55 000 个针尖经由光刻技术得到的。

原创的 DPN 技术不能实现对墨汁流的开关控制。现有的浸水笔只要笔与基板表面保持接触就需加装墨汁。热态 DPN(tDPN)方法则使用易熔固体墨汁和 AFM

悬臂上的内装式电阻加热器,很好地实现了直写的开关控制。采用这种方法时允许分子的局部堆积,只要分子在环境温度下不移动且控制好堆积速度即可。悬臂的加热时间为 $1\sim20~\mu s$,冷却时间为 $1\sim50~\mu s$,温度可达到 700 ℃。

**3. 直写的工艺特点与工艺参数**

为简明起见,表 3-4、表 3-5 分别总结了基于激光的直写过程的工艺特点和除激光外的其他直写过程的工艺特点,并列出了相关工艺参数、被直写的材料,各直写过程的机理等,以便于实际应用时参考。

表 3-4 基于激光的直写过程的工艺特点

| 前处理材料或送材 | 方法 | 机理 | 线宽或滴径/μm | 堆积速率或直写速度 | 材料 |
| --- | --- | --- | --- | --- | --- |
| 固体 | 薄膜固化 | 熔融到基板上 | 10~50 | 10~2 000 μm/s | 金属/陶瓷(写到金属/陶瓷基板上) |
| 固体 | LIFT 和 MAPLE 直写 | 用汽化有机黏结剂的动能传输材料 | 10~100 | 一般 3~50 mm/s,高达 500 mm/s | 金属、陶瓷、半导体聚合物、复合材料、细胞等 |
| 固体 | 反向传输 | 通过透明介质经激光照射后物理汽化/液体堆积 | 5~200 | 10~100 mm/s | 金属、陶瓷(写到透明基板上) |
| 液体 | LEEP | 液体加热分解 | 2~12 | 0.1~80 μm/s | 金属和陶瓷(写到无机基板上) |
| 液体 | 激光激励电子喷涂 | 用局部高温加速化学反应 | 0.1~300 | 一般 0.1~10 m/s,高达 2.5 m/s | 金属(写到金属基板上) |
| 气体 | LCVD | 当达到汽化状态和凝固时气体分解 | 1~20 | 一般 50~200 μm/s,高达 5 mm/s | 金属、半导体和陶瓷如 $Al_2O_3$、WC |
| 细胞 | 捕获导向镊子钳 | 动量平衡 | 0.1~10 | 10~300 μm/s | 细胞、液体中的小颗粒材料 |
| DNA | LIFT,BioLP 和 MAPLE 直写 | 激光加热牺牲材料引起变形、蒸发,推进含生物材料的液体 | 30~100 | 0.1~10 滴/s | 细胞、聚合物基因、肌肉材料等(写到任一基板上) |

注:LIFT=laser-induced forward transfer,激光诱导向前转移;
　　LEEP=laser-enhanced electroless plating,激光诱导电镀;
　　MAPLE=matrix assisted pulsed laser evaporation,基材辅助脉冲激光蒸发。

表 3-5 其他直写过程的工艺特点

| 过程特征 | 方法 | 机理 | 线宽 $L_w$ 或滴径 $D_d$ | 堆积速率或直写速度 | 材料 |
|---|---|---|---|---|---|
| 滴 | 连续喷墨 | 由连续喷射而产生断裂液滴 | $L_w$:20 $\mu m$~75 mm<br>$D_d$:10~150 $\mu m$ | 单喷嘴<br>60 $mm^3$/s | 黏度为 2~10 mPa·s 的液体,可含小颗粒 |
| 滴 | 按需喷墨 | 当需要时,单独产生液滴 | $L_w$:20 $\mu m$~75 mm<br>$D_d$:10~150 $\mu m$ | 单喷嘴<br>0.30 $mm^3$/s | 黏度为 10~100 mPa·s 的液体,可含小颗粒 |
| 滴 | 喷雾 | 雾化滴动能撞击 | $L_w$:5 $\mu m$~5 mm<br>$D_d$:20 nm~5 $\mu m$ | 单喷嘴<br>0.25 $\mu m^3$/s | 任何能雾化的材料及生物材料如细胞 |
| 流 | 泵 | 带反吸作用的精密微分配泵 | $L_w$:25 $\mu m$~3.0 mm | 最大 300 mm/s,<br>一般 58 mm/s | 黏度高达 $10^6$ mPa·s 的液体、液浆、糊 |
| 流 | 挤出 | 注射器和液流分配块 | $L_w$:50 $\mu m$~2.5 mm | 一般 25.4 mm/s | 黏度为 500 000 mPa·s 的液体、液浆、糊 |
| 针尖 | 浸笔纳米光刻(DPN) | 通过 AFM 针尖分子堆积 | $L_w$:10 nm 至几微米 | 0.2~5 $\mu m$/s | 分子硫醇、大分子、纳米颗粒 |
| 针尖 | 纳米自来水笔(NFP) | 微管尾与基板的毛细作用 | $L_w$:40 nm<br>~71.15 $\mu m$ | 约 0.4 $\mu m$/s | 单体、纳米颗粒 |
| 能量束 | 聚焦离子束(FIB) | 预处理气体分子的离子诱导堆积 | $L_w$:80 nm~20 $\mu m$ | 0.05 $\mu m^3$/s | 金属和绝缘体 |

**4. 直写的应用实例**

直写应用于广泛的工业领域,包括微电子、微机电系统、光学、医药与生物工程等领域,从纳米、微米到介乎其间的中间尺度都能直写。图 3-16 列出了直写产品的类别。

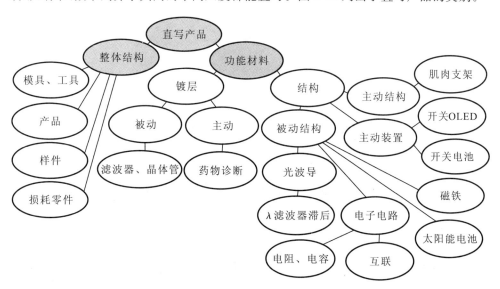

图 3-16 直写产品一览图

### 1) 直写在微电子工业的应用

直写在微电子工业中的应用包括直写内置式电阻、电容、感应器、晶体管、半导体集成电路,以及电路板之间的连接器、微型电池等。其他的直写典型应用包括封装倒装片和为直接模具附件做半导体封装,焊点、拆开、封装,直写平板式面板、太阳能电池、印刷电路板的高密度迹线。喷墨直写无论是连续喷墨还是按需喷墨均可使焊料滴的直径在数十至数百微米之间,能产生连续的直线或迹线,以及离散的球滴和点滴,如图 3-17 所示。图 3-18 所示为一个谐振感应器,它是用五层纳米银颗粒墨汁印成的。

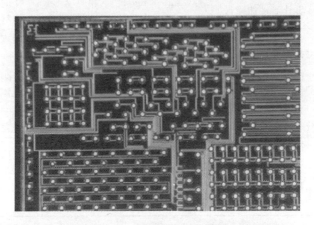

图 3-17 焊点(直径 70 μm)由 DOD 堆积到集成电路试验基板上的实例

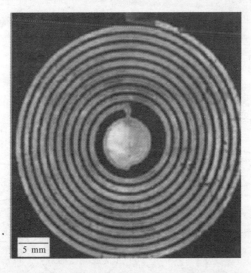

图 3-18 由纳米银颗粒墨汁印制的谐振感应器

基于激光直写的 MAPLE 直写技术已用于制造微线圈和电磁铁以及聚合物基板内装式电子电路。三维电路迹线宽度为正常印刷电路板的 1/5,厚度为正常印刷电路板的 1/10,表明其体积减小 1%~10%。LIFT 技术已用来制造锂或锂离子微电池,它必须是电绝缘的、离子传导的、化学和热稳定的。使用 LIFT 技术的激光直写已经能够堆积厚膜电极,如$LiCoO_2$阴极和碳阳极。由这种方法制造的微电池与由薄膜技术溅射堆积的微电池相比,具有显著的高充电容量、高功率和高能量密度。这些增大的性能缘于激光印制电极的多孔结构,该结构改善了离子和电子的传输,通过约 100 μm 厚的电极传输时没有明显增加内部阻力。LEEP 也已用来对微尺度铜线涂敷涂层。

除作为生产手段之外,直写对高价值的微电子零件的修理也极有价值。用 FIB 修理光学掩膜,其位移误差已能稳定在 75 nm 以下。DPN 和 M3D 等直写方法也可用来修理平板显示屏。

**2) 直写在机械工程领域的应用**

喷墨打印能用于分层制造中,将黏结剂液体堆积到陶瓷粉末床上;陶瓷颗粒也可以制成悬浮液,以打印方式而直接堆积。蒸发溶剂可以实现固体的最大限度聚集,而在可喷射的悬浮液中,固体颗粒所占的比例较低,体积比约为 10%。已展示由直接喷墨打印制造的几种陶瓷的零件,如氧化锆、二氧化钛和压电陶瓷(PZT)零件等,所使用相变墨汁中固体颗粒的体积比可达 40%,图 3-19 所示的氧化铝零件就是用这种方法制作的。其用 DOD 喷墨打印,氧化铝颗粒在悬浮液(蜡基)中的体积比为 40%,成形后再烧结。

图 3-19 陶瓷推进器叶轮原型

**3) 直写在微工程领域的应用**

喷墨打印能用来生产规则的二维陶瓷颗粒阵列,采用自装配过程,在其自装配过程中混合溶液的不均匀蒸发起到了关键作用,如图 3-20 所示。因为用这种方法能产生均匀的堆积而没有偏析,所打印的二维阵列可作为下一代光子、电子和显示装备。

**4) 直写在生物医学和生命科学领域的应用**

喷墨方法已用于将分形天线写到活体上。分形天线的优点是频带宽、尺寸小且不会减少增益。在蝴蝶的翅膀上和一个蚂蚁上直写分形天线能达到上述目标。如图 3-21 所示,天线写在一个活蚂蚁上,天线的线宽为 25 μm。在高价值的新生物制品的开发中,直写在材料集成和装置集成方面起到了关键作用,采用直写技术的生物治疗、药物治疗的新一代产品以及现代化装置和多用途医学装置不久将会呈现在人们面前。

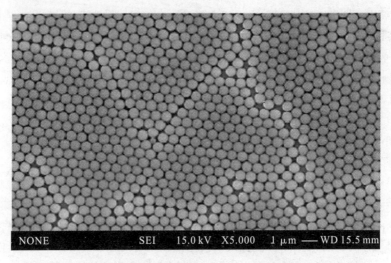

图 3-20　用 DOD 打印堆积在悬浮液中的二氧化硅微球的二维阵列

图 3-21　将天线直写到活蚂蚁上

**5）直写在纳米制造领域的应用**

基于针尖的直写方法已开启了在纳米尺度领域的应用。该技术典型的应用包括：用金（Au）或硅（Si）产生纳米组织；化学直接装配且制作图案模板，既可用于生物活性分子如蛋白质，也可用于无机物如碳纳米管、量子点；药物堆积和纳米尺度表面的特征图案制作等。纳米尺度传感器、分子级电子、光子装置也正在研制之中。

## 3.3　工程陶瓷加工技术

世界上各行各业都很重视陶瓷材料和复合材料的应用，因为陶瓷材料具有高强度、高硬度、低密度、低膨胀系数以及耐磨、耐腐蚀、隔热、化学稳定性好等优良特性，已成为航空航天、石油化工、仪器仪表、机械制造及核工业等领域广泛应用的新型工程材料。但是，陶瓷材料同时又具有高脆性、低断裂韧性、材料弹性极限与强度非常接近等特点,因此陶瓷材料的加工难度很大,加工方法稍有不当便会引起工件表面层结构的破坏。对于陶瓷材料的加工,传统的方法是用金刚石等硬质砂轮加工,进而发展到用金刚石刀具进行加工,很难实现高精度、高效率、高可靠性的加工。为满足近年来科技发展对精细陶瓷、光学玻璃、石英、硅片和锗片等脆性材料制品的加工,对大型陶瓷和复杂图形以及高精度陶瓷的加工,需要研究特种加工方法。

复合材料的组成要素涉及钢材、纤维、塑料、木材和陶瓷等。根据复合材料结构种类,选择大功率激光器可以比较容易地进行加工。

## 3.3.1 陶瓷材料加工技术的分类

对于金属材料,可根据材料种类、工件形状、加工精度、加工成本、加工效率等因素选择不同的加工方法。而对于陶瓷材料,由于其特殊的物理机械性能,最初只能采用磨削方法进行加工,随着机械加工技术的发展,目前已可采用类似金属加工的多种工艺来加工陶瓷材料。

目前较为成熟的陶瓷材料加工技术主要可分为力学加工、电加工、复合加工、化学加工、光学加工等五大类,如表3-6所示。

表3-6 陶瓷材料主要加工方法

| 力学加工 | 磨料加工 | 研磨加工、抛光加工、砂带加工、珩磨加工、超声加工、喷丸加工、黏弹性流动加工 |
|---|---|---|
| | 塑性加工 | 金刚石塑性加工、金刚石塑性磨削 |
| 电加工 | | 电火花加工、电子束加工、离子束加工、等离子束加工 |
| 复合加工 | | 光刻加工、在线电解修锐磨削、超声波磨削、超声波研磨、超声波电火花加工 |
| 化学加工 | | 腐蚀加工、化学研磨加工 |
| 光学加工 | | 激光加工 |

现就几种有代表性的加工方法作介绍。

## 3.3.2 激光加工

**1. 激光烧蚀加工**

激光的能量密度高达 $10^8 \sim 10^{10}$ W/cm$^3$,它直接作用于结构陶瓷材料局部表面时产生的瞬时高温足以使局部点熔融或汽化,从而去除材料。但是由于结构陶瓷材料热导率低,高能激光束可能会在材料表面产生热应力集中,形成微裂纹、大的碎屑,甚至使材料断裂。美国南加州大学研究了 $Si_3N_4$ 陶瓷材料在激光加工过程中的物理化学变化,发现 $Si_3N_4$ 陶瓷加工后表面微裂纹密布,经测试分析后发现陶瓷并未熔融,而是直接气化或升华,在此过程中分解为 $N_2$ 和 Si 单质,沉积在表面的 Si 与 $Si_3N_4$ 热膨胀系数相差很大,因此激发出微裂纹,使材料强度损失 30%~40%。所以采用激光烧蚀加工后必须对陶瓷材料进行加工后处理。

自 20 世纪 60 年代初开始用红宝石激光器制作手表的宝石轴承以来,对各种陶瓷材料的打孔主要是采用 $CO_2$ 和 YAG 激光器。表 3-7 列出了几种陶瓷材料的激光打孔参数。

表 3-7 陶瓷材料激光打孔参数

| 材 料 | 厚度/mm | 孔径/mm | 激光器类型 | 激光功率 | 脉冲或连续 | 辅助气体 |
| --- | --- | --- | --- | --- | --- | --- |
| 氧化铝陶瓷 | 3 | 2 | $CO_2$ | 150 W | 脉冲 | 氮气 |
| 氧化铝陶瓷 | 3.2 | 2.5 | $CO_2$ | 250 W | 脉冲 | 氮气 |
| 氧化铝陶瓷 | 1 | 0.8 | $CO_2$ | 100 W | 脉冲 | 空气 |
| 氧化铝陶瓷 | 2 | 1.5 | YAG | ~5 J | 脉冲 | — |
| 氧化铝陶瓷 | 0.7 | 1.0 | 红宝石 | 3 J | 脉冲 | — |
| 熔融石英 | 3 | 2.5 | $CO_2$ | 180 W | 脉冲 | 空气 |
| 熔融石英 | 6.0 | 3.5 | $CO_2$ | 250 W | 脉冲 | 空气 |

陶瓷材料与金属材料打孔工艺的要求相似,但激光采用脉冲方式对陶瓷材料打孔,其质量比采用连续方式激光打孔的好(不易炸裂,热影响区较小)。当用焦距为 127 mm 的透镜,在 0.3 mm 厚的氧化铝陶瓷上打出直径 50~60 μm 的孔时,用 YAG 激光器可打出 20 μm 直径的孔,孔深径比可达 15。

这种方法仅适合于微钻孔、微切割、制作微结构等用刀具切削很难实现的场合,于是人们把更多的目光投向激光辅助加工技术。

**2. 激光辅助加工**

激光辅助加工的基本原理是用激光瞬时加热陶瓷局部表面使之软化,再用刀具切削,从而实现连续切屑并降低切削力,而对刀刃的热影响较小。近年来,美国、日本、德国、俄罗斯等国相继对激光辅助切削进行了大量的研究。美国宾夕法尼亚大学对在 $CO_2$ 激光作用下几种结构陶瓷材料的吸热性能进行了研究,爱荷华州州立大学对激光加热辅助车削 $Si_3N_4$ 温度场完成了数值模拟;日本千叶工艺研究所对树脂陶瓷材料的激光加工机理进行了研究;德国的斯图加特大学运用 YAG 激光对玻璃进行了加热试验研究;俄罗斯科学院对激光加热辅助切削氧化物陶瓷的工件表面温度进行了实时测量,并对工艺控制做了实验研究。也有学者对包括 $Si_3N_4$ 在内的四种陶瓷材料进行了激光预热磨削试验,发现用激光预热后磨削不仅能降低陶瓷的硬度、提高材料去除量,而且不会出现磨削裂纹。相对来说,美国普渡大学在 1997—2000 年做的研究无疑具有更加诱人的应用前景,他们建立了激光辅助切削 $ZrO_2$、$Si_3N_4$ 等陶瓷材料的瞬时三维温度场传递的物理模型,通过实验验证了模型的正确性。实验原理如图 3-22 所示,在此基础上,确定了合理的加工参数(见表 3-8),加工效率可提高 50%。另外值得一提的是,德国的 Fraunhofer 生产技术学院研究了激光加热辅助铣削难加工材料。研究发现,激光束能将工件表面加热到足够的温度和可控制的深度,而又不至于损伤表面质量。国内一些单位也对激光辅助加工陶瓷从不同角度进行了研究,取得了一定的成果。

# 第 3 章 特种加工技术及其应用

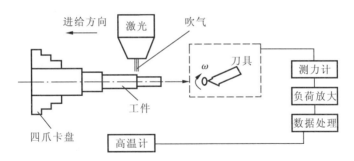

图 3-22 激光辅助加工实验原理图

表 3-8 激光辅助加工的代表性参数

| 激光功率 | 进给速度 | 切削深度 | 切削速度 |
|---|---|---|---|
| 300~600 W | 0.1~0.2 mm/r | 0.5~1 mm | 1~2 m/s |

与常规加工方法相比,激光辅助加工可提高加工效率1~10倍,并能够改善表面质量,提高刀具的耐用度。激光辅助加工陶瓷有两个技术难点。难点之一在于对激光束参数的控制,其与工件材料性能和切削参数密切相关。难点之二是控制温升,由于接触传热导致的温升,刀具硬度会下降,刀具磨损仍然比较严重。虽然有人提出用液氮内循环降低刀具的温度,但效果并不理想。只有突破以上两个技术瓶颈,结构陶瓷材料的激光辅助加工技术才能得到更快的发展。

**3. 激光切割陶瓷材料**

采用激光切割陶瓷材料,不需要更换工具,就可以采用配有数控装置的激光加工机切割各种复杂图形,且精度高、切割缝窄、切割速度快、成本低。切割陶瓷主要采用$CO_2$激光器,例如$SiO_2$系列材料只能用$CO_2$激光器。表 3-9 列出了$CO_2$激光器切割陶瓷的技术参数。

表 3-9 $CO_2$激光器切割陶瓷技术参数

| 材料 | 厚度/mm | 切割速度/(m·min$^{-1}$) | 切缝宽度/mm | 激光功率/W | 脉冲或连续 | 辅助气体 |
|---|---|---|---|---|---|---|
| 氧化铝陶瓷 | 1.4 | 1.0 | 0.2 | 10 | 脉冲 | $N_2$ |
| 氧化铝陶瓷 | 2 | 0.8 | 0.2 | 150 | 脉冲 | $N_2$ |
| 氧化铝陶瓷 | 3 | 1.5 | 0.3 | 250 | 脉冲 | 空气 |
| 氧化铝陶瓷 | 1.5 | 1.0 | 0.2 | 150 | 脉冲 | $N_2$ |
| 石英玻璃 | 1 | 1.5 | 0.2 | 200 | 脉冲 | 空气 |
| 瓷砖 | 4 | 1.0 | 0.3 | 350 | 脉冲 | 空气 |
| 石英玻璃 | 2.2 | 1.0 | 0.2 | 200 | 脉冲 | 空气 |
| 石英玻璃 | 1.5 | 1.5 | 0.2 | 200 | 脉冲 | 空气 |

用激光切割陶瓷时,切缝边可能产生微裂纹。这是陶瓷材料吸收光能后,剧烈的上升温度和急速的冷却梯度所造成的。为了防止裂纹的产生,当前世界各国普遍采用以下方法:

① 喷气冷却加工部位,防止热冲击作用;

② 用脉冲激光工作方式;

③ 预热待切割部位。

根据用 1.5 kW $CO_2$ 激光加工陶瓷的试验结果可知,若采用脉冲工作方式,并根据陶瓷材料的种类选择脉冲占空比的值,加上同轴吹辅助气体,并注意选择气体的压力和流量,是可以防止裂纹产生或破裂出现的。

**4. 复合材料的激光切割技术**

复合材料对不同波长的激光,其吸收特性有较大的差别。一般来讲,采用连续 $CO_2$ 激光切割时,切缝周边容易碳化;采用脉冲 $CO_2$ 激光切割时,碳化现象有所改善;采用超长脉冲切割时,碳化现象基本清除。其机理是,高峰值脉冲功率的平均功率较低,高峰值激光脉冲快速气化切割材料,而脉冲停止期冷却材料,将减弱乃至消除碳化现象。表 3-10 列举了试验结果,表 3-11 列举了国外激光切割硼环氧类复合材料的结果。

表 3-10　$CO_2$ 激光切割凯芙拉材料技术参数

| 复合材料 | 厚度/mm | 切割速度/(m·min$^{-1}$) | 激光功率/W | 辅 助 气 体 |
| --- | --- | --- | --- | --- |
| 凯芙拉 | 1.5 | 1.8 | 180 | $N_2$ |
| 凯芙拉 | 2.0 | 1.8 | 180 | $N_2$ |
| 凯芙拉 | 3.5 | 1.8 | 250 | $N_2$ |
| 凯芙拉 | 0.5 | 1.5 | 100 | $N_2$ |

表 3-11　国外 $CO_2$ 激光切割复合材料参数

| 复合材料 | 厚度/mm | 切割速度/(m·min$^{-1}$) | 激光功率/W | 辅 助 气 体 |
| --- | --- | --- | --- | --- |
| 硼/铝带 | 0.25 | 2.5 | 2500 | $N_2$ |
| 硼/环氧 | 3 | 1.0 | 2500 | Ar |
| 硼/环氧 | 10 | 0.5 | 3000 | Ar |
| 层板 | 5 | 2 | 150 | He |
| 纤维板 | 6 | 1.2 | 5000 | He |

### 3.3.3　陶瓷材料的切削、磨削

**1. 切削加工**

切削加工不仅适用于半烧结体陶瓷,也适用于完全烧结体陶瓷。切削加工半烧

结体陶瓷是为了尽可能减少完全烧结体陶瓷的加工余量,从而提高加工效率,降低加工成本。日本的研究人员使用各种刀具在不同温度下对 $Al_2O_3$ 陶瓷和 $Si_3N_4$ 陶瓷半烧结体进行了切削试验。试验中根据不同的加工要求,采用了干式切削与湿式切削等方法,获得了有价值的研究成果。

国外一些研究者针对完全烧结体陶瓷的切削加工进行了试验研究。日本的研究人员在使用聚晶金刚石刀具对 $Al_2O_3$ 陶瓷与 $Si_3N_4$ 陶瓷进行切削试验时发现,粗粒聚晶金刚石刀具在切削过程中磨损较小,加工效果较好;在使用金刚石刀具切削 $ZrO_2$ 陶瓷时,达到了类似于切削金属时的效果。他们还探讨了陶瓷塑性切削极限问题,指出当 $Al_2O_3$ 陶瓷的临界切削深度 $a_{pmax}=2~\mu m$ 时,SiC 陶瓷的 $a_{pmax}=1~\mu m$,$Si_3N_4$ 陶瓷的 $a_{pmax}=4~\mu m$(当 $a_p > a_{pmax}$ 时,陶瓷材料会产生脆性破坏;当 $a_p < a_{pmax}$ 时,则为塑性流动式切削)。美国的研究人员对单晶锗进行了一系列金刚石车削试验,成功地实现了脆性材料的塑性超精密车削,并提出了临界切削厚度的计算公式。用金刚石刀具切削脆性材料并获得高质量的加工表面是近十几年来发展起来的新技术,通常称为脆性材料的超精密车削加工。

**2. 磨削加工**

**1) 在线电解修锐磨削**

在国外,在线电解修锐(ELID)磨削陶瓷技术的发展成功地带动了一批新产品、新设备的开发。日本 Fuji Die Co. Ltd 生产的 ELID 磨削陶瓷用砂轮,新东工业株式会社生产的 ELID 专用直流脉冲电源等均已批量供应市场;Kuroda 公司、不二越株式会社推出了系列 ELID 专用磨床;富士公司采用 ELID 超精密镜面磨削的光学镜头,镀膜后直接用在望远镜、幻灯机等产品上。美国在应用 ELID 磨削技术加工半导体微处理器方面已取得突破性进展;德国在 1991 年就进行了系列 ELID 专用机床的设计。

ELID 磨削技术在我国尚处于研究阶段。哈尔滨工业大学研制成功了 ELID 磨削专用的脉冲电源、磨削液和砂轮,在国产机床上开发出平面、外圆和内圆 ELID 磨削装置,并对多种脆硬材料进行了 ELID 镜面磨削的实验研究。另外有十几家单位将该技术应用在了加工动压马达零件、相控阵雷达互易移相单元陶瓷、微晶玻璃、铁氧体等航天材料零件、光学玻璃非球面、光学玻璃、陶瓷等中。

日本的研究人员使用 #8000(最大磨粒直径约为 $2~\mu m$)铸铁基金刚石砂轮对硅片进行磨削,获得了最大表面粗糙度值为 $0.1~\mu m$ 的高质量表面。使用青铜基砂轮对陶瓷材料进行精密磨削也达到了相同的加工效果。哈尔滨工业大学采用 ELID 磨削技术对硬质合金、陶瓷、光学玻璃等脆性材料实现了镜面磨削,磨削表面质量与在相同机床条件下采用普通砂轮磨削相比大幅度提高,部分工件的表面粗糙度值 $Ra$ 已达到纳米级,其中硅微晶玻璃的磨削表面粗糙度值 $Ra$ 可达 $0.012~\mu m$。这表明利用 ELID 磨削技术可以实现对脆性材料表面的超精加工,但加工过程中仍存在砂轮表面氧化膜或砂轮表面层的未电解物质被压入工件表面而造成表面层釉化及电解磨削液配比改变等问题,有待于进一步研究解决。

### 2) 高速、超高速磨削

在结构陶瓷材料的高速磨削技术研究方面，德国、日本、新加坡等国走在前列。德国 ELB 公司、日本等相继研究了结构陶瓷材料高速磨削工艺，在一定程度上实现了结构陶瓷材料的高效优质加工，尤其是近年来提出的高速深切磨削，真正使磨削加工实现了高效优质的结合，被誉为结构陶瓷材料磨削技术发展的高峰。Inoue 等人用 120 号金刚石砂轮磨削陶瓷的实验结果表明，在其他磨削工艺参数完全相同的条件下，在 170 m/s 速度下工件表面崩裂的比例由 25 m/s 的 48% 降到 12%；Kovch 等使用陶瓷结合剂金刚石砂轮在 160 m/s 速度下磨削陶瓷，获得了 5 100 的高磨削比；Malkin 等人进行的研究则进一步证明，高速、超高速磨削中的表面破碎减少和塑性流动的显著增加与在较高磨削温度下所形成的玻璃相有关；Huang 等人进行的 $Al_2O_3$ 陶瓷的高速磨削试验表明，在砂轮线速度为 160 m/s，进给速率为 500 mm/min 的加工条件下，当磨削层深度从 0.1 mm 增加到 1.5 mm 时，材料表面破损层厚度几乎保持不变，而表面粗糙度值从 1.75 μm 下降到 0.75 μm，磨削比从 190 增加到 1 200。国内湖南大学等单位也做了一些相关研究。

### 3) 超精密磨削加工

采用超精密磨头在不同的加工条件下磨削陶瓷材料，加工完毕后，采用 Nanoscope ⅢA 扫描探针显微镜进行观测，结果表明，磨削表面可分为三种模式：断裂模式、断裂+塑性模式、塑性模式。塑性磨削模式能利用平均磨粒尺寸小于 18.5 μm，或平均磨粒尺寸最大值不超过 25 μm 的金刚石砂轮进行磨削。

图 3-23 所示为金刚石砂轮的磨粒尺寸与磨削表面粗糙度之间的关系。由图可见，超精密磨削的表面粗糙度取决于磨粒尺寸的大小，采用不同平均磨粒尺寸的金刚石砂轮进行磨削，其加工表面结构有着很大的不同。

图 3-24 所示为采用 SD1500-75-B 金刚石砂轮磨削时表面粗糙度与进给量之间

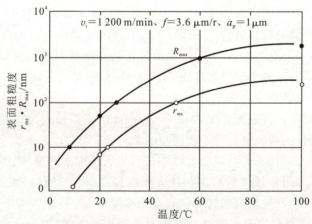

图 3-23　平均磨粒尺寸与磨削表面粗糙度之间的关系

$r_{ms}$—均方根；$R_{max}$—最大值

的关系曲线(所有表面均在塑性模式下进行磨削)。由图可知,磨削表面粗糙度主要取决于砂轮的进给量,而磨削深度和磨削方向对磨削表面粗糙度并无影响。当采用 SD3000-75-B 金刚石砂轮在 $v=1\,200\text{ m/min}$、$f=3.6\,\mu\text{m/r}$、$a_p=1\,\mu\text{m}$ 条件下对陶瓷样品进行磨削时,陶瓷表面处于塑性域磨削模式,所得到的表面质量优于用抛光方法加工的光学表面。

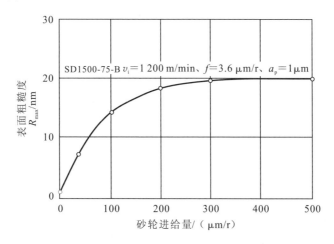

图 3-24　砂轮进给量对磨削表面粗糙度的影响

**4) 塑性法加工**

传统的材料去除过程一般可分为脆性去除和塑性去除两种。在脆性去除过程中,材料去除是通过裂纹的扩展和交叉来完成的;而塑性去除则是以剪切加工切屑的形式来产生材料的塑性流的。对于金属的加工,塑性切削很容易实现;而对于脆性材料如工程陶瓷和光学玻璃等,采用传统的加工技术及工艺参数只会导致脆性去除而没有显著的塑性流,在超过强度极限的切削力作用下,材料的大小粒子会发生脆性断裂,这无疑将影响被加工表面的质量和完整性。由加工实践可知,在加工陶瓷等脆性材料时,可采用极小的切深来实现塑性去除,即材料去除机理可在微小去除条件下从脆性破坏向塑性变形转变。目前在超精加工中,已可将加工进给量控制在几个纳米内,从而使脆性材料加工的主要去除机理有可能由脆性破坏转变为塑性切削。塑性切屑变形过程可以显著降低次表面(表层)破坏,这种硬脆材料的新型加工技术称为塑性法加工。

近年来,许多学者应用金刚石磨削方法对脆性材料塑性方式磨削的理论和工艺、脆-塑性转变、材料特性、切削力和其他参数的关系进行了系统研究,研究重点是被加工零件的塑性方式表面形成机理和几何精度,其中包括相关机床和砂轮技术的研究与开发。1991 年,英国国家物理实验室的研究人员首先采用四面体(tetraform)结构并应用具有良好工程性的减振机理来设计机床的主要结构,研制出世界上第一台 Tetraform-1 型超精密磨床,并用该磨床对陶瓷、硅片和单晶石英试件进行了大量塑性磨削试验,获得了高质量的样品。该机床的加工特点如下:

① 可采用相对较大的切深(大至 $10\,\mu\text{m}$)进行加工;

② 试件表面几何形状精度高,试件周围几乎没有碾痕;

③ 机床可在无环境隔离条件下磨削高质量试件;

④ 试件次表面破坏深度仅为传统磨削的1%～2%,甚至小于抛光加工对光学元件的影响。

基于Tetraform原理,1995年英国Fra-zer-Nash咨询有限公司和Cranfield精密工程有限公司联合研制了Tetraform-2型多功能磨床。可见,脆性材料塑性加工技术在超精加工领域有着巨大的应用潜力。

### 3.3.4 电火花加工

电火花加工是基于工具和工件电极之间脉冲性火花放电时的电腐蚀现象而蚀除多余材料的加工方法,其在陶瓷材料的成形加工应用研究上发展很快。尤其是近十年来,人们突破了电火花只能加工导电材料的传统束缚,采用辅助电极法,使绝缘性材料的电火花加工成为可能。

关于电火花加工结构陶瓷材料的研究,日本、英国、比利时、西班牙的研究报道较多。就电火花加工绝缘材料突破关键技术的辅助电极技术而言,日本学者功不可没。其原理如图3-25所示。用金属板或金属网覆盖于陶瓷绝缘体表面作为辅助电极,辅助电极和工作液分解出的碳颗粒等电导复合材料不断在已加工陶瓷表面生成,从而保证了加工的持续进行。他们用电火花线切割技术在$50 \text{ mm}^3$的陶瓷立方体中加工出椅子形状,加工时间虽然长达24 h,但用目前的传统机械加工方法却是难以完成的。

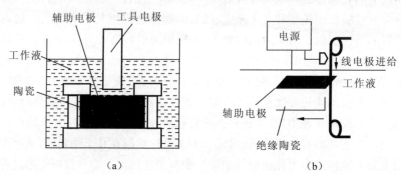

图 3-25 用辅助电极法加工陶瓷
(a) 电火花成形加工;(b) 电火花线切割加工

值得关注的是,我国石油大学自主研发了双电极同步伺服跟踪电火花磨削加工陶瓷技术,使陶瓷加工效率提高了6～8倍。该方法借助砂轮高速旋转产生的高频机械脉冲,在导电石墨乳和脉冲电源作用下,在砂轮双电极之间与工件表面的接触弧附近产生微短拉弧放电和火花放电,所产生的瞬时高温使工件表面材料局部熔化、气化,冲蚀出一个个小坑;同时,随着工作台的进给,砂轮与工件之间的机械磨削作用,将电火花作用过的表层材料磨去。其所用的双极性砂轮电火花机械复合磨削系统如图3-26所示。

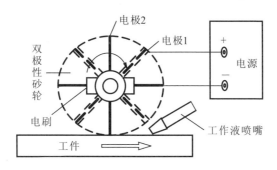

图 3-26 双极性砂轮电火花机械复合磨削系统

与传统加工方法相比,电火花加工在不降低材料表面质量的条件下可提高加工效率,而且该技术特别适于陶瓷异型件的加工,可以完成采用传统加工技术很难完成的工作。电火花加工陶瓷材料的技术目前仍然处于实验室研究阶段,提高其加工效率的关键在于辅助电极技术、电参数的选择以及放电间隙的控制等,而其中辅助电极的形成和连续稳定放电的实现是研究的难点,一旦这些难点突破,相信电火花加工陶瓷技术将会得到迅速发展。

## 3.3.5 超声波加工

近年来,结构陶瓷材料超声辅助加工技术在国内外得到了长足的发展。东京大学在 1996 年用超声激振方式在结构陶瓷材料上加工出了最小直径为 5 $\mu m$ 的微孔。美国研究了超声加工陶瓷材料的微观去除机理,发现超声加工效率与工具和陶瓷表面间距和磨料粒径有关,在给定磨料粒径的条件下,存在一临界间距,工具在这一位置加工具有高的加工效率;有人进行了旋转超声加工 $Al_2O_3$ 陶瓷的试验研究(见图 3-27),发现与传统的金刚石钻孔相比较,旋转超声钻孔使切削力降低了 50%,而材料去除率提高了 10%。

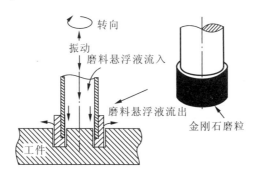

图 3-27 $Al_2O_3$ 陶瓷旋转超声振动钻孔示意图

国内学者对超声辅助复合加工结构陶瓷材料的技术进行了大量的研究。山东大学提出了超声振动-间隙脉冲放电复合加工的新技术;装甲兵工程学院对超声波振动车削加工等离子喷涂 $Al_2O_3+13\%TiO_2$ 陶瓷涂层进行了试验研究,得出了一些有益的结论;广东工业大学试验证明结构陶瓷材料超声电火花线切割复合加工最大效率可提高50％以上。

### 3.3.6 微波加工

微波是一种频率范围300 MHz～3 000 GHz的电磁波,微波电磁能量能穿透介质材料,传送到有耗物质的内部,并与物体的原子、分子互相碰撞、摩擦,从而使物体发热、熔融甚至气化。利用微波加工陶瓷是一项全新的加工技术,突破性的研究是以色列的Jerby等人进行的。其在著名的《SCIENCE》杂志上发表文章,率先提出采用微波钻对陶瓷、玻璃等非导电材料进行钻孔加工,其原理是利用微波天线定向加热陶瓷,使陶瓷材料被加工区局部熔融,然后将微波天线插入熔融区形成孔洞。受该思想的启发,华中科技大学将微波钻方法扩展到车、铣、刨等其他机加工方式,用车刀、铣刀或刨刀代替微波天线,将加热与切削装置合为一体。在陶瓷材料加工过程中,刀具与工件接触准备切削的同时,微波电磁能量通过刀具天线定向到被加工区实施加热。刀具与微波天线内导体一体化结构如图3-28所示。

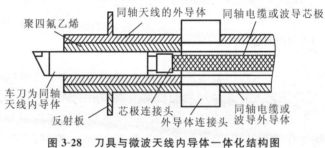

图3-28 刀具与微波天线内导体一体化结构图

### 3.3.7 其他先进加工技术

**1. 等离子体切割**

苏联、美国和日本最早开发了微束等离子弧加工,用于对陶瓷等非金属薄材进行切割,取得了较好效果。但是对于非金属切割,当初只能采用非转移型等离子弧,受弧柱形状和温度场分布限制,很难实现较大厚度的非金属材料切割。基于这一现状,大连理工大学提出了附加阳极等离子弧加工结构陶瓷材料的技术。其基本原理是在被加工陶瓷件下方设置一个附加阳极,从而在阴极与附加阳极之间可形成持续、稳定的等离子弧。2006年初,装甲兵工程学院使用自行研制的新型水介质等离子弧设备对氮化硅陶瓷材料进行弧焰加热辅助切削的尝试,试验证明该方法有效,可大大降低加工成本。

**2. 弹性发射加工技术**

利用极微小磨粒,以接近水平的方向和加工表面碰撞,以原子级加工单位去除材料。由于工件表面宏观上不受机械作用,因此可得到无损伤表面,当使用聚氨基甲酸酯球为工具时,采用$ZrO_2$粉末加工单晶硅,表面粗糙度值可达5 Å。

**3. 液体浮动研磨与抛光技术**

采用抛光盘沿圆周均布多个斜面槽,通过圆盘转动,由液体楔形成液体动压使工件悬浮,处于浮动间隙中的研磨抛光粉对工件进行抛光,抛光硬脆材料时不平度为 $0.3~\mu m/76~mm$,表面粗糙度值为 1 nm。

**4. 磁悬浮抛光技术**

利用磁力悬浮现象,在磁流体中加入非磁性磨料,当工件相对磨料进行旋转运动或相对运动时,就实现了工件表面的抛光。1990 年,T. Shimida 使用涂覆金刚石的磁性磨粒抛光直径为 12 mm 的 $Si_3N_4$ 圆棒,研抛后表面粗糙度值 $Ra$ 达到 $0.04~\mu m$,而且得到了半径为 0.01 mm 的倒棱面。

## 3.4 半导体及大规模集成电路加工技术

### 3.4.1 半导体及大规模集成电路的生产流程

半导体及大规模集成电路的制作是电子制造领域的关键之一,是信息化产业的重要攻关课题,牵涉到多学科的集成。图 3-29 是半导体及大规模集成电路制造的流程图,包括三大主要工艺内容。

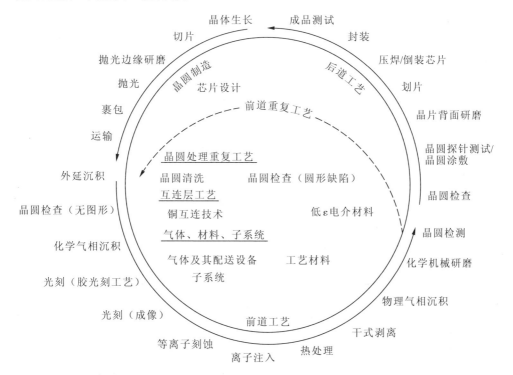

**图 3-29 大规模集成电路生产流程图**

**1. 晶圆制造**

晶圆（wafer）又可称为晶片，其制造过程如下：晶体生长→切片→抛光边缘研磨→晶圆抛光→裹包→运输。

**2. 前道（端）工艺**

前道（端）工艺流程如下：外延沉积→晶圆检查（无图形）→化学气相沉积→光刻（胶光刻工艺）→光刻（成像）→等离子刻蚀→离子注入→热处理→干式剥离→物理气相沉积→化学机械研磨→晶圆检测。

在前道工艺中，还需要不少重复工艺，包括：

① 晶圆处理重复工艺，涉及晶圆清洗、晶圆检查（圆形缺陷）等；

② 互连层工艺，涉及铜互连技术、低 ε（介电常数）电介材料等；

③ 气体、材料、子系统，涉及气体及其配送设备、工艺材料、子系统等。

**3. 后道（端）工艺**

后道（端）工艺过程如下：晶圆检查→晶圆探针测试/晶圆涂敷→晶圆背面研磨→划片→压焊/倒装芯片→封装→成品测试。

集成电路芯片的制造过程复杂，这里只能择其部分工艺作一介绍。

## 3.4.2 半导体光刻技术

目前，晶圆直径正由 200 mm 向 300 mm 转移。300 mm 晶圆的出片率是 200 mm 的 2.5 倍，单位生产成本降低 30% 左右。300 mm 片径是从实现刻线宽度为 180 nm 的光刻机上开始采用的，而目前要求光刻机能在线宽为 150 nm、130 nm，甚至 100 nm 时仍可使用。

300 mm 晶圆生产 180 nm、150 nm、130 nm 的 IC 设备都已服务于生产线上，100 nm 的设备也开始提供，我国也已投入重金开展 100 nm 的光刻机研究。

要把集成电路的复杂图形蚀刻到硅片上，必须制作掩膜和高精密、高效率的光刻机。

**1. 掩膜的制作**

首先要把 CAD 文件中的电路图传送到光掩膜上，为此，先将 CAD 文件传送到由计算机控制曝光的图形发生器中，图形发生器用曝光的方法把集成电路图形传到称为光掩膜的感光干版上，这类似于摄影后的显影过程。图形发生器把许多与电路图对应的长方形曝光到干版上，这些干版上涂有感光材料（如感光乳胶、感光树脂等），在曝光后，感光材料会脱落。一旦感光材料脱落，在干版上与电路相一致的图形就变成透明的了，在光刻时，光线就可以透过这些透光的部分把电路图刻在硅片上。

**2. 光刻技术**

光刻即将掩膜图形投影并刻制到晶圆上，需经过很多步骤。首先要在晶圆表面涂上一层感光树脂材料。一般做法是将液体感光材料从晶圆中心注到晶圆表面上，在 1 000 r/min～1 500 r/min 的转速下由离心力作用形成一层均匀、薄的附着层，其厚度可通过改变液体黏度和晶圆转速来控制。用氮气或空气暖箱使感光树脂干燥。

图 3-30 所示为早期生产集成电路的贴近式光刻技术,在这种工艺方法中,光掩膜与晶圆表面非常贴近。

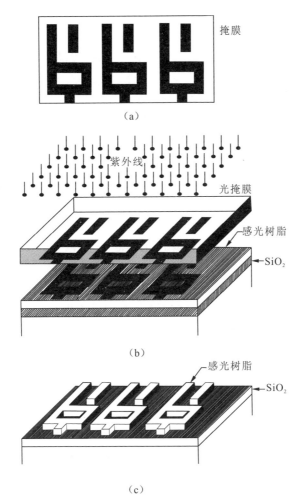

图 3-30 简化的贴近式光刻加工原理示意图
(a) 光掩膜顶视图;(b) 掩膜位于晶圆感光树脂上方;(c) 经曝光清洗后的 $SiO_2$ 表层

图 3-30(a)为光掩膜顶视图;图 3-30(b)显示出掩膜位于晶圆的感光树脂的上方;图 3-30(c)所示为 $SiO_2$ 表层经曝光清洗后的情况。

曝光是芯片制造中关键的制造工艺。由于光的衍射效应,需不断创新光学曝光技术,一再突破人们预期的光学曝光极限,使之成为当前曝光的主流技术。1997 年美国 GCA 公司推出了首台分步重复投影曝光机,其被视为曝光技术的一大里程碑。1991 年美国 SVG 公司推出的步进扫描曝光机,它集分步投影曝光的高分辨率和扫描投影曝光机的大视场、高效率于一身,适合于大批量生产中的曝光。

高精度、高效率的同步扫描光刻机是一种高科技产品,各国都将其相关技术视为绝密技术,它所涉及的高精密检测系统、高精密数控系统、高精密机械系统等的研制都需要付出很大的代价。

### 3.4.3 电子束直写

从原理上讲,电子束直写工艺完全可以用来在晶圆上"写"出集成电路图,不受光刻极限的约束。

电子束具有波长短、分辨率高、焦深长、易于控制的特点,广泛应用于光学和非光学曝光的掩膜制造。目前,采用电子束直写技术能在晶圆上直接作图,但其生产率极低,限制了该技术的使用。在下一代的曝光技术中,使电子束的高分辨率与高效率得到统一,是电子束科技工作人员追求的目标。

美国硅谷的离子诊断公司开发了微型电子束矩阵,称为电子曝光系统(MELS),它可以同时平行直写。该系统有 201 个电子光学柱,每柱有 32 个电子束,用于 300 mm 晶圆的曝光。电子束由采用微细加工方法制造的场致发射冷阴极产生,每束供 15 nA,每柱供 480 nA。用三腔集成制造系统,生产率可达 90 片/h。

21 世纪集成电路(IC)向系统集成(IS)方向发展,在系统集成芯片(SOC)的开发中,电子束直写比其他方法更具灵活性,它可直接接受图形数据成像,无须复杂的掩膜制作。日本东芝、Canon、Nikon 已联手进行高效电子束直写的研究,美国 IBM 曾在这方面做过探索,也准备加入其中。

X 光曝光、离子投影曝光都是集成电路制作领域有诱人前景的技术,很多国家已投入人力、物力研发相关技术与装备。

### 3.4.4 半导体封装技术

作为半导体的后道(端)工艺的封装与机械工程专业密切相关。

图 3-31 给出了后道(端)加工的概貌,由图可知一个常见的双列直插式集成电路芯片封装件的加工过程:将电路芯片装在环氧树脂或金属合金的基座上,焊接线从集成电路的焊接点连到封装外壳的引线架上,引线架与 J 形或鸥翼形插脚相连,最后装到印刷线路板上,将外壳(图 3-31 中标为模塑料)盖上后完成封装。

**1. 芯片固定、引线连接和封装过程**

双芯片固定的过程为:将合格的芯片装入设计好的外壳中,固定在含有金属填充的环氧树脂上,或者把含 96% 金和 4% 硅的共晶合金熔化,冷却到 390~420 ℃,固化后黏结芯片。

引线连接芯片顶部和外壳周围的引线架,形成电气连接。图 3-32 所示为由精细的连接线从焊点(一般焊点尺寸为 100~125 $\mu m$)连到保护外壳的线架上。采用热焊法能有效地把精细连接线焊到焊点上。该方法已成为最有效的连接方法。在热焊连接过程中,将直径 25 $\mu m$ 的金或铝连接线用钝形压头压焊在焊点上,同时把基板加

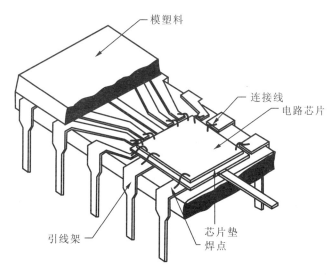

图 3-31 双列直插式封装件示意图

热至 150 ℃,并用超声波振动节点把焊点固定。综合利用结合压力、振动和金或铝(均属于软金属)的热塑变形,形成固态焊接点。在高效率生产线上,采用热焊加工方法很容易实现自动化。

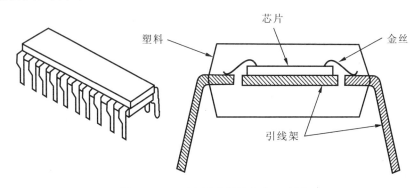

图 3-32 双列直插式封装方法示意图

### 2. 两种封装形式

图 3-32 所示的双列直插式封装方法是常用的封装形式,这种封装形式成本低廉、加工方便,可以选用环氧树脂、塑料、金属或陶瓷等多种材料以适应不同需要。双列直插式封装一直是原形电路设计的主要形式。这样封装的一般为长方形的塑料件,沿着其周边分布着间隔约为 2.5 mm 的输入/输出(I/O)引脚。

以塑料或陶瓷制作的四侧引线扁平封装(QFP)是当今最常见的商品化封装形式,它主要用于门阵列电路、标准逻辑单元电路和微处理器。扁平封装形式特别适用于多层印刷板重叠的计算机系统。在这种系统中,要求装有小高度的芯片以减少垂直方向装配空间。图 3-33 所示为四侧引线扁平封装的标准设计布置图。图 3-33(a)

所示为用连接线把芯片上的焊点与陶瓷(或塑料)封装件外部的引脚线连接起来;图3-33(b)所示为封装后的外围布置,包括陶瓷(或塑料)四侧引线封装中部的鸥翼形插脚和左下部的J形插脚。在四侧引线扁平封装中需注意:如果引脚太小,在装配中,单个引脚容易弯曲,或者在后续加工时,在印刷电路板上安装封装件时,会引起相邻引脚之间焊点短路。

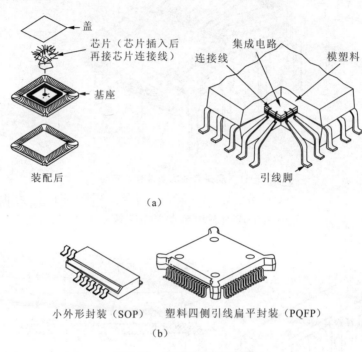

图 3-33　四侧引线扁平封装
(a) 焊点与引脚线的连接;(b) 封装后的外围布置

# 第 4 章

# 可持续制造技术

第 1 章已就可持续制造的基本概念与制造理念作了介绍,本章就实现可持续制造策略的具体技术手段与方法进行论述。

## 4.1 竞争性可持续制造

在 1980 年,与经济社会发展与环境发展相关的可持续发展被认为是全球所有发达国家和发展中国家所期望的新工业革命的目标。

竞争性可持续制造(competitive sustainable manufacturing,CSM)是全球追求可持续发展目标下的一种新型制造模式。CSM 的高附加值依赖于知识,并影响着制造工业中的产品、服务、过程、商务模型,以及相关的教育、研究和技术发展和创新系统。

### 4.1.1 制造、竞争性与可持续性

对制造可从三个层次来进行论述:宏观层(宏观经济学),中间层(生产和生产模式),现场层(产品/服务、过程、商务模型)。

制造是可持续发展的基础使能器。它与经济、社会、环境、技术紧密相关,图 4-1 所示为制造的分类。

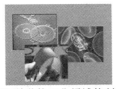

基于科学的工业领域的制造

特供工业领域的制造

规模密集工业领域的制造

传统工业领域的制造

**图 4-1 按 Pavitts 分类法的制造类别**

目前,关键是将可持续发展落实到策略部门。制造的竞争性和可持续性应通过研发和实现新型高附加值的知识型产品和服务、过程和商务模型来达到。

工业要转型,必须有教育、研究、技术开发和创新系统的支持,图 4-2 所示的知识三角形应愈来愈坚强和有效。在工业全球化背景下,必须坚持制造的竞争性和可持续性。

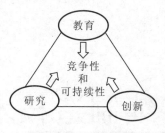

图 4-2 知识三角形

**1. 竞争性**

广义而言,竞争性是指在一个国家层面、一个工业部门层面、一个公司层面上制造在市场上的成功程度。有学者认为,一个国家的竞争性取决于该国所生产产品和服务的生产率。竞争性对于实现 CSM 来说是最重要的。

中间层次制造的竞争性是一个比较概念,即对所提供的制造模式的能力与性能响应所追求的制造模式的程度的比较。

现场层次制造中的竞争性可定义为一个作业部门(公司、大学、研究所和研究中心等)响应顾客需求的好坏程度。

**2. 可持续性**

可持续性也是一个广泛的概念,涉及经济、社会、环境三个领域。

**1) 宏观层次上的可持续制造**

宏观层次上的可持续制造依赖于环境,而经济是其必需的基础,它是达到社会目标的使能工具。世界上不少国家和地区都定义了许多指标来判定可持续发展的策略执行情况,如再制造。再制造的重要特征是再制造后的产品质量或性能达到或超过新产品,而成本只是新产品的 50%,节能 60%,节材 70%,对环境的不良影响显著降低等等。这些指标反映了宏观层次上可持续制造的状况。

**2) 中间层次的可持续制造**

中间层次的可持续制造解决响应模式,即产品、服务、过程和商务模型如何适应上述的经济、社会和环境条件的问题。这时,可持续制造必须响应以下三个方面的挑战:

① 经济上的挑战,产生的财富与新的服务要保证持续的发展和竞争性;

② 环境上的挑战,要促进自然资源的尽可能少的使用,特别是对不可再生的自然资源更要珍惜使用,采用尽可能好的管理方式,以减少对环境的影响;

③ 社会方面的挑战,要促进社会的发展,通过更新的工作质量来改善人们的生活质量。

**3) 现场层次的可持续制造**

现场层次的可持续制造要求产品和服务必须满足以下三个条件:

① 在产品和服务的全生命周期中,应是安全的、强生态的;

② 通过合适的设计,应是耐久的、可维修的,在现实生活中是可循环的、能合成的、易于生物降解的;

③ 生产、包装时,使用少量的能量和少量的最环保的材料,如木材、粮食等。

**3. 可持续质量**

可持续质量(sustainable quality,SQ)的概念如图 4-3 所示。可持续质量要求协调客户的使用要求和经济、社会、环境、技术要求之间的关系。为了保证可持续质量,制造过程必须正确设计与运行,并遵循下述原则:

① 废料与非生态型副产品应持续地减少或消除,或者能实现在位循环使用;

② 应持续地消除对人类健康和环境有害的化学物质和物理工具与条件;

③ 应节约能量和材料,所采用的能量形式和材料对期望的最终结果应是最合适的;

④ 工作空间应设计好,能连续减小或消除化学污染、不符合人机工程原理的操作对人体的危害。

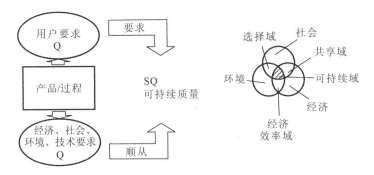

图 4-3 可持续质量的概念

## 4.1.2 促进、执行与发展 CSM

CSM 的推行,将引起全球性的工业革命性质的变化,具体体现在以下若干方面。

**1. CSM 的决策智能化**

如图 4-4 所示,面对来自经济、社会、环境和技术(简称 ESET)的关键性挑战,为了推行 CSM,要协调 ESET 之间的相互关系。首先要进行科技创新,进而开展商务活动。在科技创新活动圈内,教育部门、研究部门、开发创新部门都要有各自的规划,对其使能技术也应进行规划,并形成各种创新成果的集成。在这些创新活动中产生的知识要进一步推广、使用。在商务活动中,其主干部分是商务创新、基础设施和网络的配备,将技术创新的产品、工艺过程和生产组织形式在 CSM 中实现,推动全球化工业革命性质的 CSM 模式,该模式不仅保证了制造的可持续性,而且也保证了制造具有全球竞争力。

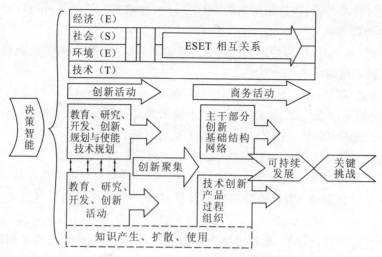

图 4-4　推行 CSM 的活动参考模型

## 2. 闭环制造

借用控制工程中"开环"、"闭环"概念,可以说传统制造是一种开环制造,其从原材料制成产品、交付用户使用到"退役"为止的过程是单向的、开环的。而要推行 CSM,必须实施闭环制造。

要达到可持续制造的要求,必须在传统意义下的制造基础上加上反馈环节(称为逆向制造)而形成闭环制造,如图 4-5 所示。

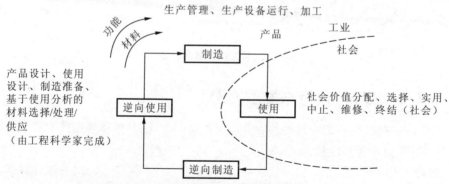

图 4-5　闭环制造原理框图

如图 4-5 的左半部分所示,主要由工程科学家完成产品设计、材料选择/处理/供应,完成使用设计、制造准备,进而在企业中完成产品制造,将产品销售至社会,实现其社会、经济价值。由图 4-5 的下半部分(制造信息反馈部分)所示,主要由观测科学家完成对产品使用数据采集与分析、对废弃物的管理、对废物加工设备的研制等工作,并将有用信息反馈给制造过程,改进制造过程,更换或重用某些材料,使资源得到充分的利用。

**3. 服务型制造**

人们对产品价值的认识不只是产品的物理性本身,还在于其功用性。当人们购买一台电冰箱时,对它的价值认识首先当然是视觉上的,即它的体积、它的外观、它的制冷方式,进而是对该冰箱功用性的认识,如制冷和保鲜、异味隔离、节能效果等。所谓产品的功用性可理解为隐含于产品中的服务,当人们使用该产品时,便接受了其隐含的服务。功用性等于所有服务之和,当隐含在产品中的服务用尽时,产品的寿命即终止。

一个产品的潜在价值可以用其功用性来度量,亦即能获得的服务之总和。因此,闭环制造覆盖了从构造功用性到实现功用性、提取功用性、终止功用性的整个过程。在这样的框架下,有学者提出:为了可持续,采用最小制造和最大服务的模式,如图 4-6 所示。

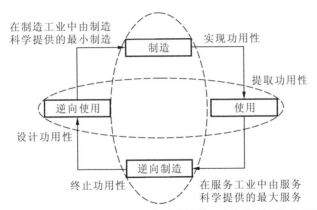

(制造工业和服务工业是相互紧密连接的,它们必须一块处理)

**图 4-6 可持续社会的最小制造和最大服务模式**

按照这样的思路,可持续制造系统是一个生产价值的制造系统。总价值是自然价值与人工价值之和。自然价值由空间和生态系统的功用性(生态系统服务)、矿物资源、能源、生物资源体现,人工价值由潜在的初级服务、材料的功用、产品的功用体现。

在工业化过程中,人们更多关注的是企业提供的产品;如今,人们越来越关注一种产品提供的服务。例如一个人用 3G 手机,通过互联网,可方便地得到满足个人需求的医疗、教育、娱乐、购物等方面的服务,产品与服务相伴而生。这是一种服务创新,也是创造价值的源泉。创新与服务逐渐成为整个经济的价值核心。

制造业企业如何向服务型企业转型?许多学者都在探讨其途径。所得出的共同结论是:企业不仅卖产品,还要卖服务;企业生产要素的配置要社会化、国际化;制造模式要向全球制造、敏捷制造转型,特别要具备整合全球资源的能力,而不仅仅在于拥有多少资源。

中国用 1.2 亿农民工成就了"世界工厂",以资源、环境为代价取得了举世瞩目的增长;印度用100万～200万IT白领造就了"世界办公室",用较少的资源消耗也取得了GDP8%～9%的增长。尽管美国的服务业比重已高于80%,但仍把服务经济看成是其"下一件大事"。服务经济的发展是一个大趋势。

服务的本质不同于制造。服务着眼于人的行为、兴趣(如生活方式、识别能力、头脑功能等),关注社会和环境的可持续性,在关于创新的科学探讨中、在服务设计中均要揭示现实世界中服务目标和服务环境的不确定性。

为了创造新的附加值,需研究出多种方法。欲共同创造服务中的新价值,关键问题是设计、决策组织如何相互协商,如何理解系统的不确定性。

**4. 无废弃物加工**

要推行CSM,要尽可能地实现无废弃物加工策略。美国在展望2010年制造业前景时,提出"无废弃物加工"的新一代制造技术,即加工过程中不产生废弃物,或产生的废弃物能作为另一加工过程环节的原料而被利用,并在下一个流程中不再产生废弃物,整个制造过程中没有了废弃物。

为了实现无废弃物加工过程,要选择和设计可持续材料,它的选择和设计应符合"哪来哪去(cradle to cradle)"原则。当然,"无废弃物"实际是指"少、无废弃物"。

废砂是铸造生产行业产生的主要废弃物,占该行业废弃物总量的70%以上。我国年产铸件2800万吨以上,循环用砂量高达2000万吨,以废弃70%计算,每年废弃的废砂至少达1400万吨。20世纪80年代以来,为了解决铸造废砂问题,世界各国进行了大量研究,取得了可喜的成果:日本采用旧砂再生的铸造厂已达到86%,每吨铸件排放的废砂量已经降至0.22 t,每吨铸件使用新砂量仅为0.135 t;美国一些铸造厂已经实现"零废物生产",即没有废物排放的生产;我国有关单位开发的水玻璃旧砂湿法干法联合再生产线,采用热湿法再生和干法清洁除尘的原理,再生砂回收率达到90%以上。对废砂的回收利用,是实现无废弃物加工的一个实例。

**5. 可持续发展的使能技术**

要推行CSM,需推行可持续发展的使能技术。

图4-7归纳出的使能技术(enable technology)是以可持续性为准则而总结出来的。

由图4-7可知,为超越当前的制造技术,要满足的目标是减少制造过程即从输入到输出的转换过程中的资源消耗,如材料、能源的消耗。而产品微型化、机器与技术装备的微型化、用电子技术与软件取代物化的功能是减少资源消耗的重要手段之一。基于过程模型的技术智能的实现,有利于进一步减少废品、废物和有缺陷的产品。很显然,使能技术与经济目标、生态目标要求是相一致的,符合可持续发展策略。

相应地,制造理论也应该得到发展。制造理论应能对整体制造系统的不同侧面进行分析,它应具有解释价值;在环境和可持续发展目标的影响下,制造理论应能对生产系统及其性能进行诊断、预测和设计。

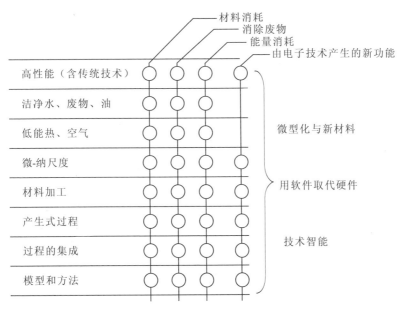

图 4-7 满足可持续性的技术途径

目前,所谓的能量生产率(单位能量的生产效率)正挑战传统的劳动生产率,如图 4-8 所示。为了实现可持续发展下的能量生产率,需要有系统理论支撑,需要开发新型的充分利用资源的生产技术。

| 年代 | | —17世纪 | 18—20世纪 | | 21世纪— | |
|---|---|---|---|---|---|---|
| 时代名称 | | 生存时代 | 发展时代 | | 可持续性时代 | |
| | | 人力劳动 | 机械化 | 智能机械化 | 绿色信息技术(A) | 绿色信息技术(B) |
| 工厂中的技术 | | 人的肌肉做功 | 用动力机械替代肌肉做功 | | 动力机器的能量守恒 | |
| | | 人的脑力劳动 | | 用信息机械替代脑力劳动 | | 信息机械的能量守恒 |
| | | 手工工具 | 动力机械 | 信息技术控制 | 利用信息技术控制实现机器和系统的能量存储设计 | 能量存储元件、装置和系统 |
| 能量消耗 | | | | | | |

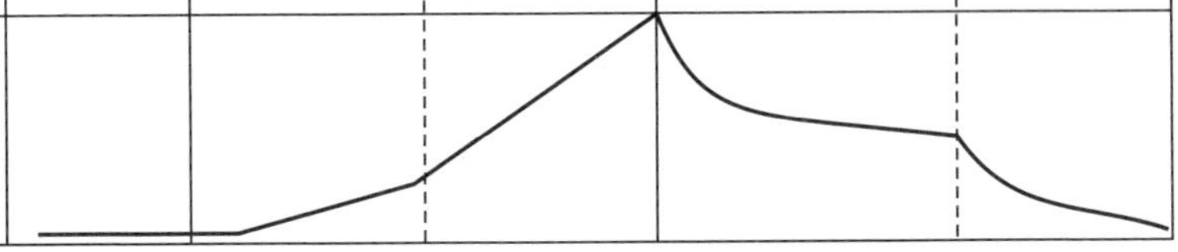

图 4-8 从劳动生产率到能量生产率

我国制造行业,特别是重型装备制造行业,在制造及设备使用过程中会消耗大量能源,排放大量废弃物(如 $CO_2$、$SO_2$ 等),同时大锻件(如 50 t 以上)的余热、炼钢和铸造过程中的余热没有得到回收利用。与先进工业国家相比,我国的能量生产率水平还有较大差距。为提高能量生产率,人们对高温铸锻件余热回收技术给予了越来越多的关注。利用该技术,采用先进的设备和技术对大型高温钢锭的余热进行回收利用,对铸造和锻造工艺进行优化改造,可提高能源利用率。如按某重型企业现有铸、锻件产量计算:2006 年锻件总产量为 90 000 t,铸件总产量为 30 000 t;2007 年钢液总产量为 260 000 t,锻件总产量为 120 000 t,铸件总产量为 40 000 t。2006 年回收余热量达到 2 141 吨标准煤,2007 年回收余热量达到 2 644 吨标准煤。对余热的回收就是进入 21 世纪后能量消耗下降(见图 4-8)的原因之一。

能量生产率这一概念促使人们不断改造传统的粗放式生产模式,创新出新型的节能减排生产模式。

## 4.2　再制造技术

### 4.2.1　再制造的内涵与特点

再制造(remanufacturing)是制造的现场层次上的概念,一般来说,再制造技术不包括再制造中毛坯的逆向物流及再制造产品的销售,而主要是指再制造工厂内部的再制造工艺过程,包括退役产品的拆解、清洗、检测、加工、零件测试、装配、整机测试、包装等步骤。

**1. 再制造的定义**

目前对再制造尚无统一的定义。

美国波士顿大学再制造专家 Robert 教授从制造技术角度将再制造定义为:在工厂里,通过一系列工业过程,将已经报废的产品进行拆卸、不能使用的零部件通过再加工技术进行修复,使得经修复处理以后的零部件的性能与寿命期望值达到或者高于原来零部件的性能与寿命。

国际再制造工业委员会主席、美国汽车零件再制造协会会长 William 将再制造定义为:再制造是一个将废旧产品恢复到如新产品一样性能的过程。

德国再制造工程中心主任 Rolf Steinhilper 认为:再制造是将废旧产品制造成"如新产品性能一样好"的再制造产品的再循环过程。

我国学者对再制造的定义:再制造是指以产品全寿命周期理论为指导,以实现废旧产品性能提升为目标,以优质、高效、节能、节材、环保为准则,以先进技术和产业化生产为手段,进行修复、改造废旧产品的一系列技术措施或工程活动的总称。简言之,再制造是废旧产品高技术修复、改造的产业化。

本书作者认为,可以更简单地将再制造定义为:再制造是将退役产品变为在役产品的制造产业化行为。首先,再制造也是制造,而制造的传统含义是将某些物质转变成一种新东西的过程,因此,再制造也是一个转化过程;其次,"废旧产品"一词易被我国读者误解,它是译自英文的,用"退役产品"更好理解;最后,要强调再制造是一种产业化行为。

**2. 再制造的特征**

(1) 再制造具有可持续性

再制造后的产品质量和性能不低于新产品,而成本只是新产品的 50%,节能 60%,节材 70%,对环境的不良影响显著降低。

(2) 再制造与维修的区别

① 二者的加工规模不同。维修一般针对单件或小批量零件,而再制造以产业化为主,主要针对大批量零件。

② 二者涉及的理论基础不同。维修更多地关注单一零件的技术基础研究,而再制造还需进行批量件的基础理论研究,如退役零件的剩余寿命评估和再制造零件的服役寿命预测。

③ 二者的修复效果不同。维修常具有随机性、原位性、应急性,修复效果难达到新产品水平,而再制造是按制造的标准,采用先进技术进行加工,经再制造的产品的性能、质量不低于甚至高于新产品的性能与质量。

(3) 再制造与制造的区别

① 二者的过程输入不同。制造过程的输入为铸、锻、焊等毛坯件或其他原材料,毛坯初始状态相对均质、单一,毛坯表面是无油垢的;再制造过程的输入为退役产品或零部件,其初始状态可能有裂缝、残余应力、变形等缺陷,即再制造过程的输入件表面可能有油污、锈蚀层、硬化层等。

② 二者的质量控制手段不同。产品制造过程中对零件进行寿命评估和质量控制已较成熟;再制造过程中因输入的是退役产品或零部件,其损伤失效形式复杂多样,且残余应力、疲劳层等的存在,导致寿命评估与服役周期复杂难测,同时再制造过程的质量控制也很困难。

③ 二者的加工工艺不同。产品制造过程中其尺寸精度与力学性能是统一的;再制造过程中退役零件的尺寸、形状、表面损伤程度各不相同,又必须在同一生产线上完成加工,因此需采用更先进的加工工艺,增加自适应性与柔性,才能高质量地恢复零件的尺寸精度与性能要求。

**3. 可进行再制造产品的标准**

并不是所有的退役产品都可进行再制造。1998 年,有学者提出可进行再制造的产品,要符合下列七条准则:

- 属于耐用产品;
- 是功能失效的产品;
- 属于标准化的产品或具有互换性的零件;
- 是剩余附加值较高的产品;
- 获得失效产品的费用低于产品的残余增值;
- 是生产技术稳定的产品;

● 再制造产品生成后,能满足消费者要求。

从制造科学的观点分析,再循环系统的质量、成本、交货期(quality、cost、delivery,简称 QCD)必须满足制造系统的要求。但现行的再循环系统尚不能满足这些要求。例如,由于质量问题,汽车车身上的材料不可能再循环用到新汽车车身上;由塑料(PET)瓶再循环利用生成纤维制成的衣服通常比用原始纤维制成的衣服贵得多,这样的再制造不为经济社会所接受。

2005 年,美国主要再制造产品占该类产品的比例为:汽车及其配件占 56%、工业设备占 16%、航空航天及国防装备占 11%、电子产品占 6%、计算机产品占 4%。当年美国的再制造业雇用员工 100 万,年销售额 1000 亿美元,75% 的再制造公司通过了 ISO 质量体系认证。据美国钢铁协会的分析报告,美国对钢铁材料报废产品的再制造已取得显著效果:节省能源 47%~74%,减少大气污染 86%,减少水污染 76%,减少固体废料 9%,节省用水量 40%。

我国在发展再制造业的过程中,一定要纠正一个错误概念:再制造就是翻新。翻新是一个模糊概念,而再制造是一种产业化行为,二者是不能等同的。

### 4.2.2 再制造的理论和关键技术

根据 4.2.1 节关于再制造的七条准则,再制造最核心的基础理论是再制造的寿命预测,它决定了有无必要进行再制造,而再制造的关键技术是使再制造成为可能的条件。

**1. 再制造的基础理论**

再制造寿命预测包含两个方面内容:

① 退役产品(或零件)的剩余寿命评估,确定再制造规划;

② 再制造产品(或零件)的服役寿命预测,判定再制造产品(或零件)是否具有足以维持下一个服役周期的使用寿命。

**2. 再制造的关键技术**

再制造也是一种制造行为。除寿命预测技术外,再制造的关键技术还包括再制造设计技术(如保证高效无损拆解与分类回收的设计技术)、再制造工艺技术(如环保高效的绿色清洗技术、表面工程再制造技术等)、再制造装配技术、再制造管理技术等。这里主要介绍再制造工艺技术与再制造装配技术。

**1) 再制造工艺技术**

(1) 环保高效清洗技术

再制造的对象是退役产品,经长期使用,这些产品有大量油污、锈蚀,必须清洗后再进行处理、再制造。因此,退役零件的清洗工作是再制造过程的重要环节。国外先进再制造企业已能做到物理化清洗,即完全不用化学清洗剂,拆洗过程已达到零排放水平。应用无污染、高效率、应用范围广、对零件无损害的自动化超声清洗技术,以及热膨胀不变形高温除垢技术、无损喷丸清洗技术与设备,可以提高再制造生产过程的排污标准。

清洗技术各影响因素所占比例可由表 4-1 看出。

表 4-1 清洗技术各影响因素所占比例比较

| 因　　素 | 过　　去 | 未　　来 |
|---|---|---|
| 化学作用 | 30% | 15% |
| 机械方式 | 20% | 40% |
| 工艺时间 | 25% | 20% |
| 温度影响 | 25% | 25% |

(2) 表面工程再制造技术

退役的零件大多会有表面损伤,因此表面修复、表面工程再制造技术对于退役产品的再制造具有重要意义。利用高科技成果研发的新型工艺技术,促进了表面工程再制造技术的发展。现介绍两种表面工程再制造技术。

① 等离子喷涂技术　等离子喷涂是一种分层制造技术,它也属于高能量粒子束加工的范畴,其原理本书前面已有介绍。

我国自行开发的高效能超音速等离子喷涂系统 HEPJ,可制备各种高熔点的纳米陶瓷或金属陶瓷涂层,采用该设备所得涂层比采用其他设备所得涂层的结合强度、致密性和其他综合性能有显著提高。如利用高效能超音速等离子喷涂设备喷涂美国纳米公司生产的 $Al_2O_3/TiO_2$ 纳米复合粉末,得到了纳米结构喷涂层。从透射电镜形貌与选区电子衍射照片中可见,该喷涂层中既有亚微米晶体,又有纳米晶体。

对于同一种美国生产的 $Al_2O_3/TiO_2$ 纳米复合粉末,分别用超音速等离子喷涂设备 HEPJ 和美国生产的普通等离子喷涂设备 Metco.9M 制备纳米涂层,其性能分别如表 4-2 所示。结果显示,我国自行研发的喷涂设备 HEPJ 得到的纳米涂层性能优于美国设备 Metco.9M 得到的涂层性能。

表 4-2 两种喷涂设备的纳米结构涂层性能对比

| 性　能　指　标 | HEPJ(中国) | Metco.9M(美国) |
|---|---|---|
| 硬度(HV) | 1166 | 713 |
| 结合强度/MPa | 29.4 | 11.4 |
| 相对耐磨性 | 1.12 | 1 |

② 纳米电刷镀技术　电刷镀技术是 20 世纪 80 年代开发出来的新型表面技术,在失效零部件的修复和再制造方面有重要作用。其原理框图如图 4-9 所示。由图可见,如果把具有特定性能的纳米颗粒加入电刷镀液,将得到含纳米颗粒的复合电刷镀溶液。在刷镀过程中,复合镀液中的纳米颗粒由于电场力或络合离子的作用与金属

离子共同沉积在基体表面,即获得纳米颗粒弥散分布的复合电刷镀层,从而提高了零件的表面性能。

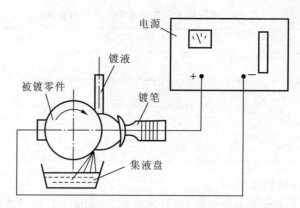

图 4-9　电刷镀技术工作原理图

纳米电刷镀技术是在传统的电刷镀技术基础上发展起来的,是我国拥有自主知识产权的技术。

纳米电刷镀技术具有设备轻便、工艺灵活、镀覆速度快、镀层种类多等优点,特别是镀覆表面无热影响区、镀层厚度可精确控制,对于薄壁零件和损伤较小零件的修复和再制造具有其他技术(如堆积、喷涂等)无法比拟的技术优势,广泛应用于机械零件表面修复、强化以及再制造中。

常用的纳米复合电刷镀溶液的基质主要包括镍系、铜系、铁系、钴系等单金属电刷镀溶液及镍钴、镍钙、镍铁、镍磷、镍铁钴、镍铁钨、镍钴磷等二元或三元合金电刷镀溶液。

所加入的纳米不溶性固体颗粒可以是单质金属或非金属元素,如纳米铜、石墨等,也可以是无机化合物,如金属的氧化物(如 $SiO_2$ 等)、碳化物(如 TiC 等)、氮化物(如 BN 等)、硼化物(如 $TiB_2$ 等)、硫化物(如 $MoS_2$ 等),还可以是有机化合物,如尼龙粉等。表 4-3 列出了复合电刷镀溶液体系。

表 4-3　纳米复合电刷镀溶液体系

| 基 质 金 属 | 纳米不溶性固体颗粒 |
| --- | --- |
| Ni,Ni 基合金 | Co、$Al_2O_3$、$TiO_2$、$ZrO_2$、$ThO_2$、$SiO_2$、SiC、$B_4C$、$Cr_3C_2$、TiC、WC、BN、$MoS_2$、PTFE(聚四氯乙烯)、金刚石 |
| Cu | $Al_2O_3$、$TiO_2$、$ZrO_2$、$SiO_2$、SiC、ZrC、WC、BN、$Cr_2O_3$、PTFE |
| Fe | Co、$Al_2O_3$、SiC、$B_4C$、$ZrO_2$、WC、PTFE |
| Co | $Al_2O_3$、SiC、$Cr_3C_2$、WC、TaC、$ZrB_2$、BN、$Cr_3B_2$、PTFE |

通过高能机械化学法能有效地将纳米陶瓷颗粒分散在金属基质溶液中,解决了纳米颗粒在盐溶液中的团聚难题。在用高能机械化学法处理后的镀液中,纳米颗粒更多地处在纳米数量级,并可长时间保存,为纳米颗粒复合电刷镀溶液的储存和运输提供了可能,方便了纳米电刷镀技术的推广应用。此外,采用高能机械化学法制备的纳米颗粒电镀液的镀层中纳米颗粒含量高,弥散分布较好。因此,高能机械化学法是制备纳米颗粒复合电刷镀溶液比较理想的方法。

如何实现非导电的纳米颗粒与金属的共沉积是在纳米电刷镀镀层制备方面需解决的问题。通过准确控制工作电压、镀笔运动速度和镀液温度等参数,可成功解决不同种类非导电的纳米颗粒与金属的共沉积及其在镀层中弥散分布的难题,制备出硬度和结合强度高、耐磨性好、抗接触疲劳性能好、服役温度高的纳米颗粒复合电刷镀层。

纳米电刷镀技术工艺简单灵活,所得镀层性能优异,因而在坦克、舰船、飞机、重载车辆等军用装备,以及机床、矿山机械和石化设备等的修复和再制造中得到了广泛的应用。

纳米电刷镀技术是汽车零部件再制造关键技术之一,对于轴、孔类零件小尺寸范围的修复与再制造具有一定的技术优势。

**2) 再制造装配技术**

再制造装配就是按照再制造产品规定的技术要求和精度,将三类零件(经再制造加工后性能合格的零件、可直接利用的零件、其他报废后更换的新零件)安装成组件、部件或再制造产品,并达到再制造产品所规定的精度和使用性能的整个工艺过程。再制造装配对再制造产品的性能、再制造工期和再制造成本等起着非常重要的作用。

(1) 再制造装配的类型

再制造企业的生产纲领决定了再制造生产类型,并对应着不同的再制造装配组织形式、装配工艺方法和装配工艺装备,如表4-4所示。

表4-4 不同再制造生产类型的装配特点

| 生产类型 | 大批量生产 | 成批生产 | 单件小批量生产 |
|---|---|---|---|
| 组织形式 | 多采用流水线装配 | 批量小时采用固定式流水装配;批量大时采用流水装配 | 多采用固定装配或固定式流水装配 |
| 装配方法 | 多采用互换法装配,但允许用少量调整法装配 | 主要采用互换法,部分采用调整法、修配法装配 | 以修配法及调整法装配为主 |
| 工艺过程规划 | 装配工艺过程划分很细 | 工艺过程划分依批量而定 | 一般不制订详细的工艺文件,工序可适当调整 |
| 工艺装备 | 专业化程度高,采用专用装备,易实现自动化 | 通用设备较多,兼有部分专用设备 | 一般为通用设备和工、夹、量具 |
| 手工操作要求 | 手工操作少,装配质量受手工技术影响较小 | 手工操作较多,技术要求较高 | 手工操作多,要求工人技术熟练 |

(2) 再制造装配的工作内容

再制造装配的准备工作包括零部件清洗、尺寸和重量分选、平衡等,再制造装配过程中又包括零件装入、连接、部装、总装以及检验、调整、试验和装配后的试运转、油漆和包装等工作。

再制造装配不仅决定了再制造产品的质量与性能,而且还可发现再制造零件在其再制造过程中存在的问题,为改进和提高再制造过程的质量提供指导和参考。

**3. 再制造实例**

**1) 发动机再制造**

再制造技术已被众多工业部门采用并予以实现。根据我国节能减排的要求,借鉴工业发达国家的成功经验,再制造已在汽车零部件等领域得到实际应用,并显示出良好的应用前景,如图 4-10 所示。

图 4-10 我国实施再制造的主要领域

**2) 汽车发动机再制造**

汽车发动机再制造是再制造产业化最早的领域,国外已有 50 多年的历史,从技术标准、生产工艺、加工设备、配件供应到销售和售后服务,形成了一套完整的体系和规模。

我国主要有中国重汽济南复强动力有限公司、上海大众汽车有限公司动力分厂进行了发动机再制造。

汽车发动机再制造工艺流程如下。

流程一:退役发动机进入再制造工厂。

退役的发动机经回收后,进入再制造工厂作为再制造过程的输入,图 4-11 所示为回收的退役发动机。

图 4-11 退役待再制造的发动机

流程二:拆卸、清洗。

对退役发动机进行拆卸作业,是再制造过程的首要工序。根据零件的用途和材料,选择不同的方法进行清洗,应尽量减少清洗对环境的负面影响,故以物理清洗为首选。图 4-12 所示为几种清洗设备。

图 4-12 几种清洗设备

流程三:退役零部件的状态鉴定与寿命评估。

通过电磁探伤、磁记忆无损检测、涡流检测等无损检测手段进行退役零部件的质量检测与评估,确定其性能状态,预测、评估其剩余寿命。图 4-13 为几种零部件的检测方法与仪器外观。

图 4-13 几种零部件的检测与仪器外观

流程四:再制造加工。

根据退役零部件的损伤程度、部位,需要研发相应的再制造加工方法。

图 4-14(a)所示为采用纳米电刷镀技术修复曲轴轴头;图 4-14(b)所示为利用黏合技术修复发动机气缸结合面。

图 4-15(a)为采用高速电弧喷涂铝/不锈钢合金涂层修复曲轴、缸体和轴承座;图 4-15(b)为采用特型表面修复技术修复缸体、缸盖的微坑缺陷部分。

 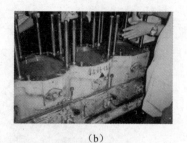

(a) (b)

图 4-14 修复发动机零部件

(a)修复曲轴轴头;(b)修复气缸结合面

(a) (b)

图 4-15 采用新型修复技术修复缺陷

(a)高速电弧喷涂修复;(b)特型表面修复微坑

图 4-16 所示为采用专用的、先进的再制造加工技术对退役零部件进行相应的再制造。

图 4-16 专业化和先进的再制造加工

流程五:再制造零部件的质量检测。

再制造企业执行的是新生产的零部件的质量标准,不能因为是再制造而降低质量标准。通过如图 4-17 所示的质量检测手段和严格精准、专业化的质量检测,才能保证再制造零部件具有良好的服役性能和服役寿命。

流程六:装配。

再制造产品的装配如前所述,装配形式依生产批量而定。待装配的零部件有三

图 4-17　再制造零部件的质量检测

种类型:经再制造修复合格的零部件、经拆卸清洗检测能继续直接使用的零部件、完全损坏而需更换的新生产零部件。图 4-18 所示为再制造产品的装配现场。

图 4-18　再制造发动机装配现场

流程七:试车。

再制造的发动机需经过与新生产的发动机相同的试车磨合考核合格后才能出厂,保证再制造的发动机的性能不低于新生产的同类产品。图 4-19 所示为试车现场。

图 4-19　再制造发动机试车现场

流程八:喷漆、包装。

给经试车合格的发动机喷涂不同颜色的油漆,然后进行包装。包装箱内除产品包装箱中的一般文件外,再制造发动机的档案要长期保持。

图 4-20 所示为喷漆后的再制造发动机。

从以上发动机再制造过程可见,发动机再制造技术(亦称为发动机专业修复技术)主要是以退役发动机为原料,通过一系列几乎完全与新机器相同的加工工艺使发

图 4-20 喷漆后的再制造发动机

动机的零部件恢复要求的尺寸和精度,并重新组装成完整的发动机的特殊过程。其间对基础零部件(缸体、缸盖、曲轴、连杆等)进行检测、并经再制造修复,对于易损坏件如轴承、活塞环、活塞、垫片等在装配中使用原制造厂的配件。

发动机再制造的精髓在于提高原有发动机的利用效率,符合循环经济的理念。国外关于发动机再制造已形成了比较完善的制造和服务体系,并有了一定的规模。如北美发动机再制造协会就是一个专业的发动机再制造组织,拥有 160 余家会员;世界著名的汽车制造厂如福特、通用、大众、雷诺等公司,要么有自己的发动机再制造厂,要么与其他独立的专业发动机再制造厂保持固定的合作关系,以对退役发动机进行再制造。德国大众公司在 50 年时间内已再制造发动机 720 万台,销售的再制造发动机与配套新发动机的比例为 9∶1,而且再制造发动机的市场份额还在持续地增长。

**3) 机床再制造**

(1) 机床再制造工程的意义

机床再制造工程是以机床全寿命周期的设计和管理为指导,以优质、高效、节能、节材、环保为目标,以先进技术和产业化生产为手段,恢复或改造退役机床的一系列技术措施或工程活动的总称。

(2) 机床再制造的特点

机床再制造也不同于机床的再循环。再循环是通过回炉冶炼等加工方式,使退役机床返回到原材料状态。再制造是将退役机床作为资源而最大限度利用的回收方式,其生产成本要远远低于新机床制造的成本。

因此,机床数控化再制造是机床再制造的重要手段,它可以充分利用原有资源,减少浪费,并达到机床设备的更新换代和提高机床性能的目的,而资金投入要比从原材料起步进行制造的新数控机床少得多,环境污染也少得多。

(3) 机床数控化再制造的技术要点

① 精度恢复和机械传动部件的改进　随着机床使用年限的增加,机床的机械部件,如导轨、丝杠、轴承等都有不同程度的磨损。因此,机床再制造过程中的首要任务是对机床进行类似于通常的机床大修,以恢复机床精度,达到新机床的制造标准。机

床数控化再制造可以结合机床的大修来进行,但机床数控化再制造对机床精度的要求与普通机床的大修是有区别的,即整个机床精度的恢复与机械传动部分的改进,都要以满足数控机床的结构特点和数控自动加工的要求为目标来进行,并应具有批量大修的特征。

如采用纳米表面技术、复合表面技术和其他表面工程技术(如模具修复技术、高强度纳米修补剂修复技术等)修复机床的导轨、溜板、尾座等磨损、划伤表面,并提高其尺寸、形状和位置精度。对机床的润滑系统及动配合部位采用纳米润滑添加剂和纳米润滑脂、纳米固体润滑干膜等技术,以进一步提高机床的机械运行性能。采用纳米电刷镀技术修复机床导轨,采用高强度纳米修补剂修复机床导轨,采用模具修复技术修复导轨上的局部微缺陷等均较常见。

可采用修复、强化、更新、调整等方法恢复或提高退役机床的精度,如通过更换滚珠丝杠提高传动精度、通过自动换刀装置提高刀具定位精度、采用单独检修齿轮箱的方法提高主轴回转精度,等等。此外,采用纳米润滑添加剂和纳米润滑脂能有效提高运动精度和传输效率,并在配装滚珠丝杠时,注意严格按工艺要求设计附件和精细装配丝杠,并检测其安装精度。

② 选定数控系统和伺服系统  根据要进行数控化再制造机床的控制功能要求,选择合适的数控系统是至关重要的。由于数控系统是整个数控机床的指挥中心,在选择时除了考虑各项功能满足要求外,还一定要确保系统工作可靠。一般以性能价格比来选取,并适当考虑售后服务和故障维修等有关情况。如选用企业内已有数控机床中相同型号的数控系统,将为今后的操作、编程、维修等都带来较大的方便。伺服驱动系统的选取,也按再制造数控机床的性能要求决定。若采用同一家公司配套供应的数控系统和伺服驱动系统,再制造产品的质量和维修将更容易得到保证。

③ 数控机床辅助装置的选取  在机床数控化再制造过程中,要根据机床的控制功能选取辅助装置。如选用四方或六角电动换刀架来实现刀具自动转换功能,刀位数的选择主要按被加工工件的工艺要求决定。由于大部分数控机床的辅助装置目前在国内已有不少生产厂家配套供应,所以选取后即可按其产品说明书在机床相应位置上进行安装、调整。

④ 特殊要求数控装置与数控系统的开发  在传统的精密分度板、精密拉刀、精密花键的磨床上,为了保证圆分度的准确度(如任何两角度之间的分度误差不大于$2''$),需要在机床上配置大量的(其量根据各种齿数的分度要求)和制造成本昂贵的精密母分度盘,使用保养都较麻烦。如果用一个高精度的 CNC 分度装置来取代所有机械母分度盘,就完成了对传统该类型磨床的数控化再制造。由于 CNC 分度装置不仅要求分度精确,而且要求分度效率高,分度完成后要锁紧已分度位置,在锁紧过程中又可能破坏分度位置,因此,需经几次分度-锁紧过程才能确定最后的定位目标。为了实现这种试接近分度控制策略,可采用模糊控制技术。作者领导的课题组曾研制出 $2''$CNC 分度头,法定计量部门在实验室条件下用 12 面棱体对其进行检测的结

果如图 4-21 和表 4-5 所示。

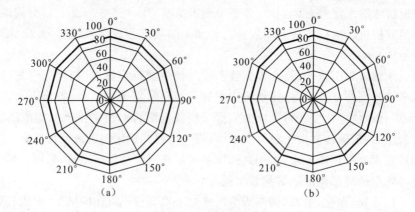

图 4-21 检测结果的两组曲线

(a) 曲线一；(b) 曲线二

表 4-5 检测的两组读数值

| 角度/(°) | 0 | 30 | 60 | 90 | 120 | 150 | 180 |
|---|---|---|---|---|---|---|---|
| 读数 1/(″) | 90 | 90 | 90 | 89.8 | 89.8 | 90.2 | 90 |
| 读数 2/(″) | 89 | 88.2 | 88.2 | 88.8 | 88.8 | 89.4 | 88.2 |
| 角度/(°) | 210 | 240 | 270 | 300 | 330 | 360 | |
| 读数 1/(″) | 90 | 89 | 89.5 | 89.5 | 89 | 89.8 | |
| 读数 2/(″) | 89 | 88.4 | 88 | 88 | 88.2 | 88.8 | |

⑤ 提高控制性能与控制精度　在原设备上安装微型计算机数字控制装置以及相应的伺服系统，以替代原有的电气控制系统，整体提升机床的控制性能与控制精度，实现加工装备的自动或半自动化操作。再制造机床的电气配置，应以确保系统运行可靠为目标。

⑥ 整机连接调试　退役机床上述各个部件的再制造过程完成后，就可对组装的再制造机床各个部件进行调试。一般先对电气控制部分进行调试，看单个动作是否正常，然后再进入联机调试阶段。由于机床数控化再制造有多种方案，机床类型不同，再制造的内容也不同，所以上述机床再制造内容并非一成不变，而要根据实际情况选用合适的方式，以使普通机床数控化再制造后的性能与新的同类数控机床性能相近或相同。

⑦ 机床数控化再制造的效益　再制造机床费用仅为购买新产品机床的 1/5～1/3。经再制造的机床操作简单，可显著缩短加工时间，提高零件加工精度，改善工作环境，提高产品质量及劳动生产率。再制造机床充分利用退役机床的资源，减少了新产品机床制造中的铸造、热处理、切削加工中的能耗与污染，符合节能减排的要求。

## 4.3 误差补偿技术

误差补偿技术又称为数字补偿技术,它除了用于改造退役设备外,还用于新设备的精度提高。例如三坐标测量机(CMM)、多坐标数控机床、精密丝杠磨床等设备中,采用误差补偿技术来消除重力、运动误差、热变形误差、几何误差等的影响,能达到低成本、高柔性的效果,延长设备的使用寿命,符合可持续发展策略,而且也不会造成环境污染等弊端。

基于信息技术的现代误差补偿技术为应用低精度档次、但几何重复性高的机器来制造高精度档次的零部件提供了一条可行的技术途径。误差补偿是延伸资源传递链的一种高科技措施,是一种能广泛推广的可持续制造技术。

误差补偿技术需综合应用传感技术、信号处理技术、多传感器信息融合策略、运动合成机构或系统等多学科技术来实现。为了保证良好的误差补偿效果,被补偿对象的几何、结构稳定性或重复性是必须保证的。

### 4.3.1 误差补偿技术原理

误差补偿原理如图 4-22 所示。一个误差补偿系统至少应具备以下三种功能装置。

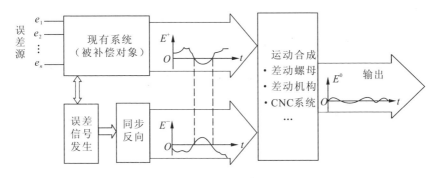

图 4-22 误差补偿系统原理框图

(1) 误差信号发生装置

该装置用所选定的测量装置检测被补偿对象的固有误差图 $E^+$-$t$(见图 4-22),该图将作为补偿系统中附加误差的依据。

(2) 信号同步反向装置

该装置用于保证附加误差的输入与补偿对象的固有误差同步反向,即在任一时刻,这两个误差理论上数值相等而相位相差 $180°$,如图 4-22 中的 $E^-$-$t$ 所示。

(3) 运动合成装置

运动合成装置用于实现人为附加误差运动与系统固有误差运动的合成,而输出为两误差运动作用抵消后的合成结果,如图 4-22 中的 $E^0$-$t$ 所示,使误差大大降低,达到误差补偿的效果。

由于三种功能装置存在不同的形式与结构,补偿系统的功能与结构差异很大。

## 4.3.2 误差补偿系统的形态学分析

利用形态学的方法来研究误差补偿系统的构成,不仅可描述现有的补偿系统,而且可以创新出新型补偿系统。

如 4.3.1 节所述,任何一个补偿系统必须具备三种功能装置,抓住了这一本质和主要要素,便可以利用形态学分析法,形成误差补偿系统的形态学结构,如图 4-23 所示。

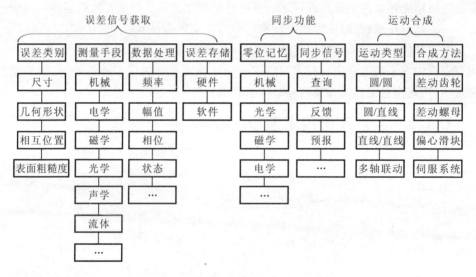

**图 4-23 误差补偿系统的形态学结构**

根据图 4-23,在三种功能装置的每一类别中的一个要素选定后,进行组合即可构建不同性能、不同用途的误差补偿系统,其中有些组合是物理上不能实现的,应予以排除。

如欲补偿某一几何形状误差(如不圆度、不平度等),由电学测量手段测量,按误差的幅值处理,以软件方式存储,用电学装置记忆零点,采用查询方式保证同步,根据几何形状的形成(如用砂轮磨外圆)采用圆/圆方式(砂轮与工件都旋转)加工,应用伺服系统实现合成运动,这样一个误差补偿系统就形成了。对于这个问题,也可以采用其他的组合路线,得到不同的误差补偿系统。

开发误差补偿系统时,首先要保证被补偿对象的几何特性稳定(所谓几何特性的稳定性是指描述几何特性的统计量稳定不变),这可通过系统的维修与调试达到。

计算机辅助误差补偿系统已获得广泛的应用。计算机可用来对误差信号进行处理、存储,可实现误差信号的同步反向和对补偿装置的合成控制。

## 4.3.3 几何误差的数字补偿

对于机床、坐标测量机等精密设备,假设其中的每一个零件都是绝对刚体,才有几何误差的概念;对这些机械设备构成的整个系统而言,才会有误差运动的概念。

机床、坐标测量机的几何误差测量方法种类多,可根据所要求的精度等级选用或开发满足使用要求的测量方法与装置。

误差的数字补偿有三种方法。

① 连续补偿　连续补偿发生在 CNC 控制器的路径生成中(被插补点的实时转换)。

② 端点补偿　如点-点控制中,几何误差允许在路径中出现,但端点必须精确到达。

③ 测量机器的最后结果补偿　用已知的偏差量对最后测量结果予以修正。

在零件的数控加工中,端点补偿可由 NC 代码变换来实现。为了减少路径中的残留误差,公称运动由单个指令按增量式完成,而端点补偿应加到每一个增量运动上。

在经补偿后的路径已生成的情况下,移动误差和转动误差对刀具参考点位置的影响可以完全被补偿。在用球头铣刀进行铣削的机床上,刀具的物理方位不会影响加工结果,在三轴机床上补偿各项误差是可能的。

如果刀具不是球头铣刀而是圆柱铣刀或平头铣刀,即使是在经补偿的三轴机床上,刀具的物理方位对加工结果也依然有影响。图 4-24 所示为平面铣削加工时刀具物理方位对补偿的影响。

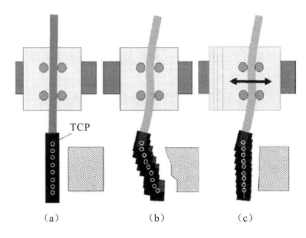

图 4-24　厚板侧平面铣削刀具物理方位对补偿的影响
(a) 无几何误差;(b) 未补偿几何误差;(c) 刀具的物理转动未被补偿

图 4-24(a)所示为滑枕没有几何误差时的加工情况;图 4-24(b)所示为未补偿滑枕的几何误差的情况;图 4-24(c)中刀具中心点(tool center point,TCP)的路径被补偿,但刀具的物理转动未被补偿,这是由刀具的颠摆、摇摆引起的。

在三轴 CNC 机床上,滑枕 $x$ 轴上的刀具中心点的路径误差可以完全得到补偿,但其形状仍残留有误差,如图 4-24(c)所示。只有在五轴 CNC 机床上才能补偿刀具的物理转动误差。需要指出的是,由于刀具中心点与转轴之间存在距离,即使补偿很小的角度也要求线性轴有一个足够大的附加移动量。在典型的现代 CNC 控制器中,采样周期一般为 2 ms 或更短,在这个时间段内,根据运动模型和相应的补偿参数,必须生成插补轨迹点;换言之,刀具路径的预处理能以"软实时(soft real time)"完成。

某些补偿方法并不基于机床轴线的单一几何误差而是直接补偿 $x$、$y$、$z$ 三轴在机床工作空间内的偏差,此时要应用误差梯形图。这种情况下不需要模型,但需在整个工作空间内获取数据,因此必然导致长时间的测量。此时,也只有由线性运动或回转运动引起的移动误差能被补偿。

目前,机床体积(空间)补偿方面的研究成果表明:三轴和五轴机床由几何及热效应所引起的几何误差可减少 97% 以上,热误差可减少 75% 左右。补偿功能已直接集成至 CNC 控制器中;也可用分离的计算机装配反馈回路来实现,该反馈回路已成功地集成到小型、大型的加工中心中。

### 4.3.4 加工过程误差补偿

**1. 加工误差**

加工工艺系统是由机床、工件、夹具、刀具组成的封闭系统,在加工过程中,加工工艺系统各组成元件本身的几何误差,相互之间的运动关系不协调引起的误差,由加工过程中产生的力、热而激发的误差(如变形、振动、噪声等)都将导致加工工艺系统的功能失效,致使加工工艺系统退役。利用误差补偿控制技术,特别是在数字化制造的环境下,利用计算机辅助误差测量与补偿控制技术能减少误差对加工过程的影响,保障加工工艺系统的质量。

加工过程的物理现象是很复杂的,许多机理尚未解释清楚,但其输出表现是可以通过高科技的检测设备获取的。通常人们关心的加工工艺系统的误差表现主要为运动误差、力引起的误差、热引起的误差三种。

**1) 运动误差**

加工工艺系统中组成元件之间的相对运动偏离设定运动轨迹会产生误差。该运动是在传统的由机械传动链联系的各元件之间产生的,故称为传动链运动误差。在现代的 CNC 机床组成的加工工艺系统中,机械传动链被电子系统取代,机械传动链不复存在,故直接称为运动误差。

机械运动是由直线运动、圆运动(回转)两个最基本的运动元素组合而成的。所以,可将运动误差分为三类。

(1) 直线运动与直线运动之间的运动误差

该类误差中最典型的是 CNC 机床各坐标轴之间的直线运动偏离由加工对象形

状设定的相对运动要求而产生的运动误差。每一根数控轴做直线运动,各轴之间的相对运动误差即多个直线运动之间的相对运动误差。

(2) 圆运动与圆运动之间的运动误差

该类误差中最典型的是齿轮加工机床的运动误差,例如滚齿机,CNC 系统要保证滚刀圆运动(回转)和齿坯圆运动(工作台旋转)严格按照一定的函数关系运动,即滚刀转一转,齿轮需转动 $k/z$ 转($k$ 为滚刀头数,$z$ 为被加工齿轮的齿数)。当破坏该函数关系的因素使二者的相对运动偏离设定值时,两个圆运动的运动误差即产生了。

在外圆磨削过程中,砂轮旋转与工件旋转两个圆运动之间的运动误差将对工件的磨削质量(包括尺寸、几何形状、表面粗糙度等)产生影响。

(3) 圆运动与直线运动之间的运动误差

该类误差中最典型的是螺纹车削、磨削加工工艺系统的运动误差。螺纹加工时,工件旋转一圈(圆运动)而刀具(车刀或砂轮)沿工件轴线移动(直线运动)一个导程,任何偏离这一严格函数要求的因素都将使圆运动与直线运动之间产生运动误差。

切削加工非圆柱表面的旋转体工件时,同样要求工件旋转的圆运动和刀具的进给直线运动之间保持严格的函数运动关系,如车削汽车发动机活塞的裙部椭圆形状时,就必须控制刀具的进给运动规律。

2) 力引起的误差

力引起的误差指加工过程中的力激发的误差。在加工过程中产生的力有:工件自重力、切削力、磨削力、夹紧力、惯性力(由加、减速运动引起)、离心力(由旋转偏心等引起)等,这些力因素将导致加工工艺系统变形,以及振动、冲击、噪声等现象的发生。

3) 热引起的误差

热引起的误差指加工过程中产生的热激发的误差。值得指出的是,加工过程的热效应而引起的加工工艺系统变形具有很强的非线性特点。另外要注意的是,因热而引起的工艺系统及工件的变形,若在材料的弹性变形范围之内,当温度恢复到常温状态时,这些变形又会消失,材料将弹性恢复到常温下的状态。只有当温度高出材料的相变温度而致使加工工艺系统及工件发生了塑性变形时,温度回复到常温后,这些变形才不会消失。

加工过程的热效应引起的误差,主要反映为变形、局部应力集中、残余应力等。在工程实际中,这三个因素对加工工艺系统是同时作用的,即某一时刻所表现的误差是三种因素综合作用的结果,二者的关系具有极强的非线性。

**2. 误差补偿**

现以精密长丝杠的磨削过程为例论述加工过程误差的一种补偿策略。

在磨削过程中,影响精密丝杠磨削误差(主要表现为丝杠导程误差)的因素有:

① 丝杠磨床的运动误差,即被磨丝杠圆运动与砂轮沿丝杠轴线移动的直线运动之间的运动误差;

② 磨削热引起的丝杠导程误差(粗略地估算,1 m 长度的钢质丝杠,温度升高

1 ℃,热伸长约为 0.01 mm);

③ 力变形(磨削力与丝杠自重导致)引起的导程误差。

根据图 4-22 所示的误差补偿原理,构建出图 4-25 所示的丝杠磨削误差系统框图。

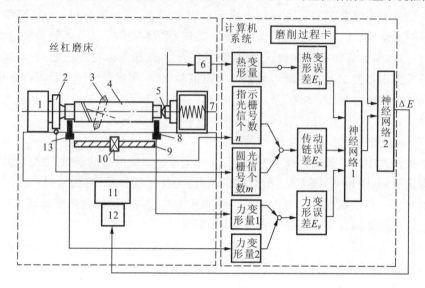

**图 4-25 丝杠磨削误差系统框图**

1—头架;2—编码盘;3—砂轮;4—被磨丝杠;5—活动顶尖;
6—电感测微仪;7—尾座;8—涡流传感器Ⅰ;9—直线光栅;
10—指示光栅;11—补偿机构;12—驱动装置;13—涡流传感器Ⅱ

在图 4-25 所示的系统中,误差信号发生装置为神经网络 1,它是在实时检测结果与"磨削过程卡"经神经网络 2 融合后的输出。直线光栅与指示光栅共同完成磨床运动误差的测量,电感测微仪完成热变形检测,而两个涡流传感器共同用来检测力变形误差,这三项误差经神经网络 1 集成后,与理想的误差图——"磨削过程卡"比较综合,得到磨削过程实际的误差图,它是补偿的依据;信号同步反向装置经光栅尺记下磨削状态的位置,利用计算机软件完成同步反向功能;运动合成装置是自行设计制造的步进电动机驱动装置,实现磨床丝杠进给的差动输入。很明显,整个系统是建立在计算机控制的软件补偿的基础上的。

图 4-26 所示的控制系统可分为三个主要部分,即磨削过程卡(grinding scenanio)生成、传感器信息融合和磨削过程控制。

(1) 磨削过程卡生成

对丝杠磨削过程进行几何仿真和物理仿真,生成磨削过程卡,其体系结构如图 4-26 所示。

在计算机内,采用二叉链表示法,存储磨削过程卡的信息,其结构如图 4-27 所示。

# 第 4 章 可持续制造技术

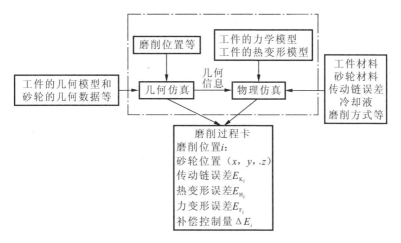

图 4-26 磨削过程卡的体系结构

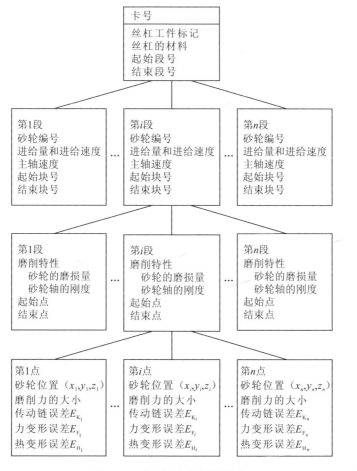

图 4-27 "磨削过程卡"的结构

由图 4-26 和图 4-27 所示的磨削过程卡体系结构和信息存储结构来看，磨削过程卡就是记录磨削加工过程每一时刻三种误差特性信息的一个"剧本"。这些信息是在磨削加工过程中实时测量得到并记录存储的。

(2) 传感器信息的融合

两个多层 BP 网络被用来对丝杠磨削过程进行信息融合与预报控制。网络 1 的输入信号为运动误差、热变形误差和力变形误差，其输出为相应的补偿控制量 $\Delta E$。网络 2 根据本周期及若干历史周期内补偿控制量的理论预报值（磨削过程卡上的值）和网络 1 的输出值来预报输出下一个周期的综合补偿控制量。可见，网络 2 的作用是对磨削过程卡上的理论预报值进行修正与预报控制。

(3) 磨削过程的控制

生成了磨削过程卡，训练好了神经网络后，即可进行磨削过程控制。运动误差可由光电编码盘信号和直线光栅信号经综合处理后得到，丝杠轴向热变形量由电感测微仪在尾座处测量，丝杠受力变形量分别由两个涡流传感器进行测量。这些传感器信息经处理后输入神经网络 1，输出相应的补偿控制量。开始磨削后，前 $n$ 个采样点不进行控制，但在第 $n$ 个采样点时，把前 $n$ 个采样点的理论预报控制量（磨削过程卡上的值）和由神经网络 1 输出的补偿控制量以及下一采样点的理论预报控制量（磨削过程卡上的值）输入神经网络 2，得到下一采样点的综合预报补偿控制量。所以从第 $n+1$ 个采样点开始即可进行补偿控制，然后舍去第 1 个采样点的信息，由第 2 至第 $n+1$ 个采样点的信息预报第 $n+2$ 个采样点的控制量。依此类推，直到磨削过程结束。

为了验证磨削过程卡补偿控制的实用性，在实验室条件下，对一台螺纹磨床 YW7520 进行了补偿试验，该磨床使用年限已较久，精度水平大为降低，采用磨削过程卡补偿控制后结果如下。

被试磨丝杠：长度为 450 mm，直径为 20 mm，螺距为 4 mm。

螺距累积误差：未加补偿控制时为 60 $\mu m$/50 mm，加补偿控制时为 3~4 $\mu m$/50 mm。

$2\pi$ 周期内的短周期误差：未加补偿控制时为 80 $\mu m$，加补偿控制时为 15 $\mu m$。

由此可见，加补偿控制时工件的螺距累积误差比未加补偿控制时的误差减少 90% 以上，$2\pi$ 周期内的短周期误差减少 80% 左右，效果是明显的。

值得指出的是，并不是对所有加工过程的误差补偿都要综合考虑三种误差，而应根据加工过程的主要要求而选择单因素误差。例如，对恒温条件下的精密轻负荷磨削、车削加工过程，只补偿运动误差也会取得良好效果；在杆件淬火、重负荷磨削过程中，应以热变形补偿控制为主；重载切削加工过程的误差补偿，应以力变形误差补偿为主，等等。

要想建立在多因素综合作用下产生误差的机理性模型是相当困难的，有时甚至是不可能的，但为了工程实际问题的及时解决，常常采用信息模型（或称数字化模型)。只有当加工工艺系统是几何结构稳定的,即系统的统计参数与时间起点无关时,才可以用信息模型来描述。前述的磨削过程卡、神经网络等属于信息模型的范畴,虽然它们不揭示加工过程的物理机理,但能收到实际效果,是一种认识加工过程状态的工程学派的方法,对此本书将在第 6 章予以介绍。

在实施加工过程误差补偿时,补偿控制的实时性和控制的精度要求常相互制约。控制精度要求较高,则采样周期变短(采样频率高),在这么短的时间内能否实现实时补偿控制有一定困难,因此预报控制策略等许多实时控制策略便应运而生。

# 第 5 章　生物制造技术

## 5.1　生物制造技术概述

### 5.1.1　生物制造的内涵

生物制造是将生命科学、材料科学以及生物技术融入制造学科中,由微纳制造技术和生命科学交叉而产生的一门新兴学科。它是指运用现代制造科学和生命科学的原理和方法,通过细胞或微生物的受控三维加工和组装、制造新材料、器件及生物系统。生物制造为微纳制造技术提供了一类全新的制造手段,扩展了传统制造领域的边界和范畴,将传统机械制造只制造"死物"拓展到制造"活物"。

随着国内外研究的不断深入,人们普遍认为可以从广义和狭义两个范围来理解生物制造的内涵。

广义的生物制造,包括仿生制造、生物质和生物体制造,凡涉及生物学和医学的制造科学和技术均可视为生物制造,用 BM(bio-manufacturing)表示。

狭义的生物制造主要指生物体制造(organism manufacturing,OM),它是指运用现代制造科学和生命科学的原理与方法,通过单个细胞或细胞团簇的直接和间接受控组装,完成具有新陈代谢特征的生命体成形和制造。这些生命体经培养和训练,可用于修复或替代人体病损组织和器官。图 5-1 是基于这一概念的细胞直接三维受控组装技术路线图。

目前学术上关于生物制造技术尚未有统一的严谨定义。

为了表明学科之间交叉、融合的特点,可用下述简单方式来描述:

生物学＋机械工程学⇒生物机械工程(bio-mechanism engineering)。

生物学＋制造工程学⇒生物制造工程(bio-manufacturing engineering)。

医学＋工程学⇒医学工程(bio-medical engineering)。

生命科学＋制造工程学⇒组织工程(tissue engineering)。

生物学＋计量学⇒仿生计量学(bio-metrology)。

生物技术在生物制造中的应用包括 DNA 重组、细胞融合,1970 年的人造胰岛素便是利用了 DNA 重组技术。当前,微电子、计算机和生物制造技术是三个技术最密

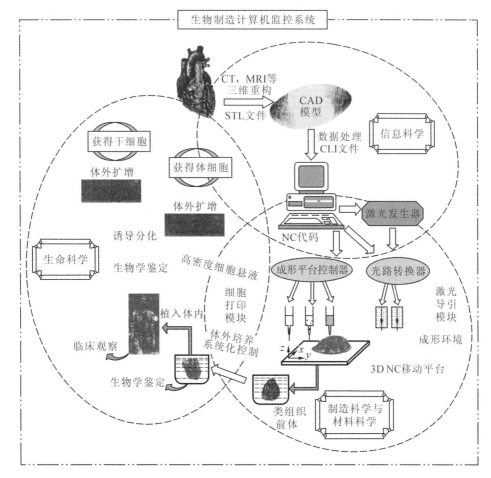

图 5-1　细胞直接三维受控组装技术路线

集的领域。生物制造技术和生物工程被认为是工程领域中的第五大支柱(其他四大支柱分别是民用工程、机械工程、化学工程和电气工程)。生物工程(bioengineering)可以定义为使用工程分析工具来设计制造装置以改善或增强人体,如人造膝关节、心脏瓣膜、组织工程支架等。医学工程可类似生物工程来定义,但医学工程还包括医学监视设备和药物传送系统。生物制造技术、生物工程和医学工程三个领域有明显的重叠。

生物制造技术并不是什么新概念,早在一万年前,单细胞有机物——酵母菌就已被用来发酵而生产啤酒和白酒,而发酵是一种最基础的生物工艺之一。近 10 年来,人们对细胞生物学和分子生物学的认识已显著提高,由此开启了广泛的商机,为解决当今许多重大问题寻找到激动人心的方法。特别是在医学中,细胞和分子生物学的研究成果将对认识和医治艾滋病、癌症、硬化症等疾病起到重要作用。分子生物学的工具和技术已使得诊断或预测某个人感染某种特定疾病的风险较为容易。生物制造领域的研究者们已合成出若干产品,除胰岛素之外还有人体生长激素等。

生物制造技术还在缓解环境问题、增加全球食物供应量方面发挥着重要的作用。

除了将其用于保健之外,人们还在利用生物制造技术创造工具并将其应用于农业及遗传学、能源和环境科学中。

生物工程师们已研制出可降解塑料、有机杀虫剂、能清理溢油和化学物的微生物。由此带来的作物产量的提高,作物抗病能力的改善,有助于解决在世界人口日益增多的情况下人们的衣食问题。通过 DNA 分析的遗传指纹印已成为强有力的法律审判工具。

传统的制造技术只包含无生命的物理、化学过程,而生物制造技术包含利用生物的机能进行制造(基因复制、生物去除或生物生长)及制造类生物或生物体,即有生命的生物过程。

生物制造的本质是以生物作为完成制造过程的主体,在微纳尺度上通过生物的受控自组装、自装配构成各种微结构,主要包括:对 DNA、蛋白质、多糖等生物大分子进行有序操纵;对微生物定向诱导或有序排列,利用其天然结构及功能开发新型功能材料;通过细胞受控组装,完成具有新陈代谢特征的生命体成形和制造。比如通过人工诱导 DNA 自组装形成各种立体结构。细菌纤维素是由木醋杆菌分泌的胞外产物,是自然界中唯一的天然纳米纤维,广泛用于制作伤口愈合材料、人造血管以及化妆品、食品添加剂等。用有序高分子模板在室温下诱导木醋杆菌的生物合成过程,可在纳米尺度上控制细菌纤维素纤维的排列,并堆积成有序的三维结构材料。另外,自组装多肽纳米纤维可作为组织工程或者生物矿化支架。使用基因改造过的病毒做模板合成的 Au、$Co_3O_4$ 纳米线,具有作为锂离子电池电极材料的应用潜力。以高精度三维微定位系统对细胞及生物材料进行加工组装的技术,有望用于加工人工组织器官。

微生物是地球上最古老的生命体,包括细菌、真菌、病毒等。其种类繁多,形态与生物学功能各异,个体大小从几十纳米到微米级,具有极强的生命力和适应性,能够以较低成本进行大批量培养,在微纳米加工领域具有极大的应用潜力。另外,利用微生物进行材料加工是低能耗、节约土地及自然资源、保护环境的绿色工艺过程,还可定向培育新品种,因此在促进科技进步和建设和谐社会方面具有积极推动作用,具有极高的社会效益。以微生物为分子组装的机器,以微纳米尺度的过程控制方法对其进行二维数字定位以及图案化排列或者三维微操纵,可设计、创造出具有特定功能的新材料。其关键是以合适的方法控制微生物群体的定向运动与有序排列,进而才能够利用其天然生物学功能完成自组装、有序组装等过程。

## 5.1.2 生物制造的发展与成果

**1. 生物制造技术历史的几个里程碑**

**1) 进化、遗传、生物化学**

(1) 进化

19 世纪,达尔文提出植物和动物的进化论:适者生存,不适者淘汰。

### （2）遗传

植物、动物的某些理想特性是如何一代一代地传递的呢？科学家们发现，在植物、动物内部有一种不可见的因素在起作用，这种不可见的因素称为基因。

### （3）生物化学

19世纪后半叶，许多科学家从事植物、动物和人类细胞的生物化学研究，在细胞内的许多化学反应以及包括脂肪、碳水化合物、核酸以及构成蛋白质成分的绝大部分氨基酸的细胞组成被揭示出来。

#### 2) DNA 的功能与结构的发现

在20世纪，人们对遗传和细胞生物化学之间的相互作用已了解清楚。在1930年前后，科学家们明确指出，基因不是某种理论存在，而是在细胞内的一种与遗传有关的生物遗传材料。1944年，科学家们进一步指出，DNA是遗传变异的转换基体或转换本原。细菌、病毒能注射至另一母本细菌中，仅仅只有DNA进入该细胞内。总结近百年的研究成果后，科学家于1950年明确指出了DNA对遗传信息的载体作用。

DNA具有双螺旋结构并形成扭曲绳梯结构。近年来，科学家分析了DNA分子是如何通过信息分子（称为RNA）制造蛋白质的。蛋白质的氨基酸序列是由DNA分子序列来编码的。1966年，科学家们破译了包含在蛋白质中20种氨基酸的遗传代码。

#### 3) 第一个基因连接试验

1973年，科学家们首次进行了DNA的连接与重组试验，能将不同类型DNA连接构成一种重组DNA，将这种重组DNA引入细菌内，随着该细菌母体的分解与复制，一种新的DNA被克隆出来。1976年诞生了现代生物制造技术工业，Genentech公司成为第一家完全效力于遗传工程、生物工艺学的产品与过程的制造公司。1980年，Genentech公司成为第一个面向大众的生物制造技术公司。

### 2. 人工器官的生物制造

人工器官是用人工材料制成，能部分或全部代替人体自然器官功能的机械装置。近年来，人工器官在挽救危重病人，为脏器移植争取时间方面起到了越来越重要的作用。目前，除人脑外，几乎对人体各个器官都在进行人工仿真研制，其中已有不少人工制造的器官。

#### 1) 人工心脏

可植入性人工心脏，即全人工心脏（TAH），如美国麻省的Aboimed公司开发的Abio Cor装置，由钛合金和聚合物材料制成，重1 kg，已被美国FDA批准为"过渡移植"装置。

#### 2) 人工肝脏

肝脏是一个高度血管化的器官，日本东京大学的T. Fuji小组综合应用MEMS技术和光敏生物材料，得到管径100 $\mu m$ 左右的微血管网，为培养在其周围的最小边长为50 $\mu m$ 的小室中的肝细胞集合提供营养和氧气支持。最近Newcastle大学研究人员制造出不到2.5 cm的肝脏组织，有望将其应用于替代病患小块肝脏缺损组织，并用于取代人类或动物的部分药物试验,追踪新药研制,为最终制造出拥有自身的血液供应与纤维性骨架的完整肝脏奠定了坚实的一步。

**3) 人工骨**

人工骨的研究按照所使用的生物材料划分,经历了非降解非生物相容性材料、非降解生物相容性材料(包括金属材料、陶瓷材料、高分子材料等)和降解生物相容性材料三个阶段。以组织工程原理为基础的人工骨技术是目前的研究热点。骨的生物制造技术是目前生物制造领域中较成功的,人工关节、人工假肢都获得实际应用。国内学者使用低温沉积制造工艺制备了 PLGA-TCP 牛骨形态蛋白(bBMP-2)活性人工骨,在大段骨损伤修复和脊柱融合动物实验中取得了非常满意的结果,有望在近期用于临床和实现产业化。

**4) 视网膜的生物制造**

视网膜是一层透明而非常复杂的薄膜,贴于眼球的后壁部,就像一架照相机里的感光底片,专门负责感光成像。目前视网膜的生物制造有两个研究方向。

① 视网膜芯片(retina chips)  它依托人脑的视神经系统,研制高效集成的电子元件或使用数字照相机和其他智能传感器,植入眼内,使之与视神经相连接,部分或全部替代视网膜的功能。

② 视网膜组织工程(retinal tissue engineering)  它是指利用组织工程的方法制造并修复视网膜。

在构建人工视觉方面,斯坦福大学的学者在植入眼内的硅基材料上,成功地使视网膜细胞发挥作用。意大利 Pisa 大学的学者也在视网膜细胞的生物材料学、组织工程学方面取得了不少成绩。

人工器官生物制造包括两项主要关键技术,即如何培养出与人体器官相同的细胞和让该细胞生长成形的支架。前者主要是生物科学工作者的研究内容,后者则主要依靠工程技术人员(当然包括机械工程技术人员)来完成。设计、制造生物支架是一项具有挑战性的复杂工程任务。

### 5.1.3 仿生制造技术

仿生机械是模仿生物的形态、结构和控制原理而设计制造出的功能更集中、效率更高并具有生物特征的机械。

研究仿生机械的学科称为仿生机械学,它是 20 世纪 60 年代末期,由生物学、生物力学、医学、机械工程、控制论和电子技术等学科相互渗透、结合而形成的一门边缘学科。

在自然界中,生物通过自然选择和长期的自身进化,已对自然环境具有高度的适应性。它们的感知、决策、指令、反馈、运动等机能和器官结构,远比人类曾经制造的机械更为完善。

模仿生物形态结构创造机械的技术有悠久的历史。15 世纪,意大利的列奥纳多·达芬奇认为人类可以模仿鸟类飞行,并绘制了扑翼机图。到 19 世纪,自然科学有了较大的发展,人们利用空气动力学原理,制成了几种不同类型的单翼机和双翼滑翔机。1903 年,美国的莱特兄弟发明了飞机。

然而,在很长一段时间内,人们对于生物与机器之间到底有什么共同之处还缺乏认识,因而只限于形体上的模仿。直到 20 世纪中叶,由于原子能利用及航天、海洋开发和军事技术的需要,迫切要求机械装置具有适应性和高度的可靠性。而以往的各种机械装置远远不能满足要求,因此迫切需要寻找一条全新的技术发展途径和全新的设计理论。

随着近代生物学的发展,人们发现生物技术在能量转换、控制调节、信息处理、辨别方位、导航和探测等方面,有着以往技术所不可比拟的长处。同时在自然科学中又出现了控制论,它是研究机器和生物体中控制和通信的科学。控制论是沟通技术系统和生物系统工作原理之间的桥梁,奠定了机器与生物可以类比的理论基础。

1960 年 9 月第一届仿生学讨论会提出了"生物原型是新技术的关键"的论题,1970 年形成了仿生机械学。

仿生机械学研究的主要领域有生物力学、控制体和机器人。生物力学研究生命的力学现象和规律,包括生体材料力学、生体流体力学、生体机械力学。控制体和机器人是根据从生物了解到的知识信息而建造的工程技术系统。用人脑控制的称为控制体(如肌电假手、装具),用计算机控制的称为机器人。仿生机械学的主要研究课题有拟人型机械手、步行机、假肢,以及模仿鸟类、昆虫和鱼类等生物的各种机械。

仿生连续体机器人是一种基于章鱼臂、象鼻等生物器官仿生的新型机器人,其近年来正逐步成为新的研究热点。

制造过程和生命过程有相似之处,仿生制造应向生物体学习,实现诸如自我发展、自组织、自适应、进化等功能,以适应日渐复杂的制造环境。传统制造是"他成形"的,即通过各种机械、物理、化学的方式强制成形的,如车削螺钉、冲压钢板成形、化学电镀等制造过程都是强制性的成形;而生物的生命过程是自成形的,是靠生物本身的自我生长、发展、自组织、遗传来完成的。所以仿生制造技术应体现出由"他成形"向"自成形"的转变。

目前的仿生制造技术大多还处于制造仿生机械的水平。例如,为了研制攀爬机器人,对人造干黏附作用(synthetic dry adhensives)是需要很好地进行研究的。在制造业的工程应用中,具有干黏附作用的抓手可用来抓取玻璃、LCD 屏、薄皮革等特定材料。为了实现干黏附作用,人们从壁虎、蜘蛛等动物上寻找干黏附机理而进行仿生制造。

壁虎、蜘蛛的干黏附作用原理是基于范德华力(Vander Waals force)且要求动物柔顺结构与被黏附表面之间存在大面积的紧密接触。范德华力是存在于分子之间的一种吸引力,它比化学键弱得多。壁虎的黏附结构是有方向的,只有当某一特定方向牵引时才能黏附住,故它们的黏附力与该方向的切向力成正比,这一特性使得壁虎的黏附力是可控的。对于攀爬动物与机器人来讲,这是一个很必要的性能,且对于制造中抓起、松开易碎物体的功能来讲,也是很必要的。

为了达到黏附效果,壁虎还具有增加黏附接触面积的分级柔顺结构(hierarchical compliant structure)。目前不少研究者采用不同的方法制作出微观分级柔顺结构,但当扩大接触面积时,分级柔顺结构就丧失了,达不到实用目的。因此,如何制作出分级柔顺结构是实现攀爬仿生制造的关键。现介绍一种成形融积制造(shape deposition manufacturing,SDM)工艺,利用该装置可较好地制作出分级柔顺结构。

图 5-2 所示为分级柔顺结构的 CAD 模型,主要的设计特征已标出。

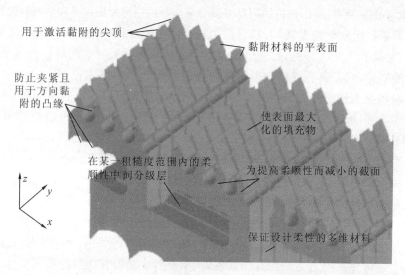

图 5-2　分级柔顺结构的 CAD 模型

SDM 是可以用来制作多种材料聚合物零件的一种分层制造工艺,由融积成形与 CNC 加工成形两部分构成。其工作循环如图 5-3 所示。CNC 加工成形的作用是去除零件和支撑件分层制造时的台阶而形成光滑的三维表面。在 SDM 中,每一层可以采用不同的材料且具备相异的几何特征。层片能在位生成,也可以用其他的工艺生成后再装配而成。顶层具有主要的黏附功能,下层具有可成形性以适应不同粗糙度的表面黏附需求。

图 5-4 所示为用 SDM 方法制作的黏附柔顺结构件,框架厚度为 0.4~0.7 mm,整体制造误差不大于 ±20 μm。制成后,应作预通过试验,验证以下性质。

① 柔顺性　尖顶要有黏附功能,整个结构要能贴合表面。

② 方向性(各向异性结构)　当受到如图 5-4(b)所示的载荷作用时,结构更容易弯曲,使角尖顶(angled tip)与面接触。

③ 不自黏　当卸载后,茎秆和结构要能恢复成原始形状而不会自黏附形成块状或席网状。

从这一例子可以看到,在仿生制造过程中要仔细观察生物相关部分的结构,模仿设计出这一结构,并要解决微细结构的制造工艺问题,这其中也体现出多学科知识的综合、集成。

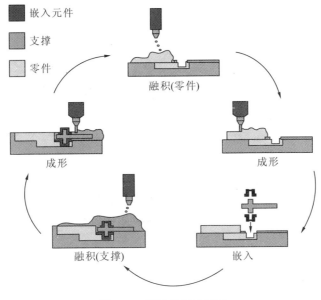

图 5-3  SDM 的工作循环

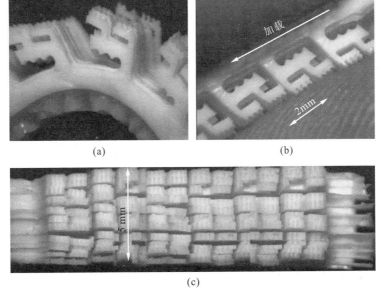

图 5-4  干黏附柔顺结构示例(SDM 工艺)

(a) 弯曲的三层 SDM 微结构;(b) 用两个手指沿选定方向加上载荷;(c) 结构顶视图

## 5.2  生 物 制 造

这里介绍两种生物制造技术:生物反应处理制造和生物加工制造,前者主要用于药物、食品等的制造中,后者主要用于微纳零件的制造,以及人体器官等活体的制造中。

## 5.2.1 生物反应处理制造

**1. 生物反应器**

生物反应器(bioreactor)是一个能产生生物反应的容器。例如,发酵在生物反应器中进行,它是一个生长微生物的过程,在培育基上,提供有机体所需的"食物"如碳和氮,微生物即可成长起来。自然界中也有生物反应器,例如池塘,它能"制造"藻类和池塘杂渣。

生物反应器的尺寸规格范围大,小型的桌面式发酵器容量为 1 L,而大型的生产单元容量可达 $1×10^6$ L。除了用来生产各种食物产品外,生物反应器还用来制造工业化学制品、酵素和生物燃料。使用微生物来生产燃料,对能源不足的国家的研究工作者具有特别的吸引力。例如,在芬兰,烤面包用的酵母菌被用在生物电化学装置中,其中的营养基的氧化还原化学过程能产生电能。

生物合成过程及其引起的细胞生长与生物产品成形之间的关系,依生物反应器类型的不同而异。两种传统的方法是:分段人工发酵和连续人工发酵。

生物反应处理制造过程的主要任务是设计、操作和控制生物反应器,以使其生物转换速率、转换效果达到经济上可行的程度。此外,细胞和催化剂经反复捣碎、混合、加热以及其他处理后,必须仍是活的。为达此目的,生物工艺工程师们不仅必须通晓生物过程演变、设备设计、过程规模扩大等方面的知识,还必须理解如何使有机物成活且以一种优化速率成长。

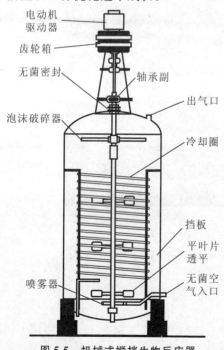

图 5-5 机械式搅拌生物反应器

生物反应器的通用类型是机械式搅拌箱,它能实现三相(气、固、液)反应。图 5-5 所示的机械式搅拌生物反应器中,气体被喷射到容器的底部,然后由机械搅拌器与发酵过程的液体混合。在这样一个过程中,有严格的约束条件。比如,对于有氧发酵,氧气泡的稳定供应是很重要的。搅拌必须足够快以分配气泡,产生均质液体,保障固体悬浮。过速搅拌可能将细胞撕裂,而欠速搅拌又可能使细胞窒息。如何使热去除率达到最优是另一个关键问题。较快的发酵会使发热较快。在规模扩大过程中,面积与体积之比例下降,导致散热面积不足而降低了热去除率。

消毒也是一个关键。生物过程必须是绝对无菌的。消除不希望的有机物的介入,是保障产品质量、防止污染有机物替代所需要生产的菌种的必要措施。这给设计、操作过程中带来明显的困难,特别是综合考虑其他工艺要求时,这种困难更突出。例如,设计一个高质量的温度传感器,且能反复消毒就是一个大难关。

生物反应器中的分子反应决定了细胞的生长特点。细胞生长模式取决于一系列因素,如氧气供应、营养供应、pH 值、温度和种群密度。在一个典型的分段发酵过程中,细胞生长依次分为四个阶段:迟滞阶段、指数阶段、稳态生长阶段、下降阶段。在迟滞阶段,细胞会产生很微弱的可见的增强,因为在该阶段中,细胞将根据环境条件重构其生物合成机制。在指数阶段,细胞生长速度之快达到给定条件下所可能的程度。指数生长阶段的中止,有两个可能的原因:一是营养耗尽,细胞过度拥挤;二是新陈代谢过程中副产物的堆积等。指数阶段的后续阶段为稳态生长阶段,其间,催化快速生长的酵素,过量的核蛋白体被裂解而产生其他酵素。当内部能源耗尽后,细胞不可能实现其基本功能。其结果是细胞分解(破裂)或无再生的能力。在耗尽阶段,生物量(biomass)减少。整个过程细胞的发酵生长曲线如图 5-6 所示。

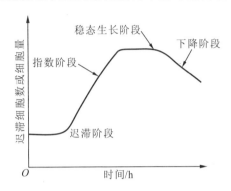

图 5-6 分段发酵生长曲线

优化生物反应器的功能,需对一系列离散工艺参数进行优化,如通风、搅动、质量传递与热传递、测量与控制、产品的成分结构与孕育的准备等。发酵过程实时监测与调节系统的开发值得关注,其关键目的是能正确地在线辨识问题的所在并及时改正。对于发酵过程,要实现自动化需进行传感器、装备、过程故障监视、控制与分段维修等方面的研究。

**2. 后处理工艺**

生物反应器的相态是生物工艺的核心。然而,发酵产品的回收与提纯对任一商品化工艺而言都是至关重要的。回收与提纯的困难程度极大地取决于产品的本质。产品回收与浓缩的工艺方法包括过滤、结晶化、干燥技术,当然还包括包装、运输等重要工作。

**3. 生物工艺的推广与管理**

尽管知识在不断进步,但生物反应处理制造技术从实验室走向市场的道路仍然有很多障碍。生物制造工艺的研究所需资金不菲、耗时的而且经常是无成果的,如何把规模扩大到经济上可以接受的水平也是一个严峻的挑战。

生物反应处理制造技术在许多方面与其父系学科——化学工程密切相关。然而,生物反应处理制造技术远比化学工程更困难,因为其原材料、催化剂与产品都是有生命的有机物,它们本身就是易损坏的、变幻无常的,不像石油化工产品和其他化学物质那样稳定。用于医药、治疗的生物制品,要求其生物处理过程具有严格的安全性措施保障。因此,商品化生产中就出现了特殊的问题,装置与设备必须满足严格的安全性和质量控制标准,以保证产品的纯度。

长时间的试验过程和同类产品开发风险使得缩短新产品上市时间的规范途径显得特别重要。生物制品要进入工业化大生产,需经过5~7年的试验期,还必须严格按照食品、药物行政管理法规与程序进行。生物工艺大规模推广的规范途径如图5-7所示。

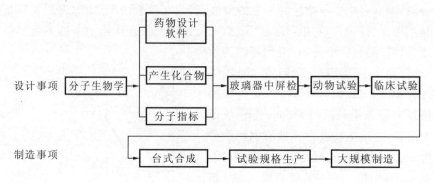

图 5-7 生物工艺大规模推广的规范途径

## 5.2.2 生物加工制造技术

生物加工制造技术是先进制造技术的一个分支,是传统制造技术与生命科学、信息科学、材料科学多领域的综合,是采用生物形式实现制造或以制造生物活体为目标的一种制造技术。生物机械或生物制造可望在21世纪崛起,成为产品设计、制造过程的新理论、新方法、新技术的源头。

生物加工制造的内涵与生物加工制造方法可用图5-8概略地描述。

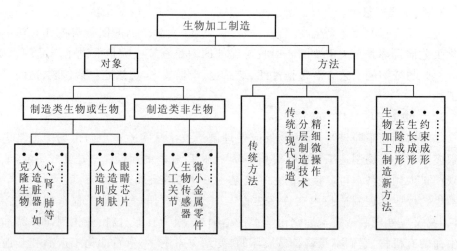

图 5-8 生物制造对象与方法简图

**1. 生物加工制造基础理论及应用**

发展生物加工制造技术的目的是建立生物加工的基本理论,形成生物去除成形加工、生物约束成形加工、生物生长成形加工的基本技术体系、孕育制造领域的一个新分支。图 5-9 列出了三种生物加工方法的基本内容。

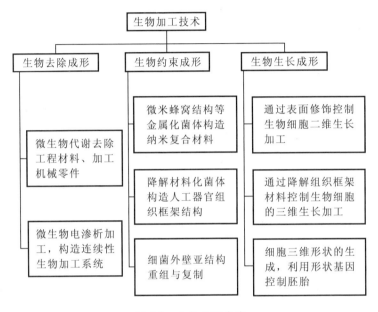

图 5-9　生物加工内容

为了实现生物加工,需进行多方面的基础研究。

① 在精细微操作方面:仿人微操作的数学模型、高精度力/位置伺服、微加工系统的标定与误差分析、三维微视觉系统模型和基于图像的视觉伺服。

② 在组织工程方面:组织工程指采用组织工程材料,应用工程学和生命科学原理构造出活的替代物,用于修复、维持、改善人体组织和器官的功能,甚至培养出人体组织和器官的科学与技术的总称。这方面的基础研究有:信息模型(结构描述模型、离散模型和堆积模型)的建立;物理模型的建立,包括框架结构与生长因子复合的机理、精密喷射成形方法、材料活性的保持、成形件活性及降解速度研究等;信息/物理过程的结合,包括成形过程仿真、降解过程仿真等。

③ 在生物信息控制方面:仿生体系统的运动控制,如结构动力学智能控制、并行控制、运动协调控制、系统辨识与故障诊断;模糊神经元网络控制及遗传算法;仿生体控制决策,包括自适应与自学习方法,多传感器融合等;生物体行为控制机理,受控生物体仿生控制器的设计与实现。

④ 在仿生体系统集成方面:高效能源及微集成驱动-控制器;多种传感器及其集成与融合;机构-驱动-传感-控制一体化设计,体系结构及可靠性;仿生体人-机环境交互;自主与遥控,多自主体(agent)的群控。

## 2. 生物加工制造在微纳制造中的应用

目前已发现的微生物有 10 万种左右,尺度绝大部分为微纳级,具有不同的标准几何外形与亚结构、生理机能及遗传特性。这就有可能找到"吃"某些工程材料的菌种,实现生物去除成形(bioremoving forming);复制或金属化不同标准几何外形与亚结构的菌体,再经排序或微操作,实现生物约束成形(biolimited forming);甚至通过控制基因的遗传形状特征和遗传生理特征,生长出所需的外形和物理功能,实现生物生长成形(biogrowing forming)。

### 1) 生物去除成形

例如,采用氧化亚铁硫杆菌(thiobacillus ferrooxidans)T-9 菌株,去除纯铜、纯铁和铜镍合金等材料,用掩膜控制去除区域,实现生物去除成形。该菌是中温、好氧、嗜酸、专性无机化能自氧菌,其主要生物特性是将亚铁离子氧化成高铁离子以及将其他低价无机硫化物氧化成硫酸和硫酸盐,并从中获得生长所需要的能量;以 $CO_2$ 作为唯一碳源,最佳生长温度为 30~35 ℃,最佳 pH 值为 2.5。振荡培养 45 h 后得到用于生物加工的细菌培养液。

首先选择纯铁(纯度为 98.4%)、纯铜(纯度为 99.9%)作为工件材料,并对被加工表面进行抛光和清洗,再贴上一层抗蚀剂干膜,在掩膜覆盖下经紫外线曝光、显影,最后制备出所需图形保护膜的试件。另外,将氧化亚铁硫杆菌接种到具有一定浓度 $Fe^{2+}$ 的 Leathen 培养基中,在一定条件下培养 45 h 后,制备出氧化亚铁硫杆菌培养液,用于生物加工上述金属试件。实测生物加工纯铜和纯铁的刻蚀速度分别为 13.5 $\mu m/h$ 和 10 $\mu m/h$。

图 5-10 为生物去除成形加工过程示意图,其中图 5-10(a)为试件制备的光刻过程,图 5-10(b)为生物加工过程。应用生物去除成形,已加工出厚度为 85 $\mu m$ 的纯铜齿轮,以及深度为 70 $\mu m$、宽度为 200 $\mu m$ 的沟槽。

生物去除成形的主要工艺特点如下:
① 侧向钻蚀量是普通化学加工的一半左右;
② 加工过程反应物和生成物通过氧化亚铁硫杆菌的生理代谢过程达到平衡;
③ 可通过不同微生物的材料选择性加工不同材料;
④ 生物刻蚀速度取决于细菌浓度和材料性质。

生物去除工程材料,如白蚁"吃"木头,某些微生物"吃"铁屑等都说明生物确实可以用来加工,关键的问题是如何控制生物按人的意图完成所需的加工。

### 2) 生物约束成形

目前已发现的微生物中大部分细菌直径只有 1 $\mu m$ 左右,最小的病毒和纳米微生物直径为 50 nm。菌体有各种各样的标准几何外形(如球状、杆状、丝状、螺旋状、管状、轮状、玉米状、香蕉状、刺猬状等),用现有的任何加工手段都很难加工出这么小的标准三维形状。这些不同种类菌体的金属化将会有以下一些微纳尺度的用途:

## 第 5 章 生物制造技术

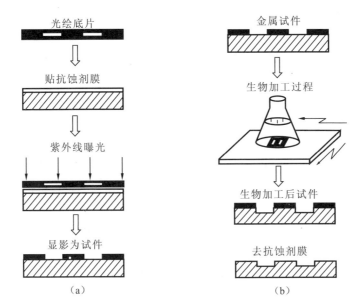

图 5-10 生物去除成形过程
(a) 光刻过程；(b) 生物加工过程

- 构造微管道、微电极、微导线等；
- 通过菌体排序与固定，构造蜂窝结构、复合材料、多孔材料、磁性功能材料等；
- 去除蜂窝结构表面，构造微孔过滤膜、光学衍射孔等。

德国的德累斯顿工业大学成功地进行了人工蛋白质微丝（直径为 50 nm）镀镍。美国的海军研究实验室进行了脂质微管（直径为 500 nm）镀镍。

细菌菌体外表面化学镀镍是生物制造学科前沿技术。我国学者选择细胞壁较厚的固囊酵母菌作为金属化实验对象，探索了其可行性。参考细胞切片工艺和化学镀镍工艺，按图 5-11 步骤实施菌体化学镀镍，其中菌体表面胶体钯活化这一步最为重要，直接影响到菌体表面形成催化中心的多少、粒度大小、分布均匀性，最终关系到化学镀镍的镀层质量。

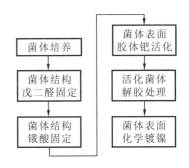

图 5-11 菌体化学镀镍工艺过程

试验用固囊酵母菌 Ni-P 化学镀镍，实现菌体化学镀镍，其镍层厚度约为 80 nm。对镍层进行能谱分析表明，其中镍含量为 80%～90%，磷含量为 10% 以上。为实现金属化菌体的磁场排序，必须保证金属化菌体具有铁磁性。但是镀镍层含磷量大于 7% 就没有铁磁性，因此 Ni-P 化学镀镍不容易产生磁性。我国学者正在进一步研究 Ni-B、Ni-Co、Ni-Fe-P、Ni-Fe-B 等镀镍配方的磁性问题。

**3) 生物生长成形**

生命是物质的最高形式,有生命的生物体和生物分子与其他无生命的物质相比,具有繁殖、代谢、生长、遗传、重组等特点。随着人类对基因组计划的不断实施和深入研究,人工控制细胞团的生长外形和生理功能正逐渐变为现实。

目前,国际上利用蛋白质晶体重组和细胞生长进行了不少有意义的探索性研究。英国 Bach 大学和奥地利 Bodenkultur Wien 大学合作研究了古细菌外膜(Slayers)蛋白质重组,在电镜格栅上自组装出具有 5 nm 直径孔的有序阵列的二维蛋白质膜,在膜的两侧分别为 $CdCl_2$ 和 $H_2S$,结果在纳米孔口处形成 5 nm 左右的 CdS 纳米颗粒,其有望成为纳米存储单元。德国 Dresden 工业大学利用猪脑蛋白质重组出 25 nm 直径的微管,并实现了磁性镀镍,但纳米管的变形较大。日本国立循环器官疾病中心利用表面细胞修饰技术,在一定活性修饰表面上接种神经细胞,结果生长出了微米级六边形阵列的人工神经网络,有可能实现活体神经网络的 0/1 控制。在细胞团的三维生长控制方面,一般采用凝胶状或海绵状三维培养框架结构,在一定的外形约束、培养介质、培养条件(压力、温度、刺激因子等)下,对接种细胞进行三维组织培养。目前国际上已成功地实现了皮肤细胞的二维生物组织构造,正处于产品开发阶段。软骨、血管、肝脏等细胞的三维生物组织构造技术正处于研究阶段。目前人类已能控制在老鼠身上某个部位长出耳廓形状的组织。相信在不久的将来,一定可以通过控制基因的遗传形状特征和遗传生理特征,生长出所需外形和生理功能的人工器官,用于延长人类寿命或构造生物型微机电系统。

**3. 基于分层制造技术的生物制造**

利用分层制造技术与医学上的生长因子培养技术以及三维建模技术的综合集成,制造生物活性组织已达到工程化制造水平。作为生物活性组织制造的使能技术,分层制造技术、生长因子培养技术、三维建模技术三种技术都比较成熟。

现以人工替代骨为实例予以说明:对人体的骨骼进行 CT 扫描,然后进行骨骼内部结构的仿生 CAD 建模和骨骼外腔的三维反应,利用常温固化的羟基磷灰石等生物相容性和生物可降解性较好的材料,在分层制造机器上制出具有生物活性的人工替代骨,在成形过程中植入骨生长因子。采用这种方法,有望解决目前人工替代骨加工周期长、生物相容性和生物可降解性不好、内部微孔结构不可控的缺点。

# 5.3 活体制造

人体组织器官(即活体)的缺损或功能障碍是人类健康所面临的主要危害之一,也是引起人类生病、死亡的最主要原因。目前临床上常用的组织修复途径大致有三种:自体组织移植、异体组织移植或应用人工代用品。但这三种方法都分别存在不足之处,如免疫排斥反应及供应不足。于是,为了解决人体组织器官的修复与移植问题,人们不得不探讨活体制造问题。对于制造工程师们而言,需要实现传统制造由只能制造"死物"向能制造"活物"的飞跃。

活体制造必须攻克两大技术难题,即细胞与支架的培养与制造。比如人们想得到一个奔马的植物景观,首先要用支架材料制造出一个奔马的形状支架,再选择合适的植物种类使之能沿支架生长,最终变成一个由植物覆盖的奔马植物景观。相似地,若要制造人体脏器(如心脏),方法之一就是让心脏组织细胞沿三维心脏支架生长而造出人体心脏。当然这比植物的奔马景观的制造要难得多,仅是用比拟的方法来理解人体脏器制造的思路之一。

作为活体制造的重要基础的组织工程学是结合了工程学和生物学的基本理论和基本技术方法。利用组织工程学方法,可通过种子细胞培养和生物材料的研制在体外构建一个有生物活性的种植体,并植入体内进行组织缺损修复,或者作为一种体外人工装置暂时替代器官功能,以达到提高生命质量和延长生命活动的目的。

组织工程具有三大特点:a. 可以形成具有生命力的活体组织,对病损组织进行形态、结构和功能的重建并永久替代原组织;b. 可用最少的组织细胞通过在体外培养扩增后,进行大块组织缺损的修复;c. 可按组织器官的缺损情况任意塑形,从而实现完美的形态修复。

**1. 生物材料**

生物材料是为了在人体内的医疗应用而制造的材料,是用来对患者进行诊断、治疗、修复或替换其病损组织、器官或增进其功能的新型高技术材料。在当代生物材料的发展中,不仅强调材料理化性能和生物安全性、可靠性的改善,更强调赋予其生物结构和生物功能,以便在人体内调动并发挥机体自我修复和完善的能力、重建或修复受损的人体组织或器官。

**2. 细胞支架**

组织工程一般致力于为细胞附着和生长提供一种空间环境或支架,并希望通过模仿活体环境,诱导细胞生成理想的组织类型。组织工程的最终目标是制作三维的含细胞支架。引导细胞生长以为功能组织提供适当的支架也不是一件简单的事情,但是,用各种不同的材料,组织工程可通过多种方法解决这个问题。

不同的支架具有它们各自的特点。如陶瓷和玻璃这样的无机材料支架作为承载件太脆弱,特别不耐用;生物活性玻璃也仅仅限于用在不承受载荷的情况下,如替代中耳。人工聚合物由于缺乏细胞附着的黏结表面分子,可能被人体自身视为异物,它们的降解产品(如聚酯)呈酸性,虽然没有直接的毒性,但却可能产生一种不符合生理要求的酸性微循环。

分层制造技术是一种构造更复杂支架的可行方法。分层制造装备能够对基质和细胞进行联合刻印,未来可以实现对组织微结构的精细控制。

2007年,美国科学家提出了根据喷墨打印机原理制造人体器官的设想:在喷墨打印机的喷墨盒内装载不同类型的细胞培养基,而复杂的三维人体器官可以正确的模式进行分层,以使不同类型细胞正常生长运行。尽管这种细胞打印装置仍使用微型针式打印模式,但细胞培养基却并不会受损。要将这种设想变成现实,还有很长的路要走,但其创新是突破性的。科学家们希望,将来人类能够按照需求由打印机制造出可移植器官。

**3. 基于微生物的可控生物制造与应用前景**

**1) 微流控技术**

微流控技术主要是指利用一些微米级的管道操纵和控制极少量的水溶液进行生物分析。微流控技术在微生物领域具有广泛的应用前景。它作为一种工具将应用于微生物的单细胞操作,控制胞外环境的瞬时转变;也用于对微生物生理及运动的研究,通过该技术和表面化学的耦合来调控多种动物细胞的定向生长。如可将微流控技术应用于对木醋杆菌的控制,通过导向微生物的定向运动来调控其胞外产物细菌纤维素的有序组装,即利用微流控技术可以诱导细菌纤维素纤维在微米尺度上进行图案化的有序自组装。

**2) 磁控技术**

磁控方法源于对趋磁细菌的仿生。趋磁细菌是一类能够沿着磁场方向运动的革兰氏阴性细菌。这类细菌体内都具有晶形独特的、由膜包裹的磁性纳米颗粒——磁小体,磁小体尺寸一般为 30～140 nm,化学成分主要是 $Fe_3O_4$。细胞内的磁小体使趋磁细菌在磁场中可以做趋向性运动。通过对趋磁细菌进行仿生,用化学方法合成磁性纳米颗粒,再人工构建具有磁响应性的活性微生物细胞(磁控微生物),可以使其他种类的微生物活细胞也具有磁可控性。人们采用仿生矿化法对酿酒酵母细胞进行表面修饰处理,成功构建了磁控微生物,观察到了磁控酵母菌的趋磁性运动,为建立磁场对磁控微生物的图案化排列奠定了良好的基础。

磁控的方法基于对磁控微生物的人工构建,采用仿生矿化原理构建磁控微生物,处理后的细胞不易增殖,可以维持活力,并且该方法具有较好的普适性,符合生物制造的基本需要。研究证实了该方法可以用于制备磁控微生物。磁控的生物制造方法相比于其他过程控制方法,除了有条件温和的明显优势外,还具有可操作性强,能进行定向或定域控制,可以进行动态控制以及容易与其他过程控制方法结合使用等优点。进一步研究将涉及如何对磁控微生物进行微纳米图案化排列及定位操纵。

通过建立微流控、磁控的微生物微纳生物制造过程控制方法,以活性微生物为微纳机器人,诱发其特有的生物学功能,进行受控自组装等生物制造过程,由此设计和创造一系列新型特殊功能材料和器件,将有望在化学、高分子、材料、物理、生物工程等领域得到广泛应用,如图 5-12 所示。

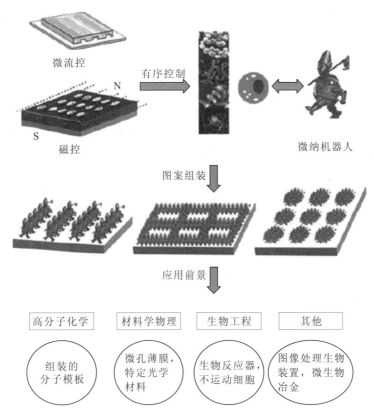

图 5-12 基于微生物的可控生物制造与应用前景示意

# 第 6 章  制造信息化技术

21世纪进入了信息化时代。利用信息化技术对制造企业的主体功能进行现代化改造,促使设计、制造、材料、信息交换、管理的信息化,有利于加速先进制造技术的发展。

## 6.1 信息及信息获取和预处理

### 6.1.1 信息

从工程应用方面来看,信息是人们处理问题时所需要的条件和所得的结果,表现为数字、数据、图表和曲线等形式。

**1. 信息的分类**

制造领域的信息按用途分类有设计信息、加工信息、材料信息和管理信息;按信息存在的形式分类,有数据类信息、图形类信息、知识类信息。

**1) 数据类信息**

在加工过程中,有许多几何量和物理量可以被采集、处理、控制。从被采集、处理、控制的参数数据的数学特征来分析,数据类信息又可分为以下三类,如图 6-1 所示。

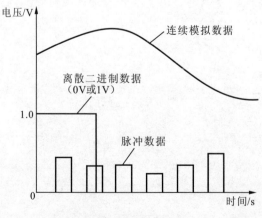

图 6-1 数据类信息

(1) 连续模拟数据

这类数据的数值是时间的连续函数,在一定范围内,它可以取任一数值。这类数据在时间上是连续的,幅值也是连续的,如切削力、切削力矩、切削温度、进给速度、主轴转速(假定为无级变速)、刀具磨损量、加工误差等。

(2) 离散二进制数据

这类数据有时也称开关量,其在时间上是连续的,而幅值是离散的,但幅值只能取 1 与 0 两个可能的值。如冷却液开时,冷却液开关信号幅值为 1,总有冷却液,时间上是连续的;冷却液关闭时,幅值为 0,则断开冷却液,这种状态在时间上是连续的。在加工过程中,这类信息有:加工尺寸是否超差(正品或废品);工件是否在夹具中;机床是手动还是自动的;机床是在加工还是在停车状态;等等。

(3) 脉冲数据或数字

这类数据在时间和幅值上都是离散的,其幅值不只局限于取 1 与 0 两个可能值,而是一串脉冲数据,如数字传感器所获得的数据,驱动步进电动机的数据串,零件个数的累计,在操作台屏幕上显示出的每班产量、主轴转速的转换离散数据,等等。

通过相应的接口,计算机可以接收这三类数据,从而实现对这三类数据的控制与监视。计算机只能与离散数据通信,因此,第一步就要求明确被控对象的数据特征,并将其离散化。

2) 图形类信息

被加工对象的图形、工程设计图、工序图、机器视觉获得的图像、加工过程物理参数的变化规律曲线(如工艺系统的温度变化规律曲线、刀具磨损规律曲线)等属于图形类信息,计算机处理这类信息与处理数据类信息的方式不同。

3) 知识类信息

加工技术人员的关于加工过程的经验、知识、技能及零件的加工技术要求等属于知识类信息,常常以语言和文字形式表述,计算机接收这类信息的方式又区别于前两类信息。

信息的存在形式与信息所在系统的物理结构、功能及组织形式紧密相关。对于制造系统而言,信息分类是描述制造信息的一个重要方面,也是进行信息处理、信息应用和信息建模的基础。

信息分类应具备的基本原则有以下几点:a. 科学性,指信息分类的客观依据应是事物或概念最稳定的本质属性或特征;b. 相同性,按合理的顺序排列,并映射出各个分类对象之间的相关性所形成的分类体系;c. 延伸性,分类体系应留有的足够的延伸余地,以安置所出现的新类别信息,而不会打乱或推翻已建立的分类体系。

**2. 制造系统信息与其他领域信息的区别**

由于制造信息涉及范围广泛,与其他领域信息的区别具体表现在以下几方面。

1) 信息结构复杂

工程系统包括产品的结构和工艺设计。设计中涉及的数据既包括设计分析数据、标准件数据等结构化数据,也包括图形、文字、表格、NC 代码等非结构化数据,同时还包括结构上可分、但逻辑上必须整体存放的,供分类判别使用的反映规则的信息。此外,随着设计的不断深入,系统所涉及的数据在数量上和类型上都会不断增多。

**2) 信息联系复杂**

产品数据元素之间不仅存在一对一的关系,而且存在一对多、多对多的关系。例如:产品部件可以对应多个零件,而每一个零件只能对应一个部件,部件与零件之间就是一对多的关系;三维形体中的每个边对应多个面,而每个面也对应多个边,三维形体中的边与面之间就是多对多的关系。数据间这种复杂关系会给数据的存取、识别和管理带来困难。

**3) 包含动态的二次数据**

在工程数据中存在着从产品的初始模型推导出的二次数据。对这些二次数据必须随着初始模型的变化及时地重新计算,以保证数据库中数据的一致性。

**3. 制造信息的特点**

归纳起来,制造信息有以下特点。

(1) 多态性

在制造系统中,除一般的结构化信息外,还有大量的非结构化信息,如图形信息、实体模型、数控程序、超长文本、专家知识、设计经验等数据类型,以及很多信息的变化与频繁的交换,因此使制造信息呈现明显的多态性。在数据库的设计过程中,必须考虑各种信息的分类和各自的特点,为这些种类和变化繁多的数据类型安排合理的存储和管理机制。

(2) 结构复杂性

制造系统中的许多信息,如图形、实体模型、数控程序、工艺文件等信息结构十分复杂,很难采用或参照模型表的形式进行存储和处理,这对关系型数据库提出了更高的要求。

(3) 分布性

制造信息分布在制造系统的各个应用单元中,并且由于数据库建立的时间差异、系统环境的差异、应用目的的差异,使数据库的结构、应用环境具有明显的异构性。这种分布和异构的情况,给保证数据的一致性、安全性和可靠性以及信息转换和通信带来了较大的难度。

(4) 实时性

如底层制造系统要考虑实时加工和监控信息的收集、分析和管理,这就要求采用实时数据库技术。

(5) 集成性

在生产过程中,各个信息分系统之间频繁地进行着数据交换,为了实现信息的共享、减少信息的冗余,在数据库设计时必须考虑信息的集成要求。须根据信息是共享数据还是局部数据来设计数据的存储位置和分布方式,根据共享数据的特点来规划各个信息系统之间的数据交换内容和数据集成方式。

## 4. 制造信息的度量

制造信息度量问题在理论研究方面的发展是不平衡的。工程信息论方法在制造工程领域应用的主要特点是不考虑信息的语义、信息的价值、信息的效用,而用概率场描述机械变量的信息量化问题,其结果是任何复杂事物的运动都被暗箱化,信息均用概率场的熵来度量。

信息量定义为熵量的减少。据此,制造的不确定性(如信息的不完备性、随机性和模糊性等),可以采用信息熵来描述。反映制造活动中各种转化的制造效率,亦可用制造信息的转化率,即当量熵的概念来描述。

信息、物体质量、能量在物理层次上是密不可分的。

质量

$$M = \int \rho(S) \mathrm{d}S$$

式中 $\rho(S)$——密度函数($\mathrm{kg/m^3}$);

$S$——空间坐标。

能量

$$E = \int \varepsilon(t) \mathrm{d}t$$

式中 $\varepsilon(t)$——能量密度函数($\mathrm{J/s}$);

$t$——时间坐标。

将制造信息类似地表示为

$$MI = \int \eta(r) \mathrm{d}r$$

式中 $\eta(r)$——信息密度函数。

为此,要研究信息密度函数。

信息密度等于产品(或服务)的信息部分与其有形部分之比。这个"比值"是一个模糊量,用高、中、低来描述较合适。

一个产品的信息密度高,一般是指:a. 产品主要提供的是信息(如说明书、软件);b. 产品操作涉及大量的信息处理过程(如摄像机);c. 产品使用需要用户处理较多信息(如家用电器);d. 产品使用需要培训(如数控机床);e. 产品有多种用途(如柔性制造系统)。

一个生产过程信息密度高,一般是指:a. 企业面对大量供货商和客户(如汽车工业);b. 产品销售需要大量信息(如咨询公司);c. 公司提供一系列产品,包含许多不同的特性(如汽车工业);d. 产品由许多部件组成(如飞机工业);e. 生产过程包含许多步骤(如化学工业);f. 从订货到交货的周期长(如飞机工业)。

信息密度越高,表明产品或过程的不确定性消除得越多,产品和过程越有序,信息熵越少。

从信息论的角度考虑,物理系统可能出现的状态是随机的,是不确定的,这种不确定性是客观存在的,一旦物理系统输出某一状态,经过变换、传输、处理而被人们理解,消除了系统的不确定性,即获得信息。某一状态 $x_i$ 发生时所包含的信息量,用信息熵表示,即物理系统的平均信息量

$$H(x) = E[-\lg P(x_i)] = -\sum_{i=1}^{N} P(x_i) \lg P(x_i) \tag{6-1}$$

式中　熵的单位为[bit/事件];

$P(x_i)$——事件 $x_i$ 发生的先验概率,例如一台正常运转的机床,加工出合格产品的先验概率为 0.99,不合格产品的出现概率为 0.01,一旦出现不合格产品的概率大于 0.01,就说明机床出现了不正常状况,为人们提供了一定的信息量。

信息熵表征了物理系统的统计特性,是总体的平均不确定度的量度,对于某一特定的物理系统,其信息熵只有一个,不同的物理系统,因统计特性不同,其熵也不同。

例如,两个物理系统,其概率空间分别为

$$[X, P(x_i)] = \begin{pmatrix} x_1 & x_2 \\ 0.99 & 0.01 \end{pmatrix}$$

$$[Y, P(y_i)] = \begin{pmatrix} y_1 & y_2 \\ 0.50 & 0.50 \end{pmatrix}$$

信息熵分别由式(6-1)计算为

$$H(X) = -0.99\lg 0.99 - 0.01\lg 0.01 = 0.08[\text{bit}/\text{事件}]$$

$$H(Y) = -0.50\lg 0.50 - 0.50\lg 0.50 = 1[\text{bit}/\text{事件}]$$

可见,$H(Y) > H(X)$,说明物理系统 $Y$ 比物理系统 $X$ 的平均不确定性要大,即在事件发生前,难以预测事件 $y_1$、$y_2$ 到底哪个会发生,因为它们的先验概率都是 50%,旗鼓相当,一旦发生了 $y_1$ 或 $y_2$,给人们提供的信息量要比 $x_1$ 或 $x_2$ 发生所提供的信息量要大一些。

一般来讲,检验制造系统性能的传感器、检验仪器的精度水平高于被测对象精度水平一个数量级,就确保了仪器提供的信息是确定性的。如果检测设备与被测对象处于同一精度水平,检测结果就不确定了,无法弄清到底是检测设备的问题还是被测对象的问题。

**5. 工业化、信息化的融合**

信息化的基础或条件是工业化,只有实现工业化、信息化的"两化"融合,才有可能发挥信息化的作用,推动工业化的进展。表 6-1 所示为工业化、信息化及"两化"融合的比较。

就制造领域而论,"两化"融合具体体现在以下几个方面。

① 实施制造业信息化工程,构建数字化企业;利用信息技术来发展数字化、智能化产品;利用信息技术提高企业的发展效率和效益。

② 利用信息集成和信息协同来实施供应链管理优化,实现制造业和物流业的对接、联动;在网络市场中推行网络制造生产模式,培育制造业新的经济增长点。

表 6-1　工业化、信息化及"两化"融合的比较

| 项　目 | 分　类 | | |
|---|---|---|---|
| | 工业化 | 信息化 | "两化"融合 |
| 功能 | 手的延伸——机器 | 脑的延伸——计算机、网络 | 手、脑融合延伸——硬、软件协调 |
| 发展模式 | 需求导向 | 需求导向＋供应导向 | 数字化企业 |
| 发展动力 | 资本为第一推动力 | 技术为主要动因 | 可持续发展 |
| 条件(基础) | 农业化 | 工业化 | 工业化＋信息化 |
| 发展手段 | 主要靠竞争 | 竞争＋合作(协同) | 社会、经济、环境协调 |
| 管理模式 | 物质生产——流水线型<br>信息传递——垂直方向 | 信息传输——网络化管理 | 电子化"甩"图、"甩"表 |
| 发展速度 | 200 年历史 | 50 年知识积累，超此前总和 | 理性推进 |

③ 实施信息化工程，主要围绕制造企业，围绕产品创新等合理性地推进信息化应用，以及企业资源计划(ERP)的应用。

④ 实现电子化，甩掉图传递方式，实现无纸化；甩长表，抛弃企业管理过程中以纸质表格为主的模式。

⑤ 把制造变成高绩效的工程，这是德国在工厂生产过程中提出的概念，其认为企业本身也是一个产品，也是有生命周期的，而企业的目标就是要变成一个适应市场的工厂、和谐的工厂、网络化的工厂和学习型的工厂。

⑥ 在产品与装备中融入信息技术。将不断出现的新的信息技术融入传统产品，生产出数字化产品与装备；向用户提供智能化的工具。在产品和装备中融入信息技术，实现数控化、智能化、自动化后，产品与装备的附加值也相应提高。

⑦ 将信息技术用在节能减排中。比如要提高发动机的效率，很多动力设备要把能耗降下来，用信息技术可加快节能产品的改造。在研发中，通过计算机仿真就可以完成实验，这样可大大减少物质的消耗。

"两化"融合将催生新技术产业，随着"两化"融合的深度、广度不断拓展，新技术创新层出不穷，制造模式不断更新，很多小的企业可得以壮大。例如，"两化"融合中肯定要涉及的光电子产业、传感器元件产业、RFID(射频识别)产业等都会发展起来。

## 6.1.2　制造信息的获取

制造信息一般可通过下列渠道获取。

**1. 纸质资料**

各种书籍、手册、科技期刊等纸质资料是制造信息的主要来源，如设计参数、工艺参数及材料、机床与工具信息……都能从这些资料中获取。

**2. 网络搜寻**

在当今的网络化、信息化时代，通过网络可以搜索到大量的信息，特别是最新的科技信息、学科前沿的信息、国内外的科技动态信息等，是获得制造信息的快捷、重要

的手段。

### 3. 各类传感器

在研发制造系统中，制造系统的众多运行信息、状态信息都是通过各类传感器现场获取的。在制造系统中，通常关注三大类信息，即 $x$（位置、尺寸信息）、$\dot{x}$（速度信息）、$\ddot{x}$（加速度信息），由以上信息综合分析而得到的是力、振动、噪声、温度等信息。为了与数字计算机接口，常常需将这些信息数字化，优先采用数字传感器。

传感器、检测仪器与检测系统是获得现场信息的主要手段，有时还是唯一手段。合理选用传感器并将其融入制造系统中，是制造系统成败的关键之一。

随着高新技术的发展与进步，传感器的灵敏度、分辨率、精度都有大幅度提高，而尺寸小型化，促使许多"傻瓜"型设备出现，它们能及时地以声、光等形式表明设备故障所在，以便用户及时维护，确保制造系统正常运行，保证产品制造的质量。

通过传感器可以获得各类制造信息，如数据类信息（位移、误差、力、振动、温度、噪声、时间、质量等）、图形类信息（机器视觉、CCD、扫描电子显微镜 SEM 等都能获得各类形状信息）以及知识类信息（声音辨识、语言辨识等传感系统能获得的知识类信息），都可以由相应的传感器获得。

可以认为，从纸质资料、网络上获取的信息一般是他人的成果，而且一般是历史性的信息，而通过传感器所获得的信息是实时的、亲历的信息。

### 4. 数据积累与经验总结

在制造系统的长期运行中、在制造系统的创新研发中，从数据积累与经验总结中得到的有规律性的东西，往往是核心的、关键的"诀窍（know-how）"信息，这是与竞争力密切相关的信息，往往是技术秘密，无法从其他渠道获得，它们仅仅掌握在极个别人手中。事实上，通常所说的引进技术，主要是指产品技术，而核心的工艺技术是无法引进的，这就是为什么在当今的环境下，高、精、尖的设备还要从国外引进的原因。许多核心的"工艺诀窍"信息是绝密的，为制造厂家所垄断，要突破封锁，只有自主创新、攻克难关，总结出符合我国国情（社会、经济环境）的"诀窍"信息。

### 5. 人际交往

有统计数据表明，创新的思维、理念主要来自外界激励与推动，人们通过学术会议、学术讲座、用户座谈会、多学科人员的学术"沙龙"，能获得很多鲜活的信息。与人沟通是获得信息的一条重要渠道。

## 6.1.3　信息预处理

从各种渠道得来的信息，应是准确的、可靠的、有使用价值的。为此，要对所获取的信息予以预处理，其技术与方法如下。

### 1. 过滤

剔除隐含于信息中的噪声、个别奇异的数据（又称测量"野点"），通过不同结构的滤波器，得到满足使用需求的信息。

### 2. 细分

为了更精确地认识自然现象,有时需要有更密集的信息,而这些密集的信息却难以从传感器获得。为此,可采用数据处理方法在相继的两个信息间进行细分而获得更多的信息,其操作的依据是:正常的自然现象都具有缓时变的规律,相继的两个信息之间的变化规律可以是 0 阶(水平线)、1 阶(直线)、2 阶(二次曲线)、3 阶及以上(样条曲线)的,确定了某种变化规律就能进行细分处理。值得提出的是,太细的信息是现有物理系统不能响应的,分得过细就没有必要了。例如,生产车间使用的 CNC 机床,目前其定位误差可控制在亚微米级,如果将传感器测得的定位误差细分到纳米级,尽管有理论意义,但无实用价值。

### 3. 特征值的提取

制造系统的信息类型较多,包括声、光、电、热、力、液等各种异构信息,为了融合、比较,需要提取信息中的特征值。常用均方根(RMS)值、各阶矩值等作用特征值,通过对获取的信息进行相应的处理,提取出需要的特征值。

## 6.2 制造过程的信息化建模

### 6.2.1 信息化建模概述

#### 1. 建模的目的与方式

面对制造系统环境,需要用模型对相应对象、装置或系统的特性(静态特性或动态特性)进行描述。制造设备的有效使用更加依赖于信息技术,因此,需要对制造过程进行精确预测,包括预测零件的形状精度、几何精度、表面粗糙度、表面质量、加工时间和成本等。由于加工方式很多,如果仅掌握个别加工方式中的输入和输出之间的关系,要对其建立模型和进行仿真极其困难。

使用建模方法来预测零件精度对于实际应用有极其重要的意义。对整个加工系统提出一组适用的模型,可以说基本上是一个未经探索的领域。加工过程建模的领域极其广泛。加工的方式多种多样,因此不同的建模适用于不同的目的。对于每一种加工方式,需要针对不同的要求建模,还需要使用许多不同的建模技术。因此,需要利用许多不同的模型,采用不同的方式来建立加工过程模型。

加工过程建模针对不同的需求采用不同的模型,如在工艺过程设计、工艺过程优化、工艺过程控制、工艺过程仿真和工装设计中,对模型的要求是不同的。

从理论上讲,工艺过程设计只需要相当简单的模型来确定相关的内容,如合适的加工类型(如车、铣、刨、磨等)及刀具的材料、种类和几何尺寸等。

工艺过程优化则需要更复杂的模型。有些模型只考虑技术层面的要求,如计算允许切削力的最大进给量的模型;也有些模型要兼顾经济层面,如计算经济切削速度。

在加工过程中,使用适当的模型有助于减少废品。如果能以比较好的精度预测输入变量的影响,那么原则上就可以明确,为获得给定容差的输出变量,应当有怎样的输入变量。

工艺过程仿真,特别是其物理仿真仍处于发展阶段。尽管有限元法已经被用于仿真切屑形成过程,但以可接受的精度和可靠性来模拟真实的加工过程还有待研究。

在工装设计中模型有较好的应用。有足够多的模型可用来估计在工件的加工中所需的切削力、力矩、能量和主轴转速,并且有的模型可用来研究机床的热变形、弹性变形和动态性能。但是用于夹具设计和刀具设计的模型没有太大的发展。

客观存在的各种研究对象称为原型,原型既包括有形的对象,也包括无形的、思维中的对象,还包括各种系统和过程等。为了更好地研究原型,可将原型加以分解,分成很多部分和层次。模型是为了某个特定的目的而构造的整个原型或其部分或其某一层面的替代物。模型可作如下的分类,如图 6-2 所示。

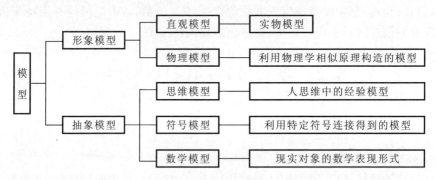

图 6-2 模型的分类

**2. 建模的步骤**

要建立客观存在对象的替代物——模型,一般需经过若干步骤,因为数学模型在制造过程中应用较多,故以数学模型为例来介绍建模步骤,如图 6-3 所示。

**1) 提出问题**

提出问题就解决了一半的问题,它是解决问题的关键一步。提出问题的目的是在面对实际的研究对象时,弄清问题的来龙去脉,抓住问题的本质,确定问题数学模型的类型、输入/输出变量及用什么样的建模方法,所以,问题提出的过程即是将一个实际问题转化成一个数学问题的过程,只有对研究对象的物理本质、概念、名词、术语都很清楚的专业技术人员才可能正确地完成此项任务。

**2) 量的分析**

数学建模过程中应搞清原型对象的各种可获取的常量和变量,分清主要的量和次要的量。

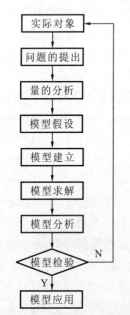

图 6-3 数学建模的流程图

### 3) 模型假设

对现实问题进行必要的抽象和简化,抓住问题的本质和主要因素,忽略一些次要因素,这样才有可能建立适用的数学模型。确定模型假设时要遵循以下简化原则。

(1) 目的性原则

从建模目的出发,用于设计、优化、控制、管理的模型,其目的会有差异,主次因素也会不同。

(2) 合理性原则

因假设带来的误差能满足建模目的允许的误差要求,各个假设之间不应互相矛盾。

(3) 适应性原则

假设要适应模型的建立、求解、检验、应用过程。

(4) 全面性原则

要注意到假设的无偏性,要给出原型所处的环境条件。

### 4) 模型建立与模型求解

根据实际问题和建模的目的、要求,以及建模人的数学特长,选用合适的数学工具建立数学模型,求解出模型的相关参数。值得指出的是,对同一实际问题可以构造出不同的数学模型,在达到预期目的的前提下,所用的数学工具越简单越好。

### 5) 模型分析与模型检验

为了判断模型求解的结果是否与实际对象的特点相吻合,要对模型进行分析;为了判断模型是否合适,如阶次是否恰当,要对模型进行逻辑检验,反复修改、循环运作。经过模型分析与模型检验,方能建立一个合适的数学模型,用于替代实际对象。有了数学模型,就便于对实际问题进行分析、控制、优化等操作,也便于用计算机辅助技术来实现数字化处理。

现就制造过程中的加工过程为例,说明数学建模的应用。

能够得到实际应用的加工过程的模型预测包含以下三个阶段,如图6-4所示。

阶段1:加工参数建模。

阶段2:加工性能建模。

加工性能可分为技术性能指标(如零件的形位和几何精度、表面粗糙度、表面质量等)和经济性能指标(如加工时间、加工费用、产出时间、废品比例等)。

阶段3:模型优化。

根据已定义的任务,可以选择一类适当的模型,然后根据情况确定合适的数据。典型的输入条件包括切削条件、刀具几何参数、断屑槽几何参数、刀具和工件材料性质,以及机床动力学特性等。模型的输出可以分成两步:第一步是预测切屑形成过程中的应力、应变、应变率、温度、摩擦、刀具与切屑接触长度和切屑流动等;第二步是预测一些共同的加工性能量度,如切削力、力矩、能量、刀具磨损、刀具寿命、切屑形式、断屑能力、表面粗糙度、表面质量和工件精度等。

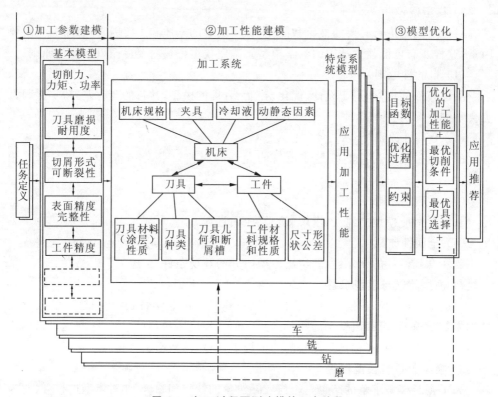

图 6-4 加工过程预测建模的三个阶段

模型预测在这两步中的最大挑战是输出从第一步到第二步的转换。为了改进第一步的输出,提出了大量的越来越新的模型。大部分建模都局限在简单的正交切削条件下。对于第二步则需要在像车、铣和钻等复杂的加工条件下,来提高预测加工性能量度的能力。

## 6.2.2 两种建模学派

在制造过程建模中,已形成两种建模学派。

**1. 科学学派**

这一学派的研究者主张根据研究对象的机理来描述对象,明确给出输入与输出之间存在的关系。美国 Merchant 教授可视为科学学派的代表,他从切屑形成机理开始研究,提出了剪切面理论,并指出研究零件材料和工件与刀具间摩擦的重要性。Merchant 教授的追随者主要分布在大学、研究机构,致力于简单的基本静态切削过程的研究。该领域内的一个重要问题是确定剪切面的位置,虽然目前大约有超过 50 种关于计算剪切角的模型,但还没有一个是令人满意的。图 6-5 所示为正交切削中剪切面的简要示意。科学学派强调建立解析模型。

现以机械力建模为例来说明按科学学派建模的过程。

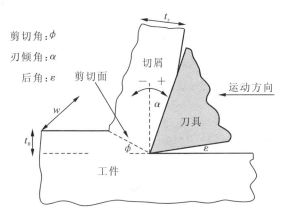

图 6-5　正交切削中剪切面示意

机械力模型可以定义为基于切削过程力学的力模型,然而它并不是一个纯粹的分析模型,很大程度上要依赖经验切削数据以保证模型的性能。这些模型通常是基于计算机的并且需使用单刃斜角切削力学分析模型。简单地说,这些模型是分析和经验建模技术结合的产物。该方法由于采用经验切削力数据而避免了使用基本力学参数(如剪切角、动态应变和摩擦角等)的复杂性。将特定加工的几何特征与构成特定机械力模型的经验切削数据相结合,可以构建不同的加工过程模型。

机械力建模技术以一些基本关系为基础,这些基本关系包括切削负荷(即未变形的切削区域)与切削力、刀具几何尺寸、切削条件、工件几何尺寸、加工类型之间的关系等。用切削力基本经验关系式分析端铣加工过程,有

$$F_c = k_c b h \tag{6-2}$$

式中　$F_c$——切削力;

$k_c$——比切削力,是切削参数如切削厚度、前角、刃倾角等的函数;

$b$——切削宽度;

$h$——切削厚度。

### 2. 工程学派

这一学派的研究者以解决问题为出发点,并不要求明确掌握研究对象的机理,以近似的模型来模拟真实对象,对于复杂过程(可视为"黑箱")的求解可能更加有利。

加工过程建模的领先者,著名的 Taylor 教授可视为工程学派的先驱。

按科学学派理论建模,以切削过程机理为基础,模型能充分反映过程的发展机理;按工程学派理论建模则考虑认识过程机理的复杂性和困难程度,跨越对机理的理解,按照"黑箱"或"灰箱"法,采用不同的方法在输入信息和输出信息之间建立联系,按照所建立的模型对加工过程进行预测。

工程学派建模最著名的例子是预测刀具耐用度的 Taylor 公式,而近年来人工智能(AI)技术在工程学派建模方面也得到了很多的应用。

**1) 半经验建模**

Taylor 采用经验方法提出了著名的预测刀具耐用度的 Taylor 公式：

$$vT^n = C \tag{6-3}$$

式中　$v$——切削速度；

　　　$T$——刀具耐用度；

　　　$n, C$——常数。

经过扩展，Taylor 公式已经包含切削条件，如进给量和切削厚度。Taylor 公式在今天仍然被用于可加工性和加工经济性能的评价，其指数和常数被用来比较刀具材料。工业使用的加工数据库中 Taylor 参数占主要地位。

半经验模型简单易用。然而，这种形式缺乏对切削过程的深刻理解，当需要在方程中考虑新的切削变量时需要做扩展试验，并且当刀具和工件材料重新组合时，整个试验过程必须重新进行。因此，半经验模型特别不适用于 CNC 加工，因为此时刀具和工件的材料种类很多。半经验模型最主要的缺陷是以前的加工经验对后来的加工完全没有帮助。

**2) 基于人工智能的建模**

基于 AI 的建模技术是一种新技术，尚处于发展阶段。在 AI 建模中，大部分工作与使用传感器融合技术进行过程监测有关，要根据传感器的数据预测一个或多个输出。某些研究者使用 AI 技术进行可加工性预测和刀具设计，其所使用的占主导地位的 AI 技术是人工神经网络（ANN）。传统解析模型是显式模型，对物理机理有深刻理解，而 ANN 提供的是由权重矩阵网络表示的隐式模型。ANN 在模式识别和数据预测方面很有效，有利于从以前的实验数据中进行学习，但还不能从以前的分析、认识中进行学习。因此，ANN 不是过程解析模型。它的实用性有助于从建模、传感和学习中获得整合效果。

同制造中的许多其他领域一样，适当地使用 AI 技术可以解决许多在使用传统技术建模时所遇到的问题。

**3) 加工过程的经验建模新技术**

加工操作非常复杂，很难建立纯粹的物理解析模型，因此经验建模似乎是唯一的选择。经验建模可以是定量的或定性的。定性信息常常可以表示成专家知识，可用各种专家系统的人工智能方法来构造模型。

定量信息常常表述成关于过程变量和参数的测量数据，而模型则用来描述这些数据间的关系。测量数据经常受到各种随机干扰的影响，因此必须用统计方法支持定量经验模型，这些模型可以是参量化或非参量化的。

在参量化建模中，应当根据一些物理参量适当定义模型，并使用统计误差最小化技术使这些模型参数适用化。回归关系可表示对应特定情况的经验规律。尽管这种方法在某些特殊情形下可以使用甚至效果相当好，但是，适当的模型需要建立在对物理现象有深刻理解的基础上。

非参量建模应基于对给定的测量数据的一组样本的联合概率分布的经验估计。其特点是,对应物理规律的形式不需要事先用参量描述,因此非参量化建模对于自然规律的自动统计建模非常方便。对应的数学公式简单、通用,只需对变量进行说明即可。

参量化和非参量化经验模型通常需要经历适用性检验和应用两个阶段。在第一阶段,必须提供全部的测量数据,而且模型必须适应这些数据。在第二阶段,只给出部分数据,其余补充数据由模型估计。经验模型的属性在计算机内表示为模型参数或多变量数据。

在加工过程建模中遇到的问题,涉及运动学、动力学、流变学,并与规划、监测、诊断、控制和质量检查相关。人们已经使用 AI 和 ANN 成功地解决了某些问题。将 ANN 应用于在线监测和诊断似乎最具希望,因为这种方法可以推动机械加工过程的最优化和智能控制。

科学学派用解析法对加工过程的解析建模虽然很复杂,其中包含的不确定性因素很多,但是一旦弄清楚加工机理,则所建立的解析模型便具有普遍指导意义。作为科技工作者,应有责任和兴趣针对某一类或某一特定加工过程进行深入探讨,尽可能得到解析模型。

对加工过程采集到的大量数据、信息进行处理,得到数据、信息之间的内在联系而构成的模型可看成信息模型。基于 AI 的信息化建模,对于理解、预测加工过程中某一特定条件下的性能、状态非常有实用价值。

科学学派建立的机理模型或解析模型具有普遍适用性,当加工过程的状态和参数发生变化时,其规律仍不变,就像 $F=ma$ 一样,无论 $m$、$a$ 怎样变化,惯性力 $F$ 都等于 $m$ 与 $a$ 的乘积。

工程学派建立的信息模型是被研究对象的替代物,是被研究对象在某种特定条件下的状态的一种描述,当加工环境变化时,相应的信息模型也将发生变化。因此,信息模型不具备普遍适用性,也不具备唯一性,因为它未能揭示被研究对象的运行机理。随着计算机软、硬件的迅猛发展,已能做到及时获取被研究对象的信息,实时构建信息模型以满足工程需求,由此信息模型获得了广泛应用。

## 6.2.3 建模技术进展

在当前国际上的研究活动中,切削过程和磨削过程仿真被认为是一种评价和优化各自过程的最好的工具。如前所述,由于加工过程的复杂性,对加工过程建模与仿真的研究是大学机械工程专业和工业界机械工程领域的研究重点。1980 年以前,基于多线性回归的物理-解析模型和物理-经验模型占主导地位,并且被转换成通用的基本模型。随着现代高性能计算机的发展,出现了新类型的模型如有限元模型、几何运动模型、分子动力学(MD)模型等,以及新的仿真方法。

**1. 加工过程建模方法归纳**

图 6-6 所示是对当代的加工过程建模方法的归纳。将各种建模方法所建立的模

型分为三大类,即物理过程模型(包括分子动力学模型、运动学模型、基础解析模型、有限元模型和回归模型)、经验过程模型(回归模型和 ANN 模型)及启发式过程模型(基于规则的模型)。

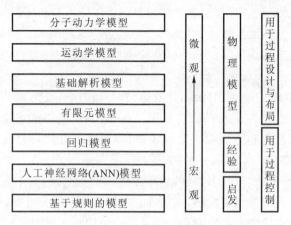

图 6-6　加工过程建模方法

表 6-2 所示为各类模型启动时的工作量及对计算机、知识等硬、软件的要求。由表 6-2 可以很清楚地看出,经验建模的启动要求相对低一点,因为有限元建模、规则模型、分子动力学模型要求对过程和模型有较深入的理解,必须具备较高的编程技能。

表 6-2　建模启动的需求

| | 建模启动的工作量 | 建模对 CPU 的要求 | 对建模(知识等)的要求 | 维护与进一步开发 |
|---|---|---|---|---|
| ANN 模型 | 中 | 低 | 低 | 低 |
| 回归模型 | 中 | 低 | 低 | 低 |
| 基于规则的模型 | 大 | 低 | 高 | 高 |
| 基础解析模型 | 大 | 低 | 高 | 高 |
| 运动学模型 | 小 | 高 | 高 | 中 |
| 有限元模型 | 大 | 高 | 高 | 中 |
| 分子动力学模型 | 大 | 高 | 高 | 低 |

表 6-3 所示为各种模型用于仿真时的工作量比较。启发式过程模型和经验过程模型用于仿真时对计算机要求较低。对有限元模型、运动学模型、分子动力学模型的仿真,其计算过程可能要经历几个小时甚至几天。

所有模型都有一个共同的缺点,即它们都依赖于实验的质量和材料试验的质量。一旦物理规律在有限元模型和分子动力学模型中足够逼近,数据集的量就将减少,而对 ANN 模型和回归分析模型的仿真建模需要大量的实验。

表 6-3　用于仿真的工作量比较

| | 数据集的数量 | 实验工作量 | 结果分析工作量 | 转换至其他过程的可能性 |
|---|---|---|---|---|
| ANN 模型 | 大 | 大 | 小 | 小 |
| 回归模型 | 大 | 大 | 小 | 小 |
| 基于规则的模型 | 中 | 大 | 小 | 中 |
| 基础解析模型 | 中 | 大 | 小 | 小 |
| 运动学模型 | 中 | 中 | 大 | 大 |
| 有限元模型 | 小 | 大 | 大 | 大 |
| 分子动力学模型 | 小 | 大 | 大 | 大 |

**2. 科学学派建模的进展**

基础解析模型、运动学模型、有限元模型、分子动力学模型以及小部分回归模型属于物理模型范畴，是科学学派建模方式的代表。

现分别介绍这几类模型在加工过程特别是磨削过程建模中的进展。

**1) 基础解析模型**

基础解析方法建模的目标是由基本的物理相互关系演绎推导出预测模型，为此，要深入了解刀具与工件、磨粒与工件之间的相互作用，进而根据这些知识选定合适的物理量以建立数学表达式。严格说来，这还不是机理模型。

目前，关于切削/磨削力、切削/磨削功率、切削/磨削热的解析模型较多，大多数模型属于物理-经验模型，由实验验证通过物理分析得出的结果，并对结果进行修正。对于加工过程中某个单一参数的建模，这是一种首选的方法。

**2) 运动学模型**

进行切削刀尖(刃)、砂轮的磨粒几何切入工件表面的运动学分析，可得到工件表面形貌、尺寸与形状信息。早期(20 世纪 60 年代至 70 年代初)的运动学模型是基于二维几何切入的，而当前已发展为三维切入的运动学模型。

在磨削过程中，运动-几何模型的关键点是砂轮与工件之间的详细的三维切入计算，为此需要更高程度的离散化。在磨削三维切入计算中，会直接建立每一单颗磨粒/工件接触模型，计算工件的局部由单个磨粒切除的材料体积，且将其作为砂轮和工件之间相对运动的函数，因而能较深入地观察到磨削的微观状态，得到更完善的过程分析。

砂粒的几何形状的近似形状有简单球形、圆锥形或者变形的基本几何形体(如正八面体、矩形体、四面体等)，并且随机分布在砂轮的表面上。

运动-几何模型和经验模型是有区别的，前者是根据刀具路径规划来计算过程特性与结果的,以几何分析为主,后者是根据经验与解析方程式来计算过程特性与结果的。运动-几何模型主要用来进行过程的几何仿真,而运动-经验模型主要用来进行过程的物理仿真。

**3) 有限元模型**

有限元分析(FEA)建模是一种基于物理过程数据的建模,已广泛用来计算、仿真加工过程的特性。FEA的一个优点是能将复杂结构划分成非规则网格,其网格还可以局部调整,这对大型模型特别有用,但其最终目的是对整体过程进行物理仿真。

FEA在加工过程中主要应用于以下几个方面。

① 加工过程温度分布计算以及温度场仿真。三维FEA仿真已用来研究切削/磨削过程的温度场,商品化的三维FEA软件也已被广泛采用。

② 加工过程应力/应变分析。分析与仿真切削/磨削等加工过程的受力变形、残余应力状态。

③ 加工过程参数的优化。

④ 分析切屑、磨屑的形状及形成过程。

建立有限元模型是很费时的,需要探讨基于软件的工具以更经济地进行有限元仿真。

**4) 分子动力学模型**

对于分子动力学模型,要考虑材料的微观组织、晶格常数与方位、化学元素与原子间相互作用,因此可允许描述多晶和有缺陷的组织、预加工甚至有约束的工件模型和非平滑表面,而不只是描述理想的单结晶组织或各向同性材料的性能。从原子级分子动力学模型开始的分子动力学模型为被建模材料提供了足够详尽且统一的微观机械和热状态的描述,因而可以研究磨削过程中砂粒/工件接触的动力学问题。通过三维建模可以计算砂粒的力、温度和应力分布及其产生的能量流,也可以从原子图(atom plot)直接确定局部工件的拓扑变形机理和表面完整性。

通常,用分子动力学模型仿真磨削过程只限于几纳米加工长度、几皮秒加工时间之内(大部分小于15 nm和20 ps),研究初始接触和切屑形成状态。使用分子动力学模型可以实现单颗砂粒和几颗砂粒与小型工件模型动力学和相互作用的仿真,但需要巨大的CPU能力,对绝对尺寸很小的模型,计算时间很容易超过100 CPU小时。目前,人们只对合适单纯材料的势函数有所了解,而对钢材中需用的合金元素的势函数则知之甚少。

**3. 工程学派建模的进展**

基于规则的模型、ANN模型、大部分回归模型属于工程学派建模,因为这些模型描述的是加工过程的输入/输出的映射关系,是一种加工过程信息化建模方法。

**1) 使用回归分析的基本模型和物理-经验模型**

回归分析是对几乎任何数学统计方法都适用的一种分析方法,其目的在于寻求相关随机变量(测得的数据点集)和一个或多个独立随机变量之间的函数关系。在加工过程建模时,独立随机变量是过程的输入参数,是设定的参数;相关随机变量是过程的输出参数和加工结果。

为了简化及工业上的应用方便,已求得的大多数模型都是描述稳态过程的,不考虑过程性能与时间的关联。例如,在磨削过程建模时,就不考虑砂轮的状态变化,否则将导致模型非常复杂,使计算时间和建模与实验的工作量大大增加。

利用回归分析建模方法能得到特定条件下的满意的输入/输出映射关系,且该方法对计算机的计算能力要求不太高,因此被广泛采用。正因为所建立的回归模型只反映输入/输出的映射关系,所以这些模型不能随意用到其他环境条件下,否则将带来非常错误的仿真结果。信息模型的适用性具有"一对一"的特性,即在某一特定条件下得到的输入/输出映射关系式只适用该条件而不能随意推广,即使是同一加工过程(如磨削),当砂轮、工件材料、冷却液、磨削用量等参数发生变化时,对已得到的磨削过程的输入/输出映射关系式也要进行修正或者要重新建立映射关系式。

建模的数学部分的改善有赖于使用新的和更复杂的多项式,从而得到更高质量的仿真效果。要将经验模型与 ANN 模型和模糊集理论建模相对比,在一个确定任务中,对仿真的质量以及优缺点的检验,重点要放在合适模型类型的选择上。对经验模型、ANN 模型、模糊集理论建模的比较结果表明,这三种模型的仿真质量是差不多的。要决策是否使用回归分析建模,需加强实验工作。

**2) ANN 模型**

ANN 模型适合对复杂的、稳态的、与多个输入变量有关的过程建模。首先,为构建 ANN 模型,并不要求基于过程物理现象的解析表达式,可由过程数据的训练程序自动形成;其次,ANN 模型可以处理由不同传感器获得的信息及物理量(对由不同传感器获得的信息的处理称为传感器融合),也不要求这些信息和物理量之间的相关性;再次,ANN 模型能有效地与物理模型结合以进一步改善建模性能。由于 ANN 模型的这些特点,它仍然被认为是一种适合于加工过程建模的工具。

目前,最常用的两种 ANN 拓扑结构是多层感知器(multilayer perceptron,MLP)和径向基函数网络(radial basic function network,RBFN)。

ANN 模型在加工过程中的应用,最主要的有以下三个方面:

① 预测加工过程的输出参数,如表面粗糙度、切削力、磨削力等;

② 为获得所需求的加工过程输出参数而预测其最优的输入参数;

③ 加工过程监视,及时检测或预报加工过程的异常现象如磨削烧伤、颤振、刀具磨损、断裂等。

现以磨削过程为例来介绍 ANN 模型的应用情况。

图 6-7 给出了磨削过程输出参数预测的 ANN 模型的一般形式。

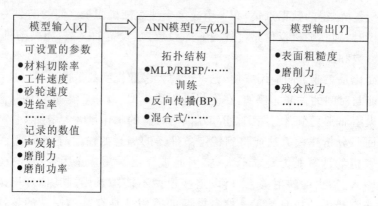

图 6-7　ANN 模型输出参数预测策略

如图 6-8 所示,可利用两个 ANN 模型对磨削加工过程进行设计、监视和控制。其中一个 ANN 模型用来确定合适的过程输入以确保所希望的工件表面粗糙度,而另一个 ANN 模型基于传感器的信息以监视磨削工序,并且作出不同的控制决策,根据这些决策,主控程序产生出合适的控制模式,传输至磨床控制器并采取相应的动作。

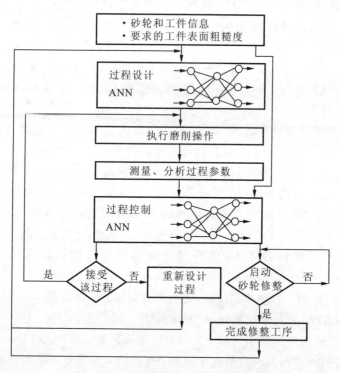

图 6-8　两个 ANN 系统用于磨削过程

在磨削监测领域,ANN 模型已用来检测和预测磨削烧伤和颤振,间接地估计 CBN 砂轮的耐用度等。

ANN 模型的成功应用,取决于下列四个因素:a. 有代表性信号的正确选择;

b. 合适的信号处理及特征选取；c. 用于训练 ANN 模型的代表性数据库的充分准备；d. ANN 模型拓扑结构的正确选取。

除这些设计事项外，ANN 还有一些重要特征。

首先，ANN 模型受到"维数危害(curse of dimensionality)"的困扰，当人们难以判定哪些信号更具有代表性时，往往会将许多传感器的信息作为 ANN 模型的输入，从而构建出结构庞大的 ANN 模型。对于这种模型的训练，如果没有足够大的数据库，ANN 的较好性能就得不到保证，这种情况在磨削过程中较常碰到。

其次，因为 ANN 模型是隐式的，隐含在其中的参数是通过训练而自适应调整的，因此由 ANN 模型确立的输入/输出关系不能显式表达，很难描述其物理意义，当然，在实际应用中很少有这种要求。

目前，ANN 模型的自适应训练是一个研究热点，ANN 模型能连续地自适应修改以适应非稳态参数在过程中的变化，如砂轮磨损、工件尺寸的变化等。ANN 模型与物理模型组合而成的混合式模型也是一种发展趋势，ANN 模型可以作为物理模型的补充。

**3) 基于规则的模型**

随着计算机能力的提高及其成本的降低，人们希望将大量的低层次决策问题由机器取代，而释放人力资源去完成少量的高层次决策问题。在加工过程领域中，应用了许多人工智能方法。

基于规则的模型有助于对人类的推理过程的建模，特别是对一些病态定义问题或困难问题的推理。而且，基于规则的模型能处理几个输入参数。对于实际建模而言，为了达到输出参数的高质量预测，重要的是创建完善的知识库。对于某个特定的应用场合，基于规则的模型仿真质量高，但是很难转换应用至其他加工过程。为了改进效果，基于规则的模型适合于与其他模型方法综合运用。

(1) 知识库系统和专家系统

可认为知识库系统(KBS)是这样的一个系统：它能扩展和/或查询知识库，以完成某种通常由人的智能完成的功能。通常称知识库系统的特定领域为"专家系统"，它能给出建设性意见且用于专业化目的。

带有具体操作结论的专家系统称为反作用系统；如果专家系统被用来推断某一假设的正确性，则称这种专家系统为演绎系统。在某些场合，专家系统是这两种系统的综合。

(2) 模糊逻辑系统及知识库系统在加工过程中的应用

模糊逻辑系统及知识库系统主要用于为用户推荐刀具和选择的过程参数，以及监测、分析与优化加工过程。除了规则库外，知识库系统和模糊逻辑系统常常使用基于实际过程、采用数学描述的计算模型，这些数学描述可以是物理模型，也可以是经验模型。

最新的研究表明，如果应用具有人工智能特征的组合，系统将达到更高效率。将来的集成系统将是模块化的智能加工数据库。

### 6.2.4 基于数据的建模

对于一个待研究的制造系统,在其机理一时难以弄明白的情况下,可以对其进行实验,获得制造系统或过程的实验数据集。而如何利用这些数据来建立数学模型,是实际工程中经常要解决的问题。

**1. 离散建模的分析法**

**1) 过程离散建模原理**

在过程的研究中,需建立一个合适的数学关系来描述过程的动态特性,即表示过程的输出变量与输入变量之间的关系。其基本原理如图 6-9 所示。图 6-9(a)为单输入/单输出系统。图 6-9(b)中所示的过程输入为矩形阶跃,即计算机建立的控制变量在一个采样周期 $T$ 内保持不变,换言之,被控制过程的输入在一个采样周期 $T$ 内保持为常数。这样处理给分析、运算带来了方便,可适用于大多数计算机控制系统。这一假设的前提是:对过程输出采样的时间与由计算机的控制算法形成一个新的过程输入的时间远小于采样周期 $T$。图 6-9(b)所示为一假想的过程输入,横坐标为时间 $t$ 或标准化时间 $n=\dfrac{t}{T}$,纵坐标为输入参数的幅值。图 6-9(c)所示为相应时刻的过程输出。为简便起见,采样周期内的输出采用线性表示方法。

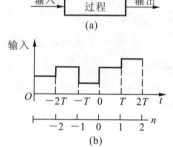
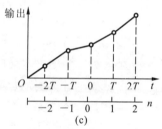

图 6-9 过程离散建模原理
(a) 单输入/单输出系统;
(b) 过程输入;(c) 过程输出

于是,过程研究的数学表述如下:若给定被控过程的方程或数学模型、给定过程在一个采样周期 $T$ 内的输入、给定任一初始时刻 $t=0$(或 $t=n$)的过程输出值或任一必需的过去时刻的输出值,要求求解 $t=T$(或 $t=n+1$)时过程的输出值,并建立便于计算机处理的迭代式差分方程。

对于图 6-9 所示的单输入/单输出线性定常离散系统,很显然,在某一采样时刻的输出值 $y_n$ 不仅与这一时刻的输入值 $x_n$ 有关,还与过去时刻的输入值 $x_{n-1},x_{n-2},\cdots,x_{n-M}$ 及过去时刻的输出值 $y_{n-1},y_{n-2},\cdots,y_{n-N}$ 有关。这种关系可以描述如下:

$$y_n + a_1 y_{n-1} + a_2 y_{n-2} + \cdots + a_N y_{n-N}$$
$$= b_0 x_n + b_1 x_{n-1} + b_2 x_{n-2} + \cdots + b_M x_{n-M}$$

或表示为

$$y_n = -\sum_{k=1}^{N} a_k y_{n-k} + \sum_{r=0}^{M} b_r x_{n-r} \tag{6-4}$$

式(6-4)就是 $N$ 阶线性常系数差分方程。它在数学上代表一个系统,易于用计算机进行计算。如果已知系统的差分方程以及输入值序列,当给定了输出值序列的初值以后,就可利用递推关系计算出所需要的输出值。

当 $\sum_{r=0}^{M} b_r x_{n-r} = 0$ 时,则得到式(6-4)所对应的齐次方程,即

$$y_n + a_1 y_{n-1} + a_2 y_{n-2} + \cdots + a_N y_{n-N} = 0 \qquad (6-5)$$

与连续系统相似,齐次差分方程的物理意义是:在无外界作用的情况下,离散系统的自由运动反映了系统本身的物理特性。

当 $\sum_{r=0}^{M} b_r x_{n-r} \neq 0$ 时,式(6-4)为非齐次线性方程,其特解则反映了在输入量(力函数)的作用下,系统强迫运动的情况。

**2) 离散建模实例**

对于一些常用的基本过程的离散建模,举例介绍如下。

(1) 积分过程

积分过程的数学表达式为

$$\frac{dy}{dt} = Kx \qquad (6-6)$$

式中  $x$ ——过程的输入;

　　　$y$ ——过程的输出;

　　　$K$ ——常系数。

式(6-6)表明,过程输出的变化速度与其输入成比例,或者说,过程输出正比于过程输入对时间的积分,这与许多实际物理过程的动态特性相符合。最典型的是容积作用。容积是指容器可储存物质或能量的多少,容器就像流入量和流出量之间的缓冲器,它决定了物质量或能量将以多大的速度变化。在流体系统中,储槽具有容纳液体或气体的容积;在电系统中,电容器具有储存电荷的"容积";在力学系统中,"容积"用惯性来衡量,它决定一个静止的或运动的物体所能储存的能量大小。

例如,为了减少机械加工中的热量,要求有一个较大的冷却油箱。如果油箱的体积一定,则油面高度将与流入油箱的流量和流出流量之差的积分成正比,这是一个典型的积分过程。

为了离散化式(6-6),给定初始条件 $y|_{t=0} = y_0, x|_{0 \leqslant t \leqslant T} = x_0$,则

$$y(t) = \int_{-\infty}^{0} Kx(t)dt + \int_{0}^{t} Kx_0 dt$$

即

$$y(t) = y_0 + Kx_0 t \qquad (6-7)$$

令 $t = T$,则

$$y(T) = y_0 + Kx_0 T \qquad (6-8)$$

为了写成便于计算机迭代计算的形式,可令 $t=0$ 时刻的值为 $n$ 时刻的值或任一

采样周期起始时刻的值,而令 $t=T$ 时刻的值为 $n+1$ 时刻的值或这一采样周期结束时刻的值。于是 $y_{n+1} \to y(T), y_n \to y_0, x_n \to x_0$,式(6-8)转化为

$$y_{n+1} = y_n + Kx_n T$$

或

$$y_{n+1} - y_n = Kx_n T \tag{6-9}$$

式(6-9)为一阶差分方程,亦即积分过程的离散模型。

(2) 一阶过程

典型的一阶定常过程表达式为

$$\tau \frac{dy}{dt} + y = Kx \tag{6-10}$$

式中 $\tau$ ——时间常数;

$y、x$ ——过程的输出和输入;

$K$ ——常数。

一阶过程是非常关键的过程,因为现代控制理论中的状态方程即为一阶过程表达式 $\dot{y}=ay+bx$。在质量-阻尼-弹簧组成的系统中,当质量小到可以忽略时,其动力学方程即为一阶过程的方程 $C\dot{y}+y=Kx$。在电学中,由电阻 $R$、电容 $C$ 组成的 RC 低通滤波器中,电流 $I$ 与电压 $V$ 的关系 $RI+\frac{1}{C}\dot{I}=V$ 或 $\frac{1}{RC}\dot{I}+I=\frac{1}{R}V$ 也是一阶过程。在一阶过程中,同时考虑了输出值 $y$ 及其变化率 $\dot{y}$。当研究过程某一瞬间的状态时,大多数情况下,$y$ 和 $\dot{y}$ 足以反映其状态。所以,一阶过程就显得很重要。

给定初始条件

$$y|_{t=0} = y_0, \quad x|_{0 \leqslant t \leqslant T} = x_0$$

则式(6-10)的解为

$$y(t) = C_1 e^{-t/\tau} + Kx_0$$

确定积分常数 $C_1$ 后,上式转化为

$$y(t) = y_0 e^{-t/\tau} + Kx_0(1 - e^{-t/\tau})$$

同样,令 $t=T$,则有

$$y(T) = y_0 e^{-T/\tau} + Kx_0(1 - e^{-T/\tau})$$

相应的离散模型也是一阶差分方程,即

$$y_{n+1} - e^{-T/\tau} y_n = K(1 - e^{-T/\tau}) x_n \tag{6-11}$$

**例 6-1** 设在一阶过程中 $\tau=1, K=2, x=1$(即 $t \geqslant 0$ 时过程的输入为单位阶跃函数),$y_0=0$,求该过程的输出。

**解** 由式(6-10),此时有

$$\frac{dy}{dt} + y = 2$$

其解为

$$y(t) = 2(1 - e^{-t}) \tag{6-12}$$

$t$ 等于 0、1、2、3、4 时的响应值分别为

$$y(0)=0$$
$$y(1)=1.264$$
$$y(2)=1.729$$
$$y(3)=1.900$$
$$y(4)=1.963$$

当 $t\to\infty$ 时,由式(6-12)可知,$y(t)\to y_{max}=2$。对于一个稳定的一阶系统,当 $t=4\tau$ 时,系统响应就达到稳态响应的 98.2%。本例中,$y(t)|_{t=4\tau}=y(4)=0.982\times 2=1.964\approx 1.963$。一般来讲,$t=4\tau$,就认为一阶过程达到稳态值了。

为了比较由离散模型计算出的结果,取 $T=1$,即 $n=t$,这样才具有可比较时刻的数值。于是,由式(6-11)有

$$y_{n+1}=0.368y_n+1.264x_n \tag{6-13}$$

由同样的初始条件,可算得离散响应序列为

$$y_0=0$$
$$y_1=0.368y_0+1.264x_0=0+1.264\times 1=1.264$$
$$y_2=0.368y_1+1.264x_1=0.368\times 1.264+1.264\times 1=1.729$$
$$y_3=0.368y_2+1.264x_2=1.900$$
$$y_4=0.368y_3+1.264x_3=1.963$$

其结果与由式(6-12)所得结果完全相同。

在实际的计算机控制系统中,不同采样周期内,过程的输入一般是不相等的,只要求在同一采样周期内,过程的输入为常值。为此,可假定过程的输入为 $x_0=1$,$x_1=2$,$x_2=-1$,$x_3=0$,$x_4=0$,$x_n=0$(当 $n\geqslant 3$ 时),如图 6-10(a)所示。由式(6-13)可求出响应序列,如图 6-10(b)所示。即

$$y_0=0$$
$$y_1=0.368\times 0+1.264\times 1=1.264$$
$$y_2=0.368\times 1.264+1.264\times 2=2.993$$
$$y_3=0.368\times 2.993+1.264\times(-1)=-0.163$$
$$y_4=0.368\times(-0.163)+1.264\times 0=-0.060$$
$$y_5=0.368\times(-0.060)+0=-0.022$$
$$y_6=0.368\times(-0.022)+0=-0.008$$
$$\vdots$$

由此可见,根据计算机控制的性质,过程的输入在一个采样周期 $T$ 内不变时,给定该采样周期 $T$ 的起始时刻的被控过程响应值和输入值,则由式(6-13)计算出的响应即为该采样周期 $T$ 结束时刻的被控过程响应值,亦即下一采样周期起始时刻的响应值。由图 6-10(b),这一结论也显而易见。

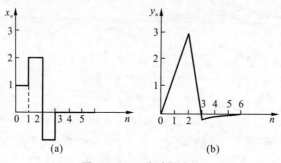

图 6-10 一阶过程分析

(a) 过程输入；(b) 响应

(3) 二重积分过程

二重积分过程可用下列方程定义

$$\frac{d^2 y}{dt^2} = Kx \tag{6-14}$$

式中 $y$、$x$ 和 $K$ 的含义同前。

当一个力学系统受外力作用后，若不考虑任何阻力，则该系统的运动规律符合式(6-14)。亦即这一过程实际上就表示了牛顿第二定律 $ma=F$。

为了离散化式(6-14)，给定初始条件

$$y|_{t=0} = y_0 \qquad \dot{y}|_{t=0} = \dot{y}_0 \qquad x|_{0 \leqslant t \leqslant T} = x_0$$

则对式(6-14)连续积分两次，有

$$\dot{y}(t) = Kx_0 t + \dot{y}_0$$

$$y(t) = \frac{Kx_0}{2} t^2 + \dot{y}_0 t + y_0$$

当 $t=T$ 时

$$\dot{y}(T) = Kx_0 T + \dot{y}_0$$

$$y(T) = \frac{Kx_0}{2} T^2 + \dot{y}_0 T + y_0$$

相应的差分方程为

$$\dot{y}_{n+1} = Kx_n T + \dot{y}_n \tag{6-15}$$

$$y_{n+1} = \frac{Kx_n}{2} T^2 + \dot{y}_n T + y_n \tag{6-16}$$

为了消去式(6-16)中的 $\dot{y}_n$，以便于计算机进行迭代运算，可作若干变换。

首先，将式(6-15)向左移动一步，得

$$\dot{y}_n = \dot{y}_{n-1} + Kx_{n-1} T \tag{6-17}$$

由式(6-16)解得 $\dot{y}_n$，即

$$\dot{y}_n = \frac{1}{T} y_{n+1} - \frac{1}{T} y_n - \frac{KT}{2} x_n \tag{6-18}$$

将式(6-18)左移一步，有

$$\dot{y}_{n-1} = \frac{1}{T}y_n - \frac{1}{T}y_{n-1} - \frac{KT}{2}x_{n-1}$$

将上式代入式(6-17),经整理后得

$$\dot{y}_n = \frac{1}{T}y_n - \frac{1}{T}y_{n-1} + \frac{KT}{2}x_{n-1} \qquad (6-19)$$

比较式(6-18)和式(6-19),可得

$$\frac{1}{T}y_{n+1} - \frac{1}{T}y_n - \frac{KT}{2}x_n = \frac{1}{T}y_n - \frac{1}{T}y_{n-1} + \frac{KT}{2}x_{n-1}$$

即

$$y_{n+1} = 2y_n - y_{n-1} + \frac{KT^2}{2}x_n + \frac{KT^2}{2}x_{n-1} \qquad (6-20)$$

式(6-20)即为二重积分过程的离散模型。由于过程输入、输出的当前值与过去值均是已知的,故可计算出该过程的响应值。

(4) 纯迟延过程

材料从某一时刻运动到另一时刻而没有发生任何性能上的变化,这种现象称为纯迟延现象。纯迟延时间就是指在力作用后,看不到系统对作用力的响应的这段时间,其与作用力的性质无关。纯迟延的量纲就是时间。在实际过程中,纯迟延很少单独出现。然而,不存在某种形式的纯迟延的生产过程也是很少的。因此,任何对控制系统设计有用的技术都必然涉及纯迟延问题。

图 6-11 所示为纯迟延过程(dead-time process),在这一过程中,输入和输出完全一致,只是输出比输入滞后两个采样周期,即

$$y_n = x_{n-2}$$

一般情况下,设 $D$ 为纯迟延时间,$T$ 为采样周期,则当 $D/T = d$ 为整数时,纯迟延过程的离散模型为

$$y_n = x_{n-d} \qquad (6-21)$$

当 $D/T$ 不为整数时,$d$ 取与其邻近的较大整数。例如:当 $D/T=2.3$ 时,取 $d=3$;当 $D/T=3.6$ 时,取 $d=4$。

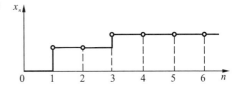
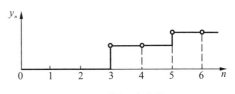

图 6-11　纯迟延过程

纯迟延被认为是本来就存在于物理系统中的最难控制的动态环节。

(5) 其他过程的离散模型

表征其他过程的差分方程也可由下述的步骤得到。

① 分析过程的物理本质,写出表征该过程动态特性的微分方程式(如果可以写出的话),然后求出微分方程的解,一般为时间 $t$ 的函数。

② 设 $t=T$,即可得到离散解。

③ 令 $y(T)=y_{n+1}$,$y(0)=y_n$,即可得到过程的差分方程,差分方程要整理成为

便于迭代的形式。

机械加工过程一般较为复杂,但往往可将它看成是由若干较低阶的基本过程综合而成,或由低阶的基本过程和纯迟延过程综合而成。为了便于应用,现将某些基本过程的离散模型列于表 6-5 供参考。

表 6-5  基本过程的离散模型

| | 定义方程 | 离散模型(过程输入在一个采样周期 $T$ 内为常值) |
|---|---|---|
| 1 | $y(t)=x(t-D)$ | $y_n=x_{n-d}$ 或 $y_{n+1}=x_{n+1-d}$,$d=D/T$ 取相邻的较大整数 |
| 2 | $\dfrac{dy}{dt}=Kx$ | $y_{n+1}=y_n+KTx_n$ |
| 3 | $\tau\dfrac{dy}{dt}+y=Kx$ | $y_{n+1}=e^{-T/\tau}y_n+K(1-e^{-T/\tau})x_n$ |
| 4 | $\dfrac{d^2y}{dt^2}=Kx$ | $y_{n+1}=2y_n-y_{n-1}+\dfrac{KT^2}{2}x_n+\dfrac{KT^2}{2}x_{n-1}$ |
| 5 | $\tau\dfrac{d^2y}{dt^2}+\dfrac{dy}{dt}=Kx$ | $y_{n+1}=a_0y_n+a_1y_{n-1}+b_0x_n+b_1x_{n-1}$ <br> $a_0=1+e^{-T/\tau}\quad b_0=K[T-\tau(1-e^{-T/\tau})]$ <br> $a_1=-e^{-T/\tau}\quad b_1=-K[Te^{-T/\tau}-\tau(1-e^{-T/\tau})]$ |
| 6 | $\dfrac{1}{\omega_n^2}\dfrac{d^2y}{dt^2}+\dfrac{2\zeta}{\omega_n}\dfrac{dy}{dt}+y=Kx$ | $y_{n+1}=a_0y_n+a_1y_{n-1}+b_0x_n+b_1x_{n-1}$ <br> ① 过阻尼,$\zeta>1$ 时 <br> $a_0=e^{P_1T}+e^{P_2T}\quad b_0=K\left[1+\dfrac{P_2e^{P_1T}-P_1e^{P_2T}}{P_1-P_2}\right]$ <br> $a_1=-e^{(P_1+P_2)T}\quad b_1=K\left[e^{(P_1+P_2)T}+\dfrac{P_2e^{P_2T}-P_1e^{P_1T}}{P_1-P_2}\right]$ <br> $P_1=-\zeta\omega_n+\omega_n\sqrt{\zeta^2-1}\quad P_2=-\zeta\omega_n-\omega_n\sqrt{\zeta^2-1}$ <br> ② 临界阻尼,$\zeta=1$ 时 <br> $a_0=2e^{-\omega_nT}\quad b_0=K(1-e^{-\omega_nT}-\omega_nTe^{-\omega_nT})$ <br> $a_1=-e^{-2\omega_nT}\quad b_1=Ke^{-\omega_nT}(e^{-\omega_nT}+\omega_nT-1)$ <br> ③ 弱阻尼,$\zeta<1$ 时 <br> $a_0=2e^{-\zeta\omega_nT}\cos\omega_dT\quad a_1=-e^{-2\zeta\omega_nT}$ <br> $b_0=K(1-\dfrac{\zeta\omega_n}{\omega_d}e^{-\zeta\omega_nT}\sin\omega_dT-e^{-\zeta\omega_nT}\cos\omega_dT)$ <br> $b_1=Ke^{-\zeta\omega_nT}(e^{-\zeta\omega_nT}+\dfrac{\zeta\omega_n}{\omega_d}\sin\omega_dT-\cos\omega_dT)$ <br> $\omega_d=\omega_n\sqrt{1-\zeta^2}$ |

值得注意的是,上述的离散模型都是在一个采样周期中被控过程的输入保持不变,亦即计算机输出的控制变量(作为被控过程的输入)在一个采样周期内以常值作用于被控过程上的假设下获得的。在大多数加工过程的计算机控制系统中,计算机输出的控制量都符合这一假设。如果加到被控制过程上的控制变量在一个采样周期内不保持常值,则上述的离散模型不能成立,应采用其他方法来建立过程的离散模型。

**2. 系统辨识建模**

当被研究对象的机理模型难以写出时,可采用一种从输入、输出数据出发建立被研究对象数学模型的系统辨识法。1962 年,美国学者 Zadeh 给系统辨识下的定义是:"系统辨识是在输入和输出的基础上,从一类系统中确定一个与所测系统等价的系统。"目前,系统辨识的发展已远远超出该定义所述的范围而形成了一门独立的学科。

显然,系统辨识模型是一种信息模型,它立足于实验检测数据,且只在实验设计的特定条件下才有效。它是被研究对象的等价于输入/输出关系的模型,不能揭示被研究对象的物理本质,但可以用来对被研究对象进行分析、控制,满足工程实际的需求。

系统辨识的一般步骤如图 6-12 所示。系统辨识要完成如下任务:确定模型的阶数,即确定模型或系统的结构;估计模型参数,如有可能,则进一步估计系统的参数;检验模型的适用性,即确定所建立的模型是否能等价地描述所研究的系统,如果不符合要求,还需要重新进行实验,最后就可能得到一个满意的数学模型。所谓等价,可用黑箱理论来说明。客观存在的被研究对象,由于其复杂性,不能用现有的物理定理、准则来描述,写不出其微分方程式,人们称之为"黑箱"。系统辨识根据实验,获得系统输入、输出的外部关系,建立的数学模型与客观存在的对象之间的等价关系,仅表现为对于相同的输入、辨识模型与被辨识对象具有相同的输出。如果模型的结构已经确定,用输入、输出来确定其参数的,称为参数估计问题;同时确定模型结构和参数的,则泛称系统辨识问题。模型结构问题包括用何种方程、多少阶或用什么结构的变量来逼近输入、输出数据。

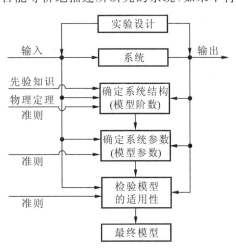

图 6-12 系统辨识的一般步骤

用输入、输出关系(有时也称系统的外部关系)表达系统动态特性的数学模型有传递函数和自回归滑动平均等多种形式。这种由外部关系寻找系统内部关系的问题称为实现问题。实现问题可有无穷多个解,可找出无穷多个方程来满足输入、输出数据。在这无穷多个方程中,有一大类维数最小的方程,由输入、输出关系转化到这一类相应的最小维数方程称为最小实现。

求出系统数学模型的目的,在于用它来求解最优控制律。为了尽可能确切地反映输入、输出所表达的系统,由此得到的系统数学模型往往有一定的复杂程度。但为了实际计算和控制,往往希望得到模型的阶次不要太高,有不少研究工作者研究了模型的降阶问题,这在工程技术领域内是非常重要的。

以下介绍线性静态模型的结构辨识的相关内容。

把实验测得的数据标在坐标纸上,若数据点接近于一条直线,则随机变量 $y$ 与随机变量 $x$ 的关系可用一条直线来表示,称为 $y$ 对 $x$ 的回归线。

$$y = \hat{y} + \varepsilon = a_0 + a_1 x + \varepsilon$$

式中　$a_0$、$a_1$——回归系数;

　　　$x$——自变量(实测值),系统输入;

　　　$y$——因变量(实测值),系统输出;

　　　$\hat{y}$——对 $y$ 的估计值;

　　　$\varepsilon$——实测值 $y$ 与其估计值之间的误差,称为残差。

当被研究对象只在工作点附近小范围内变动时,其模型可以近似看成线性静态数学模型。$y$ 与 $x_1, x_2, \cdots, x_n$ 之间有如下关系:

$$y = a_0 + a_1 x_1 + a_2 x_2 + \cdots + a_n x_n + \varepsilon \tag{6-21}$$

如果 $y$ 与 $x_1, x_2, \cdots, x_n$ 之间有非线性关系,即

$$y = f(x_1, x_2, \cdots, x_n)$$

那么在工作点附近,可以将它展开成泰勒级数,并取一次项近似,亦可化为局部线性。设工作点为 $(x_1^0, x_2^0, \cdots, x_n^0)$,则

$$\hat{y} = f(x_1^0, x_2^0, \cdots, x_n^0) + \frac{\partial f}{\partial x_1}\bigg|_0 (x_1 - x_1^0) + \cdots + \frac{\partial f}{\partial x_n}\bigg|_0 (x_n - x_n^0)$$

对照式(6-21),有

$$a_0 = f(x_1^0, x_2^0, \cdots, x_n^0)$$

$$a_i = \frac{\partial f}{\partial x_i}\bigg|_0 (x_i - x_i^0) \quad i = 1, 2, \cdots, n$$

为了对线性静态模型的参数进行估计,采用如下的线性回归分析计算,由 $m$ 次观测,可获得一组观测方程:

$$\begin{cases} y_1 = a_0 + a_1 x_{11} + a_2 x_{21} + \cdots + a_n x_{n1} + \varepsilon_1 \\ y_2 = a_0 + a_1 x_{12} + a_2 x_{22} + \cdots + a_n x_{n2} + \varepsilon_2 \\ \vdots \\ y_m = a_0 + a_1 x_{1m} + a_2 x_{2m} + \cdots + a_n x_{nm} + \varepsilon_m \end{cases} \tag{6-22}$$

设 $m > n$,其中:$\varepsilon_j (j=1,2,\cdots,m)$ 为残差;$x_{ij} (i=1,2,\cdots,n; j=1,2,\cdots,m)$ 表示第 $i$ 个自变元第 $j$ 次观察时的实测值;$y_j$ 表示第 $j$ 次观察时因变元的实测值。

当用矩阵表示时,式(6-22)可写成

$$\boldsymbol{Y} = \boldsymbol{X}\boldsymbol{A} + \boldsymbol{E} \tag{6-23}$$

式中

## 第6章 制造信息化技术

$$Y = \begin{bmatrix} y_1 \\ y_2 \\ \vdots \\ y_m \end{bmatrix}, \quad X = \begin{bmatrix} 1 & x_{11} & x_{21} & \cdots & x_{n1} \\ 1 & x_{12} & x_{22} & \cdots & x_{n2} \\ \vdots & \vdots & \vdots & & \vdots \\ 1 & x_{1m} & x_{2m} & \cdots & x_{nm} \end{bmatrix}$$

$$A = \begin{bmatrix} a_0 \\ a_1 \\ \vdots \\ a_n \end{bmatrix}, \quad E = \begin{bmatrix} \varepsilon_1 \\ \varepsilon_2 \\ \vdots \\ \varepsilon_m \end{bmatrix}$$

为寻找回归方程 $\hat{Y} = XA$,首先需要求出多元回归系统 $A$ 的最佳估值 $\hat{A}$。$\hat{A}$ 可按最小二乘法原理求得,其计算过程如下。

根据最小二乘法,有

$$J = \sum_{j=1}^{m} \varepsilon_j^2 = E^T E \to \min$$

由式(6-23),有

$$E = Y - XA$$

于是得

$$J = (Y - XA)^T (Y - XA)$$

$J$ 达到极值的必要条件为

$$\frac{\mathrm{d}J}{\mathrm{d}A} = 0$$

$J$ 为极小值的充分条件为

$$\frac{\mathrm{d}^2 J}{\mathrm{d}A^2} > 0$$

即 $\dfrac{\mathrm{d}^2 J}{\mathrm{d}A^2}$ 是一个正定矩阵。

根据矩阵求导的定义与结论,有

$$\frac{\mathrm{d}J}{\mathrm{d}A} = \frac{\mathrm{d}(Y-XA)^T}{\mathrm{d}A}(Y-XA) + \frac{\mathrm{d}(Y-XA)^T}{\mathrm{d}A}(Y-XA)$$

$$= 2\left[\frac{\mathrm{d}Y^T}{\mathrm{d}A} - \frac{\mathrm{d}(XA)^T}{\mathrm{d}A}\right](Y-XA) = -2X^T(Y-XA) = 0$$

即

$$-2X^T(Y-XA) = 0, \quad X^T Y - X^T XA = 0$$

故

$$X^T XA = X^T Y \tag{6-24}$$

如果式(6-24)中的 $X^T X$ 是非奇异矩阵,则回归系数 $A$ 的最佳估值 $\hat{A}$ 为

$$\hat{A} = (X^T X)^{-1} X^T Y \tag{6-25}$$

同时
$$\frac{d^2 J}{dA^2} = \frac{d(-2X^T Y + 2X^T X A)}{dA} = 2X^T X$$

只要 $X^T X$ 是非奇异矩阵，则上式必定是正定的，就是说，这时 $J$ 为极小值。

式(6-25)是最小二乘法参数估计的计算公式。一般用线性代数计算方法，如主元消去法，直接解线性方程式(6-24)来获得 $\hat{A}$。

要判断由式(6-25)计算 $\hat{A}$ 而得到的静态数学模型是否能较好地反映客观规律，需进行适用性检验。检验的方法有多种，相关系数检验法是其中之一。相关系数 $\gamma$ 的定义式为

$$\gamma = \sqrt{\frac{u}{\sum_{i=1}^{n}(y_i - \bar{y})^2}} = \sqrt{1 - \frac{\sum_{i=1}^{n}(y_i - \hat{y}_i)^2}{\sum_{i=1}^{n}(y_i - \bar{y})^2}}$$

式中 $\sum_{i=1}^{n}(y_i - \bar{y})^2$ ——总的离差平方和；

$\sum_{i=1}^{n}(y_i - \hat{y}_i)^2$ ——误差(或残差)平方和，令 $J = \sum_{i=1}^{n}(y_i - \hat{y}_i)^2$；

$u$ ——回归平方和，$u = \sum_{i=1}^{n}(\hat{y}_i - \bar{y})^2$。

有
$$\sum_{i=1}^{n}(y_i - \bar{y})^2 = \sum_{i=1}^{n}(y_i - \hat{y}_i)^2 + \sum_{i=1}^{n}(\hat{y}_i - \bar{y})^2 = J + u \tag{6-26}$$

从式(6-26)可知，回归平方和 $u$ 越大，则残差平方和 $J$ 越小，表示回归线匹配得越好。因此，可用 $u$ 的大小来衡量 $y$ 与 $x$ 之间的线性相关程度，即 $y$ 与 $x$ 的线性关系越密切，则 $u$ 在总离差平方和中所占的比例越大，$\gamma$ 越接近于 1。由于 $0 \leqslant |\gamma| \leqslant 1$，$\gamma$ 在 0.7 附近，可认为变量之间有线性关系，可以进行线性回归计算。对控制模型来讲，一般要求 $|\gamma| > 0.9$。要想提高相关系数 $\gamma$ 的数值，通常的办法是增加分段回归的次数，这从直观上也可以理解。

值得注意的是，在许多实际系统中，稳态(静态)值之间的关系是非线性的。这时可以通过变量代换变成线性关系，再作为线性回归来解。例如，若有

$$y = a_1 \ln x_1 + a_2 \cos x_2 + a_3 x_3^2 + \varepsilon$$

令
$$x'_1 = \ln x_1, \quad x'_2 = \cos x_2, \quad x'_3 = x_3^2$$

则原方程可写成

$$y = a_1 x'_1 + a_2 x'_2 + a_3 x'_3 + \varepsilon$$

上式可作为三元线性回归方程来解。

再如某一加工过程中，最高产量 $y$ 受制于刀具材料的硬度 $H$ 和切削温度 $T$，从对加工过程的工艺方法理论分析及实验测量的积累，大致知道 $y$ 与 $H$、$T$ 有二次方关系，即

$$y = a_0 + a_1 T + a_2 H + a_3 TH + a_4 T^2 + a_5 H^2 + \varepsilon \tag{6-27}$$

式中 $a_0, a_1, a_2, \cdots, a_5$——待定系数。

根据静态数学模型确定最优控制方案。

要解决这个问题，先将式(6-27)的非线性方程通过代换变成线性方程。令 $x_1 = T, x_2 = H, x_3 = TH, x_4 = T^2, x_5 = H^2$，于是，式(6-27)变成

$$y = a_0 + a_1 x_1 + a_2 x_2 + a_3 x_3 + a_4 x_4 + a_5 x_5 + \varepsilon$$

假设通过实验测得一批数据，可算出各系数的最佳估算 $\hat{a}_0, \hat{a}_1, \cdots, \hat{a}_5$，则得到下列线性回归方程

$$\hat{y} = \hat{a}_0 + \hat{a}_1 x_1 + \hat{a}_2 x_2 + \hat{a}_3 x_3 + \hat{a}_4 x_4 + \hat{a}_5 x_5$$

或

$$\hat{y} = \hat{a}_0 + \hat{a}_1 T + \hat{a}_2 H + \hat{a}_3 TH + \hat{a}_4 T^2 + \hat{a}_5 H^2 \tag{6-28}$$

设在加工过程中，刀具材料选定后，用仪器测得其硬度为 $H_0$，即 $H = H_0$，则式(6-28)变成

$$\begin{aligned}\hat{y} &= \hat{a}_0 + \hat{a}_1 T + \hat{a}_2 H_0 + \hat{a}_3 T H_0 + \hat{a}_4 T^2 + \hat{a}_5 H_0^2 \\ &= \omega_0 + \gamma_0 T + \beta_0 T^2\end{aligned} \tag{6-29}$$

式中：$\omega_0 = \hat{a}_0 + \hat{a}_2 H_0 + \hat{a}_5 H_0^2, \gamma_0 = \hat{a}_1 + \hat{a}_3 H_0, \beta_0 = \hat{a}_4$。

为保证最大产量 $y$，需求出温度 $T$ 的极大值，可用一般求极值的方法，对式(6-29)求导并令其等于零，即

$$\frac{\partial \hat{y}}{\partial T} = \gamma_0 + 2\beta_0 T = 0$$

解之得

$$T = T^* = -\frac{\gamma_0}{2\beta_0}$$

式中 $T^*$——最优化温度。

$\hat{y}$ 为极大值时的充分条件是

$$\frac{\partial^2 \hat{y}}{\partial T^2} = 2\beta_0 < 0$$

即只要 $\beta_0 = \hat{a}_4$ 为负值，就能保证在切削温度为 $T^*$ 时的产量为最高。

对最优化温度 $T^*$ 进行控制的方案，用计算机比较容易实现：先测定刀具材料硬度 $H_0$，计算 $\gamma_0$、$\beta_0$、$T^*$，再将此最优化温度 $T^*$ 输出作为温度控制的设定值，这样就实现了计算机最优控制。

这个例子是仅作为一种处理问题的方法来介绍的，$y$ 与 $H$、$T$ 的二次方关系也是假设的。在具体的加工过程中，关系可能更复杂，但这种解决问题的思路是可以参考的。

**3. 时间序列建模**

系统辨识建模要求有被控对象的输入、输出的因果关系的观测数据。但是，由于自然界、工程界中的许多复杂系统或过程的输出数据往往是可以观测到的，而与之有关的输入数据却难以找出，对这一类被控对象的模型辨识，可采用时间序列理论(简称时序理论)方法，包括自由响应法与随机响应法(主要是 ARMA 模型法)。

就加工过程而论,由于它的复杂性,有时往往只有以统计数据形式表达的系统的输出,而很难找到相应的输入。例如:机床在实际加工过程中产生随机振动的因素很多,但究竟输入是什么,一般难以精确地测量;滚齿机、螺纹磨床等机床的传动链误差是可以测定的,即系统的输出是可观测的,但其相应的输入是什么,却是难以找到的。又如,以砂轮的表面形貌作为系统的输出,其数据是可测的,但是,不仅不知道该系统的输入是什么,而且连系统是什么也不知道,因为砂轮的表面形貌的形成同整个砂轮的制造过程和砂轮在使用中的各种情况都有关系。类似的例子在机械制造过程中还有很多。因此,为了对这类过程进行建模,以输出数据来分析系统的时间序列分析方法得到了广泛应用。

对某一过程(或现象)的观测数据是一组有序的数据,通常,这些数据按照时间顺序先后排列,数学上称为时间序列,简称时序。

如果这一过程(或现象)是随机的,则在同一条件下每次试验(即每次"实现")中所观测到的有序数据是各不相同的。每次试验所得到的观测数据是一个样本,全部样本的集合就是相应的随机过程。显然,对一个随机过程而言,同一编号的观测数据对不同的样本,它的取值也不同,即它实际上是一个随机变量。所以,随机过程也是随机变量的有序集合。时间序列可以理解为一个随机过程,也可理解为随机过程的一个样本。在不同场合作不同理解,有利于分析与解决问题。因此,对时间序列的分析与处理,既是对一个样本、一组观测数据的分析与处理,也是对相应的随机过程的分析与处理。

准确地观测出过程的输出数据,可得到一个时间序列。所观测到的数据内部的相互关系,包含了产生这些观测数据的过程的有关信息。例如:与外界作用无关的过程本身的固有特性的信息;外界对过程作用的信息,即输入的信息;过程与外界作用的相互联系方式的信息;等等。时间序列分析正是要揭露这种蕴含在观测数据内的相互关系,使之数学模型化(为便于参阅有关时间序列分析方面的书籍,此处的符号也将与时序分析书籍的相同)。

时序分析中最典型的模型表达式为

$$x_t - \varphi_1 x_{t-1} - \cdots - \varphi_n x_{t-n} = a_t - \theta_1 a_{t-1} - \cdots - \theta_m a_{t-m} \qquad (6-30)$$

式中　$\{x_t\}$——观测到的时间序列;

$a_t$——正态独立随机变量,$a_t \sim \text{NID}(0, \sigma_a^2)$;

$\varphi_1, \varphi_2, \cdots, \varphi_n$——自回归系数;

$\theta_1, \theta_2, \cdots, \theta_m$——滑动平均系数。

式(6-30)所示的模型称为自回归滑动平均(auto-regressive moving average)模型,记为 ARMA($n,m$)模型。建立这种模型时,要求$\{x_t\}$是平稳的、正态的、零均值的,即$\{x_t\}$的统计特性均与统计时间起点无关,且均值应为零(如不为零,可求出均值,再从 $x_t$ 中减去均值)。当 $t$ 一定时,$x_t$ 是正态随机变量。

当式(6-30)中的 $\theta_j = 0 (j=1,2,\cdots,m)$时,模型变为

$$x_t - \varphi_1 x_{t-1} - \cdots - \varphi_n x_{t-n} = a_t \qquad (6\text{-}31)$$

式(6-31)称为 $n$ 阶自回归模型,记为 AR($n$)模型。

当式(6-30)中的 $\varphi_i = 0 (i=1,2,\cdots,n)$ 时,模型变成

$$x_t = a_t - \theta_1 a_{t-1} - \cdots - \theta_m a_{t-m} \qquad (6\text{-}32)$$

该模型称为 $m$ 阶滑动平均模型,记为 MA($m$)模型。

式(6-30)至式(6-32)均为离散模型,只要能估计出模型参数 $\varphi_i$ 和 $\theta_j$ 等,该过程即可用差分方程表示。若采用后移算子 B,则式(6-32)可表示为

$$(1-\varphi_1 B - \varphi_2 B^2 - \cdots - \varphi_n B^n)x_t = (1-\theta_1 B - \theta_2 B^2 - \cdots - \theta_m B^m)a_t$$

即

$$a_t = \frac{1-\varphi_1 B - \varphi_2 B^2 - \cdots - \varphi_n B^n}{1-\theta_1 B - \theta_2 B^2 - \cdots - \theta_m B^m} x_t = \frac{\varphi(B)}{\theta(B)} x_t$$

或

$$x_t = \frac{\theta(B)}{\varphi(B)} a_t \qquad (6\text{-}33)$$

式(6-33)表明,ARMA($n,m$)模型表达的过程可理解成过程的输出为 $\{x_t\}$ 序列,过程的传递函数(B 算子表示的)为 $\theta(B)/\varphi(B)$,过程的输入为白噪声序列 $\{a_t\}$。在时序方法中,之所以能对平稳时序 $\{x_t\}$ 建立一个适用的 ARMA($n,m$)模型,是因为事先已规定了模型适用性准则,最根本的准则是规定模型残差 $\{a_t\}$ 必须是白噪声。从系统角度看,就是规定了系统的输入必须是白噪声。当然,这不一定符合实际系统的输入情况。但是,在无法获知系统的输入,或无法获知系统输入与输出的因果关系,即无法用 Zadeh 所定义的系统辨识方法时,时序建模毕竟是系统辨识的一种可行的有效方法。

后移一步算子 B 的定义为 $B^j y_n = y_{n-j}$,有

$$By_n = y_{n-1}, B^2 y_n = y_{n-2}, \cdots$$

B 算子作为一个算符,其功能性质类似于 sin、ln 等算符,本身无数量意义。

**1) ARMA($n,m$)模型的物理解释**

(1) 从数理统计的角度理解

对式(6-33)进行移项处理,有

$$a_t = \frac{\varphi(B)}{\theta(B)} x_t$$

上式表明,不论 $\varphi(B)/\theta(B)$ 的形式如何,ARMA($n,m$)都是一个将相关时序 $\{x_t\}$ 转化为独立时序 $\{a_t\}$ 的装置。这种转化的意义在于,对于独立的观测数据即独立时序,已经有标准的数理统计方法可用于对它进行统计处理,而一个实际物理系统的输出观测数据本身总是具有某些相关性的,即系统的观测时序总是一个具有一定相关性的相关时序。如果能寻找出一种将相关时序转化为独立时序的数学工具,则可利用对独立时序进行统计处理的方法去处理相关时序。ARMA($n,m$)模型正符合这一要求。

(2) 从信号处理的角度理解

考察 AR($n$) 模型,从数字信号处理的角度来看,AR($n$) 模型是对 $x_t$ 的真值的一个估计器。若设 $t$ 时刻是过去时刻,则 $\sum_{i=1}^{n}\varphi_i x_{t-i}$ 是 $x_t$ 的平滑值,此时 AR($n$) 模型可视为一个 $n$ 阶自回归平滑器;若设 $t$ 时刻是现在时刻,则 $\sum_{i=1}^{n}\varphi_i x_{t-i}$ 是 $x_t$ 的滤波值,AR($n$) 模型可视为一个 $n$ 阶自回归滤波器;若设 $t$ 时刻是未来时刻,则 $\sum_{i=1}^{n}\varphi_i x_{t-i}$ 是 $x_t$ 的预测值,AR($n$) 模型可视为一个预测器。例如,若设 $t+1$ 时刻是未来一步的时刻,有

$$x_{t+1} = \sum_{i=1}^{n}\varphi_i x_{t+1-i} + a_{t+1}$$

由于 $t+1$ 时刻的干扰 $a_{t+1}$ 未知,则在 $t$ 时刻对未来作进一步预测的公式为

$$\hat{x}_t(1) = \sum_{i=1}^{n}\varphi_i x_{t+1-i}$$

当在 $t$ 时刻对 $t+2$ 时刻进行预测时,由于 $t+1$ 时刻的取值 $x_{t+1}$ 尚未知,则以 $\hat{x}_t(1)$ 取代 $x_{t+1}$,可得到在 $t$ 时刻对未来进行两步预测的公式为

$$\hat{x}_t(2) = \varphi_1 \hat{x}_t(1) + \sum_{i=2}^{n}\varphi_i x_{t+2-i}$$

同理,在 $t$ 时刻对未来进行 $l$ 步预测的公式可类似得到。

上述对 AR($n$) 模型的理解同样也适用于对 ARMA($n,m$) 模型的理解。因此,ARMA($n,m$) 模型是一个对 $x_t$ 的真值的估计器,只不过根据所处的时刻不同,才有平滑、滤波、预测之分。

(3) 从系统分析的角度理解

建立 ARMA($n,m$) 模型所用的观测时序 $\{x_t\}$ 可视为某一系统的输出。分析式 (6-33) 得出,在输出等价原则下,此系统是产生 $\{x_t\}$ 的实际物理系统的一个等价系统。需要指出的是,$\varphi_i$ 是无量纲的系数,而 $\theta_j$ 却是有量纲的量。例如,对于一般的机械系统,若 $x_t$ 是振动位移,$a_t$ 是激励力,则 $\theta_j$ 是具有柔度的量纲。

对 $\varphi(B)$ 和 $\theta(B)$ 分别进行因式分解,有

$$\begin{cases} \varphi(B) = (1-\lambda_1 B)(1-\lambda_2 B)\cdots(1-\lambda_n B) = \prod_{i=1}^{n}(1-\lambda_i B) \\ \theta(B) = (1-\eta_1 B)(1-\eta_2 B)\cdots(1-\eta_m B) = \prod_{j=1}^{m}(1-\eta_j B) \end{cases} \quad (6\text{-}34)$$

式(6-34)中,$\lambda_i$ 和 $\eta_j$ 分别为 AR 部分、MA 部分的特征根。而从系统的观点来看,$\lambda_i$ 表示系统传递函数的极点,表征系统的固有特性;$\eta_j$ 表示系统传递函数的零点,主要表征系统与外界的联系。由于传递函数的分母表征系统本身所固有的、与外界无关的特性,传递函数的分子表征外界与系统的相互联系的性质,因此,式(6-33)中:AR

部分的 B 算子多项式 $\varphi(B)$ 表征等价系统的固有特性,其阶数 $n$ 表征等价系统是一个 $n$ 阶系统;MA 部分的 B 算子多项式 $\theta(B)$ 则表征等价系统与外界的联系。

由于 ARMA 模型是基于 $\{x_t\}$ 建立起来的,不论系统的输入是否可测,它都没有利用系统输入的任何信息,而总是将白噪声 $\{a_t\}$ 视为输入。因此,它是建立在输出等价原则上的等价系统的数学模型。而系统辨识中的差分模型是建立在输入、输出等价原则上的,显然,ARMA 模型的适用范围较差分模型要广泛得多。

关于 ARMA($n,m$) 模型的参数估计,已有专门的书籍论述。

**2)时序分析建模应用举例——丝杠传动运动误差的时序建模**

丝杠驱动系统常常是确定线性位移精度的主要元件,为提高其运动精度,采用误差补偿技术是有效的。

图 6-13 所示的是一台 CNC 机床的一根坐标轴的丝杠驱动的运动误差测量、控制系统。丝杠的导程为 6.35 mm,工作台的线位移由激光干涉仪测定,丝杠的角位移经齿轮系 $z_1$、$z_2$、$z_3$ 传至旋转变压器来测定。

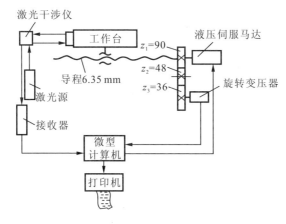

**图 6-13 丝杠传动运动误差测量、控制系统**

为了获得丝杠运动误差的预测模型,需要利用检测信息即输出信息,并用时间序列方法建立模型。

图 6-14 所示丝杠传动的运动误差检测结果是按工作台进给速度为 100 mm/min 时测得的。图 6-14(a)为参考线位移值,其值都在[0.508～(0.508－0.002 5)] mm 范围内,而相应的旋转变压器的读数 $\Delta\phi_i$ 则如图 6-14(b)所示。由于测量过程很少受人为因素的影响,故测量结果的精度主要取决于所用装置本身的分辨率,以及计算机的字长和运算速度。由图可以看出,这套测量装置及其计算机软件具有通用性,便于推广应用到其他各类丝杠驱动系统中。

图 6-14 所示的运动误差信息,实际上是一个阶跃响应。为了得到运动误差模型,基于以上信息求解出用时间序列表述的误差模型 ARMA(16,15),即

$$x_t - \phi_1 x_{t-1} - \phi_2 x_{t-2} - \cdots - \phi_{16} x_{t-16} = a_t - \theta_1 a_{t-1} - \theta_2 a_{t-2} - \cdots - \theta_{15} a_{t-15}$$

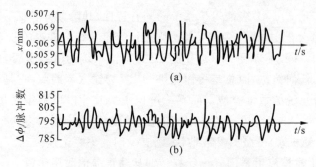

**图 6-14 丝杠传动的运动误差检测结果**
(a) 参考线位移值；(b) 旋转变压器的读数

其中，按时序分析软件求出的自回归系数 $\phi_i$ 和滑动平均系数 $\theta_j$ 的数值如表 6-6 所示。有了这个模型，就便于分析、监视、控制该系统。

表 6-6　ARMA(16,15)的参数

| | | | |
|---|---|---|---|
| $\varphi_1$ | $-0.465\pm0.199$ | $\theta_1$ | $-0.096\pm0.190$ |
| $\varphi_2$ | $-1.016\pm0.074$ | $\theta_2$ | $-0.690\pm0.178$ |
| $\varphi_3$ | $-1.355\pm0.144$ | $\theta_3$ | $-0.798\pm0.192$ |
| $\varphi_4$ | $-0.975\pm0.096$ | $\theta_4$ | $-0.065\pm0.155$ |
| $\varphi_5$ | $-0.968\pm0.086$ | $\theta_5$ | $-0.462\pm0.167$ |
| $\varphi_6$ | $-0.976\pm0.039$ | $\theta_6$ | $-0.251\pm0.164$ |
| $\varphi_7$ | $-0.937\pm0.082$ | $\theta_7$ | $-0.114\pm0.177$ |
| $\varphi_8$ | $-1.009\pm0.047$ | $\theta_8$ | $-0.484\pm0.134$ |
| $\varphi_9$ | $-0.947\pm0.083$ | $\theta_9$ | $-0.118\pm0.146$ |
| $\varphi_{10}$ | $-0.914\pm0.914$ | $\theta_{10}$ | $-0.340+0.158$ |
| $\varphi_{11}$ | $-1.103\pm0.083$ | $\theta_{11}$ | $-0.344\pm0.166$ |
| $\varphi_{12}$ | $-0.468\pm0.059$ | $\theta_{12}$ | $-0.325\pm0.146$ |
| $\varphi_{13}$ | $-0.086\pm0.147$ | $\theta_{13}$ | $+0.106\pm0.152$ |
| $\varphi_{14}$ | $-0.455\pm0.105$ | $\theta_{14}$ | $-0.146\pm0.117$ |
| $\varphi_{15}$ | $+0.389\pm0.049$ | $\theta_{15}$ | $+0.441\pm0.113$ |
| $\varphi_{16}$ | $+0.163\pm0.170$ | | |

残差平方和　$RSS=6.844$

### 6.2.5　知识建模

制造企业使用了大量的知识，其目的是又好又快地制造产品，能根据用户的要求以有竞争力的价格开发新产品。长期以来，高新技术、产品创新与工作人员的经验相结合完善了生产产品的制造知识，且收集的知识也得到了扩充。因此，为了提高产品研发决策水平，获得竞争优势，制造企业的一项重要任务是维护、传播、完善其制造知识。

**1. 知识及其分类**

知识是指对事物的认识，涉及四个问题：知道是什么、为什么、怎样做、谁具有知识等。工程知识是人类在解决现实工程问题中认识和经验的总和。它们包括以下几种。

(1) 事物性知识

事物性知识又称对象性知识,即有关现实世界中事物的事实和规则。它的表示包括对事物本身概念、分类、性质的描述等。例如"师傅有技艺"涉及"师傅"和"技艺"等抽象概念,又涉及各自的类属与特征。

(2) 事件性知识

事件性知识是指现实世界中所发生的行动和事件。它表示包括事件本身的记述、类属与特征,涉及现象、时间过程、因果关系等。

(3) 性能性知识

性能性知识是指有关如何做一事件及其技巧的性能。它是一类行为所包含的、超出了事物性和事件性知识之外的那一部分知识。例如,"他工程图绘得很好"这句话中有"绘"的技巧。显然,性能性知识和事物性知识之间没有明显的界限。

(4) 原知识

原知识是指有关"知道"的知识。例如,"知道"某特定主题的知识范围、来源和重要性。机器人的活动是展现规划的原知识的行为。

上述的知识分类可用知识的三维空间来定性地描述,如图 6-15 所示。

在知识库中可能存储的各类知识如图 6-16 所示。

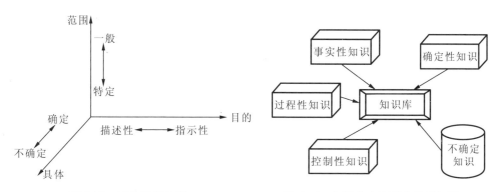

图 6-15 三维知识分类　　　　图 6-16 知识库中可能存储的知识

需强调的是:数据只与词(words)或数字(numbers)有关联,其含义取决于使用它们的上、下文;信息是一种结构化的数据,在给定的上、下文中产生其含义;知识则具有多种可能的理解,当用户在特定的上、下文中认识到有用的数据关系,或用户能从原始的但是已结构化信息中推出这些关系则说明其中有知识存在。

**2. 制造知识模型**

现以制造设备完成孔加工为例,介绍一种建立制造知识模型的方法。

**1) 制造信息与知识的收集**

一台制造设备的知识可细分为过程知识和资源知识,如在 CNC 铣床上,可包括过程如铣平面、镗孔等知识,资源如铣刀、夹具、CNC 软件等知识。

过程信息可包括辨识现有制造过程所得信息和已辨识的每一过程的属性。有了这些信息,就可以知道在每一过程中是如何加工各制造特征的,即获得了过程知识。

资源知识是结构化的信息及附加细节,它根据孔加工的以往经验描述资源如何被使用。

设备知识包含在该制造设备上辨识的过程知识和资源知识,为此,需要定义一种结构以便存取、存储各种类型的设备知识。

(1) 过程知识的收集

过程知识的收集方法如下。

① 使用表格表示显式过程知识。直径允差、定位允差、圆度误差和表面粗糙度是用于选择铣削过程、生产圆孔的主要信息,为了组织这些信息,采用表格的知识表达形式是合适的。表 6-7 所示为 CNC 车间的技术人员经长期工作总结的经验,是为了孔加工而得到的显式过程知识。

表 6-7 选择铣削过程的显式知识表示

| 铣削过程类型 | 设计特征和要求 | | | | | | | |
|---|---|---|---|---|---|---|---|---|
| | 直径允差/mm | | 定位允差/mm | | 圆度误差/μm | | 表面粗糙度值/μm | |
| | Min | Max | Min | Max | Min | Max | Min | Max |
| 用于钻孔 | 0.020 | 0.250 | 0.020 | 0.250 | 50 | 100 | 1.6 | 6.3 |
| 用于铰孔 | 0.005 | 0.020 | 0.010 | 0.020 | 25 | 50 | 0.8 | 1.6 |
| 用于镗孔 | 0.005 | 0.010 | 0.005 | 0.010 | 15 | 25 | 0.4 | 0.8 |

② 使用简图表示显式过程知识。例如,可用简图来确定钻孔时的主轴转速(r/min),主轴转速依不同的加工直径和材料而定。这些知识是对以往经验的总结,只作为推荐值,可根据现场情况加以调整。

③ 使用影像表示默认过程知识。对于"只可意会,不可言传"的技术诀窍,可通过影像、视频等手段表示。

④ 使用示意图(sketch)和操作顺序(procedure)来表示默认知识。例如在手工操作加工车间,要在方形零件上车削精密锥孔,采用专用夹具,并根据技术人员的经验,使用如图 6-17 所示的示意图,其操作步骤如下:

    a. 将夹具座安装到车床花盘上,压紧;

    b. 用指示表校准,使定位孔与车床主轴中心线同心,并压紧夹具座;

    c. 用定位销定位工件,并压紧在夹具中;

    d. 拔出定位销,车削锥孔;

    e. 车削下一个工件,重复自第三步以后的操作。

有了示意图和操作顺序,就获得了这一过程的知识。

⑤ 用事件描述(storytelling)的方式表示默认过程知识。

事件主题:在铝材上加工孔,减少毛刺问题的有用思路。

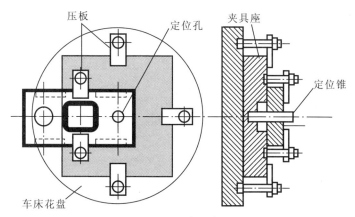

图 6-17 示意图表示

事件过程叙述：2000 年 6 月，试图加工直径为 $\phi 8 \pm 0.1$ mm、长度为 25 mm 的孔，发现产生了大量毛刺，而全部切削用量均按现行手册选取。当用蜡作润滑剂时这种问题减少了 20%。

这种方法适用于技术人员针对某个特定问题的解决做记录及日常记录，可用来存储技术人员的经验。

**2) 制造知识模型的设计**

工业部门与研究机构的研究者们都把制造模型的概念作为制造信息的管理工具。

用统一建模语言（unified modeling language，UML）表示知识的结构。图 6-18 所示为 UML 顶层分类图。在制造知识模型中，存取的制造信息与知识分为三类：过程知识、资源知识和设备知识。

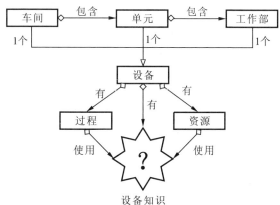

图 6-18 制造信息与知识的顶层结构

图 6-19 所示为制造知识模型构成框架图，表示制造信息与制造知识的内容与联系。这里仅以圆孔加工为例来说明问题。

(1) 知识结构

当定义知识结构时，关键的事项是如何确定一台制造设备上的知识并对其进行

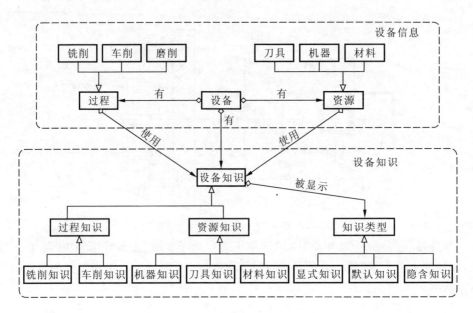

图 6-19 圆孔加工的制造知识模型

分类。可将设备知识分为两超类:第一超类称为设备知识,它关联过程知识与资源知识;第二超类为知识类型。

对于圆孔加工而言,过程知识可分为铣削知识和车削知识两子类;类似地,资源知识可分为刀具、机器、材料等知识子类,如图 6-19 所示。

对于知识结构的创建,要求理解知识类别和"面向"概念。知识类别由支持某一特定决策而要求的技术诀窍所确定,而知识分类遵循面向对象(O-O)概念。例如钻、铰、镗定义为知识类别,但也可以看做铣削的子过程,因此,能承载全部过程知识的超类属性。钻、铰、镗过程被看做铣削过程(ISO 14649—11 标准),但铣削过程可以在车床上完成,因此,与在车床上完成的钻、铰、镗关联的整个知识在车削知识超类中予以考虑。

(2) 知识类型

按 O-O 概念,"知识类型"为超类,显式知识、默认知识和隐含知识为该超类的子类,重要的是定义合适的属性来表示知识。例如,"知识类型"超类具有的属性有名称、表示类型、辨识 ID、修改次数、修改时间等。这些属性具有管理设备知识的特征。此外,每一个知识表达子类具有特定的属性。

**3. 加工工艺知识的参数过程图表示**

在计算机辅助工艺过程规划(CAPP)中,有大量的加工工艺知识需要表示、处理,由于加工工艺知识有其自身的特殊性,现有的知识表达方法在处理加工工艺知识时还存在一定的局限性,主要表现如下。

(1) 不能很好地表示工程中动态的、过程性的知识

一个零件的工艺规划的知识涉及原材料、加工设备、毛坯种类、生产车间等众多

要素,要素的不同会导致零件的工艺过程、加工余量、装夹方式等发生很大的变化。上一道工序的加工余量的选择会影响后续余量的分配等等,诸如此类的工艺规划过程中的动态知识如何表达是工艺知识表达的难点。现有某些知识表示方式均是对知识和事实的一种静止的表达方法,它所强调的是事物所涉及的对象是什么,是对事物有关知识的静态描述,是知识的一种显示表达形式。过程式表示方法虽然可以表示知识的动态方面,但因其采用程序的形式描述知识,不利于知识的扩充。

(2) 对工程中不确定性知识的表达能力有限

工程中存在大量的不确定性知识,经常用某一范围来表示某一知识。以硬质合金铰刀铰孔的切削用量为例:加工材料为碳钢及合金钢,进给量为 50~125 mm/min,切削速度为 50~100 m/min,描述的是一个非精确的给定范围的信息。现有的知识表示方法一般只能处理确定性的知识,对判断条件不明确、输入信息不完整、判断结果不唯一的不确定的工程知识表达很难处理。

(3) 不能很好地表达大量的以公式、表格、图形等形式的工程知识

工程上涉及大量的工程计算,例如工艺规程中的材料定额计算、工时定额计算。例如,圆钢的质量 $m=6.1654 \cdot d \cdot d \cdot l \cdot 1\times 10^{-6}$,其中 $d$ 和 $l$ 分别为圆钢的直径和长度(单位为 mm),计算结果以 kg 为单位。此外工程上还有大量的以各种表格形式存放的知识,例如各种切削用量表、设备参数表等等,工艺上经常采用工序哑图来表示相似的工序简图集。用现有的知识表示方法很难处理此类工程知识。

(4) 知识表示的可理解性和可扩充性较差,工程化应用不够方便

可理解性要求所表达的知识简单明了、易于理解;可扩充性是指能够方便、灵活地对知识进行扩充。现有的知识表示方法偏重于对原理和模型、技术的研究,在知识表示的可视化、易用性方面做得不够,因而造成领域的知识专家不太容易理解这些知识表达的方法,更谈不上使用这些工具自己扩充和维护领域知识了,使得其在实际工程中应用不多。要实现领域知识的积累和扩充,在技术上必须要保证领域专家能够直接、方便地进行知识的录入和维护,解决好知识表示的可理解性和可扩充性问题。

正因为工程领域现有的知识表示方法存在一定的局限性,所以有必要寻找一种能够结合工程知识特点的知识表达方式,以表达工程上大量动态的、变化的过程性知识,支持工程上的不确定性的以及公式、图表形式的知识表达,并且使得工程知识表达易于理解和扩充,支持工艺领域专家自定义、自维护工艺知识。为此,研发了一种参数过程图的知识表达方法。现通过一个汽车发动机上的气门零件的计算机辅助工艺过程规划来说明用参数过程图实现知识的表达方法。影响气门工艺的因素很多、工艺路线很长,这里仅对部分因素以及关键处进行说明。图 6-20 为气门的零件图以及工艺流程图。

步骤 1:准备阶段。分析影响气门质量的因素以及工艺流程的变化规律。

气门虽然结构简单,但因是发动机控制进、排气的关键件,配合精度高,使用环境恶劣,对材料和质量要求很高,涉及冷加工、热加工等,实践中根据产品质量的要求,

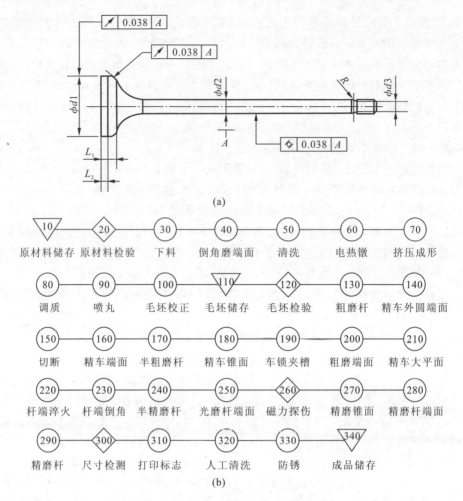

图 6-20 气门的零件图及工艺流程图
(a) 气门零件图；(b) 气门工艺流程图

可能有几十道至上百道工序，工艺路线长，工艺参数多，工艺规划工作量比较大。此外，因要为很多主机厂配套，规格品种多，性能和质量均有不同的要求。尽管如此，气门的工艺还是遵循着一定的规律(可以称之为气门的工艺知识)。

决定气门工艺过程的关键因素一般包括气门的材质、杆部直径、盘外圆直径、圆头半径、焊接方式等。准备阶段需要总结出每种因素影响气门工艺流程变化的规律。例如，材质如果是马氏体，则先摩擦焊，然后热镦；如果是奥氏体，则先热镦，然后摩擦焊等。

步骤 2：参数定义阶段。通过 KMCAPP(开目 CAPP)系统中的参数管理器影响气门的关键要素变量化。

将影响气门工艺流程的各个要素定义为变量，并赋予变量属性。为便于识别用英文字符表示的变量，可以给变量起相应的中文别名，例如变量 CL 代表材料，变量 d 代表杆部直径。气门的参数定义结果如图 6-21 所示。

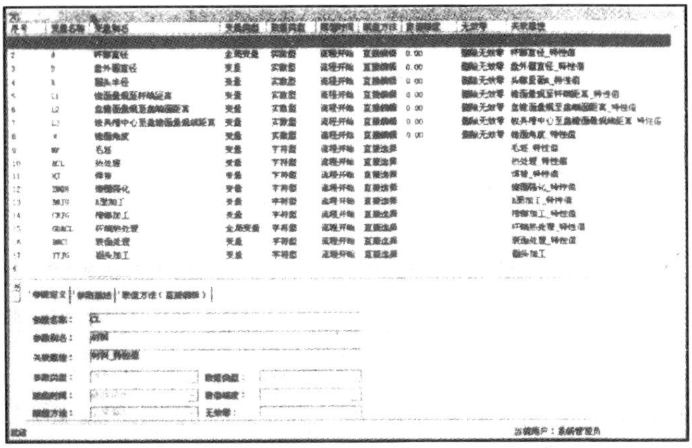

图 6-21 气门参数定义

步骤 3：过程图绘制阶段。调用图元绘制气门的工艺规程图。

根据步骤 1 总结的气门工艺流程的知识,调用赋值、分支等图元和连线,通过图形化的方式再现气门工艺规程的描述和推理的过程,并通过变量定义可变的知识以及可变的知识推理过程,形成气门的工艺知识参数过程图,如图 6-22 和图 6-23 所示。

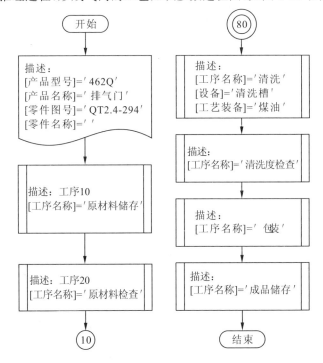

图 6-22 气门工艺知识的参数过程图的开始和结束部分

从图 6-22 可以看出参数过程图表达知识的基本形式。通过开始/结束图元描述知识陈述的开始和结束。通过表头输出图元,定义气门的产品型号和名称、零件图号

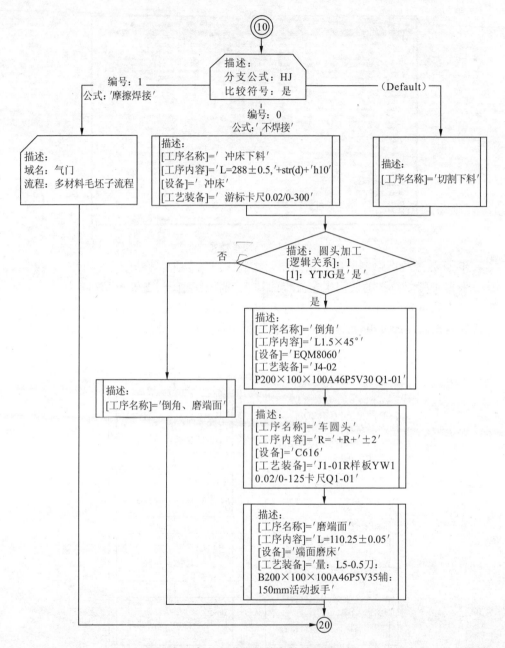

图 6-23 气门工艺知识的参数过程图示例

和零件名称。气门的前两道工序固定为原材料储存和原材料检查。后续知识的陈述通过寻找标记号为 10 的连接图元来继续进行。从图中也可以看出,气门的最后几道工序分别为清洗、清洗度检查、包装和成品储存。

图 6-23 是截取的一段气门工艺知识的参数过程图,图中包含的图元种类比较

多,其中有多分支图元、子过程图元、单分支图元、输出工序图元、连接符图元。这段知识陈述首先接着标记号为 10 的上一过程,通过多分支图元判断变量 HJ(表示焊接方式)。若 HJ 是"摩擦焊接",则调用多材料毛坯子流程;若 HJ 是"不焊接",则产生一道工序,工序名称是"冲床下料",工序内容是一字符串表达式$'L=288\pm0.5,'+\text{str}(d)+'h10'$,其中 d 表示气门的杆部直径,str(d)表示将数值型变量 d 转换为字符串。若 $d=8.5$,则工序内容为"$L=288\pm0.5,8.5h10$"。对变量 HJ 的缺省判断方式是产生下一工序"切割下料"。变量 YTJG 代表圆头是否加工,它取是或否也会影响气门的工艺流程。若圆头不加工,则直接产生一道工序"倒角、磨端面",否则产生"倒角"、"车圆头"、"磨端面"三道工序。

步骤 4:知识检查阶段。调用系统知识合法性检查的工具,判断以上知识的描述在形式上是否完整、在逻辑表达上是否有冲突。

步骤 5:知识入库阶段。通过知识库管理器建立气门的工艺规程知识分类目录,将定义好的气门知识储存入库,逐渐丰富并形成企业参数化的气门知识库。

通过以上五个完整的步骤,系统就可以建立气门复杂的参数化的工艺过程知识库。实际上还可以定义知识陈述中变量的各种取值来源,例如查手册、查工艺知识数据库、用公式计算等。

很显然,工艺知识的参数过程图表达法为工艺知识的计算机表达提供了一种新方法,它具有如下特点。

(1) 可视化 通过各种图元、图元的连线形成的网络图来描述知识,知识表现的形式是一张过程图,以图形化的方式模仿工艺专家的工艺决策过程,可以清晰地看到工艺决策的过程以及决策时的信息流动情况,层次清晰、简洁、直观。

(2) 参数化 可以定义各种类型的变量,知识的陈述通过变量和字符的组合来实现,知识的判断通过变量的数学或逻辑判断来实现。过程图表达的是系列化、参数化的知识。

(3) 开放化 变量的定义以及知识过程的定义完全开放。可以利用系统的工具自组织、自扩充各种工艺知识。

(4) 宜人化 不需要太多的计算机专业知识,利用系统提供的工具,工艺领域专家可以将脑海中的知识"录制"下来。

## 6.2.6 信息融合模型

在公开的技术文献中,基于多传感器信息整合意义的"融合"一词最早出现在 20 世纪 70 年代末。信息(或数据)融合问题一经提出,就引起了世界上各军事大国国防部门的高度重视,并将其列为军事高技术研究和发展领域中的一个重要专题。

目前普遍接受的有关信息融合的定义,是 1991 年由美国三军组织——实验室理事联合会(Joint Directors of Laboratories,JDL)提出,1994 年由澳大利亚防卫科技组织(Defense Science and Technology Organization,DSTO)加以扩展的。它将信息融合定义为一种多层次、多方面的处理过程,包括对多源数据进行检测、相关、组合和估计,从而提高状态和特性估计的精度,以及对战场态势和威胁及其重要程序进行适时的完整评价。

也有专家认为,信息融合就是由多种信息源如传感器、数据库、知识库和人类本身获取有关信息,并进行滤波、相关和集成,从而形成一个表示构架,这种构架适合于获得有关决策,如对信息的解释,达到系统目标(如识别、跟踪或态势评估),传感器管理和系统控制等。

目前所研究的多传感信息融合,主要是指利用计算机进行多源信息处理,从而得到可综合利用信息的理论和方法,其中也包含对人和动物大脑进行多传感信息融合机理的探索。研究的重点是特征识别和算法,这些算法导致多传感信息的互补集成,可改善不确定环境中的决策过程,解决把数据用于确定共用时间和空间框架的信息理论问题,同时可用来解决模糊的和矛盾的问题。信息融合一般是实时完成的。

**1. 信息融合方法**

在多传感器信息融合系统中,各传感器提供的信息一般是不完整、不精确、模糊甚至可能是矛盾的,包含着大量的不确定性。信息融合中心要依据这些不确定性信息进行推理,以达到目标身份判别和属性识别的目的。因此,不确定性推理是目标识别和属性信息融合的基础。

多传感器信息融合在方法上可分为数值型融合和非数值型融合。数值型融合解决系统的定量描述,即如何在一组相关的数据中得出一个统一结果,以提高系统测量的精度;非数值型融合给出系统的定性表达或决策。

目前常用的信息融合方法如下。

① 加权平均法——最简单、最直观的融合多传感器低层数据的方法,该方法将由一组传感单元提供的冗余信息进行加权平均,将所得结果作为信息融合值。

② 卡尔曼滤波法——用于实时融合动态的低层冗余多触觉组单元数据,该方法用测量模型的统计特性递推确定在统计意义下最优的融合数据估计,如果系统具有线性的动力学模型,且系统噪声和传感器噪声是高斯分布白噪声模型,那么卡尔曼滤波融合数据提供唯一的统计意义上的最优估计。

③ 贝叶斯估计法——融合静态环境中多传感单元低层信息的一种常用方法,其信息描述为概率分布,适用于具有可加高斯噪声的不确定性信息。

④ 神经网络法——可根据当前系统所接收到的样本的相似性,确定分类标准,同时采用特定的学习算法来获取知识,得到不确定性推理机制。

人工神经网络技术是模仿人类大脑而产生的一种信息处理技术,近年来得到了飞速发展和广泛应用。神经网络使用大量简单的处理单元(神经元)处理信息,神经元按层次结构的形式组织,每层上的神经元以加权的方式与其他层上的神经元连接,采用并行结构和并行处理机制,因而网络具有很强的容错性以及自学习、自组织和自适应能力,能够模仿复杂的非线性映射。神经网络的这些特性和强大的非线性处理能力,恰好满足了多传感器信息融合的要求,可以利用神经网络的信号处理和自动推理功能实现多传感器信息融合。

将人工神经网络用于多传感器信息融合技术,首先要根据系统的要求以及传感器的特点选择合适的神经网络模型,然后再根据已有的多传感器信息和系统的融合知识采用一定的学习方法,对建立的神经网络系统进行离线学习,以确定网络的连接权值和连接结构,最后把得到的网络用于实际的信息融合中。神经网络在应用中要利用网络的自学习和自组织功能,不断地从实际应用中学习信息融合的新知识,调整自己的结构和权值,以满足检测环境不断变化的实时要求,提高信息融合的可靠性。

模糊推理是以模糊判断为前提,使用模糊推理规则,以模糊判断为结论的推理。

在应用于多传感器信息融合时,将 $A$ 看做系统可能决策的集合,$B$ 看做传感器的集合,$A$ 和 $B$ 的关系矩阵 $R_{A \times B}$ 中的元素 $\mu_{ij}$ 表示由传感器 $i$ 推断决策为 $j$ 的可能性,$X$ 表示各传感器判断的可信度,经过模糊变换得到的 $Y$ 就是各决策的可能性。具体地,假设有 $n$ 个传感器对系统进行观测,而系统可能的决策有 $n$ 个,则

$$A = \{y_1/\text{决策 } 1, y_2/\text{决策 } 2, \cdots, y_n/\text{决策 } n\}$$
$$B = \{x_1/\text{传感器 } 1, x_2/\text{传感器 } 2, \cdots, x_m/\text{传感器 } m\}$$

传感器对各可能决策的判断用定义在 $A$ 上的隶属函数表示,设传感器 $i$ 对系统的判断结果为

$$\{\mu_{i1}/\text{决策 } 1, \mu_{i2}/\text{决策 } 2, \cdots, \mu_{in}/\text{决策 } n\}, \quad 0 \leq \mu_{in} \leq 1$$

即认为结果为决策 $j$ 的可能性为 $\mu_{ij}$,记为向量 $(\mu_{i1}, \mu_{i2}, \cdots, \mu_{in})$,则 $m$ 个传感器构成 $A \times B$ 的关系矩阵为

$$R_{A \times B} = \begin{bmatrix} \mu_{11} & \mu_{12} & \cdots & \mu_{1n} \\ \mu_{21} & \mu_{22} & \cdots & \mu_{2n} \\ \vdots & \vdots & & \vdots \\ \mu_{m1} & \mu_{m2} & \cdots & \mu_{mn} \end{bmatrix}$$

将各传感器判断的可信度用 $B$ 上的隶属度

$$X = \{x_1/\text{传感器 } 1, x_2/\text{传感器 } 2, \cdots, x_m/\text{传感器 } m\}$$

表示,那么,根据 $Y = X R_{A \times B}$ 进行模糊变换,就可得出 $Y = (y_1, y_2, \cdots, y_n)$,即综合判断后的各决策的可能性为 $y_i$。

**2. 信息融合系统结构**

信息融合的类型通常有以下几种。

(1) 检测融合

检测融合的主要目的是利用多个传感器检测目标以判断其是否存在。这里,关键问题是如何确定融合规则和量化器映射。用并行分布式贝叶斯检测融合系统,在

假定各传感器量化规则给定的条件下,最优融合规则通过优化所谓贝叶斯风险函数得到,并证明为似然比检验。在假定各传感器观测条件独立,给定融合规则单调,且每个传感器的量化器都是二值(0,1)输出时,则最优量化器映射规则仍为似然比检验。

(2) 估计融合

估计融合的主要目的是利用多传感器检测信息对目标运动轨迹进行估计。利用单个传感器的检测和估计可能难以得到比较准确的估计结果,需要用多个传感器共同检测(估计),并将多个检测(估计)信息进行融合,以最终确定目标运动轨迹。跟踪-融合系统一般由传感器检测、标准化、信息关联、航迹更新等功能结构模块构成,以完成跟踪-融合,得到融合输出结果。

估计融合主要有以下两种结构。

① 中心式结构  中心式估计融合系统中各传感器只获取检测信息,并把所有检测信息传送到融合中心,然后由融合中心进行统一处理,得到融合估计结果,此类系统的优点是信息损失小,但通信开销很大。

② 分布式结构  分布式估计融合系统中各传感器不仅获取检测信息,同时要分别进行估计,并把所有估计信息传送到融合中心,然后由融合中心得到融合估计结果,此类系统的优点是通信开销很小,但信息损失相对大。

(3) 图像融合

图像融合的主要目的是由原始图像得到更多的图像信息。例如由几个二维图像经融合后得到三维图像,或者利用不同信息源得到图像,经融合后产生新的图像。图像融合是医学图像处理、机器人视觉等领域非常需要的先进技术,其关键问题是融合方法的选择等。图像融合又分为像素级融合、特征级融合及决策级融合等,能使融合图像达到理想的技术要求。

**3. 信息融合处理结构**

典型信息融合处理结构有四级,如图 6-24 所示,它们分别是:

一级处理——校对综合参量、估计参量、速度、属性及低级实体;

二级处理——聚合单元数据为有意义的结构组织,评估事件和活动以确定行为,并使用数据库信息,以开发上下文态势评估;

三级处理——继续聚合过程以评估策略威胁,特别是关键因素、趋势等;

四级处理——监视动态融合处理,通过对传感器系统资源的最佳控制,得到精确及时的预测,并通过反馈、提炼,完善整个融合处理过程。

在构造信息融合系统时,要保证信息的来源既包括来自传感器系统的实时数据,也包括对有关对象基本信息(如外形特征、机动特性等)。

对信息的处理包括最初的滤波处理和各级的信息融合。其中有数据的处理,如要及时估计对象的准确的状态;同时也包括知识的处理,例如态势估计、关键因素估计,尤其是行动决策的形成。

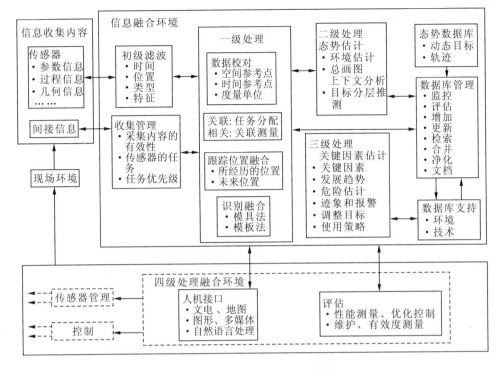

**图 6-24 四级融合处理基本模型**

数据库技术在信息融合系统中具有重要的作用。数据库管理系统用于完成信息的储存和管理，它是与各级融合处理都发生信息交互的唯一子系统，并且是融合处理的数据来源。

此外，通过人机接口实现人机交互，把人引入到融合系统中，以发挥其高智能的控制、决策和评价等作用，使人成为信息融合系统中的必要组成部分。为人提供易于理解的融合信息结果和决策支持信息是融合系统的目的，人作为信息融合系统的服务对象，是整个信息融合过程中信息流向的最终归宿。

多传感器融合系统具有改善系统性能的巨大潜力。传感器之间的冗余数据增强了系统的可靠性，传感器之间的互补数据扩展了单个传感器的性能。一般而言，多传感器融合系统能提高系统的可靠性和鲁棒性，扩展时间上和空间上的观测范围，增强数据的可信任度和系统的分辨能力。

在设计多传感器融合系统时，应考虑以下一些基本问题：系统中传感器的类型、分辨率、准确率，传感器的分布形式，系统的通信能力和计算能力，系统的设计目标，系统的拓扑结构（包括数据融合层次和通信结构）。

多传感器融合一般为三层融合结构，包括数据层融合、特征层融合和决策层融合，如图 6-25 所示。

① 数据层融合　首先将全部传感器的观测数据融合，然后从融合的数据中提取

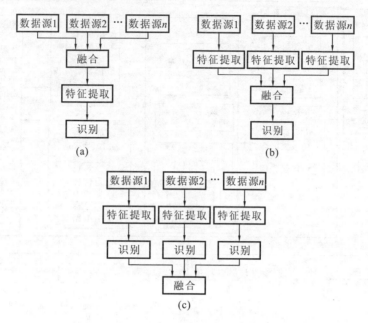

图 6-25 多传感器信息融合的三种层次结构
(a)数据层融合;(b)特征层融合;(c)决策层融合

特征向量,并进行判断识别。此时,要求传感器是同质的(传感器观测的是同一物理现象),如果多个传感器是异质的(观测的不是同一个物理量),那么数据只能在特征层或决策层进行融合。数据层融合不存在数据丢失的问题,得到的结果也是最准确的,但对系统通信带宽的要求很高。

② 特征层融合　每种传感器提供从观测数据中提取的有代表性的特征,将这些特征融合成单一的特征向量,然后运用模式识别的方法进行处理。这种方法对通信带宽的要求较低,但由于数据的丢失使其准确性有所下降。

③ 决策层融合　决策层融合是指在每个传感器对目标做出识别后,将多个传感器的识别结果进行融合。由于对传感器的数据进行了浓缩,这样得到的结果相对而言最不准确,但它对通信带宽的要求最低。

对于多传感器融合系统的特定工程应用,应综合考虑传感器的性能、系统的计算能力、通信带宽、期望的准确率以及资金能力等因素,以确定选用哪种层次结构的融合。另外,在一个系统中,也可能同时在不同的层次上进行融合。

**4. 多传感器信息融合在制造过程控制系统中的应用**

多传感器信息融合技术在制造过程控制系统中的应用已取得不少成果,现举例如下。

**1) 基于神经网络的机械加工信息融合**

神经网络方法和其他方法相比具有许多优点,被广泛应用于机械加工信息融合中。

(1) 切削加工中刀具状态监视

刀具状态监控是 FMS、CIMS 等系统中的关键技术,包括刀具磨损监视和破损监视。检测刀具状态主要采用间接方法。加工过程中与刀具状态有关的量很多,主要包括切削力 $F(f_x,f_y,f_z)$、电动机电流/功率($I_s,P_s,I_f,P_f$)、声发射信号 AE、振动信号 VB 和切削参数 ($f,v,a_p$)等,前四项需要在加工过程中实时测量,称为测量信号。最初的刀具状态监视大都基于一种因素(如切削力),误报率较高。例如,在钻削过程中,在不同切削条件下用主轴电动机电流信号检测刀具状态,正确率为 70%,用进给电动机电流信号检测正确率为 75%,二者结合起来检测正确率为 80%。因此利用人工神经网络对多种信息进行融合,就能基本上消除外界干扰,提高检测的可靠性。神经网络的并行结构不限制输入量的个数。输入大致分为两种情况,一是把全部测量信号或其中一部分作为输入;二是把测量信号或其中一部分和切削参数作为输入。在各种切削条件下对网络进行训练,如在钻削过程中把主轴、进给电动机电流信号和切削参数作为三层神经网络的输入,刀具磨损状态作为输出。由于神经网络不能解决模糊问题,而刀具磨损恰是一个模糊概念,把模糊系统引进神经网络,根据刀具状态监控的要求,设计合理的模糊神经网络模型,融合切削力、振动、主轴电动机功率信号,把刀具状态划分为新刃、初期磨损、中期磨损、急剧磨损和破损,将神经网络的应用又推进了一步。神经网络的输入既可以为信号本身又可以为其统计量和谱特征量(如有效值、均值、方差等),把某一信号的统计量和谱特征量的一部分或全部作为输入,将该信号的各种信息融合到一起,也可称为信息融合。例如,采用进给切削力的二阶标准化中心谱矩、有效值、均值,切削分量的功率、均方值、均值 6 个输入量,通过 6×6×1 网络检测刀具状态效果很好。

在多传感器信息融合与决策方法中,将含有丰富信息并兼有噪声的多传感器信号直接应用于神经网络,不仅网络结构复杂,计算量大,而且效果也不理想,只有将神经网络与有效的特征提取方法结合起来,才可能获得满意的效果。

在单刃刀具车削加工过程中,为了监测刀具的渐进磨损状况,采用了如图 6-26 所示的多传感器融合策略。该系统采用声发射(AE)传感器、力传感器、车床主轴电动机电流传感器,分别检测车削过程的声发射、切削力与主轴电动机电流。系统首先对三个传感器测量的随机信号进行处理以获得对切削作用有用的信息,对声发射信号采用多通道自回归(AR)系数矩阵来

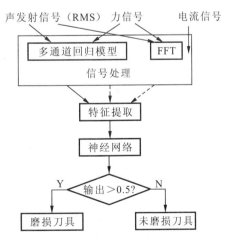

图 6-26 人工神经网络信息融合结构

表征切削刀具状态的参数,采用功率谱分析法处理各传感器信号得到对刀具磨损最敏感的功率谱密度的频率分量。将检测信号中若干有代表性的特征分量输入具有6-4-1结构的三层神经网络来监视刀具的磨损状态,对刀具磨损状态的识别正确率达到95％以上。

(2) 机械加工精度预测

加工精度的正确预测是加工过程自动化技术发展的迫切需要,它主要包括尺寸精度、形状精度、表面粗糙度的预测,目前加工精度预测研究的重点是表面粗糙度的预测。从理论上讲,用神经网络信息融合模型把相关误差源和加工精度指标联系起来,可以预测任意项加工精度指标。实际上,加工过程是一个非常复杂的动态过程,影响加工精度的误差源很多,包括机床几何精度、温度变形、力变形、工艺系统振动、刀具磨损、切削液类型和润滑情况、切削参数、刀具类型、工件材质等,而且其中有些项目还包括多个分量,如研究机床加工中的温度变形,需要获得加工系统内外多处的温度分布值,有时温度传感器的数量有数十个甚至近百个。因此用神经网络建立所有加工精度指标与所有误差源的通用预测模型有一定难度。另外,为了保证基于神经网络的融合模型的有效性,训练样本最好能全部覆盖或尽可能多地覆盖所有加工状态。这需要很多的训练样本,即使采用正交设计法安排试验,试验次数也是惊人的。因此,常用的方法是把一项或数项加工精度作为三层神经网络融合模型的输出,把与其相关程度较大的误差源作为输入来预测加工精度。例如:在车削过程中,将刀具磨损作为影响表面粗糙度的主要因素;考虑到切削力和声发射信号与刀具磨损状态有直接关系,把切削力和声发射信号测量值及其历史值作为神经网络融合模型的输入来预测刀具状态;用正交设计安排车削试验,将切削参数、润滑情况、刀具磨损状态、工件材质和工件直径作为神经网络融合模型的输入,先把表面粗糙度和工件直径误差作为输出,然后再分别将切削力、系统振动、声发射信号及刀具的偏斜作为输出;最后用统计分析方法得到影响表面粗糙度和工件直径误差的主要因素为进给速度、工件直径、径向切削力和进给分量,把这四个因素作为神经网络融合模型的输入,表面粗糙度和工件直径误差作为输出,用 $4 \times 3 \times 2$ 模型预测,预测结果与实测值非常接近。

**2) 决策矩阵在加工过程多传感器信息融合中的应用**

通常,磨削是零件的最终加工工序,磨削过程的状态监测对提高磨削过程的效率、精度和柔性有重要意义。传感器融合技术在外圆磨削过程监视中的应用,可用图 6-27 所示的系统来说明。在该系统中,采用了以下多个传感器:磨削力传感器、磨削振动传感器、声发射传感器、直径测量传感器和不圆度检测传感器。由各种传感器得到的信号经计算机处理后,提取特征量,再由决策矩阵产生出相应的控制作用。多传感器融合对磨削过程的监视由两个主要功能模块组成,即加工过程状态识别和控制作用的决策,这里采用的是决策矩阵即前述的模糊推理关系矩阵。该系统对于外圆磨削过程的监控是有效的。决策矩阵法既体现了只融合有主要影响的误差信息的

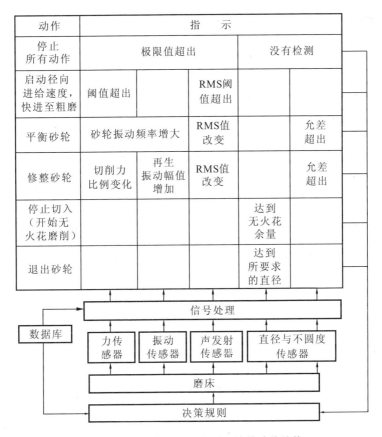

图 6-27 外圆磨削过程监测系统的功能结构

思想,又凝聚了丰富的工程实践知识。

多传感器融合技术用于监测加工过程是有实用价值的,当加工过程的物理本质复杂,难以用数学模型表示加工过程各物理量之间的相互关系时,基于多传感器的信号处理策略是实现加工过程监测的一种重要途径。多传感器的信息融合虽不要求建立被监测过程的数学模型,但如何从原始信号中提取特征量,又如何根据各特征量的相互作用关系作出控制决策等仍值得深入研究。

**3) 加工过程中传感器的监测**

为了确保设备的正常运行及加工产品的质量,必须对设备的运行状态及加工过程的状态进行监测。通过监测到一系列机、电、液、气等状态变量来分析和判断设备的状态及故障或异常情况,进而找到故障的具体位置,预测故障的发展和潜在的危险,以及加工质量变化的趋势,并由此确定应采取的相应措施和对策。

早期的监测系统一般只采用一种传感器来测量和处理单一信号,由于这种监测方法简单,虽然也能局部地解决某些问题,但往往数据的可靠性不高,而且可能出现误报警或漏诊现象。这种单传感器、单信号的方法只能适应于单一工况或工况变化不频繁的简单设备的加工过程状态的监测。

现代机械加工制造系统是一种高度自动化、高度复杂、高度集中的系统。其加工工况条件、类型及工件等因素复杂多变,故障或异常的随机性大、类型多。从加工过程变化的角度看,其变化可分为突发性、随机性、缓变性的三种。从控制系统的角度看,又可分为硬件故障(如系统级、单元级 CNC 系统和 PLC 控制装置等出错或电路、芯片出问题)、软件故障(如系统软件、应用软件或其他相关软件出故障)和干扰(如雷电干扰、电压突跳、瞬变性的电磁干扰等)故障三大类。由此可见,对于现代制造系统,必须采用多传感器的监测和多参数的综合决策方法,对加工设备各部分提取相应的多个相关参数和状态变量,然后进行综合分析、判断,从而达到准确定位故障和正确决策的目的。

现代机械加工制造系统的监测应具备的功能如图 6-28 所示。图中绘出了离散监测和连续监测两种监测功能。离散监测主要是指对设备运行过程的状态进行监测,其离散状态变量包括二进制的数字控制信号,如系统层和单元层的控制信息及通信信号,数控系统和底层 PLC 的控制信息,以及机械辅助定位机构运行状态的开关传感器信号和一般 I/O 的信号等,这些信息的共同点是它们都是以数字量的形式出现的。连续监测是指测量加工设备及其加工过程物理状态变量的传感信号,以及从测量工件和刀具轮廓尺寸的传感器中获取的几何数据等,它们直接关系到设备加工过程的正常运行及加工产品的质量,其共同特征是它们都是以模拟量的形式出现的。监控系统应正确地使用和分析、融合上述信息,且有效地获取这些信息。

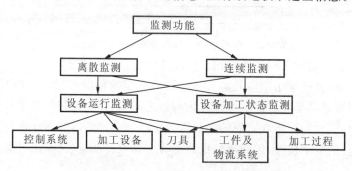

图 6-28 监测功能图

## 6.2.7 制造系统建模

制造系统是一个复杂的、可辨别的动态实体,它由为了把原材料变换成所需的目标产品而进行不同特征活动的一些相互关联、相互依赖的子系统所组成。它是一种离散事物动态系统。

制造系统建模的目的主要是通过系统仿真来寻求最佳的决策,以优化整个系统。有了制造系统的模型,就能对制造系统在非正常状态下的系统潜在性能或敏感因素进行分析和预测,就能定量选择合适的控制变量或控制规则从而使系统的运行状态保持在理想的水平,就能深入了解系统以识别其出现的各种问题并最终证实系统的性能。

制造系统的模型是一种图形化的符号模型(见图 6-29),研究有成果的建模方法较多,主要有 Petri 网法和多 Agent(智能体)法,这里只介绍 Petri 网在制造系统建模中的应用。

**1. Petri 网导论**

Petri 网是一种适用于多种系统,尤其是离散事件动态系统(discrete event dynamic system,DEDS)的图形化、数学化建模工具,它为描述和研究具有并行、异步、分布式和随机性等特征的信息加工系统提供了强有力的手段。作为一种图形化工具,可以把 Petri 网看做与数据流图相似的通信辅助方法;作为一种数学工具,它可以用于建立状态方程、代数方程和其他描述系统行为的数学模型。

(1) Petri 网的定义

基本 Petri 网可以分解为一个五元组 $(P,T,I,O,M_0)$,其中:

$P = \{P_1, P_2, P_3, \cdots, P_n\}$,为库所集;

$T = \{T_1, T_2, T_3, \cdots, T_n\}$,为变迁集;

$I = \{I(t_1), I(t_2), I(t_3), \cdots, I(t_n)\}$,为从 $P$ 到 $T$ 的输入函数;

$O = \{O(t_1), O(t_2), O(t_3), \cdots, O(t_n)\}$,为从 $P$ 到 $T$ 的输出函数。

$P \cup T \neq \emptyset, P \cap T = \emptyset$

$M_0$ 为系统运行的初始标识。

(2) Petri 网的构成

Petri 网由资源、库所(place)、变迁(translation)和条件构成。

资源是在系统发生变化时所涉及的与系统状态有关的因素,包括原料、部件、产品、人员、工具、设备、数据和信息。

库所是存放资源的场所,它不仅是一个场所,而且表示该场所的资源,用符号 $P$ 表示位置。位置又称为状态元素,即 $P$ 元素。

变迁是资源消耗、使用和产生对应于位置的一种变化,用符号 $T$ 表示,因此变迁又称为 $T$ 元素。

条件是只有令牌(token)和无令牌两种状态的库所。

当且仅当 $\text{IN}(P_i, t_j) \neq 0$ 时,存在一个由库所 $P_i$ 指向变迁 $t_j$ 的弧。同样,当且仅当 $\text{OUT}(P_i, t_j) \neq 0$ 时,存在一个由变迁 $t_j$ 指向库所 $P_i$ 的弧。在标准的 Petri 网模型表示中,网的图形由弧和节点组成。其中节点是网的库所和变迁,弧是库所和变迁组成的有向弧。用圆圈代表库所,用方形节点表示变迁,有向弧(connection)是库所和变迁之间的有向弧。有向弧是有方向的,两个库所或两个变迁之间不允许有弧,库所可以拥有任意数量的令牌。图 6-29 所示为一个标准的 Petri 网构成图。在建模过程中,如果使用条件和事件的概念,那么库所代表条件,变迁则代表事件。一个变迁(事件)有一定数量的输入和输出库所,分别代表事件的前提条件和后继条件。库所中的符号代表可以使用的资源或数据。

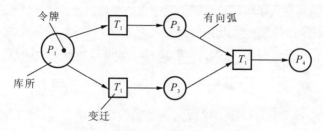

图 6-29 Petri 网的构成

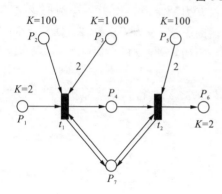

图 6-30 生产流水线 Petri 网图

设有一段工业生产线,如图 6-30 所示,它有两个加工操作,用两个变迁表示。第一个变迁 $t_1$ 将前面传来的半成品 $P_1$ 和部件 $P_2$ 用两个螺钉和 $P_3$ 固定在一起,变成半成品 $P_4$。第二个变迁 $t_2$ 再将此半成品 $P_4$ 和部件 $P_5$ 用两个螺钉固定在一起,得到半成品 $P_6$。假定 $t_1$ 和 $t_2$ 都使用工具 $P_7$。图中有向弧的数字表示资源消耗量或生产量,凡弧上未注明资源消耗量和生产量的,都假定它们是 1,有向弧上的正整数称为权。

在实际应用中,每种物质资源都是有限的,储存物质的空间也是有限的。图中,$K=100$、$K=1000$ 为各库所的容量。容量表示每个库所储存物质资源的最大数量。图中库所可以储存有形资源,也可以储存无形资源即信息。

**2. 面向对象的 Petri 网**

由于基本 Petri 网的表达能力有限,当用其描述复杂和大规模系统时,往往使网络模型难以理解和分析。所以,应用较为广泛的通常是改进的高级 Petri 网(如时间 Petri 网、着色 Petri 网、随机 Petri 网等)。近年来,Petri 网建模的主要趋势是与面向对象技术相结合而形成面向对象 Petri 网。面向对象方法使得计算机解决问题的方式更加类似人类的思维方式,具有可封装、可继承、支持软件的复用以及易于扩充等特性。

Petri 网最突出的优点主要表现在事件驱动、图形表示和数学分析等方面,缺点是模块性比较差。而面向对象方法的最大优点是模块性好,缺点是对控制逻辑的分析能力、对系统动态行为的预见能力差。将二者结合起来能达到优势互补的效果。

面向对象的 Petri 网的形式化定义:$\sum = (O, R)$ 是面向对象的 Petri 网系统,其中 $O$ 是客观对象的集合,$R$ 是对象间关系的集合。

**3. 制造系统的建模过程**

**1) 建模的层次**

制造系统的建模由底向上可以分为四个层次,即结构模型、行为模型、控制决策模型、消息模型。

(1) 结构模型

从制造系统建模的角度出发,制造系统包含资源元素和过程元素。而资源元素又分为设备资源元素(如各种机床、工具等)和信息资源元素(如 CAD、CAPP 等为过程元素提供设计数据、工艺流程和加工数据等伴随信息的软件)。过程元素为被加工零件的状态。零件从毛坯到成品的过程可以看做是过程元素经过资源元素的服务、不断改变状态,最终达到所需状态的过程。制造系统的结构模型主要描述设备元素和过程元素的属性、数量和相互关系等。制造系统的结构模型是制造系统运行的基础,可用一个对象模型来表示,每一种设备资源元素是一个对象类,过程元素也是一个独立的对象类。对象的属性有四种取值类型,分别用 i(整型)、f(实型)、s(字符型)、p(指针型)表示。前缀 S 表示静态属性,前缀 D 表示动态属性;静态属性在模型的运行过程中只能读、不能写,动态属性记录该属性的当前值,可读写。

(2) 行为模型

制造过程的状态变化是由资源元素和过程元素状态的变化所决定的。资源元素有三种有效状态:空闲状态、忙状态和故障状态。过程元素状态由其所处的不同处理阶段呈现出的不同状态所决定。

资源元素和过程元素之间的这种关系可用 Petri 网的库所、变迁和流关系来描述。库所表示所有的状态,变迁表示所有的活动,流关系表示状态与活动之间的约束关系。这样,制造过程的状态变化对应一个基于 Petri 网的行为模型。用 Petri 网模型可以表示出离散制造过程中各种活动的顺序、并发、冲突等关系。并发关系的活动在网中表现为没有公共外延(输入节点和输出节点);冲突关系的活动在图上表现为共享相同的输入;顺序关系的活动表现为用网中的流关系自动生成约束。

(3) 控制决策模型

控制决策模型是通过扩展 Petri 网模型的启动规则而建立的,在每一个变迁节点的输入库所上隐含地增加一个控制节点,使得变迁的触发不仅取决于输入信息,还取决于控制信息。每个控制节点都连到相应的决策模块上,当变迁的输入满足触发条件时,就触发相应决策过程的执行。

(4) 消息模型

制造系统的消息一般有两种:一种是纯粹的网络消息,对象接收到这种消息时往往伴随着一系列的消息处理活动,如状态查询、任务通知、招标和投标等,用 NMP(network message place)表示;另一种是相关对象的状态消息,是状态变迁的通知,用 SMP(state message place)表示。消息用 Petri 网中的库所表示,消息处理活动用 Petri 网中的变迁表示。

**2) 制造系统建模的步骤**

制造系统的建模是由底向上、由静到动的过程,步骤如下。

步骤一:确定对象的界限。

用 Petri 网将一个完整的对象(一个节点)描述为一个对象子网(包含网络消息

模型)。一个节点中可能包含若干个物理对象,一个对象子网又可以划分为若干个小的对象子网,但这第二层的对象子网没有网络消息库所,只包含一些状态消息库所。一个对象的状态消息库所实际上是与之相关的其他对象的状态库所,体现出制造系统的物料流和信息流。为简化模型,可以不在图上表示状态消息库所。

步骤二:定义对象子网中的令牌类型和属性。

步骤三:定义每个对象所包含的库所和变迁,以及库所和变迁的输入/输出关系,并用图形表示出来。

步骤四:考察每个对象子网的变迁触发条件,并在有冲突、选择的地方加入控制点,规定触发规则。

步骤五:建立网络对象的消息模型。

定义输入/输出消息,消息模型实际上是体现节点与外部联系的方式,消息模型与结构行为模型之间的相互关系通过数据库所或数据文件的方式实现。

**4. 制造系统建模实例**

以一个制造单元为例,运用面向对象的 Petri 网对其进行建模,步骤如下。

步骤一:用静态图描述制造单元的组织结构。

用 UML 类图描述制造单元类等级结构图,如图 6-31 所示,该制造单元由车床、铣床和机器人组成,是一个加工单元。

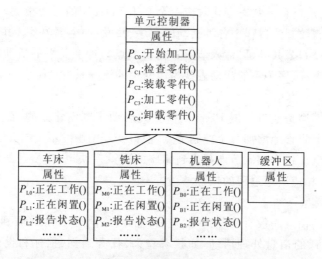

图 6-31 制造单元类图

步骤二:用状态图描述制造单元主要组成对象。

UML 的状态图可以描述一个特定对象的所有可能状态,以及由于各种事件的发生而引起状态之间的变迁。图 6-32 为制造单元的两个组成对象——加工设备和机器人的状态图。

步骤三:用顺序图描述制造单元内部的消息事件。

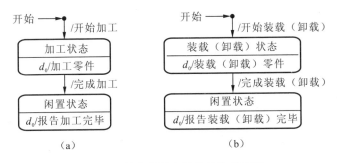

**图 6-32　制造单元主要设备的状态图**
(a) 加工设备状态图；(b) 机器人状态图

顺序图存在两根轴：水平轴和垂直轴。水平轴表示不同的对象；垂直轴表示时间，称为对象的生命线，用虚线表示。两条对象生命线之间的箭头表示消息，消息按发生的时间先后顺序由上到下排列。如图 6-33 所示为例中制造单元事件发生的顺序图。

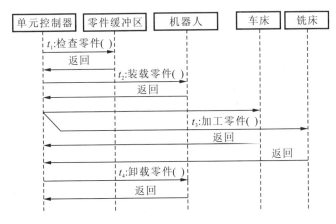

**图 6-33　制造单元工作顺序图**

步骤四：将制造单元的顺序图映射为面向对象的 Petri 网（OOPN）模型。

通过映射规则，将图 6-33 的顺序图映射为图 6-34 所示的 OOPN 模型。可以借助 Petri 网的定性和定量分析工具进行有效的分析与验证，然后再反馈到 UML 模型进行改进。

步骤五：模型实现。

从 UML 模型到面向对象的程序设计语言代码的转换是易于进行的，目前已有这方面的商品化软件，如 Rational 公司的 Rose 2000 等。

**5. 基于映射方法的 FMS 建模**

假设一个小型的 FMS 由四台 CNC 机床、两台 AGV（自动导向小车）、一个小型自动化立体仓库和若干加工零件组成。根据面向对象思想将本系统划分成五个大类：工件类、刀具类、机床类、AGV 运输设备类和自动化立体仓库类。

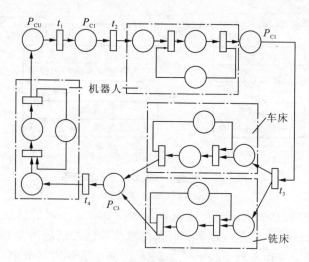

图 6-34 制造单元 OOPN 模型

**1) 映射模型**

基于 Petri 网的理论原理,采用面向对象的思想,将论及的 FMS 的五大类抽象映射为 Petri 网的五大子网及网间接口联系,如图 6-35 所示。

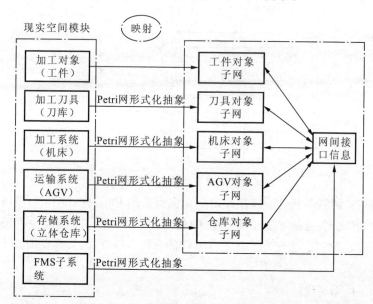

图 6-35 FMS 物流系统到 Petri 网模型的映射

考虑到 FMS 系统的工作原理及传递的信息类型,物理系统到 Petri 网模型的映射原理和过程如下。

(1) FMS 系统的 Petri 网库所

库所中包含三类信息:状态信息、队列信息和网间回应信息。

① 状态信息　状态包括机床的工作状态,有忙/闲两种;刀库状态,有刀具满足/不满足两种;AGV 对象的运送状态,有忙/闲两种,等等。这类信息内容较简单,可以用一个库所表示,直接对应 Petri 网的库所信息。

② 队列信息　对于基于订单的加工工艺文件、机床输入缓冲区的加工任务队列、AGV 的运输任务队列、仓库堆垛机的任务队列等信息,其内容包含任务编号、工序号、当前位置、目标位置、当前状态等,可以作为一个信息串处理,即队列信息。这样的信息虽然内容较丰富,但当一定条件发生时相对应的资源状态也会发生改变或转移,可映射为库所表示。

③ 网间回应信息　即接口信息,比如工件对象申请机床加工时传递的信息、机床申请 AGV 运送的工件或刀具信息、AGV 申请仓库出入库的资源信息等。这类信息属于 FMS 硬件系统类与类之间的信息传递或信息交换,所以归类为网间接口信息,也映射为库所表示。

(2) FMS 系统的 Petri 网变迁

变迁又包括基本变迁和控制门变迁。

① 基本变迁　在系统运行过程中,各 Petri 网的子网内部库所之间需要进行信息交换或传递,如机床加工过程结束后机床由忙转变为闲、AGV 运输过程的忙闲状态转变等,这些信息变化需要一个事件推动。由于变迁是 Petri 网资源在库所中流动的桥梁,所以 FMS 系统的信息传递与转移的推动事件就可以直接映射为 Petri 网的变迁。加之此类变迁的触发控制较单一,当它的触发条件满足时,信息资源直接按有向弧的方向从一个库所流向下一个库所,所以映射这类变迁为基本变迁。

② 控制门变迁　在 Petri 网的各子网之间进行信息传递的推动事件触发时,如工件对象向其他对象传递信息时,有的是申请机床的加工任务,有的是申请 AGV 的入库任务,AGV 请求仓库时也有出库和入库两种信息流向。这类变迁在发射时要进行流向判断和调度控制才能触发,所以把此类受控复杂的变迁映射为控制门变迁。

从以上映射原理可得出,三类相应的信息就可以直观地映射为 Petri 网的库所,而信息交换或传递的事件就可以直接映射为变迁了。基于对这种映射理论的分析,就可以根据 FMS 系统的硬件资源情况方便直观地绘制出相应的 Petri 网网络结构图。现以 AGV 运输车辆为例,分析它的映射过程。

首先分析 AGV 对象的任务流程:通过接收工件、刀具的出入库请求或机床的待加工任务运输请求,这些信息传递到 AGV 对象后进入 AGV 的任务列表,等待 AGV 申请仓库出入库或申请其他机床释放输出缓冲区,AGV 的申请得到仓库或其他机床回应后,AGV 对允许运送的任务列表按一定调度算法排序,然后按顺序进行任务配送。这时 AGV 的状态由闲变为忙。当运送结束后,再由忙变为闲,然后回应机床或工件、刀具对象到达信息,此时一项任务完毕。根据对这一流程的描述就可以进行信息着色分类:把相应的请求、回应信息归类为网间接口信息;把 AGV 的等待列表、运送列表归类为队列信息;把 AGV 的忙闲状态归类为状态信息。根据映射理论,将所有的这些信息映射为 Petri 网库所,这些信息的连接桥梁及其推动事件就可映射为 Petri 网变迁了。根据以上分析 AGV 运输车辆的 Petri 网模型如图 6-36 所示。

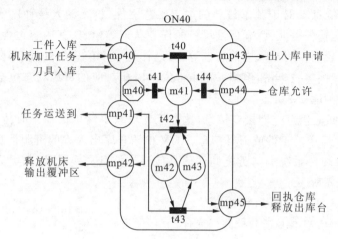

图 6-36　AGV 运输车辆的 Petri 网模型

图 6-36 中,mp40～mp45 所示的库所为不同的网间接口信息,m40、m41 分别为 AGV 的优先级队列信息和 AGV 的任务等待队列信息,m42、m43 分别表示 AGV 忙、闲状态信息。变迁 t40～t44 就是这些有向弧所指向的库所信息的转移的条件,当条件满足时即可触发库所的资源改变或转移。

根据类似的映射原理,同样可对工件、刀具、机床、仓库类进行映射,再通过网间接口分析把各子网类进行整合,形成整个 FMS 的 Petri 网模型。经过整合后得到整个小型 FMS 系统的 Petri 网模型,如图 6-37 所示。

**2) 映射的思想**

采用面向对象的程序软件,如 VC$^{++}$ 6.0,软件程序中的类与模型中的各个对象子网相对应,对象子网的库所和变迁所对应的数据和函数,将被封装成一个类,这样就保证了软件程序和系统模型的一致性。

图 6-38 表示模型对象子网到软件对象类的映射构造过程。

对于 Petri 网模型中变迁的设计,因为变迁在 Petri 网中是联系库所的中间桥梁,由于变迁的触发才使得该变迁前面的库所资源信息流向后面的库所,或使前后方向的库所信息状态改变。描述这种库所信息流动或改变的语句就映射为程序中的函数。无论是基本变迁还是控制门变迁都是根据其实际的发射和控制规则设计不同的函数语句。以此类推,变迁的有向弧就映射成函数的输入/输出流。

通过这些基本的库所、变迁的映射,Petri 网模型对象子网也就映射为 FMS 的基本设备类,如工件类、刀具类、机床类、AGV 类、仓库类。Petri 网模型对象子网的库所和变迁就映射成相应的程序设计语言的基本数据和函数。直至整个物流系统 Petri 网模型映射为 FMS 物流系统软件。映射后的数据结构和结构数组将被封装到

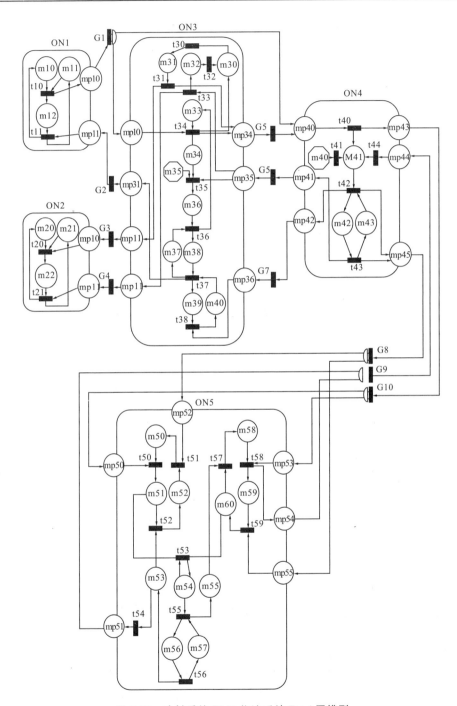

图 6-37 映射后的 FMS 物流系统 Petri 网模型

FMS 系统基本类中,构成基本类的数据成员,实现软件系统数据的封装。而函数和函数的输入/输出流被封装到 FMS 基本类,形成类的成员函数,实现操作和过程的

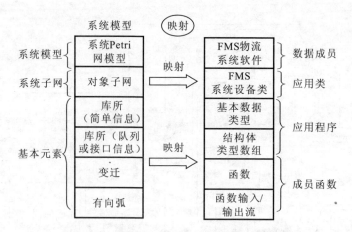

图 6-38 系统 Petri 网模型到软件程序的映射

封装。FMS 系统的基本设备类构成了应用程序类的一个基本单元,由此基本单元可组成不同规模的 FMS 系统。由 FMS 基本类组成的具有特定形式和特定功能的 FMS 物流系统,便形成了满足用户要求的一个实际的应用系统。

## 6.3 虚拟制造与仿真加工

虚拟制造(virtual manufacturing,VM)和仿真加工(simulation machining,SM)都是在计算机虚拟环境中完成,是实际制造过程和实际加工过程在计算机虚拟环境中的映射。虚拟制造可以是已有制造过程的映射,也可以是创新制造过程(尚未现实化)的映射;而仿真加工是在车间已有的工艺系统条件下,对加工过程在计算机虚拟环境中的试运行,其过程优化结果返回实际加工系统,再进行实际加工。图 6-39 所示为 CNC 机床的仿真加工原理框图。仿真加工已广泛用于复杂型面的车、铣、磨削加工过程的仿真中。仿真加工有时又可称为虚/实集成加工。

### 6.3.1 虚拟制造

**1. 虚拟制造的定义与分类**

虚拟制造是指利用计算机模型和制造过程仿真,辅助被制造产品的设计和生产,包括从产品设计开始就实时地、并行地对产品结构、工作性能、工艺流程、装配调试、作业计划、物流管理、资源调配及成本核算等一切生产活动进行仿真,检查产品的可加工性和设计的合理性,预测其制造周期和使用性能,以便及时修改设计,更有效地灵活组织生产。虚拟制造可以缩短产品的研制周期,获得最佳产品质量、最低的成本和最短开发周期。

虚拟制造技术主要给人提供视觉、听觉信息,如产品的三维图形及其运动过程、某些物理变化(力、热所引起的变形等),显现现实的制造过程和现实的产品。

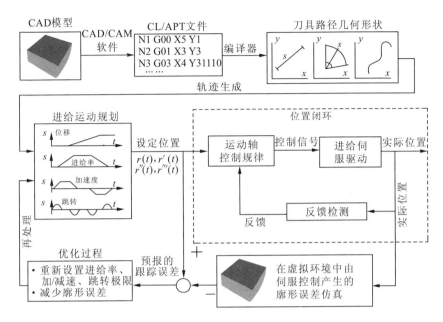

图 6-39　仿真加工的 CNC 轨迹生成和运动轴控制

虚拟制造所需要的资金有工作人员的报酬、计算机硬件设备与软件的费用、某些辅助的视听设备费用。虚拟制造不需要真实的物理制造设备(如机器、工夹具、毛坯等)，以及制造传统意义下的物理样机，不会浪费材料和产生污染，是一种生态型的可持续制造技术。

值得指出的是，虚拟制造只是一种现实制造的辅助工具，它不能替代现实环境中的真实制造，任何现实环境中的产品都是靠现实制造技术做出来的。

前已指出，信息化和工业化两化融合，才能达到又好又快的制造效果。某些复杂零件的加工，某些创新制造技术，需先按照虚拟制造的仿真结果研发新的加工工艺系统，然后才具备开展现实制造的物质基础。所以说，在现今的信息化时代，虚拟制造(信息化技术)与现实制造(工业化技术)的融合、集成是促进制造技术进步的强有力的手段。

虚拟制造按生产各个阶段的关系分为三类：
① 以设计为核心的虚拟制造，主要用来评价可制造性；
② 以生产为核心的虚拟制造，主要用来评价可生产性；
③ 以控制为核心的虚拟制造，主要用来获得最佳的控制效果。

按虚拟制造的仿真功能分为两类：
① 几何仿真，只仿真运动关系，被仿真对象视为绝对刚体；
② 物理仿真，不仅对运动过程仿真，还同时对制造过程所产生的物理现象进行仿真，目前比较成熟的是温度场、应力场仿真。

## 2. 虚拟制造与若干相关概念之间的关系

### 1) 虚拟制造与仿真

虚拟制造依靠仿真技术来仿真设计、装配与生产过程，使设计者可以在计算机中"制造"产品。仿真是虚拟制造的基础，而虚拟制造是仿真的扩展。传统意义上的仿真一般不强调实时性，生成的可视化场景不会随用户的视点而变化，用户没有身临其境的感觉。而在虚拟制造中，模型往往是动态的，因为虚拟现实使用户看到的景象会随视点的变化即时改变，让眼睛接收到在真实情况中才能接收到的信息，增加了现场的动感，使人产生身临其境的感觉。

### 2) 虚拟制造与计算机图形学

虚拟制造依靠计算机图形学来建立计算机内的数字化模型，用以表达三维立体数据，使所显示的三维立体像真实物品一样可视和可运动。若从人机交互的自然程度来看，虚拟制造系统要远胜于 CAD 系统，而且虚拟制造更强调用户感知方式的多样性，可以使用户更"直接"地感知模型的物理特性。因此，CAD 模型往往只是提供给专业人员使用，而虚拟制造支持不同技术背景人员，甚至非专业人员进行评价与讨论。

### 3) 虚拟制造与可视化

可视化是一种计算机方法。它通过将信号转换成图形或图像，使研究者能观察他们的仿真与计算，以丰富科学发现的过程。按照仿真执行与结果图像的结合程度，可将可视化研究分为三个层次：后置处理、跟踪与控制。在后置处理中，图形显示是在数据计算后产生的，与数据源之间没有交互，其优点是结果图像可方便地重复显示，如计算流体力学、有限元计算结果的后置处理等。跟踪时图形显示与计算过程同时进行，其有两个特点：一是计算中间结果及最后结果都能及时显示，因而能及时发现计算中的错误，必要时可以停止执行；二是图像直接从数据中产生，甚至数据无须写入储存介质中。控制（又称驾驭）是指在计算过程中对参数进行修改，对数值仿真直接进行控制与引导。当可视化达到控制层次时，应可纳入虚拟现实（VR）的范畴。

### 4) 虚拟制造与多媒体技术

多媒体技术中"媒体"一词，其含义是信息的载体，如图形、文字、声音、图像等。计算机中的信息通过这些媒体来表达。如果媒体携带的信息种类仅一种，如图像，则此媒体称为单媒体；如果媒体携带的信息是文字、声音和图像的综合，则此媒体称为多媒体。多媒体技术就是以计算机为核心的集图、文、声、像处理技术于一体的综合性处理技术。多媒体技术主要提供视觉与听觉可感知的信息，范围没有虚拟制造广，虚拟制造还提供了触觉、力觉等方面的信息。一般来说，多媒体技术不强调人机交互性，可视场景不会随用户视点而变，因此，它给予人真实感，而虚拟制造给予人存在感。

## 3. 虚拟制造的体系结构

合理的虚拟制造体系结构，应具有层次化的控制方法和"即插即用"的开放式结构，同时支持异地分布制造环境下产品开发活动的动态并行运作。

**1) 虚拟制造的体系结构**

建立合理虚拟制造体系，采用五个层次的虚拟制造体系，这五个层次分别是：界面层、控制层、应用层、活动层、数据层，如图 6-40 所示。

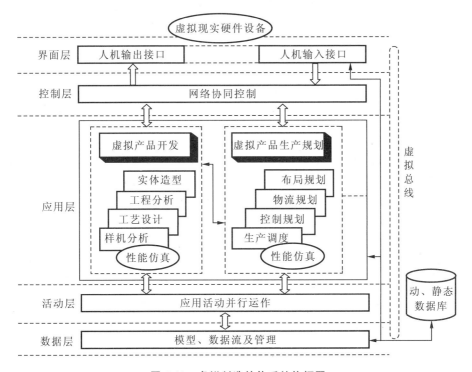

图 6-40　虚拟制造的体系结构框图

（1）界面层

可以用文本、图形、超文本、超媒体等方式，通过统一的图形人机交互界面，向虚拟制造系统请求服务以便进行开发活动，或从系统获取信息以进行多目标决策或群组决策。人机交互界面是本层的主要组成部分，另外还有实现操作者能沉浸虚拟环境所需的数据输入/输出的人机和谐接口。

（2）控制层

该层基于网络，将通过界面层传送来的服务请求等工作指令，转化为一定的控制数据，以激发本地或远程应用系统的服务。该层同时对分布式的系统内多用户进程的并发控制等进行管理，也记录虚拟制造系统中现场的状态信息。

（3）应用层

该层由虚拟产品设计（包括 CAD、DFX、FEA 设计仿真等）、虚拟产品制造（包括制造系统建模、布局定义、制造仿真等）组成，也对产品开发过程中应用功能模块进行管理。

（4）活动层

该层实现应用层中的各种应用过程的逐步分解，使其由标准的活动组成，并以类似进程的思想执行这些活动。活动可以用统一的 W4H（When、What、Who、Where、

How)形式描述。

(5) 数据层

数据层对产品开发过程中所有的活动所需处理的静态和动态设计、制造知识模型及数据等进行统一管理。这些知识、模型以分布的数据库形式存放。

此外,基于网络协同控制的虚拟总线是构成虚拟制造系统有机整体并确保其有效运行的支持平台,以进行控制指令、状态和公共数据的正确采集、传输与调度。

**2) 体系特性**

在上述体系指导下,为开发相应的虚拟制造系统,应采取相关技术来理顺虚拟制造单元间的关联机理、规划系统的运行模式及实现机制,使体系具有如下特性。

(1) 开放性

虚拟制造系统首先是一个工具集,对已有 CIMS 和并行工程的哲理与虚拟制造技术综合考虑,建立基于"即插即用"技术和异种软件间标准数据接口的体系,以实现体系的开放性。具体表现为系统功能的易扩展性、系统硬件的开放性、系统软件的开放性。

(2) 分布性

通过 Internet/Intranet 连接的、位于不同网址上的工程人员共享产品设计、制造和管理所需的数据、知识、资源信息,使用分布性的应用工具,进行虚拟产品开发。

(3) 动态性

虚拟制造系统可以动态地运行操作,以支持产品开发过程中的所有活动。企业的不同资源可以分别属于开发不同产品的不同虚拟制造系统,虚拟制造系统应能灵活地根据产品实施方案,进行企业对象和生产活动的映射。

(4) 并行性

在虚拟制造环境的分布式特性的控制下,由于制造资源共享和并行开发过程的运行,产品开发活动不再是一个单步式的、严格串行的顺序过程。可用"虚拟并行运作"描述这个过程,其核心要素是基于进程思路的活动。

(5) 集成性

虚拟制造体系下的数据管理是一项综合性的整合技术,"模型和数据管理"就是要以有效手段管理产品开发过程中的相关模型、数据和知识,并提供宏观信息管理和控制的机制。也包括模型的标准化和可重用性技术、模型间的信息交互和共享。

(6) 人机和谐性

虚拟现实技术的应用极大地增强了人与计算机的交互能力,使人可以沉浸到制造系统的虚拟环境中,强调人在虚拟制造系统运行中的作用。

**4. 虚拟制造的支撑技术**

如前所述,虚拟制造是在计算机中"制造",有关计算机的硬件、软件技术将成为虚拟制造的支撑技术。

**1) CAX/DFX 技术**

CAX 技术主要是指一系列的计算机辅助技术,如 CAD、CAM、CAE、CAPP 等技术。

DFX技术主要是指在产品设计中尽早地考虑其下游的制造、装配、检测、维修等各个方面的需要而形成的一系列技术,如DFM(可制造性设计)、DFA(可装配性设计)、DFT(可检测性设计)、DFM(可维修性设计)、DFO(可操作性设计)等技术。

**2) 建模、仿真、优化技术**

(1) 建模

虚拟制造系统应当建立一个健壮的信息体系结构,包括产品模型、生产系统模型等VM环境下的信息模型。

(2) 仿真

建立系统的模型,然后在模型上进行试验这一过程称为系统仿真。根据模型的种类不同,系统仿真可以分成物理仿真、模型仿真、物理-数学仿真(半实物仿真)、数学仿真(计算机仿真)和基于图形工作站的三维可视交互仿真等从实物到计算机仿真的五个阶段。计算机仿真技术是以数学理论、相似原理、信息技术、系统技术及其应用领域有关的专业技术为基础,以计算机和各种物理效应设备为工具,利用系统模型对实际的或设想的系统进行试验研究的一门综合性技术。

(3) 优化技术

优化技术是一种以数学为基础,用于求解各种工程问题优化解的应用技术,涉及工程问题的形式化描述、数学模型的定义及优化求解算法的创建和选用三大关键问题。

**3) 数据可视化与虚拟现实技术**

(1) 数据可视化技术

数据可视化(data visualization)技术是指运用计算机图形学和图像处理技术,将数据转换为图形或图像在屏幕上显示出来,并进行交互处理的理论、方法和技术。

数据可视化技术的主要特点如下:

① 交互性,用户可以方便地以交互的方式管理和开发数据;

② 多维性,可以看到表示对象或事件的数据的多个属性或变量,而数据可以按其每一维的值,将其分类、排序、组合和显示;

③ 可视性,数据可以用图像、曲线、二维图形、三维体或动画来显示,并可对其模式和相互关系进行可视化分析。

(2) 虚拟现实技术

所谓虚拟现实技术,就是由计算机直接把视觉、听觉和触觉等多种信息合成,并提示给人的感觉器官,在人的周围生成一个三维的虚拟环境,从而把人、现实世界和虚拟空间融为一体,相互间进行信息的交流与反馈。虚拟现实技术或由它构筑的系统,最重要的特征在于"临境"感、交互性和构想性,即虚拟现实的三要素:① "临境"感,即身临其境的感觉;② 交互性,即人和虚拟世界的信息交流,人和现实之间具有超过单纯"临境"感的动态关系;③ 构想性,即能使人在"临境"环境中产生新的灵感和构想。

虚拟现实技术来源于三维交互式图形学,目前已发展成为一门相对独立的学科。

## 5. 虚拟制造的应用

### 1) 用于碰撞检验

数控加工程序的检验是一项挑战性工作,特别是在多轴联动 CNC 加工过程中更突出。为了检验并避免加工工艺系统中的工件、刀具、夹具、机床在加工过程中的相互碰撞,需要利用虚拟制造技术在实际加工前进行虚拟检验,当确定不存在碰撞后再进行实际加工。

虚拟机床技术近年来获得重大进展。它建立在实时仿真的基础上,使 NC 程序检验与避免碰撞变得更容易。日本学者研发的机床实时仿真器可与实际加工同步运行,并考虑在加工过程中的工件变化,依据仿真结果,在实际碰接将要发生之前,自动关停机床。该仿真器的原理框图如图 6-41 所示。

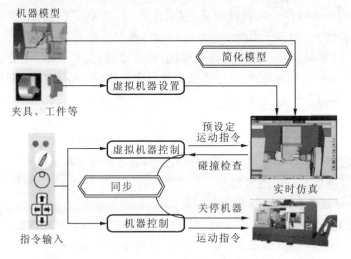

图 6-41 机床实时仿真器原理框图

### 2) 用于机床操作培训

为了培训 CNC 机床的操作新手,虚拟制造系统已成为一种重要的教育培训工具。所谓操作新手既包括从未接触过 CNC 机床操作的人员,也包括虽操作过 CNC 机床但首次操作新型号 CNC 机床的人员。

图 6-42 所示为作者所领导的课题组开发的 CNC 铣床培训、教学虚拟制造系统的界面。该系统由三个主要视图和系统菜单组成。

主视图负责虚拟环境的建立以及零件样件模型的加工过程运行的显示,这是系统的重点所在。辅助视图用来显示根据主视图的仿真加工进度,跟踪刀具加工轨迹,以使操作者能更好地观察刀具的实时运行路线,更好地理解数控铣床的加工过程。第三视图负责对上述两个视图加工与显示的控制、相关运行信息的实时输出以及 G 代码的显示。该视图一方面跟踪反馈加工过程的信息,使操作者能准确获取刀具的有关坐标的位置;另一方面实现对整个加工过程的进度控制,包括主视图、辅助视图和该视图区域本身。

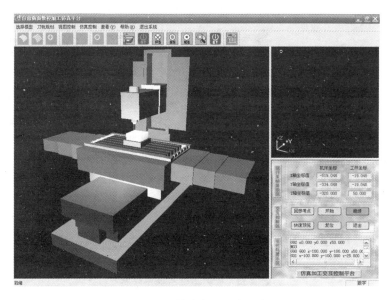

图 6-42　CNC 铣床虚拟制造系统界面

系统菜单给出模型读取、路径规划、运行控制、视图控制等选项，是系统所有控制指令的综合。为了满足操作教学方面的要求，该部分提供了较为清楚的帮助信息，按照提示，可达到逐步培训的目的。

为了建立 CNC 铣床的虚拟制造环境，需要对机床、刀具等建立虚拟环境下的模型。图 6-43 所示为 CNC 机床主体模型图，经简化后只要建立运动部件的外形模型。图 6-44 为铣刀的模型生成过程。

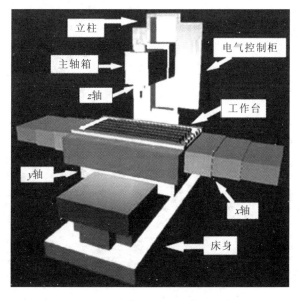

图 6-43　CNC 铣床主体模型图

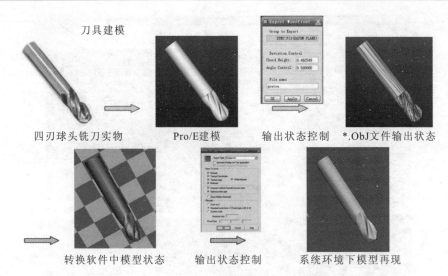

图 6-44　铣刀模型与输出状态

图 6-45 所示为某新型进口 CNC 机床的虚拟制造系统构成图,图中左半部分为机床主体模型,右半部分为机床操作控制箱。根据该机床说明书,操作控制箱上的各个键,虚拟机床就会在虚拟环境中完成相应的加工运动过程,从而使操作者熟悉、掌握该机床的操控方法。由于在虚拟环境下完成各项操控,不会造成真实机床的损伤,操作新手也不会担心操作失误而造成严重后果。通过该虚拟制造系统的反复操作、运行,可达到使操作新手熟练操控真实机床的目的,有效地完成对新手的快速培训。

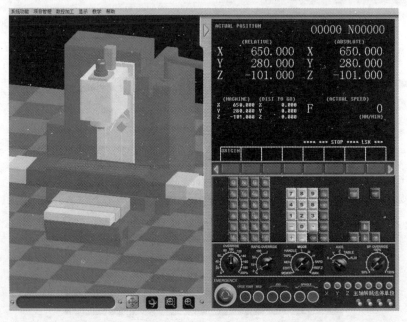

图 6-45　某新型进口 CNC 机床虚拟制造系统构成图

### 3) 用于创新制造工艺方法

针对现有制造工艺方法存在的某些问题而创新出新的工艺方法后，为了论证所创新的工艺方法的可行性、有效性，可充分利用虚拟制造技术予以检验。在几何仿真环境下，虚拟制造系统能检验加工过程的运动规律和虚拟加工的结果，确定创新方案的可行性，并可配以现实环境中的一些切削试验，确定创新工艺方案的有效性。于是，就具备了将创新工艺方案现实实现的条件。

下面将列举作者所领导的课题组的两项创新工艺方案的虚拟制造系统检验过程与结果。

**(1) 用球面砂轮磨削复杂形状刀具前刀面**

所谓复杂形状刀具是指外形简单而刃形复杂的回转体刀具，如图 6-46 所示。复杂形状刀具的刀体形状为圆柱面、圆锥面、圆弧面、椭球面等任意可能的回转面或其组合，头部为尖顶、平底或球头等，而切削刃则采用螺旋刃、直线刃、波浪形刃、平面曲线刃或其组合，如圆锥球头立铣刀、椭球形旋转锉等。复杂形状刀具在模具、汽车、航空航天、船舶与武器装备等领域的切削加工中应用非常广泛。

图 6-46　复杂形状刀具

由于圆锥球头立铣刀的磨削加工最为困难，下面将以它作为复杂形状刀具的典型代表予以论述。

目前，国内外磨削圆锥球头立铣刀一般都采用标准砂轮（如平面、碗状、碟形、圆柱形等形状的砂轮）和五轴联动 CNC 工具磨床进行。该项技术已为国外几家公司掌控。我国尚无自主知识产权的五轴联动 CNC 工具磨床，全部依赖进口设备生产复杂形状刀具。

磨削圆锥球头立铣刀的现行工艺仍存在一些问题，例如在两个形体交接处（如球头与圆锥体交接处）的前刀面不能光滑过渡，将影响刀具的切削性能。

根据球头立铣刀加工任一曲面理论上只需三轴联动的原理和球面法线的自适应原理，为了解决目前存在的技术问题并减少联动轴数，作者提出了用球面砂轮磨削复杂形状刀具的创新工艺方案。根据当今的科技进步，球面砂轮可以方便地制造，如用电镀法制造的球面 CBN 砂轮，如图 6-47 所示。球面砂轮的设计、制造精度水平也能满足复杂形状刀具的磨削要求。

图 6-47　球面 CBN 砂轮

对球面砂轮磨削复杂形状刀具的过程进行理论分析,得到砂轮轴线的运动轨迹;利用现有的商用计算机软件对磨削过程仿真,得出如图 6-48 所示的结果。利用球面砂轮只需要四轴联动 CNC 工具磨床就可以磨削出圆锥球头立铣刀,且能保证两形体交接处的前刀面光滑过渡。通过虚拟磨削,证明该创新工艺方案是可行的。

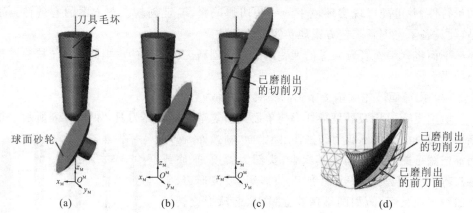

图 6-48 球面砂轮虚拟磨削圆锥球头立铣刀
(a) 开始时;(b) 磨削结合部位处的前刀面;
(c) 结束时;(d) 经过消隐的局部放大三维线框图

由此,作者所领导的研究组自主研制出如图 6-49 所示的虚拟制造系统,它由立式 CNC 工具磨床主体模型、坐标显示、参数输入、控制面板、仿真模式、NC 代码显示、菜单栏、工具条等模块组成,经运行该虚拟制造系统,检验了球面砂轮磨削复杂形状刀具(以圆锥球头立铣刀为例)的有效性,为我国自主开发复杂形状刀具的 CNC 磨削提供了理论依据。

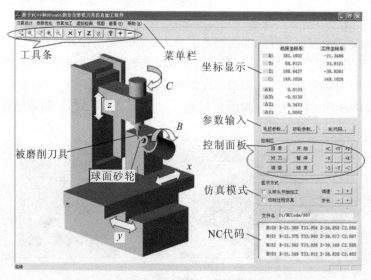

图 6-49 CNC 工具磨削虚拟制造系统

这一实例表明,虚拟制造系统技术是检验创新制造系统的有力工具和手段。

(2) 用盆状砂轮磨削钟形壳内椭圆沟槽

汽车等速万向节是汽车上的重要部件之一。球笼式等速万向节上的钟形壳内椭圆形沟槽(分直槽和弧形槽两种)如图 6-50 所示,其中图 6-50(a)为球笼式等速万向节结构简图,图 6-50(b)为钟形壳零件实物图。

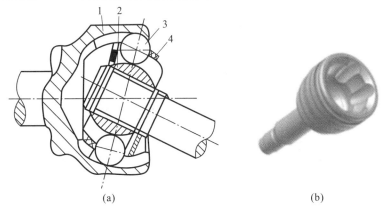

图 6-50　球笼式等速万向节

(a) 球笼式等速万向节结构简图;(b) 钟形壳零件实物图

1—钟形壳;2—星形套;3—钢球;4—保持架

目前,均采用指状砂轮磨削椭圆形沟槽,如图 6-51 所示。生产实践发现,尽管专用磨沟机床的砂轮最小移动量仅为 0.001 mm,有的甚至达到 0.000 5 mm,但指状砂轮近似磨削椭圆沟槽的截形理论误差达 0.004 mm 左右,严重影响了等速万向节质量的提高。

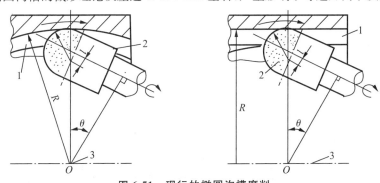

图 6-51　现行的椭圆沟槽磨削

1—沟槽;2—砂轮;3—工件摆动中心

若采用盆状砂轮替代指状砂轮磨削椭圆沟槽,如图 6-52 和图 6-53 所示。盆状砂轮的廓形是圆弧,经分析优化后确定其主要参数,可以方便地制造出所需形状和精度的 CBN 盘状砂轮。图 6-52 所示为用盘状砂轮磨削椭圆直沟槽的情况,图 6-53 所示为用盘状砂轮磨削椭圆弧形沟槽的情况。经分析、优化、虚拟磨削可得到如下结果:用盘状砂轮磨削椭圆直沟槽,其最大理论误差为 0.000 63 mm;用盘状砂轮磨削椭圆弧形沟槽,最大理论误差为 0.001 08 mm,分别小于和接近钟形壳专用数控磨床

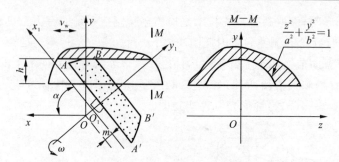

图 6-52 用盘状砂轮磨直沟槽

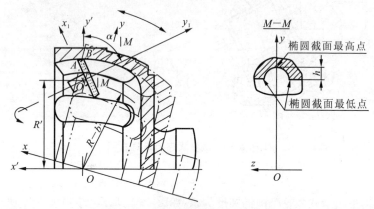

图 6-53 用盘状砂轮磨弧形沟槽

的最小运动控制单位,提高了等速万向节的精度。因此,采用盘状砂轮磨削沟槽是一种改进型创新工艺方案。

为了实现盘状砂轮磨削椭圆形沟槽的工艺方案,构建了虚拟制造系统的机床主体模型。如图 6-54 所示,该机床包括砂轮主轴、滑台进给、床身、工件分度台、工件摆

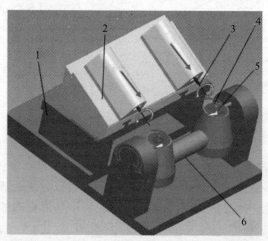

图 6-54 用盘状砂轮数控磨削钟形壳专用机床模型
1—床身;2—滑台;3—砂轮主轴装置;4—工件分度台;5—工件;6—工件摆台

动进给装置。在这样的虚拟磨床上,可以完成椭圆直沟槽和椭圆弧形沟槽的虚拟磨削加工(分别见图 6-55 和图 6-56),经运行该虚拟磨削机床,检验了用盘状砂轮磨削钟形壳椭圆状沟槽的可行性、有效性。

图 6-55 用盘状砂轮磨削直沟槽的虚拟磨削状态

图 6-56 用盘状砂轮磨削弧形沟槽的虚拟磨削状态

## 6.3.2 仿真加工

仿真加工(simulation machining)是一种虚/实集成加工(V/P integrated machining),它必须针对车间已有 CNC 机床与工夹具,在虚拟环境下试运行,生成符合实际加工的指令而完成实际加工任务。

6.3.1 节讲述了虚拟制造有关内容,但主要是介绍在计算机上的虚拟加工系统,它不产生物理产品。而对于实际的制造企业,实际的加工现场都要求得到物理产品。因此,建立虚/实集成加工单元,才能真正做到"所见即所得"。在待加工的工件未进行实际加工时,整个加工过程先在虚拟现实环境中试运行,为此需要将工件与加工系统(或单元)分别进行数字化处理。在试运行正确后,产生现实环境中的加工系统(或单元)的数控指令与工艺规程。待实际加工完成得到物理产品后,将经检验不满足要求之处,映射至虚拟加工环境并作相应的修改或调整,重新试运行并实际运行。如此反复,直至满意为止。虚/实集成加工有时也称为 CNC 仿真加工,该功能是附加在机床 CNC 系统中的。

例如对螺旋锥齿轮的加工,由于工件和加工机床结构复杂,为了加工出满意的螺旋锥齿轮,在传统的纯机械加工工艺系统中,常常要试切 8~10 个试件才能调整成功;在现代 CNC 螺旋锥齿轮机床出现后,采用虚/实集成加工的思路,试切 3~5 个试件即可完成调整。

这里的加工,既包括材料去除加工(如切削、磨削加工等),也包括材料增量加工(分层制造),还包括网络化加工系统加工。

**1. 仿真加工的构成与特点**

图 6-57 所示为仿真加工单元的构成框图。

仿真加工单元(或系统)的主要特点如下:

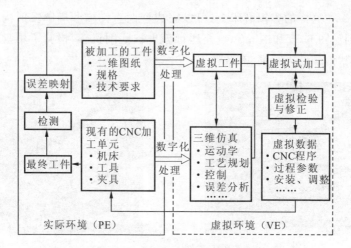

图 6-57 仿真加工单元构成框图

① 在仿真加工单元中,CNC 加工设备已在车间现场,不必要再在 CAD/CAM 系统中设计机床或 CNC 加工设备,特别适合于中小型企业应用,因为其一般无力购买大型 CAD/CAM 系统。而对于大型企业而言,即便其拥有大型 CAD/CAM 系统,可以下拉菜单式设计所希望的机床与工艺装置,但也没有必要针对不同的零件设计出不同的 CNC 机床,而放着现成的 CNC 机床不用。所以说,虚/实集成加工策略可以保证设备资源的充分利用。

② 为了实现待加工工件的数字化转换,仿真加工单元需要解决某些工程技术要求、工艺规划的数字化问题,如表面粗糙度、形位公差、技术条件等非数字表述的信息的数字化转换问题,以及刀具路径的生成问题。

③ 在所选定的加工工艺系统条件下,用三维仿真来检验 CNC 程序与加工顺序。在同一机床上,选用的刀具不同,加工工艺系统也不同。例如,对一台 CNC 工具磨床,选用的砂轮形式不同,工艺系统会发生变化,进而引起 CNC 加工方式的变化。所以,虚/实集成加工系统虽然是针对车间内现有 CNC 设备而建立的,但可以产生许多不同的加工工艺系统与加工过程方案。

④ 根据虚拟试切结果,并只考虑几何关系所研制的虚拟检测软件对磨削加工很有用。因为磨削过程一般是工件的最终工序,它决定了被加工工件的最终精度,而磨削力一般很小,通常情况下不足以引起值得关注的变形。

⑤ 在许多复杂加工工序中,例如,螺旋锥齿轮 CNC 加工、径向剃齿刀的 CNC 磨削、精密丝杠的 CNC 磨削等,将实际检测结果映射到虚拟环境中是很重要的,通过修正虚拟试加工运行状态,可以大大地减少实际试磨样件数和试磨时间。

综上所述,要实现虚/实集成加工,必须建立两个关键的数字化模型:机床的综合性能模型、工件属性的评价模型。这两个模型通过切削过程模型联系起来。

虚/实集成加工系统的建立与实施,将带来三个方面的好处:一是通过优化加工工艺系统的拓扑结构而获得高的切削性能;二是提高机床的制造效率,表现为较高的精度与较低的成本;三是因试切次数最少而缩短时间,降低成本。

国外工业发达国家在仿真加工方面取得了长足的进步,据 2007 年的资料,其有以下的进展。

由于 CNC 铣削应用广泛,铣削加工过程的加工仿真软件成为高精度、最完备的仿真软件,可用来优化铣削过程规划,发现铣削过程的故障。这种软件能为用户提供三维铣削力、振动、所需的力矩和功率、形状误差和加工稳定性等方面的预测结果,从而对铣削加工过程的性能进行仿真。其目标是:在给定刀具几何参数、工件材料和机床的条件下,以及不违反机床的物理约束条件和工件尺寸精度的前提下,确定最优的切削用量。很显然,它反映了虚/实集成加工的特点。

镗削模块用于最优镗削过程仿真,它能用来预测单刀镗头和多刀镗头镗削过程中的三维镗削力、扭矩、功率和稳定性,以及设计不同节距的镗刀头。

钻削模块能用于仿真切削力、切削力矩、切削功率及钻孔过程中刀具的变形,能允许用户人工输入机床和工件的动力学参数。

虚拟 CNC 系统是一个实时的、模块化的和可重构 CNC 系统的复制品,它在仿真模式中运行。它能预测由 CNC 产生的实际位置,画出参考的或预测出的实际刀具路径、沿刀具路径的公差超差点位置,预测循环时间,这些是经精确计算由加速/减速和控制规则、电动机电流、每一驱动的位置偏移和加速度等所引起的进给波动而得到的。

图 6-58 所示为刀具路径仿真与生成过程框图。由图 6-58 可知:

① 对机床性能(对简化后的机床建模)在刀具路径规划和生成时应予以考虑,这样能对多种刀具路径方案进行快速评判;

② 生成的初始刀具路径,包含允许刀具路径适应加工的信息。

至 2007 年上半年,国外工业发达国家已能对多轴机床开发出初始的"简化机床"。

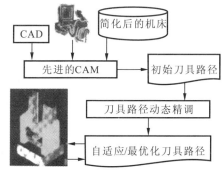

图 6-58 刀具路径仿真与生成过程框图

**2. 刀具磨削、分层制造的虚/实集成单元**

**1) 圆锥球头立铣刀仿真磨削(虚/实集成磨削)**

按图 6-59 所示复杂形状刀具的虚/实集成加工系统框图的步骤,首先要有六轴五联动 CNC 磨床,给出圆锥球头立铣刀的几何参数、毛坯结构等。

图 6-60(a)所示为华中科技大学与贵阳工具厂共同研制的六轴五联动 MMK6026 型 CNC 工具磨床机械本体,其中 $x,y,z,x'$ 四轴移动可控,$A,C$ 两轴旋转可控;图6-60(b)所示为实际被磨的圆锥球头立铣刀,采用标准廓形砂轮 CNC 磨削工艺。

实际磨削加工过程中,由于砂轮旋转速度高,如果在试磨过程中发生碰撞、干涉,其后果可能是灾难性的,因此利用虚/实集成加工模式,在虚拟环境中进行试磨,合格后再进行实际磨削,既可靠又安全。

图 6-59 所示为圆锥球头立铣刀一类复杂形状刀具的虚/实集成数控磨削单元构成框图。

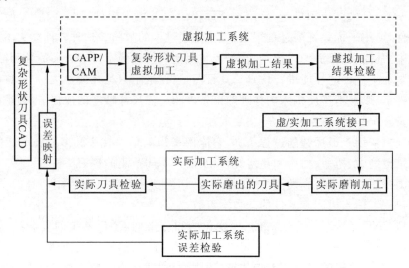

**图 6-59 复杂形状刀具虚/实集成数控磨削单元构成框图**

为了实现虚拟环境中的试加工,必须将机床和工件分别进行数字化处理。由于机床结构复杂,在数字化处理时,需对其进行简化。只要将与运动控制有关的结构部分进行数字化处理即可,这样能减少数字化处理的工作量,有利于试加工过程显示的连续性、实时性。图 6-60(c)、(d)所示为数字化处理后的结果,其中图 6-60(c)的右侧显示了 MMK6026 型 CNC 磨床的 CNC 系统的操作显示屏,当机床在虚拟环境中运行时,每一坐标轴的运动量(位移、转角)都被实时地显示出来,是实际磨削过程的仿真。

要实现虚拟 CNC 磨削,需进行大量的分析计算工作。如图 6-61 所示的加工系统,是利用圆盘状砂轮的平面去磨削锥面球头立铣刀前刀面的加工系统坐标系,其中 $Oxyz$ 为固定坐标系,$O_1x_1y_1z_1$ 为与被磨锥面球头立铣刀固连的坐标系(它是动坐标系),$O_w$ 为砂轮的旋转中心。根据被磨刀具的几何参数与切削性能参数的要求,计算出磨削刀刃上任一点时的砂轮中心坐标(在 $Oxyz$ 坐标系中),因为 $Oxyz$ 坐标系与机床固定坐标系是平行的,很容易换算得到机床坐标轴的运动方程。

砂轮形状的不同将带来试磨加工运动的不同,不同形状的被磨刀具所需要的运动方式也不同,这些问题需借助空间啮合理论、微分几何等理论与方法解决。

目前,一些先进的数控工具磨床已形成一定程度的虚/实集成数控磨削加工单元。德国 Walter 公司的 Helitronic Power 系列 CNC 工具磨床上所配置的仿真加工系统,集成了基于 Windows NT 操作系统的刀具仿真磨削软件。利用该仿真磨削软件可将所设计的刀具逼真地显示在设计人员及客户面前;通过精确地仿真整个磨削过程,使操作者可在虚拟环境下识别并排除加工过程中诸如碰撞、干涉之类的故障;

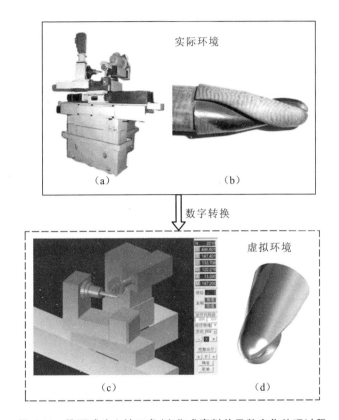

图 6-60 锥面球头立铣刀虚/实集成磨削单元数字化处理过程

(a) MMK2026 型 CNC 工具磨床机械本体;(b) 实际被磨的圆锥球头立铣刀;
(c) CNC 工具磨床已移动部件数学化模型;(d) 数学化的被磨刀具

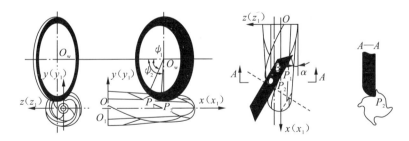

图 6-61 锥面球头立铣刀加工系统坐标系

仿真磨削软件与数控工具磨床数控系统控制软件的完全兼容,使得在仿真磨削过程中获得的刀具磨削数据可以直接传送到机床的数控系统中,以进行实际磨削加工;利用数控工具磨床配备的 Helicheck 高精度刀具/工件万能测量软件,可对刀具的各几何参数进行在线测量,并且通过刀具补偿系统修正机床磨削参数,从而得到与所显示的三维刀具图形完全相符的实用刀具,即真正达到"所见即所得"的效果。仿真磨削软件与数控工具磨床的集成,大大节省了加工新型刀具时的调试时间与调试费用。

**2) 分层制造的虚/实集成单元**

相对而言,实现分层制造如选择性激光烧结(SLS)的虚/实集成较为容易,因为分层制造是以二维制造为基础的。华中科技大学研制了采用分形扫描路径的 SLS 试验装置及虚/实集成 SLS 系统。图 6-62(a)所示为该 SLS 装置的实际结构,为了实现分形路径扫描,设计制造了钢丝绳牵引驱动的二维 CNC 工作台;图 6-62(b)所示为分形路径在虚拟环境中的数字化处理结果,其 CNC 虚拟运动控制只要能生成给定步长、给定分形曲线(图 6-62 所示为 Hilbert 曲线)即可。图 6-63(a)所示为待烧结成形的工件图样,对它的数字化处理需分步进行;图 6-63(b)所示为待烧结零件的三维模型;图 6-63(c)所示为分层切片,根据零件几何形状与精度要求,确定分层厚度,直接从三维模型得到分层薄片的二维图形信息;图 6-63(d)所示为分形扫描路径的裁剪结果,必须保证激光只在所需的范围内烧结,以节省烧结材料和烧结时间。将虚拟环境中所生成的扫描轨迹和分层厚度映射到实际 SLS 系统装置,完成零件的烧结加工。

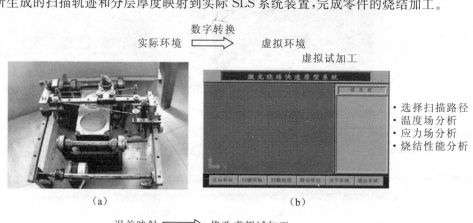

图 6-62 SLS 试验装置的数字化转换
(a) SLS 装置;(b) 分形路径在虚拟环境中的数字化处理结果

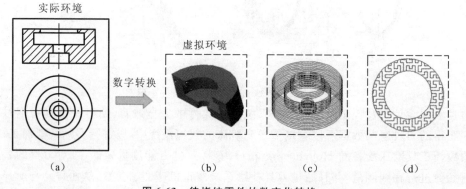

图 6-63 待烧结零件的数字化转换
(a) 待烧结成形的工件图样;(b) 三维模型;(c) 分层切片;(d) 任一层的分形路径填充

**3. 船模曲面的虚/实集成铣削**

**1) 船模及其虚/实集成加工系统**

船模是根据船体的型值表和型线图按一定比例缩小制造的船体模型,是预报实船航行性能和辅助船舶科研教学的重要工具,因此在船舶制造业、船舶设计、仿真实验以及教学科研中都起着重要作用。

船模作为实船试验近似替代品的可靠程度(即动力相似性),是和它们的几何相似性密切相关的:船模曲面(船模的下表面)的尺寸比例必须满足一定的要求,更重要的是几何加工精度要高、船模曲面要足够光滑,否则会使试验结果误差增大。因此,提高船模曲面加工的精度、保证试验过程中的动力相似性,是非常有意义的。

船模的材质一般为木材(少量采用玻璃钢),这里所指船模为木质船模。它由木板粘贴而成,其毛坯具有阶梯状廓形。

船模曲面是大型的对称复杂组合曲面,其上既有平面,也有曲面,以自由曲面为主,因此船模曲面的高精、高效加工一直是船模制造业追求的目标。

华中科技大学按虚/实集成加工原理研制了如图 6-64 所示的船模曲面数控对称加工系统,其由四轴联动 CNC 铣床、船模曲面设计系统、仿真加工系统组成。鉴于船模曲面的复杂性,实现船虚/实集成加工,要从船模的曲面数字化处理开始,并根据船模曲面的几何特性,拟订加工方案、规划刀具路径、开发仿真加工系统,在 CNC 加工机床上完成实际切削加工。

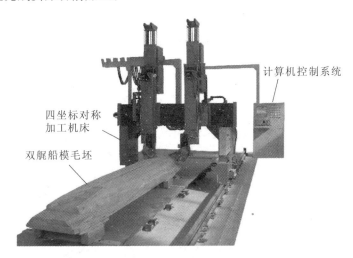

图 6-64 船模虚/实集成加工系统

**2) 船模曲面的数字化转换**

船模的实际尺寸由图 6-65 所示的型值表和型线图给出,根据船模设计的相关准则,利用 UG 等商品软件可以生成船模的数字化三维曲面模型,完成实际环境至虚拟环境的转换。

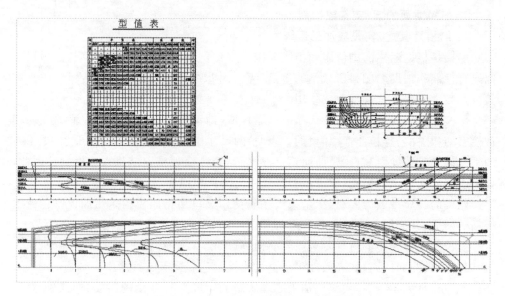

图 6-65　60 m 双艉船体型值表和型线图

**3）构建船模仿真加工系统**

船模曲面在虚拟环境中的仿真加工软件集成为一个软件包，其界面如图 6-66 所示。通过虚拟环境中的仿真加工结果，可得到实际机床加工系统的路径规划、数控代码，映射到实际环境中进行切削加工，实现虚/实集成加工策略。

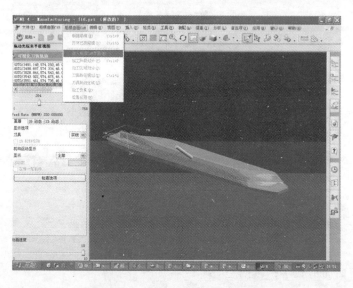

图 6-66　船模曲面仿真加工界面

**4）加工实例**

对一艘双艉船船模曲面进行虚/实集成加工，船模由 40 mm 厚的松木黏结而成。

图 6-67 所示为实际加工现场的照片,加工后的结果如下。

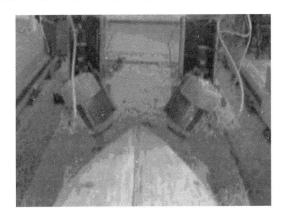

图 6-67 双艉船模艉曲面的实际加工

(1) 加工精度

① 尺寸精度  长度尺寸误差为 1.83 mm,宽度尺寸误差为 0.77 mm,均满足加工精度要求;高度尺寸误差为 1.07 mm,误差偏大,主要原因为船模底面中缝区域的刚性差,加工过程中弹性大。船模高度方向的精度可以通过加强船底的支撑来改善。

② 对称误差  沿船模曲面长度方向取 20 组对称点,测量计算每组对称点的高度差,然后取 20 组对称点高度差的平均值作为船模曲面的对称误差。经测量计算,船模曲面实际对称误差为 0.47 mm,满足加工要求。

(2) 光顺效果

船模侧面的刀具加工痕迹均沿水线方向,因此加工后的船模沿水线的光顺性好。船模曲面的整体光顺效果,经现场观测完全满足船模曲面加工的光顺性要求。

(3) 避撞精度

对称加工后的船模曲面在对称面附近区域存在加工剩余,这表明在对称加工过程中避免了刀具碰撞。经实际测量,对称加工后的加工剩余的最小宽度为 5.13 mm,该值略大于理论设计值 5 mm(也即防撞余量 $\delta$ 的设计值),造成这一结果的主要原因是对称加工后木材的弹性恢复。因此,基于防撞面的避撞方案不仅避免了两刀具间的碰撞,而且有效控制了加工剩余的大小。

(4) 加工效率

该船模曲面的加工采用四坐标对称加工机床只需要 7 小时,采用四坐标单刀加工机床至少需要 13 小时。

(5) 与传统手工制作的结果比较

上述船模曲面若采用传统的手工制作方式至少需要 45 个工作日,长度尺寸误差为 4 mm,宽度和高度尺寸误差为 2 mm,对称误差为 1.5 mm。

相对于传统的单刀加工机床,该系统的效率也提高了 85%。

#### 4. 基于网络的虚/实集成——网络化制造

网络化制造(networked manufacturing，NM)是一种融合了先进制造技术和网络技术、适应信息化时代的新型制造模式，其核心是通过网络实现分布式资源的共享和协同，体现虚/实集成制造的特点。

对网络化制造的需求，主要是由经济全球化、企业自身发展、重大技术装备研发、区域经济发展、行业经济发展等带来的，而促使网络化制造产生的技术驱动力如表6-8所示。

表 6-8 网络化制造产生的技术驱动力

| 生产经营中心的转变 | 以生产为中心→以产品为中心→以客户为中心 |
| --- | --- |
| 产品设计生产管理模式的转变 | 独立设计、独立制造→设计制造的集成化管理→产品的全生命周期管理 |
| 信息技术应用范围的扩展 | 在深度上，信息集成→过程集成→知识集成；在广度上，部门级集成→企业内集成→企业间集成 |
| 先进制造技术的应用 | 并行工程、敏捷制造等先进制造技术的应用，需要网络化制造相关技术的支持 |
| 新技术的出现 | 高速网络、网格计算等新技术为网络化制造的发展提供了技术支持 |

网络化制造作为未来重要的制造模式，从20世纪80年代初期开始，逐渐得到广泛重视。1991年里海大学(Lehigh University)提出了"美国企业网(Factory American Net)"计划，旨在利用信息高速公路，将美国的制造企业集成在一起，以增强美国制造业的竞争能力。

在我国，1999年3月，科技部在"九五"国家重点科技攻关计划中设立了网络化制造专项，推动了"深圳市模具网络化制造示范系统"、"陶瓷产品网络化制造与销售示范系统"、"铸件网络化制造示范系统"等六个示范性制造资源网站的建立和商业化试运行。

**1) 网络化制造的内涵和特点**

(1) 网络化制造的内涵

网络化制造的内涵是指利用计算机网络(包括因特网、企业内联网和企业外联网)，灵活而快速地组织社会资源，将分散在各地的生产设备资源、智力资源和技术资源等，按资源优势互补的原则，迅速地整合成一种跨地域的、靠网络联系的、统一指挥的制造、运营实体——网络联盟，以实现网络化制造，如图6-68所示。它是一种利用网络技术，通过建立灵活有效、互惠互利的动态企业联盟，有效地实现研究、设计、生产和销售等各方面资源的重组，从而提高企业的市场快速响应能力和竞争能力的新型制造模式。其中，网络联盟的组建是由市场牵引力触发的，当市场机遇不存在时，网络联盟自动解散，当新的市场机遇来到时，再重新组建新的网络联盟，即呈现出动态性。

网络化制造可分为狭义的网络化制造和广义的网络化制造。前者侧重于产品制造过程的网络化；后者则侧重于企业所涉及的一系列生产经营活动的网络化，包括基

图 6-68 网络化制造的概念图

于网络的快速产品设计与制造、实时 ERP 连接全面的资产管理,以及与整个供应链的无缝连接等。

(2) 网络化制造的特点

网络化制造具有如下基本特点。

① 敏捷性　通过网络化制造系统的快速重构,能对市场和客户需求作出快速响应。

② 动态性　依据市场机遇决定网络联盟存在与否。

③ 协同性　支持不同范围和层次的协同,如产品设计协同、产品制造协同、企业间协同、供应链协同、客户与供应商协同等。

④ 集成化　支持实现企业内外的信息集成、功能集成、过程集成、资源集成,以及企业之间的集成。

⑤ 直接化　直接与用户建立连接,可实现面向用户的设计(design for customers)、基于用户的设计(design by customers)。

⑥ 数字化　产品设计、制造、管理、商务、设备、控制等各种信息均以数字形式通过网络传递。

⑦ 远程化　可以对制造设备和生产现场进行远程控制和管理,实现与远方客户、合作伙伴、供应商的协同工作。

在网络化制造模式下,企业的运作方式与经营理念已不同于传统企业。在经营范围上,突破空间地域的约束,面向全球开展业务、寻找零部件供应商等合作伙伴;在经营方式上,通过网络化的产品定制系统、产品协同设计系统和技术咨询系统等直接面对客户开展更加符合客户需求的业务;在时间上,可利用时差,采取将设计任务在全球不同地点的开发团队之间进行传递的工作方式,实现产品 24 小时不间断的开发,以缩短产品的开发周期;在组织结构上,基于网络的、扁平化的、以过程和项目管理为主线、以团队工作为主要方式的新型组织结构替代传统的封闭性较强的金字塔式递阶的组织结构,使企业能迅速对外部市场的不确定性和多变性作出快捷的反应;在生产方式上,由过去的大批量、少品种,到现在的小批量、多品种,并将发展到小批量、多品种定制型生产方式;在资源观念上,对资源(包括制造资源、人力资源和知识资源)的认识由企业内资源扩展到全社会的资源,以提高企业的产品创新能力和制造能力,实现产品设计制造的低成本和高速度;在对企业间关系的认识上,则由竞争观念变为倡导和贯彻企业间竞争与合作的理念,以实现知识共享、优势互补、利益共享。例如:2000年2月,通用汽车、福特汽车以及戴姆勒-克莱斯勒三大汽车公司终止各自的零部件采购计划,共同建立零部件采购的电子商务市场(http://www.covisint.com),其目的是能够以更少的资金采购质量最好、技术最先进、交货期最短的零部件。

网络化制造为制造企业研发、生产、营销、组织管理及服务的全球化开辟了道路。

**2) 网络化制造的技术体系**

网络化制造的技术体系是一个不断发展的动态技术系统,由一系列相关技术和技术群有机结合而成,如图6-69所示。

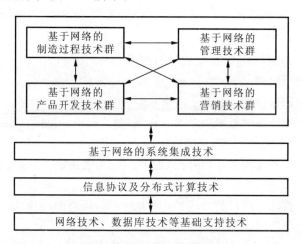

图6-69 网络化制造的技术体系

① 基础支持技术,包括网络技术、数据库技术等。

② 信息协议及分布式计算技术,包括网络化制造信息转换协议技术、网络化制造信息传输协议技术、分布式对象计算技术、智能体技术、Web Services技术及网格计算技术等。

③ 基于网络的系统集成技术,包括基于网络的企业信息集成/功能集成/过程集成技术和企业间集成技术、面向敏捷制造和全球制造的资源优化集成技术、产品生命周期全过程信息集成和功能集成技术,以及异构数据库集成与共享技术等。

④ 基于网络的管理技术群,包括企业资源计划/联盟资源计划(URP)、虚拟企业及企业动态联盟技术、敏捷供应链技术、大批量定制生产组织技术,以及企业决策支

⑤ 基于网络的营销技术群,包括基于 Internet 的市场信息技术、网络化销售技术、基于 Internet 的用户定制技术、企业电子商务技术和客户关系管理技术等。

⑥ 基于网络的产品开发技术群,包括基于网络的产品开发动态联盟模式及决策支持技术、产品开发并行工程与协同设计技术、基于网络的 CAD/CAE/CAPP/CAM 技术、产品数据管理(product data management,PDM)技术、用户参与设计技术、虚拟产品及网络化虚拟使用与性能评价技术、设计资源异地共享技术和产品全生命周期管理(product lifecycle management,PLM)技术等。

⑦ 基于网络的制造过程技术群,包括基于网络的制造执行系统(manufacturing executive system,MES)技术、基于网络的制造过程仿真及虚拟制造技术、基于网络的分层制造与快速模具制造技术、设备资源的联网运行与异地共享技术、基于网络的制造过程监控技术和设备故障远程诊断技术等。

上述各技术群中所包含的若干技术均具有相对的功能独立性,并不断地发展和完善。

**3) 网络化制造平台**

集成是通过接口实现不同功能系统之间的数据交换和功能互连,可将分散的异构组件联合成一个协同的整体,从而实现更强大的功能,完成各个部分不能独自完成的任务。通过集成能有效地解决企业内或企业间的"自动化孤岛"和"信息孤岛"问题。

在网络化制造过程中,参与网络化制造的成员之间若采用点到点的集成方式,即通过开发一对一的专用接口实现被集成对象之间的集成,如图 6-70(a)所示,将存在以下缺陷:随着被集成对象数量 n 的增加,集成系统的维护、升级和扩展会变得异常困难;不能屏蔽被集成对象之间的异构性;仅能解决数据集成问题,难以支持过程集成和被集成对象之间的协调。为此,有必要建立网络化制造平台,使分散的、异构的被集成对象能够通过平台,按可管理、可重复的方式实现单点集成,即每个参与网络化制造的成员只需要开发一个与集成平台的接口,解决其本身与网络化制造平台的

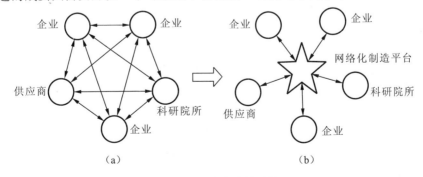

图 6-70 集成方式的对比

(a)点对点集成;(b)单点集成

集成问题,就可以通过平台实现与其他成员的资源共享和协作,如图 6-70(b)所示,从而大大降低各成员在实现集成的过程中所面临的困难,提高网络化制造的可操作性。

(1) 网络化制造平台的内涵

网络化制造平台是一个基于 Internet、Intranet、Extranet 和先进信息技术的协同支撑环境,它为实现大范围异构分布环境下的网络化制造各参与成员间的协同提供基础协议、模型库管理、使能工具、公共服务和系统管理功能,并为成员间的信息集成、过程集成和资源集成提供基于服务方式的透明、一致的信息访问与应用互操作手段,从而方便地实现各成员间的协同和资源共享,形成具有特定功能的网络化制造系统。

网络化制造平台将地理位置分散、功能相对独立的各制造企业、研究机构、供应商、经销商的站点通过 Internet 组织起来,由中心站点统一管理并为其提供服务。如图 6-71 所示,中心站点为用户(包括制造企业、研究机构、供应商、销售商、客户和一般用户等)分配不同的访问和使用权限。用户登录后,便可根据其身份得到相应的服务。例如:通过网络化制造平台,注册企业可发布和获取信息、得到技术援助、采购原材料、参与竞标、建立销售渠道;供应商和销售商可进行资料注册、获取需求信息、与制造企业开展电子交易;客户可发布订单、与投标企业进行网上谈判和电子交易;网络化制造动态联盟中的成员则可以相互交换信息、对项目实施过程进行管理。一般用户仅能获取普通级别的信息服务(如新闻定制、网站介绍等),且无权访问和使用中心站点的敏感数据和获得其他专门服务。此外,各企业站点在基于 Internet 与中心站点保持联系、获取或发布信息、参与网络化制造的合作项目的同时,还可借助于 Intranet 实现制造环境的内部网络化。

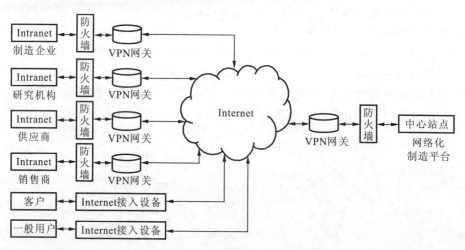

图 6-71 网络化制造平台示意图

(2) 网络化制造平台的体系结构

从网络化制造的整体需求出发,网络化制造平台由基础层、协议层、模型库、应用工具、使能工具、平台管理工具、应用系统层和网络化制造平台入口等八部分组成,如

图 6-72 所示。各组成部分的主要功能如下。

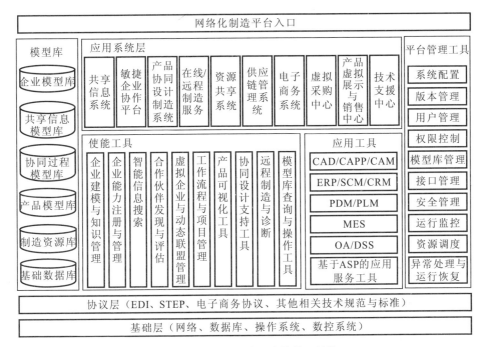

图 6-72 网络化制造平台的体系结构

基础层是网络化制造平台和网络化制造系统得以实施的信息和制造系统基础结构。

协议层是用于支持网络化制造系统的通用协议和标准规范,包括网络化制造系统中数据交换接口标准和规范,网络化制造系统集成的相关标准和规范。

使能工具为网络化制造系统的构建和运行提供方法和工具上的支持。

应用工具是支持企业产品设计制造、经营运作管理等的应用软件系统。例如:支持产品设计制造的 CAD、CAPP、CAM 软件;支持企业经营运作管理的企业供应链关系管理(supply chain management,SCM)、客户关系管理(customer relationship management,CRM)软件;支持企业生产管理的产品数据管理(PDM)、产品全生命周期管理(PLM)软件;支持制造系统管理的制造执行系统(MES);支持企业经营决策的办公自动化软件(office automation,OA)和决策支持系统(decision support system,DSS);为企业提供网上应用服务的基于应用服务提供商(application service provider,ASP)的应用服务工具等。

平台管理工具为平台的构建和运行提供支持,实现对平台上运行的用户和资源的管理、监控及应用协调。

模型库为网络化制造系统中应用功能的执行提供信息、模型、知识、标准上的支持,它在网络化制造系统的运行过程中将得到不断的维护、充实和完善。

应用系统层是企业实施网络化制造最主要的功能支持层,共享信息系统为制造企业提供其企业信息、产品信息和供求信息的发布机制,以便其他用户查询,同时还提供信息检索、供求配对导航、智能信息代理服务及各种个性化服务。

网络化制造平台入口主要反映了统一的、安全的用户界面,使不同地点、不同身份的用户能够以一致的界面访问企业信息系统提供的各项服务。

网络化制造平台属于基础性通用平台,结合实际需求,则可在其基础上发展出多种特定的网络化制造专业化平台,如基于 ASP 方式的支持资源共享的网络化制造资源共享平台,支持产品销售与服务的网络化产品定制服务平台等。

**4) 网络化制造的应用举例**

(1) 美国波音公司波音 777 客机的研制

美国波音公司在研发波音 777 客机时,采用网络化制造,收到了很好的效果,详见本书 1.2.4 节。

(2) 深圳市模具网络化制造示范系统

深圳市生产力促进中心提出并实施了深圳市模具网络化制造示范系统,如图 6-73 所示。

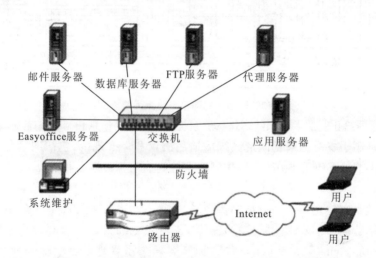

图 6-73 深圳市模具行业网络化制造示范系统的网络结构图

深圳市模具网络化制造示范系统以深圳市生产力促进中心为盟主,拥有面向模具客户的互联网信息门户网站。各会员企业通过互联网与中心连接,可依据其权限在系统中检索或发布协作、供求、设备资源等信息,并能实现相互间的信息传输。获取订单的中心或成员企业可依据订单,通过模具网络化制造系统组织临时性的制造联盟,以充分利用模具网络化制造系统内的各种资源,实现优势互补。作为临时性制造联盟的盟主,获取订单的中心或成员企业将负责制订设计、制造计划,分解项目任务给制造联盟中的成员单位,监督项目进展情况,并进行产品质量的控制和售后服务。

深圳市生产力促进中心利用深圳市模具网络化制造示范系统为某公司开发新型网络安全服务器模具的流程如图 6-74 所示。

由图可知,具体开发流程如下:某公司与深圳市生产力促进中心签订模具开发合

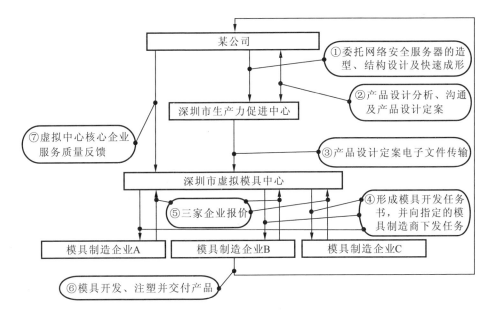

图 6-74 网络安全服务器模具的开发流程

同,该中心则根据模具开发任务以及各成员企业的设计制造条件,有选择性地通过 E-mail 向三家虚拟模具中心成员企业发布模具开发任务,随后企业的报价单等有关资料经由虚拟模具中心反馈给该公司,经过商务洽谈及对各模具制造企业的实地考察,该公司决定由模具制造企业 B 进行模具开发。

## 6.4 企业管理信息化

### 6.4.1 企业管理及其信息化的内涵

企业管理是指为了适应企业内外部环境变化,对企业的资源进行有效配置和利用,最终达到企业既定目标的动态创造性过程。

对制造企业而言,有三大类资源的信息需要进行管理,这三大资源即人力资源、财务资源、物业资源,如图 6-75 所示。

制造企业的管理是非常复杂的,主要表现在以下方面。

① 产品结构复杂。如一台电站汽轮机有上万个零部件,一台中等复杂程度的机床有几千种零部件。一般工厂有上万种原材料和外购件,如此众多的物料资源的管理是非常困难的。

② 生产工艺复杂。一个零件往往要经过多个车间、在同一车间内的多台机床间流动,如何安排作业计划、合理利用资源、保证准时交货都是相当复杂的。

③ 生产类型不同,管理模式也不同。多品种小批量生产、大批量定制生产、大批

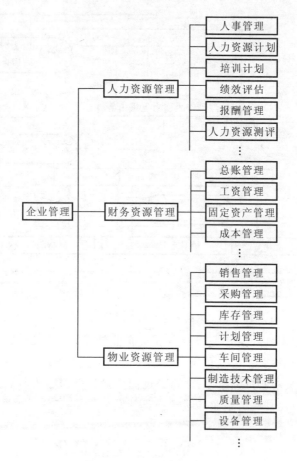

图 6-75 企业的资源管理

量流水生产以及不同生产类型的混合生产方式的使用,使管理模式相应地变得复杂起来。

④ 生产车间类型不同,管理模式也不同。铸、锻、焊、热处理、机械加工、装配等不同的车间,管理方式都不相同。

⑤ 外部环境发生变化,管理模式要相应地变化。如产品需求多样性,个性化突出;原材料价格上调或短缺,要寻找代用品等;产品生命周期越来越短,需加快产品上市速度;针对节能减排等环保要求,需开发可持续制造技术及其相应的管理模式。

这三大类资源信息不仅数量大,而且有异构特点,没有成熟、可靠的计算信息处理系统是难以对其进行管理的。企业管理须实现信息化,由此出现了许多不同的管理软件系统。

当前制造业企业信息化表现在四个主要的业务领域,由四种主要的信息系统代表:企业资源规划系统、供应链管理系统、客户关系管理系统和产品生命周期管理系统。这四种信息系统有机结合,构成企业信息化的重要组成部分。企业可根据自身情况,面向某类特定的业务问题,选用一种或几种系统来构建自己的企业信息化框架体系。

要使企业管理信息化获得成功,首先是企业必须运行正常、有良好的管理机制。企业管理信息化的需求要理性化,需求是环境、技术和时间的函数,正确地理解需求,对每一个信息系统工程都极为重要。在企业信息化工程项目中,产品供应商及系统集成商(指为企业提供管理信息系统的机构)都可能从自身利益出发,高估需求而可能导致资源浪费。因此,只有在对需求进行理性化分析的基础上进行科学可行的信息化规划,并在此规划的指导、协调、控制下,才能使信息化取得预期效果。还需指出,对于企业管理信息化和信息化系统工程不能期望过高,信息化只是一种技术手段,对解决企业中存在的管理上的问题起辅助作用,企业管理信息化只有在一个管理有效、高效运行的企业中才能充分发挥其效用。

### 6.4.2 企业资源计划

企业资源计划(enterprise resource planning,ERP)是建立在信息技术基础上,利用现代企业的先进管理思想,为企业提供决策、计划、控制与经营业绩评估的全方位、系统化的管理平台。

ERP 是由美国 Garter Group Inc. 咨询公司首先提出的,它是当今国际上先进的企业管理模式。ERP 的形成大致经历了四个阶段:基本物料需求计划(material requirements planning,MRP)阶段、闭环 MRP 阶段、制造资源计划(MRP-Ⅱ)阶段以及 ERP 的形成阶段。ERP 是新一代管理理论与计算机系统集成的产物。

ERP 与 MRP、MRP-Ⅱ之间的关系可用图 6-76 表示。

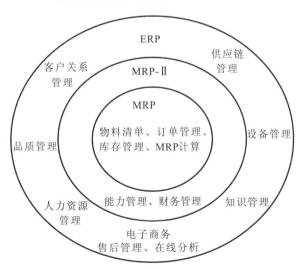

图 6-76 MRP、MRP-Ⅱ和 ERP 之间的关系

**1. 基本 MRP**

基本 MRP 理论原理是按时按量得到所需要的物料,或者说"在需要的时候提供

需要的数量"。企业生产产品可以说是从原材料的购买开始的,也可以说,任何产品最开始都是由原材料构成的。现以图 6-77 所示的圆珠笔加工时间顺序为例,为了保证在需要的时候提供需要的数量,要完成圆珠笔的生产,需提前 16 小时采购到原材料。对于复杂结构的产品,其最长一条加工路线就决定了产品的加工周期。

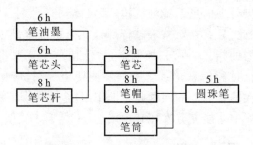

图 6-77　圆珠笔加工时间顺序

MRP 简化的逻辑流程图可用图 6-78 表示,由主生产计划(如订货、交货期等)及产品结构分析,得出物料清单(bill of materials,BOM),形成 MRP,再检查物品库存,就能得出物料采购计划,进而安排生产计划。

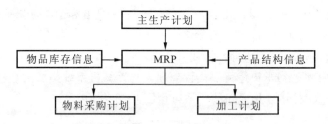

图 6-78　MRP 逻辑流程简图

**2. 闭环 MRP**

企业生产受企业本身的生产工艺、设备进步的影响,也受到社会、经济环境的外部影响,采用基本 MRP 有时是不可行的,因为其信息是单向的。而管理信息必须是闭环的信息流,从而形成信息回路,于是在 20 世纪 80 年代初在基本 MRP 的基础上发展形成了闭环 MRP 理论。闭环 MRP 流程如图 6-79 所示。由图可见,采用闭环 MRP 能较好地解决计划和控制问题,该理论是计划理论的一次大飞跃。由图 6-79 也可以看出闭环 MRP 有如下特点。

① 主生产计划来源于企业的生产经营规划与市场需求。

② 主生产计划与 MRP 的运行(或执行)伴随着产能与负荷的运行,从而保证计划是可靠的。

③ 采购与加工生产的作业计划与执行是物流的加工变化过程,同时又是控制能力的投入与产出过程。

④ 能力需求计划的执行情况最终反馈到计划制订层,整个过程不断调整,以更好地完成计划。

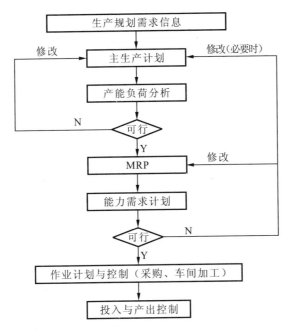

图 6-79 闭环 MRP 流程

图 6-79 中的能力需求计划是由 MRP、产品生产工艺路线和车间各加工工序能力数据生成的,通过对各加工工序的能力平衡,调整 MRP。

**3. 制造资源计划**

企业的生产过程还受到企业资金流动过程的影响,而闭环 MRP 却没有反映这一点,如果采购计划制订后,企业因资金短缺而无法按时完成这一计划,同样影响整个生产计划的执行。

1977 年 9 月,美国学者提出了一个新概念——制造资源计划(manufacturing resources planning),英文缩写也为 MRP,为了与基本 MRP 相区别,故称为 MRP-Ⅱ,它是广义的 MRP。MRP-Ⅱ系统是一个围绕企业的基本经营目标,以生产计划为主线,对企业制造的各种资源进行统一计划和控制的有效系统,也是使企业物料流、信息流和资金流畅通的动态反馈系统。

MRP-Ⅱ理论从 20 世纪 80 年代初开始在企业中得到广泛的应用,并给制造业带来了巨大的经济效益。由于 MRP-Ⅱ所独有的实用性、通用性和强大的生命力,以及广泛的市场需求,全世界众多的计算机软、硬件公司,在不同的软、硬件环境下开发出功能各异的数百个商品化软件包。据有关统计,在美国,80% 以上的大型企业安装了 MRP-Ⅱ,50% 以上的中型企业和 30% 以上的小型企业都安装了 MRP-Ⅱ。在我国,沈阳鼓风机厂于 1981 年率先引进 IBM 公司的 COPICS 系统,揭开了 MRP-Ⅱ系统在我国应用的序幕。目前,已有数百家企业引进了国外 MRP-Ⅱ系统,应用效果参差不齐。

#### 4. 企业资源计划

随着市场竞争日趋激烈和科技的进步,以及制造业的全球化、网络协同化发展,MRP-Ⅱ的思想也逐步显示其局限性,主要表现在以下几个方面。

① 企业竞争范围的扩大,要求企业不仅仅对制造资源进行集成管理,而且对其整体资源进行集成管理。

现代企业都意识到,市场竞争是综合实力的竞争,要求企业有更强的资金实力、更快的市场响应速度。因此,信息管理系统与理论仅停留在对制造部分的信息集成与理论研究上是远远不够的。与竞争有关的物流、信息流及资金流要从制造部分扩展到全面质量管理、企业的所有资源(分销资源、人力资源和服务资源等)及市场信息及资源,并且要求能够处理工作流。在这些方面,MRP-Ⅱ已无法满足。

② 企业规模不断扩大,多集团、多工厂要求协同运作、统一部署,这也超出了MRP-Ⅱ的管理范围。

③ 随着信息全球化趋势的发展,要求企业之间加强信息交流和信息共享。信息管理要求扩大到整个供应链的管理,这些更是 MRP-Ⅱ 所不能解决的。

为了解决这些信息管理问题,MRP-Ⅱ逐步吸收和融合先进管理思想如及时生产(just in time,JIT)、全面质量管理(total quality control,TQC)、优化生产技术(optimized production technology,OPT)、制造执行系统(manufacturing execute system,MES)、敏捷制造系统(agile manufacturing system,AMS)等,发展自身理论,于20世纪90年代MRP-Ⅱ发展到一个新阶段,ERP就出现了。

企业的所有资源可简要地归纳为三大流,即物流、资金流、信息流。ERP就是对这三种资源进行全面集成管理的管理信息系统。概括地说,ERP是建立在信息技术基础上,利用现代企业的先进管理思想,全面地集成了企业的所有资源信息,并为企业提供决策、计划、控制与经营业绩评估的全方位和系统的管理平台。但 ERP 不仅仅是一个信息系统,它还是一种管理理论和管理思想,它能利用企业的所有资源(包括内部资源和外部市场资源),为企业制造产品或提供服务,创建最优的解决方案,最终使企业达到经营目标。由于这种管理思想必须依赖于计算机软件系统的运行,即企业管理信息化系统,所以有些人误把 ERP 系统当成一种软件,而忽略了其蕴含的实际管理思想与理念。

ERP 理论与系统是从 MRP-Ⅱ 发展而来的,它不是对 MRP-Ⅱ 的否认,而是对它的继承和发展。MRP-Ⅱ的核心是物流,主线是计划,伴随着物流的过程,同时存在资金流和信息流。ERP 的主线也是计划,但其已将管理重心转移到财务上,在企业整个经营运作过程中贯穿了财务成本控制的概念,极大地扩展了业务管理的范围和深度,是企业运作的一种供需链结构,如图 6-80 所示。信息流在企业运作中循环流动,渗透企业运行的每一个环节,而物料流、资金流则是相向运行的。

一般 ERP 系统包含的模块有销售管理、采购管理、库存管理、制造标准、主生产计划、物料需求计划、能力需求计划、车间管理、JIT 管理、质量管理、账务管理、成本

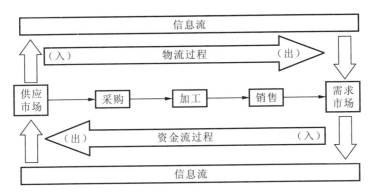

图 6-80 企业运作的供需链图

管理、应收账管理、应付账管理、现金管理、固定资产管理、工资管理、人力资源管理、分销资源管理、设备管理、工作流管理、系统管理等。

由于计算机技术的迅猛发展,网络化水平的不断提高,ERP 的管理范围继续扩大,供应链管理、电子商务、办公室自动化(OA)等技术都不断融入 ERP 系统中,并且日益和 CAD、CAM、CAPP、产品数据管理以及自动货仓等系统融合。ERP 继续支持和扩展企业的流程重组,以适应企业内外环境的快速变化。

**5. ERP 应用案例**

现列举 ERP 应用的三个成功案例。

**1) 北京北方车辆集团有限公司 ERP 应用案例**

北京北方车辆集团有限公司(以下简称 618 厂)始建于 1946 年,是新中国成立后建立的第一个坦克修理厂。现有员工 5 000 余人,资产 12.6 亿多元,占地 113 万平方米,是一家军民结合型企业,其主导产品是军用特种车辆和豪华大客车。其借助于北京机械工业自动化所 RS10/ERP 系统,实现了管理信息化,具体成果如下。

① 建立信息传递网络,提高信息管理水平。为各级管理人员提供产品设计、供应、生产、库存、质量等环节的信息,在数据储存、传输和处理方面更及时、准确和方便,实现信息共享,提高管理的效率和效益。

② 加强物资供应管理,降低采购成本。使采购计划与生产计划进度相吻合,压缩采购提前期,减少库存积压,减少资金占用;采购计划随生产计划同步调整,避免盲目采购;及时检索供应商信息,降低采购风险;监督采购合同的执行情况,追踪交货进程;根据不同类别物料的余缺状况,实现对物资储备的动态管理,避免积压或缺货。

③ 加强生产管理,提高生产绩效。通过对产品设计、工艺、生产计划、物料库存等基础数据的集成管理,实现实时访问和控制。采用滚动式的生产计划管理方式,制订和平衡企业生产计划,确保生产活动有序进行。

④ 强化质量管理,力争产品质量零缺陷。结合 ISO 9001 质量保证体系的应用,对生产过程进行全面质量管理,从设计、采购、库存、生产、售后服务跟踪等各环节进行质量控制,建立产品质量的动态反应机制。

⑤ 实现管理信息化，减少手工管理劳动。把企业管理人员从繁重、重复的统计、记录、查阅、核算等程序化的工作中解放出来，使他们有更多的时间和精力从事非程序化的管理决策工作，提高企业的整体管理水平。

**2）深圳航嘉的 ERP 系统**

深圳航嘉是从事电源供应器和电源系统开发、设计、制造及销售一体化的电源服务机构。

航嘉的 ERP 系统上线应用后，通过持续地对 QAD ERP 系统进行深入挖掘和改进，为企业管理和发展带来了极大的效益。企业进步需要创新，而 ERP 系统是实现企业各方面创新的基础和保障。没有它，企业很难保持创新的持续。有了好的 ERP 系统，创新才能为企业带来最终的效益。

ERP 系统的应用具有如下价值。

① 有了信息系统后，企业管理过程中所遇到的种种细微的问题都可以通过数据及时准确地反映出来。航嘉的核算体系是按各个部门分别进行考核，各部门划分了关键绩效指标，这些具体指标的划分与核算在没有信息系统的条件下是无法完成的，而有了 ERP 之后就可以把相关指标提取出来，进行详细分析和评估。

② ERP 系统中的工时反馈，使企业可以及时准确地了解到某条产品生产线的实时情况及某个部门所消耗的工时是在上升还是下降，可以分析出导致这种情况的具体原因，从而采取相应的措施，及时进行调整，使企业的应变能力得到大幅提升。

③ 有了 ERP 系统的帮助，使航嘉能够对市场需求的变化了如指掌。例如，若铜价上涨异常迅猛，有了 ERP 系统帮助，使航嘉可准确把握市场发展趋势，在测算产品成本时能够更加准确，从而在微利时代提高自身的市场竞争优势。

④ 根据产品和物料的库存生成准确数据，能够帮助航嘉有效降低库存和成本。

⑤ ERP 系统的应用，使航嘉规范了企业管理，固化了企业的工作流程，并在不断地完善，大大提高了企业的工作效率。

航嘉的信息化建设分四个部分：企业行为的规范化，企业作业的流程化，企业业务、流程和数据的信息化及企业决策信息的智能化。公司从最初推行企业 5S 运动，改善企业员工作业规范，到实施 ISO 9000、ISO 14000 认证，均是在梳理企业的运作流程。而 ERP 系统的实施则在已有规范和流程的基础上，将纸面的规则固化成可以流转的信息系统的程序，以保证企业的业务流程可以得到切实的贯彻执行。

目前，航嘉已实施的信息系统包括 ERP 和 OA 等系统，ERP 系统的应用已日趋平稳。

**3）沈阳鼓风机厂**

沈阳鼓风机厂是我国最大的开发、设计和研制生产透平压缩机、透平鼓风机、电站轴流风机和各种大型通风机的国家大型骨干企业。生产类型为单件小批生产；产品特点为品种多，技术要求高，制造难度大；采用订货生产方式。

生产与计划的管理主要是以 ERP 生成计划系统为核心的信息系统，实施后取得了如下成效：

① 产品报价周期缩短了 66.7%，达到国际水平；
② 产品供货周期从 18 个月缩短为 10~12 个月，达到国际供货标准；
③ 生产指令与月份生产作业计划的编制周期从过去的 30 天缩短为 5 天；
④ 产品制造周期从 5.5 月缩短为 4.4 月。

其结果是缩短了产品的上市时间，提高了产品的市场响应能力和竞争力。

**6. 企业管理与信息化的匹配**

并不是所有应用 ERP 的企业都收到了很好的效果，不少企业花费上千万元所购买的 ERP 系统得到的是所谓"交学费"的结局。之所以会出现这种情况，原因可能是多方面的，但企业管理与信息化的匹配不合理是一个重要因素。前已提到，一个管理很不成熟的企业，为了"面子"而购买 ERP 系统，其结果无疑将是失败。为了定量地探讨企业管理成熟度与信息化成熟度之间的匹配关系，首先引入一系列评价指标，分别如表 6-9 和表 6-10 所示。

**1) 企业管理成熟度评价因素**

企业管理成熟度分为企业内部管理成熟度与企业外部管理成熟度两部分。表 6-9 列出了企业管理成熟度评价因素，各因素的解释如下。

表 6-9 企业管理成熟度评价因素表

| 一级评价因素 | 二级评价因素 | 三级评价因素 |
| --- | --- | --- |
| 企业内部管理成熟度 $u_{001}$ | 业务流程管理成熟度 $u_{011}$ | 业务流程的规范化程度 $u_{111}$ |
| | | 业务流程的一体化程度 $u_{112}$ |
| | 财务管理成熟度 $u_{012}$ | 财务管理核算层面的成熟度 $u_{121}$ |
| | | 财务管理控制层面的成熟度 $u_{122}$ |
| | | 财务管理支持决策层面的成熟度 $u_{123}$ |
| | 人力资源管理成熟度 $u_{013}$ | 人力资源管理部门的工作效率 $u_{131}$ |
| | | 人力资源开发深度 $u_{132}$ |
| | | 全员信息化培训情况 $u_{133}$ |
| | | 员工积极性情况 $u_{134}$ |
| | 管理决策成熟度 $u_{014}$ | 决策速度 $u_{141}$ |
| | | 决策质量 $u_{142}$ |
| 企业外部管理成熟度 $u_{002}$ | 供应链管理成熟度 $u_{021}$ | |
| | 客户关系管理成熟度 $u_{022}$ | 客户忠诚度 $u_{221}$ |
| | | 客户服务的速度和质量 $u_{222}$ |

(1) 业务流程管理成熟度

该因素可用 $u_{111}$ 和 $u_{112}$ 两个指标来评价。

$u_{111}$：有无规范的岗位和部门职责描述，有无规范的制度设计。

$u_{112}$：信息存储、交流、使用标准化程度，包括不同流程之间的合作制度、交流机制明确度。

(2) 财务管理成熟度

该因素可用 $u_{121}$、$u_{122}$ 和 $u_{123}$ 三个指标来评价。

$u_{121}$：财务部门与其他业务部门之间信息沟通的实时程度。

$u_{122}$：预算控制制度的健全度。

$u_{123}$：企业决策层认为由财务部门提供的决策信息的丰富或及时程度。

(3) 人力资源管理成熟度

该因素可用 $u_{131}$、$u_{132}$ 和 $u_{133}$ 三个指标来评价。

$u_{131}$：人力资源管理部门人员是否整日忙于烦琐的工作，工作效率的高低程度。

$u_{132}$：人事信息的完整度。

$u_{133}$：在企业信息化前是否会对全体员工进行培训，是否重视信息人才的培养。

$u_{134}$：员工对信息化的积极性，企业领导对信息化的重视程度。

(4) 管理决策成熟度

该因素可用 $u_{141}$ 和 $u_{142}$ 两个指标来评价。

$u_{141}$：决策层是否能及时、准确地获得企业内外部信息，决策时间是否偏长。

$u_{142}$：事实证明决策质量的高低。

(5) 供应链管理成熟度

该因素可用 $u_{021}$ 这个指标来评价。

$u_{021}$：企业保持供应链畅通以及运行成本较低的能力。

(6) 客户管理成熟度

该因素可用 $u_{221}$ 和 $u_{222}$ 两个指标来评价。

$u_{221}$：企业忠诚客户所占比重。

$u_{222}$：客户服务的速度和质量让客户满意度如何。

**2) 信息化成熟度评价因素**

信息化成熟度评价因素(见表 6-10)解释如下(因其含义清晰,对业务流程管理信息化水平这一因素不作详细解释)。

(1) 财务管理信息化水平

该因素可用 $v_{121}$、$v_{122}$、$v_{123}$ 和 $v_{124}$ 四个指标来评价。

$v_{121}$：信息化对改变先算账后比较预算的做法，并降低人为因素影响的程度。

$v_{122}$：信息化对每一项财务作业的反映和监控的程度。

$v_{123}$：管理者能够实时获得生产经营的关键信息，为及时决策提供保障的程度。

$v_{124}$：信息化使得财务流程变成了刚性约束，使得人为因素的影响降低的程度。

## (2) 人力资源管理信息化水平

该因素可用 $v_{131}$、$v_{132}$、$v_{133}$、$v_{134}$、$v_{135}$ 和 $v_{136}$ 六个指标来评价。

$v_{131}$：信息化对推动人力资源运作的重点从事务管理向企业战略伙伴方向发展的作用大小。

$v_{132}$：信息化在使得企业对知识型员工重视度提高方面的作用大小。

$v_{133}$：信息化在使得人力资源管理各项工作能够清晰、明确、及时解决方面的作用大小。

$v_{134}$：企业招聘、培训、沟通、评估的网络化程度。

$v_{135}$：信息化使得员工培训、企业监督和管理职员成本降低的程度。

$v_{136}$：信息化对提高人事管理透明度，从而提高员工满意度的作用大小。

表 6-10 信息化成熟度评价因素表

| 一级评价因素 | 二级评价因素 | 三级评价因素 |
| --- | --- | --- |
| 企业内部管理信息化水平 $v_{001}$ | 业务流程管理信息化水平 $v_{011}$ | 业务流程并行化的程度 $v_{111}$ |
| | | 业务流程自动化的程度 $v_{112}$ |
| | | 业务流程敏捷化的程度 $v_{113}$ |
| | 财务管理信息化水平 $v_{012}$ | 对财务核算、预算的控制程度 $v_{121}$ |
| | | 对财务的监控程度 $v_{122}$ |
| | | 对实时查询与决策的支持程度 $v_{123}$ |
| | | 刚性约束的实现程度 $v_{124}$ |
| | 人力资源管理信息化水平 $v_{013}$ | 对推动人力资源管理地位战略化的作用程度 $v_{131}$ |
| | | 对企业转变人才选择标准的作用程度 $v_{132}$ |
| | | 对提高人力资源管理效率的作用程度 $v_{133}$ |
| | | 人力资源管理手段网络化程度 $v_{134}$ |
| | | 对降低人力资源成本的作用程度 $v_{135}$ |
| | | 对提高人事管理透明度的作用程度 $v_{136}$ |
| | 管理决策信息化水平 $v_{014}$ | 对管理决策的预测导向作用程度 $v_{141}$ |
| | | 对管理决策的验证、调整作用程度 $v_{142}$ |
| | | 提高管理决策效益的作用程度 $v_{143}$ |
| 企业外部管理信息化水平 $v_{002}$ | 供应链管理信息化水平 $v_{021}$ | 与外界联系的流程通畅程度 $v_{211}$ |
| | | 供应链间信息共享的程度 $v_{212}$ |
| | 客户关系管理信息化水平 $v_{022}$ | 客户智能的实现程度 $v_{221}$ |
| | | 对销售和客服质量的强化作用程度 $v_{222}$ |
| | | 客户沟通渠道多样性的实现程度 $v_{223}$ |

(3) 管理决策信息化水平

该因素可用 $v_{141}$、$v_{142}$、$v_{143}$ 三个指标来评价。

$v_{141}$：信息化对信息整理加工、反馈验证，并提取对企业决策有较强参考性、指导性的信息的作用大小。

$v_{142}$：信息化对持续收集、跟踪、传递市场经济信息，以及及时对决策方案的实施效果进行信息跟踪反馈的作用大小。

$v_{143}$：信息化对企业信息费用减少，管理层有效地把握决策时间的作用大小。

(4) 供应链管理信息化水平

该因素可用 $v_{211}$ 和 $v_{212}$ 两个指标来评价。

$v_{211}$：信息化使得企业的采购、生产、销售成为贯通的链条，构筑企业间或跨行业价值链的能力。

$v_{212}$：信息化对开辟了解消费者和市场需要的新途径、开发高效率的营销渠道的作用大小。

(5) 客户关系管理信息化水平

该因素可用 $v_{221}$、$v_{222}$ 和 $v_{223}$ 三个指标来评价。

$v_{221}$：信息化后企业对客户进行具体甄别和群组分类的能力，使企业针对客户特性进行分析，并使各类产品的定价和市场分配等销售策略的制订与执行避免盲目性的作用大小。

$v_{222}$：信息化对销售和客服部门的工作效率和服务质量的提升作用大小。

$v_{223}$：信息化对开辟与客户沟通的多形式渠道，为在线门户提供一对一的个性化服务，提高客户满意度及信任度的作用大小。

**3) 评价方法与步骤**

为了判断企业管理成熟度与企业信息化成熟度是否匹配，在目前的认识水平和条件下，只有借助于模糊理论的方法计算出成熟度的最后评价结果。其步骤如下。

步骤一：确定各因素的权重。

根据下一级评价因素对其所属上一级评价因素的体现度，请业内专家按重要程度打分（如非常重要 5 分，重要 4 分，较重要 3 分，一般 2 分，不重要 1 分），经整理和分析处理后，可得到相应指标在评价成熟度时的权重。下面所列权重分配可作参考，$0 \leqslant$ 权重 $\leqslant 1$。

企业管理成熟度评价指标的权重分配如下。

一级评价因素

$$u_0 = (u_{001}, u_{002}) = (0.712, 0.288)$$

说明企业内部管理成熟度对企业管理成熟度起主要作用，占 71.2%。

二级评价因素

$$u_1 = (u_{011}, u_{012}, u_{013}, u_{014}) = (0.267, 0.206, 0.333, 0.194)$$

$$u_2 = (u_{021}, u_{022}) = (0.443, 0.557)$$

说明人力资源管理、客户关系管理较为重要。

三级评价因素

$$u_{11} = (u_{111}, u_{112}) = (0.542, 0.458)$$

$$u_{12} = (u_{121}, u_{122}, u_{123}) = (0.231, 0.397, 0.372)$$

$$u_{13} = (u_{131}, u_{132}, u_{133}, u_{134}) = (0.204, 0.121, 0.345, 0.330)$$

$$u_{14} = (u_{141}, u_{142}) = (0.448, 0.552)$$

$$u_{21} = u_{021} = 0.443$$

$$u_{22} = (u_{221}, u_{222}) = (0.428, 0.572)$$

同理,可以得到影响企业信息化成熟度的各评价因素的影响权重,具体分配情况如下。

一级评价因素

$$v_0 = (v_{001}, v_{002}) = (0.566, 0.434)$$

二级评价因素

$$v_1 = (v_{011}, v_{012}, v_{013}, v_{014}) = (0.290, 0.298, 0.235, 0.177)$$

$$v_2 = (v_{021}, v_{022}) = (0.375, 0.625)$$

三级评价因素

$$v_{11} = (v_{111}, v_{112}, v_{113}) = (0.315, 0.370, 0.315)$$

$$v_{12} = (v_{121}, v_{122}, v_{123}, v_{124}) = (0.267, 0.333, 0.210, 0.190)$$

$$v_{13} = (v_{131}, v_{132}, v_{133}, v_{134}, v_{135}, v_{136}) = (0.143, 0.095, 0.190, 0.238, 0.143, 0.191)$$

$$v_{14} = (v_{141}, v_{142}, v_{143}) = (0.357, 0.215, 0.428)$$

$$v_{21} = (v_{211}, v_{212}) = (0.631, 0.369)$$

$$v_{22} = (v_{221}, v_{222}, v_{223}) = (0.308, 0.382, 0.310)$$

步骤二:模糊综合评价。

设将匹配评价结果分为四个等级:低(0~0.25)、中(0.25~0.50)、较高(0.50~0.75)、高(0.75~1.0)。按模糊理论计算出企业管理成熟度结果为 $GA$,企业信息化成熟度结果为 $XA$,二者的匹配分为三种情况。

① $GA$ 与 $XA$ 属于同一等级,说明二者处于匹配状态,有利于它们同时向更高的级别发展。

② $GA$ 等级高于 $XA$,说明企业信息化水平滞后于企业管理水平,一些先进的流程模式和管理模式往往由于缺少信息化工具的支撑和保障而不能完全发挥其效益,企业工作效率较低。此阶段企业有必要进行信息化建设。

③ $GA$ 等级低于 $XA$,说明企业管理水平滞后于信息化水平,现有企业管理的水平不能够为企业信息化提供条件和基础。此阶段企业不能盲目进行信息化建设,首要任务是找到企业管理的短板,提升企业管理的水平,避免贸然推进信息化,使企业陷入"IT 技术黑洞"。

例如,新疆中泰化学股份有限公司在 ERP 实施前后的管理成熟度和信息化成熟

度的评价结果为

ERP 实施前       $GA=0.592, XA=0.409$

ERP 实施后       $GA=0.736, XA=0.687$

从上述评价结果可以看出,在实施 ERP 之前,该公司的信息化水平较差,但其企业管理水平属中等,信息化水平滞后于企业管理水平,此时其有必要进行信息化建设,以提高公司工作效率;在实施 ERP 后,该公司的信息化和企业管理都处于较高水平,说明信息化的正确实施不仅提高了企业的信息化水平,也促进了企业管理水平的发展,二者良好的匹配状态,更加有利于企业的稳定发展。

所以,在实施 ERP 前,有必要进行企业管理水平和信息化水平的匹配分析,避免浪费人力、物力、财力资源。

### 6.4.3 产品数据管理/产品生命周期管理

产品数据管理(PDM)是一门用来管理所有与产品相关信息(包括零件信息配置、文档、CAD 文件、结构、权限信息等)和所有产品相关过程(包括过程定义和管理)的技术,也是某一类软件的总称。著名咨询公司 CIMdata 定义:PDM 是一种帮助工程师和其他人员管理产品数据和产品研发过程的工具,PDM 系统可靠跟踪那些设计、制造所需的大量数据和信息,并由此支持和维护产品。

产品生命周期管理(PLM)是一个发展很快的信息化领域。目前对 PLM 并没有一个公认的定义和诠释。CIMdata 认为:PLM 是一种企业信息化的商业战略,它应用一致的业务解决方案以支持横跨多个企业的产品定义信息的协同建立、管理、分发和使用,包括从概念设计到产品生命的全过程——集人员、流程、业务系统和信息于一体。

PDM/PLM 系统可以把与产品整个生命周期有关的信息系统统一管理起来,并且支持分布、异构环境下不同软、硬件平台及不同网络和不同数据库,在企业中应用越来越广泛。在工艺设计阶段,由于企业类型、产品对象不同,其工艺规划数据存在巨大差异,不可能提供一个统一的直接可以应用的 PDM/PLM 框架,因此一定要根据企业的产品模型,结合企业的实际情况进行用户化定制。

基于 PDM/PLM 系统的管理目标是使 CAD、CAPP、CAM 等应用系统都通过 PDM/PLM 系统进行信息交换,从横向和纵向实现各应用系统的无缝集成。因此必须建立基于 PDM/PLM 的产品制造过程信息化集成模式,如图 6-81 所示。由图可知:从左到右,由基于特征的零件信息模型可实现 CAD、CAPP、CAM 之间的横向集成;从上到下,由 PDM/PLM 可实现图形信息、文档信息和管理信息的纵向全面管理。

图 6-82 所示为面向 PDM/PLM 的工艺过程设计模型,基于网络、数据库进行工艺设计,并将 CAD、CAPP、CAM 的信息同时存在 PDM/PLM 系统中,一份数据只有一个备份,提高了数据的可靠性。集成技术是 PDM/PLM 解决方案中的一项关键技术,主要有三种集成方式:封装方式、接口交换方式、紧密集成方式。

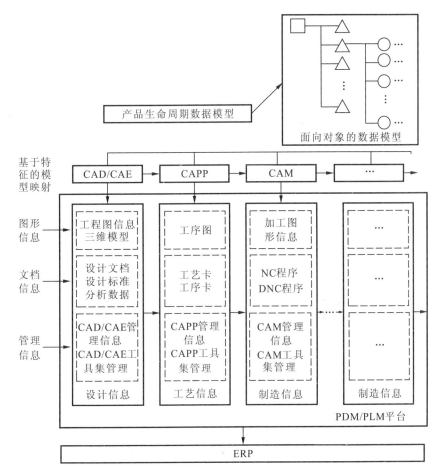

图 6-81　基于 PDM/PLM 的制造过程信息化集成模式

## 6.4.4　企业管理的创新

企业管理作为一门科学技术，必须在不断变化的企业内、外环境下进行创新，才能以更先进的思想和方法优化企业资源的配置与利用，达到企业的既定目标。本章前述的内容，如 ERP、PDM/PLM 等都体现了管理的创新。

按照本书图 1-3 所示的形态学方法对企业管理创新进行梳理，如图 6-83 所示。它表示随着管理环境、信息化手段的进步而对管理的创新，主要是对信息化方法与系统的创新。

但是，管理不同于制造之处在于管理更强调管理理念与管理文化。因此，先进的管理理念、管理组织机构、管理文化将引起企业管理的创新。

**1. 管理理念的创新**

管理理念是企业从事经营管理活动的指导思想，体现为企业的思维方式，是企业进行管理创新的灵魂和源泉。企业要想在复杂多变的市场中生存和发展，须不断突

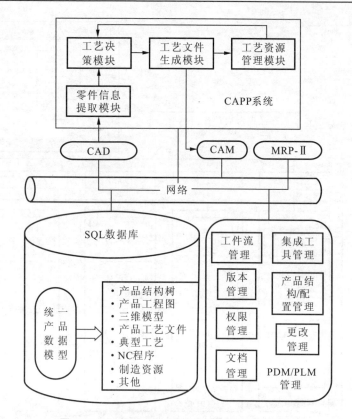

图 6-82 面向 PDM/PLM 的工艺过程设计模型

| 管理环境 | | 资源配置与利用手段 | |
|---|---|---|---|
| | | 计算机 | 计算机网络 |
| | 企业内 | 计算机辅助企业管理信息化 | ERP、PDM/PLM 信息集成 |
| | 企业内+外 | 多媒体辅助管理信息化 | 协同管理 无纸管理 |

图 6-83 企业管理创新形态学分析方法

破传统的管理理念。如及时生产、精益生产(lean production,LP)、敏捷制造(agile manufacturing,AM)、大批量定制等先进生产模式的出现,就伴随着新的管理理念的产生,必须对管理进行创新才有可能保证先进制造模式的实现。

**2. 组织机构的创新**

企业管理的环境(内部环境和外部环境)随着经济社会的发展而在不断变化,为适应环境的变化,对企业的组织机构应进行创新。许多管理研究学者都认为,组织创新呈现三大发展趋势:扁平化、柔性化、虚拟化。学习型组织与传统型组织相比即具有这三个特征,如表 6-11 所示。学习型组织是以共同愿望为目标基础,以团队学习为特征,对顾客负责的扁平化的横向网络系统,是一种精简、扁平、网络化、有弹性、能够不断学习和自我创新的组织,适应知识经济时代和国际化的竞争需要。学习型组织是管理创新的体现。

表 6-11 学习型组织与传统型组织的比较

| | 传统型组织 | 学习型组织 |
| --- | --- | --- |
| 公司结构 | ·烦琐的汇报要求<br>·庞大、僵化 | ·灵活的分支机构<br>·较小、分散化 |
| 决策过程 | ·不明确的联系途径<br>·视野狭小的资源配置 | ·完备的交流系统<br>·分享与交流知识 |
| 职能部门 | ·部门之间的界限与隔阂<br>·不同地方/任务的员工互不联系 | ·团队拥有数种职能<br>·大量任用边界跨越人员 |
| 奖励制度 | ·各机构自行制定<br>·严格的数据标准 | ·系统的制度<br>·与风险行为相联系 |
| 经营的改进 | ·各分支机构间极少交流经验<br>·网络对个人发展无关紧要 | ·鼓励分支机构间交流经验<br>·网络是最重要的 |
| 企业文化 | ·不鼓励学习与风险性行为 | ·鼓励个人的学习与发展 |

### 3. 人力资源管理创新

随着市场经济、知识经济、信息的快速发展,在实行"以人为本"的管理过程中,逐步形成了一种以人的知识、智力、技能和实践创新的能力为核心内容的"能本管理"。

能本管理就是要建立一种"各尽所长"的运作机制。它通过有效的方法,最大限度地发挥人的能力,从而实现能力价值的最大化,把能力这种最重要的人力资源作为企业发展的推动力量,并实现企业发展的目标以及组织创新的管理模式。

能本管理源于人本管理,又高于人本管理。能本管理的理念是以人的能力为本,其总的目标和要求是:通过采取各种行之有效的方法,最大限度地发挥每个人的能力,从而实现能力价值的最大化,并把能力这种最重要的人力资源通过优化配置,形成推动企业和社会全面进步的巨大力量。

### 4. 企业文化创新

企业文化是指导企业及其员工的一种价值观念,这种价值观念体现在每个员工的意识上,进而体现为企业员工的一种自觉行为。

企业文化可用三个层次来表示。第一个层次即最深层,是企业的共有观念和核心价值观;第二个层次是中间层,是企业的具体行为习惯,即企业员工做事的方式;第三个层次是最简单易见的标识、文字。

企业文化具有独特性、难交易性、难模仿性的特质,是靠企业人员长期积累、完善而形成的,是企业可持续发展的基本驱动力。

不少国内外知名企业之所以长盛不衰,归根到底是因为其在经营实践中形成了优秀的、独具特色的企业文化。

社会在进步,科技在发展,人们的价值观、行为习惯都将有所变化,企业文化也应该有所创新,这样企业才可能可持续发展。

# 参考文献

[1] 宾鸿赞,汤漾平. 先进加工过程技术[M]. 武汉:华中科技大学出版社,2009.

[2] 宾鸿赞,王润孝. 先进制造技术[M]. 北京:高等教育出版社,2006.

[3] 宾鸿赞. 加工过程数控[M]. 2版. 武汉:华中科技大学出版社,2004.

[4] 中国科学技术协会,中国机械工程学会. 机械工程学科发展报告(2006—2007)[R]. 北京:中国科学技术出版社,2007.

[5] 傅家骥,全允桓,高建,等. 技术创新学[M]. 北京:清华大学出版社,1998.

[6] 刘仲林. 中华文化人生亲证[M]. 武汉:华中科技大学出版社,2007.

[7] 乐爱国. 中国传统文化与科技[M]. 桂林:广西师范大学出版社,2006.

[8] Moriwaki T. Multi-functional machine tool[J]. CIRP Annals-Manufacturing Technology, 57(2008):736-749.

[9] GUERRA-ZUBIAGA D A, YOUNG R I M. Design of a manufacturing knowledge model[J]. International Journal of Computer Integrated Manufacturing,2008,21(5):526-539.

[10] DAVID A, GUERRA-ZUBIAGA, YOUNG R. I M. Information and knowledge interrelationships within a manufacturing knowledge model[J]. Int. J. Adv. Manuf. Technol., 2008,39: 182-198.

[11] SCHWENKE H, KNAPP W, HAIJEMA H, etc. Geometric error measurement and compensation of machines-Anupdata[J]. CIRP Annals-Manufacturing Technology,57(2008):660-675.

[12] 关桥. 高能束流加工技术[J]. 航空工艺技术,1995(1):6-10.

[13] 北京航空工艺研究所. 高能束流加工技术重点实验室论文选编[C]. 北京:[出版者不详], 1995.

[14] 邓朝晖,万林林,张荣辉. 难加工材料高效精密磨削技术研究进展[J]. 中国机械工程,2008, 19(24):3018-3022.

[15] 李长河,修世超,蔡光起. 超高速磨削砂轮技术发展[J]. 工具技术,2008,42(4):7-11.

[16] Suh J D, Lee D G. Composite Machine Tool Structures for High Speed Milling Machines[J]. CIRP Annals,2002,51(1):285-288.

[17] AOYAMA T, KAKINUMA Y, YAMASHITA M, et al. Development of a new lean lubrication system for near dry machining process[J]. CIRP Annals-Manufacturing Technology, 57(2008):125-128.

[18] ZEL T Ö, KARPAT Y, SRIVASTAVA A. Hard turning with variable micro-geometry PcBN-tools[J]. CIRP Annals-Manufacturing Technology,57(2008):73-76.

[19] ALI M, WAGNER T, SHAKOOR M, et al. Review of laser nanomachining[J]. Journal of Laser Applications. 2008,20(3):169-184.

[20] 袁哲俊. 精密和超精密加工技术的新进展[J]. 工具技术,2006,40(1):3-9.

[21] 曹自洋,何宁,李亮. 微细加工铣床研制及其铣刀的力学特性分析[J]. 中国机械工程,2008, 19(18):2223-2226.

[22] 尹韶辉,大森整,林伟民,等. 一种光学材料高效超精密加工方法[J]. 中国机械工程,2008,